Horst Malberg
Meteorologie und Klimatologie
Eine Einführung
5. Auflage

T0207113

Horst Malberg

Meteorologie und Klimatologie

Eine Einführung

Fünfte, erweiterte und aktualisierte Auflage
Mit 209 Abbildungen und 56 Tabellen

 Springer

Professor Dr. Horst Malberg
FU Berlin, FB Geowissenschaften
Institut für Meteorologie
Carl-Heinrich-Becker-Weg 6-10
12165 Berlin

Bibliografische Information Der Deutschen Bibliothek
Die Deutsche Bibliothek verzeichnet diese Publikation in der Deutschen
Nationalbibliografie; detaillierte bibliografische Daten sind im Internet
über <http://dnb.ddb.de> abrufbar.

ISBN-10   3-540-37219-9 Springer Berlin Heidelberg New York
ISBN-13   978-3-540-37219-6 Springer Berlin Heidelberg New York
ISBN 3-540-42919-0 (4. Auflage) Springer Berlin Heidelberg New York

Springer ist ein Unternehmen von Springer Science+Business Media
springer.com
© Springer-Verlag Berlin Heidelberg 2007

Umschlaggestaltung: **WMX**Design GmbH, Heidelberg
Herstellung: Almas Schimmel, Heidelberg
Satz: K+V Fotosatz, Beerfelden
Gedruckt auf säurefreiem Papier   30/3141/as 5 4 3 2 1 0

Für Petra und Claudia

Vorwort zur 5. Auflage

Seit dem Erscheinen der 4. Auflage sind es die spektakulären Extremwetterlagen gewesen, die zum einen in der Öffentlichkeit und den Medien ein breites Echo gefunden haben. Zum anderen setzte sich in der Wissenschaft die Diskussion über den Klimawandel und seine Ursachen unverändert fort. Dabei ging es nicht um die Frage, ob eine globale Erwärmung stattgefunden hat, denn diese ist nach den Klimabeobachtungen unstrittig, sondern um die Ursachen der Erwärmung und um deren Zusammenhang mit singulären Extremwetterereignissen.

Am Nachmittag des 10. Juli 2002 war zwischen Rhein und Oder ein Temperaturgegensatz von fast 20 °C (K) entstanden. Während im westlichen Deutschland die Temperatur in der eingeflossenen Kaltluft z. T. nur bei 15 °C lag, zeigten die Thermometer im östlichen Deutschland Werte zwischen 30 und 35 °C an. Im Bereich der ostwärts ziehenden Kaltfront entwickelten sich schwere Schauer und Gewitter, verbunden mit orkanartigen Böen. Innerhalb einer Minute stieg am Institut für Meteorologie der Freien Universität Berlin der Wind von Windstärke 2 auf Windstärke 12 an.

Mitte August 2002 kam es zu einem weiteren extremen Wetterereignis in Deutschland, der katastrophalen Elbeüberschwemmung. Weite Landstriche und viele Orte standen wochenlang unter Wasser. Ursache waren die anhaltenden Regenfälle eines Tiefs, das sich vom Mittelmeer über die Alpen nordostwärts verlagert hatte und tagelang gewaltige Wassermassen in das Quellgebiet der Elbe und ihrer Nebenflüsse geschüttet hatte.

Das Jahr 2005 wird als Hurrikan-Rekordjahr in die US-amerikanische Statistik eingehen. 15 von 28 tropischen Sturmtiefs entwickelten sich im Nordatlantik zu Hurrikanen. Noch nie zuvor hatte es so viele Hurrikane der stärksten Kategorie 5 (Windgeschwindigkeiten ab 250 km/h) gegeben. Der Hurrikan Katrina löste in den USA die größte Evakuierungsaktion aller Zeiten aus. Mit meterhohen Flutwellen, tropischen Regenfällen und Orkanwindgeschwindigkeiten wütete Katrina an der US-Südküste; nach Deichbrüchen versanken weite Teile von New Orleans in den Wassermassen.

Auf die grundsätzlichen Fragen zur Wetterentwicklung, zur Entstehung extremer Wetterlagen, zum Klima und zum Klimawandel soll auch die 5. Auflage dieses Lehrbuchs eine Antwort geben. Das Buch wendet sich zum einen an alle wetterinteressierten Leserinnen und Leser und soll ihnen einen Einblick in die faszinierende Welt der Meteorologie und Klimatologie vermitteln. Dabei ist das Buch so geschrieben, dass es auch ohne die physikalisch-mathematischen Formeln verständlich bleibt. Sein Ziel ist es, die Zusammenhänge von Wetter,

Witterung und Klima mit den Prozessen in der Atmosphäre anschaulich zu beschreiben. Für Studierende der Geowissenschaften soll das Lehrbuch eine grundlegende Einführung in Theorie und Praxis des Wetters und Klimas sein, wobei dem Autor gerade die Verknüpfung der Aspekte ein besonderes Anliegen ist.

Im Vergleich mit der 4. Auflage sind zum einen die Ausführungen über die Bedeutung der langen Wellen der Höhenströmung für unser Wetter wesentlich vertieft worden. Aus aktuellem Anlass werden die Ausführungen sowohl über die Entstehung und die Auswirkungen von Hurrikanen als auch zu ihrer klimabedingten Variabilität erweitert. Ausführlich wird auf den New-Orleans-Hurrikan Katrina eingegangen. Ein Kapitel über Wettervorhersagemodelle soll einen Überblick über die Aktivitäten der Wetterdienste vermitteln, normale wie extreme Wetterereignisse rechtzeitig und zuverlässig vorherzusagen.

Auch zum Klimasystem der Erde als Ganzes sowie zu einzelnen Klimaaspekten sind wesentliche Erweiterungen vorgenommen worden. Zum einen wurde die „Genetische Klimaklassifikation" aufgenommen und in einen Zusammenhang gestellt mit den zusätzlichen Ausführungen zum hemisphärischen und zonalen Klima. Zum anderen wurde die Klimaentwicklung Mitteleuropas seit dem Beginn der mittelalterlichen Kleinen Eiszeit eingehend betrachtet und seit dem Beginn der Klimabeobachtungen vor über 300 Jahren anhand der Messdaten analysiert. Auch neue Untersuchungsergebnisse über die klimatischen Auswirkungen der Nordatlantischen Oszillation auf die hemisphärischen und globalen Temperaturverhältnisse werden dargelegt.

Die Ausführungen zu den Ursachen der globalen und hemisphärischen Erwärmung wurden aufgrund jüngster Untersuchungen auf den aktuellen Kenntnisstand der Klimaforschung gebracht, wobei eine Konvergenz von statistisch signifikanten Ergebnissen und Klimamodellrechnungen erkennbar wird. Nicht zuletzt wird aufgezeigt, dass der Klimawandel das Normale auf unserem Planeten ist und welche entscheidende Rolle der Klimawandel bei der Evolution der Menschheit gespielt hat.

Über 20 weitere Abbildungen sollen zur Anschaulichkeit und zur Verständlichkeit des Buchs beitragen.

Sommer 2006   Horst Malberg

Vorwort zur 4. Auflage

Wenn man nach dem meteorologischen Schlagwort des Jahres 1997 fragt, so war es das Wort „El Niño". Ausgiebig befaßten sich die Medien mit diesem Ozean-Atmosphäre-Phänomen, das im tropischen Pazifik zwischen Südamerika und Australien auftritt. Alle weltweit beobachteten außergewöhnlichen Witterungs-erscheinungen wurden in einen Zusammenhang mit El Niño gebracht. Selbst Schulkinder wurden auf das Ereignis, von dem plötzlich alle sprachen, aufmerksam, so daß mich eines Tages im Institut ein kleines Mädchen anrief und sagte: Im Fernsehen reden die dauernd von „Emilio". Was ist das eigentlich?

Dieses allgemeine Interesse, das einem der Wissenschaft seit langem bekannten Phänomen entgegengebracht wird, hat mich veranlaßt, es in dieser Auflage ausführlicher zu behandeln. Die Diskussion über El Niño hatte noch einen wichtigen Nebeneffekt. Wurde doch damit für die breite Öffentlichkeit deutlich, daß es neben dem anthropogenen Einfluß auf das Klima auch noch eine Reihe natürlicher klimaverändernder Einflußfaktoren gibt.

Bei jeder Klimaschwankung steht daher die meteorologische Wissenschaft vor der schwierigen Frage, was ist davon auf natürliche Ursachen und was auf den Menschen zurückzuführen. Bisher gibt es dazu noch keine abschließende Antwort. Dieses wird insbesondere in Kap. 13.4 deutlich, wo der Zusammenhang zwischen der Erwärmung in Mitteleuropa seit 1850 und der Sonnenaktivität der letzten 150 Jahre gezeigt wird.

Neben den neuen Kapiteln über El Niño bzw. über ENSO sowie über den Zusammenhang von Sonnenflecken und Klimaänderungen wurden Aktualisierungen bei einigen Abbildungen sowie Ergänzungen im Text vorgenommen, so z. B. über die lufthygienischen Verhältnisse in Tälern.

Das Ziel dieser Einführung bleibt es weiterhin, den am Wetter und Klima interessierten Studierenden der Geowissenschaften ein verständliches und anschauliches Lehrbuch über das faszinierende Gebiet der Meteorologie und Klimatologie an die Hand zu geben und sie auf dieser Grundlage zu ermutigen, sich mit der weiterführenden Literatur zu beschäftigen.

Aber auch für alle wetter- und klimainteressierten Laien ist das Buch mit seinen zahlreichen Abbildungen gut geeignet, wie die positiven Buchbesprechungen von Lesern im Internet zeigen. Seine Sachverhalte bleiben auch dann verständlich, wenn man die physikalisch-mathematischen Ableitungen überliest und sein Interesse ganz auf die Phänomene des Wetters und des Klimas in ihren vielfältigen Ausprägungen konzentriert.

Berlin, 2001   Horst Malberg

Vorwort zur 3. Auflage

Es erfüllt jeden Autor mit besonderer Freude, wenn sein Werk von den interessierten Lesern angenommen wird. So hat mich auch die Nachricht des Springer-Verlags, daß die 2. Auflage nach nur 3 Jahren vergriffen sei, angenehm überrascht. An dieser Stelle möchte ich mich zugleich für die gute Ausstattung des Buches bedanken.

In der 2. Auflage lag mein Hauptaugenmerk auf der Elimination von Fehlerteufelchen aus der Erstausgabe. In der 3. Auflage sollen nun v. a. meine jüngsten Forschungsergebnisse die Grundlagen zur Meteorologie und Klimatologie erweitern. So werden zum einen detaillierte Aussagen zur dreidimensionalen Struktur von Kaltfronten sowie den damit im Mittel verbundenen lokalen Wetterabläufe gemacht. Zum anderen werden die grundsätzlichen Ausführungen zum Treibhauseffekt durch Untersuchungsergebnisse im atlantisch-europäischen Bereich ergänzt und die Zusammenhänge von Klimaschwankungen und Änderungen der großräumigen Zirkulation aufgezeigt.

Es bleibt weiterhin das Ziel des Lehrbuchs, dem an Wetter und Klima interessierten studentischen Neuling der Geowissenschaften eine verständliche und anschauliche Einführung in das faszinierende Gebiet der Meteorologie und Klimatologie zu geben und ihn zu ermutigen, sich mit der weiterführenden Literatur zu beschäftigen.

Aber auch für die große Gruppe der wetter- und klimainteressierten Laien ist das Buch mit seinen zahlreichen Abbildungen geeignet. Seine Sachverhalte bleiben auch dann verständlich, wenn von den mathematisch-physikalischen Ableitungen kein Gebrauch gemacht wird und das Interesse sich ganz auf die Phänomene des Wetters und des Klimas in ihren vielfältigen Ausprägungen konzentriert.

Berlin, 1997   Horst Malberg

Vorwort zur 2. Auflage

Seit dem Erscheinen der 1. Auflage dieser Einführung in die faszinierende Thematik der Meteorologie und Klimatologie sind mir 17 Buchbesprechungen bekannt geworden. 14 davon haben wohlwollend den Gesamtinhalt des Buches in den Vordergrund gestellt, 3 die Unzulänglichkeiten. Beide Arten haben mir geholfen. Die erste Gruppe hat mich ermutigt, die neue Auflage in Angriff zu nehmen. Die Kritik der zweiten Gruppe, sofern sie sachlich war, hat mein Augenmerk auf die Schwachpunkte meiner Erstausgabe gelenkt. Ein Kollege hat zu mir einmal in bezug auf seine Autorenschaft gesagt: „nie wieder". Dieser Ansicht wollte ich mich nicht anschließen, denn es gibt zu wenige deutschsprachige Einführungen in unser Fachgebiet.

Wie notwendig m.E. eine konventionelle Einführung in unsere angewandte Wissenschaft ist, wurde mir erst unlängst nach einem Test mit meteorologisch vorgebildeten Studenten der Geowissenschaften deutlich. Auf die Fragen, welche Windrichtung und Wettererscheinungen erwarten Sie bei uns, wenn das Zentrum eines ausgedehnten Tiefs über Polen liegt, und welche durchschnittlichen Höchst- und Tiefsttemperaturen sowie Niederschlagsmengen treten in den Sommer- und Wintermonaten auf, waren die Antworten mehr Dichtung als Wahrheit. Auch die beste mathematisch-physikalische Ausbildung ist erst dann optimal, wenn sie durch Anschaulichkeit unterstützt wird, wenn Gleichungen sich mit einem Bild von den atmosphärischen Vorgängen verbinden. Dank der vieljährigen Wetterdiensttätigkeit unseres Instituts stand mir dabei ein umfangreiches Datenmaterial von den stadtklimatologischen Beobachtungen über synoptische Karten und Satellitenbilder bis zu globalen klimatologischen Werten zur Auswertung zur Verfügung.

Dieses Buch hat sich zum Ziel gesetzt, den interessierten Neulingen auf möglichst verständliche und anschauliche Weise den Einstieg in die Meteorologie und Klimatologie zu ermöglichen und sie zu ermutigen und in die Lage zu versetzen, sich mit der weiterführenden Literatur zu beschäftigen. Für den wetter- und klimainteressierten Laien soll diese Einführung auch dann noch verständlich sein, wenn er von den mathematischen Ableitungen keinen Gebrauch macht.

Berlin, Frühjahr 1994   Horst Malberg

Inhaltsverzeichnis

1 Einleitung 1

2 Atmosphäre 5

   2.1 Chemische Zusammensetzung der Luft 5
   2.2 Atmosphärische Zustandsgrößen 7
   2.3 Tagesgang der Zustandsgrößen 13
   2.4 Jahresgang der Zustandsgrößen 17
   2.5 Änderungen der Zustandsgrößen mit der Höhe 20
   2.6 Vertikale Stabilität der Atmosphäre 23
   2.7 Gesetze 28
   2.8 Potentielle Temperatur 33
   2.9 Ionosphäre 35

3 Strahlung 37

   3.1 Strahlungsspektrum 37
   3.2 Herkunft der Strahlung 38
   3.3 Die Solarkonstante 39
   3.4 Wirkung der Erdatmosphäre auf die Solarstrahlung 39
   3.5 Mittlerer Haushalt der einfallenden Solarstrahlung 44
   3.6 Solar-, Global- und Himmelsstrahlung 45
   3.7 Wärmestrahlung der Erde 47
   3.8 Strahlungsbilanz 51

4 Luftbewegung 53

   4.1 Kräfte bei reibungsfreier Bewegung 54
   4.2 Reibungskraft 65
   4.3 Die vollständige Bewegungsgleichung 67
   4.4 Turbulenz 68
   4.5 Vertikale Windverhältnisse 73
   4.6 Strahlströme 82

5 Wolken und Niederschlag 86

   5.1 Verdunstung 86
   5.2 Besonderheiten des Sättigungsdampfdrucks 87

5.3	Wolkenbildung	89
5.4	Wolkenklassifikation	94
5.5	Wolkenbildung und thermodynamisches Diagramm	99
5.6	Gewitter	101
5.7	Tau und Nebel	104

6   Luftmassen, Frontalzone und Polarfront   107

6.1	Luftmassen	107
6.2	Grenzgebiete zwischen Luftmassen: Frontalzonen	114
6.3	Polarfront	116

7   Zyklonen und Antizyklonen   123

7.1	Tiefdruckgebiete	124
7.2	Fronten der Zyklonen	128
7.3	Zusammenhang von Bodenfronten und Höhenwetterkarte	144
7.4	Kaltlufttropfen	146
7.5	Tropische Zyklonen – Tropische Wirbelstürme	151
7.6	Tornados, Tromben und Staubteufelchen	158
7.7	Hochdruckgebiete	158
7.8	Inversionen	164
7.9	Strömungseigenschaften: Zirkulation, Vorticity, Divergenz	167
7.10	Ursache von Druckänderungen	171
7.11	Strömungsschema in Zyklonen und Antizyklonen	173
7.12	Gebirgseinfluß auf die Luftströmung	178
7.13	Orographisch induzierte Zyklonen	180
7.14	Die langen Wellen	184

8   Wetter- und Klimabeobachtung   189

8.1	Bodenbeobachtungen	190
8.2	Klimabeobachtung	202
8.3	Von der synoptischen Beobachtung zur Wetterkarte	203
8.4	Radiosondenbeobachtung	208
8.5	Radar und Sodar	209
8.6	Wettersatellitenbeobachtung	210
8.7	Meteorologische Erscheinungen im Satellitenbild	217

9   Wettervorhersage   233

9.1	Numerische Wettervorhersage	234
9.2	Lokale und regionale Wettervorhersage	242
9.3	Güte der Wettervorhersage	247
9.4	Statistische Verifikationsmaße	251
9.5	Vorhersagenmodelle des DWD	252

10 Allgemeine atmosphärische Zirkulation 253

10.1 Druck- und Strömungsverhältnisse im Meeresniveau 254
10.2 Druck- und Strömungsverhältnisse in der freien Atmosphäre
auf der Nordhalbkugel 258
10.3 Vertikale Temperatur- und Zirkulationsverhältnisse 265
10.4 Stratosphärenerwärmungen 270

11 Klima und Klimaklassifikation 271

11.1 Definition 271
11.2 Klimaklassifikation 273
11.3 Die genetische Klimaklassifikation (nach H. Flohn) 278
11.4 Übersicht über die Klimagebiete (nach Köppen 1918) 280
11.5 Vertikale Klimagliederung der Gebirge 290
11.6 Maritimer und kontinentaler Klimatyp 291
11.7 Klimadiagramme 294
11.8 Die Erdoberfläche 295
11.9 Das nord- und südhemisphärische Klima 296
11.10 Mittlere zonale Klimaverhältnisse 297

12 Klimaschwankungen – Klimaänderungen 301

12.1 Das Klimasystem der Erde 303
12.2 Die Evolution des Menschen 304
12.3 Klima in geologischer Vorzeit 307
12.4 Nacheiszeitliche Klimaentwicklung in Mitteleuropa 311
12.5 Instrumentelle Meteorologie 312
12.6 Klimaentwicklung Mitteleuropas seit 1701 314
12.7 Ursache von Klimaänderungen 316

13 Aktuelle Klimaprobleme 320

13.1 Der anthropogene Treibhauseffekt 320
13.2 Klimamodelle 323
13.3 Aktuelle Klimaschwankungen 325
13.4 Klimaänderung und Sonnenflecken 329
13.5 Die globale Erwärmung 333
13.6 ENSO 337
13.7 Die Nordatlantische Oszillation (NAO) 342

14 Kleinräumige Windsysteme 345

14.1 Land- und Seewind 345
14.2 Berg- und Talwind 347
14.3 Föhn 348
14.4 Kanalisierte Winde 352
14.5 Bora, Schirokko, Chamsin 353

15 Stadtklima 354

   15.1 Wärmeinsel 354
   15.2 Feuchteverteilung 357
   15.3 Windverhältnisse 359
   15.4 Niederschlagseinfluß 360
   15.5 Klimatologische Stadtplanung 363

16 Anthropogene Luftverunreinigung 366

   16.1 Wetterlage und Luftbelastung 367
   16.2 Emission und Immission 372
   16.3 Smog 373
   16.4 Ausbreitungsrechnung 376

17 Wetterbeeinflussung 381

   17.1 Nebelauflösung 381
   17.2 Hagelbekämpfung 382
   17.3 Regenerzeugung 383
   17.4 Wirbelsturmbeeinflussung 383

18 Schlußbetrachtungen 385

Literatur 388

Sachverzeichnis 392

1 Einleitung

Die Meteorologie zählt zum Kreis der Geowissenschaften, also jener Wissenschaften, deren Forschungsgegenstand die Erde ist. Weitere Mitglieder dieser Familie sind die Geologie, Geophysik, Ozeanographie, Geographie.

Im engeren Sinne ist die Meteorologie eine geophysikalische Wissenschaft, denn sie beschäftigt sich mit den physikalischen Eigenschaften der Lufthülle des Planeten Erde, unserer Atmosphäre. Weitere Zweige der Geophysik befassen sich mit den Eigenschaften der festen Erde, so z.B. die Erdbebenkunde (Seismik), oder mit den physikalischen Eigenschaften der Ozeane und Gewässer.

Aufgrund ihrer geschichtlichen Entwicklung ist die Meteorologie eine „empirische", also eine Erfahrungswissenschaft. Ihre Grundlage ist die Wetterbeobachtung und die Auswertung jahrzehnte- bis jahrhundertelanger Beobachtungsreihen mit dem Ziel, die physikalischen Gesetzmäßigkeiten zu erkennen, nach denen die Vorgänge in der Atmosphäre ablaufen. In diesem Sinne gehört die Meteorologie zur Physik, betreibt sie die Physik der Atmosphäre, ist der Meteorologe als „angewandter" Physiker zu betrachten. In jüngster Zeit hat auch die Luftchemie eine zunehmende Bedeutung erlangt, z.B. bei Fragestellungen über chemische Prozesse bei Wetterlagen mit hoher Luftbelastung, also bei schwefligem oder bei photochemischem (Ozon-)Smog.

Können jedoch der Physiker und Chemiker ihre Experimente im Labor durchführen und sie jederzeit unter den gleichen Versuchsbedingungen wiederholen, so ist dieses dem Meteorologen verwehrt. Ihm werden die „Untersuchungsanordnungen" von der Atmosphäre vorgegeben, sie muß er so vermessen, wie die Prozesse ablaufen, was nicht selten mit großen Schwierigkeiten verbunden ist. Wegen der kaum möglichen Trennung komplexer Vorgänge und Wechselwirkungsprozesse führt dieses oft zu Unzulänglichkeiten, zu unbefriedigenden Ergebnissen. Neue Technologien und neue Beobachtungsmethoden werde aber auch hier im Laufe der Zeit schrittweise zu neuen Erkenntnissen führen, zu einem auch in Einzelfragen zunehmend besseren Verständnis unserer Atmosphäre und ihrer Wettererscheinungen.

Die Gliederung der Meteorologie ist in Abb. 1.1 dargestellt. Wie man erkennt, lassen sich 2 Ebenen unterscheiden:

1. die wissenschaftlichen Grundlagenbereiche Experimentelle Meteorologie, Theoretische Meteorologie, Synoptische Meteorologie, Luftchemie und Klimatologie,

		METEORO-LOGIE Physik der Atmosphäre			
Grundlagenbe-reiche					
Experimentelle Meteorologie	Theoretische Meteorologie/ numerische Modelle	Synoptische Meteorologie	Luftchemie	Klimatologie/ Klimasystem-forschung	
Angewandte Bereiche					
Wetter-vorhersage	Technische Meteorologie	Verkehrs-meteorologie	Bio-/Agrar-meteorologie	Stadtklimato-logie/Luftver-unreinigun-gen	Hydro-meteoro-logie

Abb. 1.1. Gliederung der Meteorologie

2. die angewandten Fachrichtungen Wettervorhersage, Technische Meteorologie, Verkehrsmeteorologie, Bio- und Agrarmeteorologie, Meteorologie der Luftverunreinigungen und Hydrometeorologie.

Die *Experimentelle Meteorologie* beschäftigt sich mit den meteorologischen Meßmethoden − von der konventionellen Luftdruck-, Wind-, Temperatur- und Feuchtemessung bis zu den modernen Verfahren der Niederschlagsmessung mittels Radar, der Strahlungsmessung mittels Satelliten, der vertikalen Wind- und Temperaturmessung mittels Schallradar usw. − zur speziellen Anwendung bei der Erfassung der atmosphärischen Zustände wie bei deren Simulation im Labor. Zu ihren Untersuchungsgebieten gehören die strahlungsphysikalischen und turbulenten Prozesse, die Wolken- und Niederschlagsbildung, die akustischen und elektrischen Phänomene der Atmosphäre.

Die *Theoretische Meteorologie* befaßt sich mit der physikalisch-mathematischen Beschreibung und Vorausberechnung der Bewegungsvorgänge in der Atmosphäre einschließlich der energetischen Prozesse mittels ein- und mehrdimensionaler physikalisch-numerischer Modelle von der Atmosphäre. Die Skala reicht dabei von der kleinräumigen Turbulenz (Windbö) über die thermische Konvektion (Wolkenbildung) und die tropischen Wirbelstürme bis zur großräumigen Dynamik (Hoch- und Tiefdruckgebiete, planetarische Wellen).

Die *Synoptische Meteorologie* beschäftigt sich mit der Diagnose der großräumigen Verteilung der atmosphärischen Zustandsgrößen Luftdruck, Wind, Temperatur, Feuchte und deren Auswirkung auf die lokalen und regionalen Wettererscheinungen: auf Höchst- und Tiefsttemperatur, Nebel und Gewitter, Bewölkung, Regen, Schnee, Glatteis, Windstärke usw. Der Begriff Synoptik kommt dabei aus dem Griechischen und bedeutet Zusammenschau. Die Synoptische Meteorologie betrachtet somit „zusammenschauend" den großräumigen Wetterzustand am Boden und in der Höhe zu festen Zeitpunkten, so z.B. um 00, 06, 12 und 18 Uhr Greenwich-Zeit (GMT).

Die *Luftchemie* befaßt sich mit chemischen Reaktionen in der Atmosphäre. Die beteiligten Gase können aus natürlichen Quellen, z. B. Vulkanen, stammen oder anthropogen, also durch den Menschen freigesetzt sein. „Ozonsmog" und „Ozonloch" sowie saurer Regen sind Beispiele für chemische Reaktionen in unserer Atmosphäre.

Die *Klimatologie* befaßt sich auf der Basis täglicher Klimabeobachtungen mit der Berechnung der mittleren atmosphärischen Verhältnisse. Als weiterführende Aufgabe hat sie die jahrzehnte- bis jahrhundertelangen Meßreihen, z. B. von Temperatur und Niederschlag, auf Schwankungen und Klimaänderungen zu untersuchen sowie die statistischen Eigenarten der globalen atmosphärischen Zirkulation darzustellen. Aufbauend auf der Diagnose des vergangenen und gegenwärtigen Klimas hat die Klimasystemforschung die Aufgabe, die komplexen Einflüsse (Antriebe) von Sonne, Atmosphäre, Ozean, Eisbedeckung, fester Erde, Vegetation auf das Klima sowie die vielfältigen Wechselwirkungen der dynamischen, thermodynamischen, chemischen Prozesse im Klimasystem der Erde mit Klimamodellen zu simulieren und zukünftige Klimaänderungen vorauszuberechnen.

Das bekannteste Gebiet von den angewandten Fachrichtungen der Meteorologie ist die *Wettervorhersage*. Sie basiert auf den Erkenntnissen der Synoptischen Meteorologie und hat zur Aufgabe, die Wetterentwicklung für einen Ort oder eine Region kurz- und mittelfristig, d. h. bis zu mehreren Tagen im voraus abzuschätzen. Dazu bediente sie sich früher im wesentlichen des Erfahrungsschatzes des Meteorologen sowie statistischer Verfahren. Heute basiert die lokale Wettervorhersage primär auf numerischen Modellen mit hoher Auflösung. Die Gitterpunkte des Modells liegen nur noch 10 – 15 km auseinander, und für jeden Gitterpunkt stehen in einstündigem Abstand die Vorhersagegrößen, also Wind, Temperatur, Bewölkung und Wettererscheinungen (als sog. Direct Model Output) zur Verfügung.

Die *Technische Meteorologie* beschäftigt sich mit der Anwendung meteorologischer Kenntnisse auf alle Zweige der Technik, z. B. Witterungseinfluß auf den Straßenbau, auf die Konstruktion von Geräten, auf die Lagerung und den Transport von Waren.

Die *Verkehrsmeteorologie* hat zur Aufgabe, zur Sicherung des Verkehrs auf dem Lande, dem Wasser und in der Luft beizutragen (Straßenwetter-, Schiffahrts- und Flugberatung).

Aufgabe der *Bio- und Agrarmeteorologie* ist es, die Wechselwirkung zwischen Biosphäre und Atmosphäre zu untersuchen. Dies sind zum einen die Witterungseinflüsse auf Tier- und Pflanzenwelt, zum anderen die komplexen Einflüsse auf den Menschen, so z. B. sein Verhalten in der Umwelt (Verkehr, Beruf) oder der Verlauf von Krankheiten (Medizinmeteorologie).

Die Stadtklimatologie befaßt sich mit den Besonderheiten der klimatischen Verhältnisse insbesondere von Großstädten. Die große Bebauungsdichte, die Ansammlung von Beton, Stein, Glas, der hohe Versiegelungsgrad des Untergrunds haben Auswirkungen auf die Strahlungs-, Temperatur-, Feuchte-, Niederschlags- und Windverhältnisse und führen zu Besonderheiten des Klimas in der Stadt im Vergleich zum natürlichen Umland. Aufgrund der thermischen Verhältnisse spricht man z. B. von der Stadt als „Wärmeinsel".

Der *Meteorologie der Luftverunreinigungen* wird gerade in jüngster Zeit große Aufmerksamkeit geschenkt. Industrialisierung und Urbanisierung haben zu einer Veränderung der atmosphärischen Umwelt geführt. Besondere Aufgaben sind: Warnung vor Wetterlagen mit gesundheitsbelastenden bis gesundheitsgefährdenden hohen Luftbeimengungen (Smog), Immissionsberechnungen zur Stadt- und Raumplanung.

Die *Hydrometeorologie* befaßt sich mit dem Kreislauf des Wassers in der Atmosphäre, d.h. mit Verdunstung, Wasserdampftransport und Niederschlag. Spezielle Bedeutung besitzt sie bei der Vorhersage von Hochwassersituationen von Flüssen, bei der Wasserversorgung menschlicher Ballungsräume, bei der Bewässerung arider Gebiete.

Diese Ausführungen machen deutlich, daß die Meteorologie eine große gesellschaftliche Verantwortung besitzt. Sie trägt durch Beratung und Warnung dazu bei, die durch Wettereinflüsse möglichen Schäden an Menschenleben und volkswirtschaftlichen Werten zu verringern und durch Planungsbeiträge ökonomische Prozesse zu optimieren bei gleichzeitiger Minimierung nachteiliger Auswirkungen auf die ökologischen Systeme.

2 Atmosphäre

Die Atmosphäre unserer Erde gleicht einer großen Wärmekraftmaschine. Ihre Hauptheizfläche ist die Erdoberfläche in den Tropen, wo die Strahlungsvorgänge ständig mehr Wärme zu- als abführen, ihre Kühlflächen sind die Polargebiete, wo hingegen mehr Wärme abgestrahlt als zugestrahlt wird. Die Wärmezufuhr geschieht dabei durch die Absorption der Sonnenstrahlung, der Wärmeverlust dagegen dadurch, daß das erwärmte System Erde-Atmosphäre Wärme durch langwellige Ausstrahlung an den Weltraum abgibt. Von großer Bedeutung für diese Prozesse ist die chemische Natur unserer Lufthülle. Auch wenn Luft scheinbar nichts wiegt, ist es insgesamt doch eine gewaltige Menge Materie, die unseren Planeten als Atmosphäre umgibt. Bei einem mittleren Luftdruck von $p = 1013,3$ hPa $= 1,0133 \cdot 10^5$ N/m^2 und einer Erdoberfläche von $A = 510,1$ Mio. km^2 ergibt sich gemäß $F_g = m \cdot g = pA$ eine Atmosphärenmasse von $5,27 \cdot 10^{15}$ t oder 5270 Billionen t. Das entspricht $1,03 \times 10^7$ t/km^2 bzw. 1,03 kg/cm^2.

2.1 Chemische Zusammensetzung der Luft

Die Luft, die uns als Atmosphäre umgibt und die im natürlichen Zustand geruch- und geschmacklos ist, besteht aus einem Gemisch verschiedener Gase. In trockener Luft ist der Volumenanteil der Gase konstant und weist in Bodennähe die in Tabelle 2.1 aufgeführten Werte auf.

Wie wir erkennen, nimmt Stickstoff mit 78,08% den weitaus größten Anteil ein, während der lebenswichtige Sauerstoff mit 20,95% vertreten ist. Was aber am meisten überrascht, ist der hohe Argongehalt von rund 0,9%, was einer Masse von 47 Billionen t entspricht, von dem aber kaum jemand spricht. Argon ist ein Edelgas und reagiert als solches nicht mit biologischen Systemen. Dieses ist der Grund, warum es ein Dasein in relativer Verborgenheit führt, warum ihm keine besondere Bedeutung in unserer Atmosphäre zukommt.

Ganz anders liegen die Verhältnisse beim Kohlendioxid, obwohl es nur mit einem Anteil von 0,038%, oder, in millionstel Anteil ausgedrückt, von 338 ppm („parts per million") vertreten ist.

Sauerstoff und Kohlendioxid sind an dem gewaltigen biologischen Kreislauf der Natur beteiligt, den wir Photosynthese nennen. Die Pflanzen nehmen Koh-

Tabelle 2.1. Zusammensetzung der Luft

Name	Chemisches Symbol	Trockene Luft [Vol%]	Feuchte Luft [Vol%]
Stickstoff	N_2	78,08	77,0
Sauerstoff	O_2	20,95	20,7
Argon	Ar	0,93	0,9
Kohlendioxid	CO_2	0,038	0,03
Spurenstoffe	Ne, He, Kr, NH_4, H_2, O_3, SO_2 u.a.m.	<0,01	<0,01
Wasserdampf	H_2O	–	1,3

lendioxid aus der Luft, Wasser aus dem Erdboden und Energie aus der Sonnenstrahlung und produzieren unter der Mitwirkung von Blattgrün (Chlorophyll) Kohlenhydrate für ihren Zellaufbau. Bei diesem als Photosynthese bezeichneten Vorgang wird das Wasser (H_2O) in Wasserstoff (H) und Sauerstoff (O) aufgespalten, wobei die H-Atome mit dem Kohlendioxid zu Kohlenhydraten verarbeitet werden und der Sauerstoff freigesetzt wird:

$$6\,CO_2 + 6\,H_2O \rightarrow C_6H_{12}O_6 + 6\,O_2$$

Während die atmosphärischen Bestandteile Stickstoff, Kohlenstoff, Argon und die Spurenstoffe durch einen Entgasungsvorgang des Erdkörpers über Vulkane und Erdspalten in die Uratmosphäre gelangten, wird angenommen, daß sich der hohe Sauerstoffgehalt der Atmosphäre einst als Folge der Photosynthese in den riesigen Wäldern gebildet hat, die es vor Jahrmillionen gab. Als diese Wälder im Laufe der Erdgeschichte unter Druck und Luftabschluß vermoderten, entstanden die großen Kohlelager (Steinkohle vor rund 250–280 Mio., Braunkohle vor ca. 50 Mio. Jahren). In den Kohlelagern wie in den aus abgestorbenen Kleinlebewesen der Meere und Seen entstandenen Erdöllagern ist ein großer Teil des Kohlendioxids gebunden, der einst in der Uratmosphäre des Planeten Erde vorhanden war.

Auch der Stickstoff ist am biologischen Kreislauf der Natur beteiligt. Mit Hilfe von Knöllchenbakterien verwerten bestimmte Pflanzen, sog. Stickstoffsammler, den Luftstickstoff und führen ihn über ihre Wurzelrückstände dem Boden als Dünger für die übrigen Pflanzen zu. Bei der Zersetzung der organischen Stoffe, der Fäulnis, wird Stickstoff wieder freigesetzt.

Außer den bisher genannten Gasen gibt es noch zahlreiche weitere Gase in der Atmosphäre, die man wegen ihres geringen Anteils unter dem Begriff „Spurenstoffe" zusammenfaßt. Zwar machen sie insgesamt nicht einmal 0,01 Vol% aus, doch sind einige von ihnen von größter Bedeutung.

Zu den Spurenstoffen gehören die Edelgase Neon (18 ppm), Helium (5 ppm), Krypton (1,1 ppm), zu ihnen zählen Methan (2 ppm) und Wasserstoff (0,5 ppm). Zwei der wichtigsten sind Ozon (0,03 ppm bis 10 km Höhe, 5–10 ppm in 20–30 km) und Schwefeldioxid. Dem 3atomigen Sauerstoff Ozon (O_3) kommt v.a. als Filter für schädliche Bereiche der kurzwelligen

Sonnenstrahlung eine große Bedeutung zu, während der durch menschliche Aktivitäten hauptsächlich in Städten und Industriegebieten erhöhte Schwefeldioxidgehalt zu einer Beeinträchtigung der Luftqualität führt.

Der Wasserdampfgehalt in der Atmosphäre schwankt räumlich und zeitlich erheblich. In den kalten Gebieten Nordsibiriens kann er nur wenige hundertstel Prozent betragen, so daß die Luft dann extrem trocken ist. Über den tropischen Ozeanen dagegen kann der Volumenanteil bis auf 3% ansteigen, so daß die Luft dort außerordentlich schwül erscheint. Mit 1,3% ist in Tabelle 1 ein mittlerer Wert in Bodennähe angegeben.

Wie verhält sich nun die chemische Zusammensetzung der Luft in der Höhe? Wir wissen, daß die Luft mit zunehmender Höhe „dünner" wird, was beim Wandern oder Klettern auf Bergen an Kurzatmigkeit, also an einer erhöhten Atemfrequenz deutlich wird. Wie die Beobachtungen jedoch zeigen, hat dieses nichts mit dem relativen Anteil der Gase in dem Gasgemisch Luft zu tun. Die in Tabelle 1 angegebenen Prozentwerte gelten – mit Ausnahme des Wasserdampfs, auf den wir später noch zurückkommen – unverändert auch in der Höhe, d. h. das Mischungsverhältnis der Gase bleibt in der Atmosphäre bis zu einer Höhe von rund 120 km über dem Erdboden unverändert. Bis in diese Höhe ist die durch Luftbewegung hervorgerufene turbulente Durchmischung der Gase noch so gut, daß sich ihre Anteile bei der Zusammensetzung nicht signifikant ändern.

Oberhalb von 120 km ändern sich die turbulenten Verhältnisse dann rasch, und es kommt zu einer „Entmischung" der Luft. Während die schwereren Gase, wie z. B. Stickstoff, Sauerstoff und Argon, weiter unten konzentriert bleiben, können die leichteren, wie z. B. Helium und Wasserstoff, weiter aufsteigen; auf diese Weise kommt es zu einer allmählichen Trennung der schwereren von den leichteren Gasen, d. h. mit zunehmender Höhe vergrößert sich der Volumenanteil der leichten Gase auf Kosten der schwereren immer mehr. Am Rande, also am Übergang zum interplanetaren Raum, besteht die Atmosphäre schließlich nur noch aus Wasserstoff, dem leichtesten aller Gase.

In der Fachsprache bezeichnet man die Schicht bis 120 km als Homosphäre, die Schicht oberhalb 120 km bis zur Grenze der Atmosphäre als Heterosphäre.

2.2 Atmosphärische Zustandsgrößen

Als atmosphärische Zustandsgrößen bezeichnen wir die Luftdichte, den Luftdruck, die Temperatur und die Feuchte. Auch der Wind gehört dazu; doch wird auf ihn erst später eingegangen.

Luftdichte

Die Dichte ϱ eines Stoffs wird definiert als seine Masse pro Volumeneinheit

$$\varrho = m/V \ .$$

Im Normalzustand, d. h. bei einem Luftdruck von 1013 hPa und einer Temperatur von 0 °C, beträgt die Dichte wasserdampffreier Luft 1,293 kg/m³. Durch zunehmenden Wasserdampfanteil verringert sich die Luftdichte. Im Vergleich dazu hat z. B. CO_2 eine Dichte von 1,977 kg/m³.

In der Meteorologie benutzt man häufig auch den reziproken Wert der Dichte, also das von der Masseneinheit eingenommene Volumen, und bezeichnet diese Größe als spezifisches Volumen,

$$\alpha = \frac{1}{\varrho} \ .$$

Für den Normalzustand erhalten wir für Luft $\alpha = 0,773$ m³/kg.

Luftdruck

Nach der kinetischen Gastheorie läßt sich der Druck p eines Gases verstehen durch den Aufprall seiner Moleküle auf eine Fläche. Dabei gilt

$$p = \frac{1}{3} n m \overline{v^2} \ ,$$

wenn n die Anzahl, m die Masse und v die Geschwindigkeit der Gasmoleküle ist. Schreibt man die Gleichung in der Form

$$p = \frac{2}{3} n \cdot \frac{m}{2} \overline{v^2} = \frac{2}{3} n \cdot E_{kin} \ ,$$

so zeigt sich, daß der Druck eines Gases proportional ist der kinetischen Energie seiner Moleküle und damit, wie wir noch sehen werden, der Temperatur des Gases.

Allgemein definiert wird der Druck in der Physik als Kraft F/Fläche A,

$$p = \frac{F}{A} \ .$$

In diesem Sinne ist der Luftdruck als das Gewicht der über einem Ort vom Boden bis zur Atmosphärengrenze reichenden vertikalen Luftsäule pro Quadratmeter zu verstehen. Diese Definition könnte jedoch den irrigen Eindruck vermitteln, als handele es sich bei dem Luftdruck um eine nur nach unten gerichtete Größe; wäre dieses der Fall, müßte ein Blatt Papier, horizontal gehalten, unter dem Gewicht der darüber befindlichen Luftsäule zerreißen. Durch das Gewicht der über einem Punkt P befindlichen Luftsäule wird jedoch die unter ihm vorhandene Luft zusammengedrückt und in einen Spannungszustand versetzt. Diese Spannung wirkt nach allen Seiten und entspricht genau dem über das Gewicht der Luftsäule definierten Luftdruck.

Die Angabe des Luftdrucks erfolgt in Hektopascal (hPa), wobei 1 hPa = 100 Newton/m².

Der mittlere Luftdruck im Meeresniveau beträgt 1013 hPa bzw. nach den alten Maßeinheiten 1013 mbar bzw. 760 Torr oder 760 mm Quecksilbersäule. Der höchste Luftdruck auf der Erde wurde bisher mit rund 1080 hPa in einem winterlichen Hoch über Sibirien gemessen. Der niedrigste Luftdruck tritt in tropischen Wirbelstürmen auf, wo ein Extremwert von unter 880 hPa beobachtet wurde. In Berlin betrug das bisher gemessene Luftdruckminimum 966 hPa (1955), das Luftdruckmaximum 1058 hPa (1907). Der meteorologische Normaldruck ist mit 1000 hPa (= 750 Torr) definiert. Für die Umrechnung gilt:

1 hPa = 1 mbar = 3/4 Torr bzw. 1 Torr = 1,33 mbar = 1,33 hPa.

Erwähnt sei in diesem Zusammenhang, daß die Angaben „Schön", „Regen", „Sturm" usw. auf Barometern irreführend sind. Im Herbst z. B. kann das Wetter bei uns trotz hohen Luftdrucks bedeckten Himmel und Sprühregen bringen, im Sommer kann es kräftige Gewitter geben.

Umgekehrt kann das Wetter im Einzelfall auch bei niedrigem Barometerstand freundlich sein. Der Luftdruck liefert nur einen einzigen Anhaltspunkt zur Wettervorhersage. Um das komplizierte Wettergeschehen zu begreifen, ist die Kenntnis vieler weiterer Parameter erforderlich.

Temperatur

Die Temperatur ist physikalisch eine Maßzahl für den Wärmezustand eines Stoffs. Nach der kinetischen Gastheorie hängt die Temperatur mit der Bewegungsenergie der Moleküle zusammen, und zwar gemäß

$$E_{kin} = \frac{m}{2}\overline{v^2} = \frac{3}{2} k \cdot T \ ,$$

wobei k die Boltzmann-Konstante ist. Je wärmer ein Stoff ist, um so größer ist die mittlere Geschwindigkeit und damit kinetische Energie seiner Moleküle und um so höher ist seine Temperatur.

Als Einheit der Temperatur wird i. allg. Grad Celsius (°C) benutzt. Dabei wird von 2 Festpunkten ausgegangen, die auf den Eigenschaften des Wassers beruhen, nämlich dem Gefrierpunkt und dem Siedepunkt (unter Normaldruck). Den unteren Fixpunkt der Thermometersäule (Quecksilber) bezeichnete Celsius mit 0°, den oberen mit 100° und unterteilte seine Temperaturskala in 100 Skaleneinheiten.

Im naturwissenschaftlich-technischen Bereich verwendet man die Kelvin-Skala. Sie wird auch als Absolutskala bezeichnet, da ihr Nullpunkt mit der absolut tiefsten Temperatur von − 273,2 °C zusammenfällt. Die Skaleneinheiten entsprechen den Celsius-Einheiten, so daß 0 °C gleich 273,2 K (Kelvin) entspricht. Für die Umrechnung gilt: abs. Temp. in K = 273,2 + Temp. in °C.

Für Temperaturdifferenzen gilt 1 °C = 1 K.

In den angelsächsischen Ländern wird häufig noch im Alltagsgebrauch die Fahrenheitskala verwendet. Sie gründet sich auf die Körpertemperatur des Menschen, die Fahrenheit als 100° definierte. Den Nullpunkt zeigt die Thermometersäule in einer Mischung von Eis und Salz an. Somit ist

$$100°F = \quad 37,8\,°C$$
$$0°F = -17,8\,°C \; .$$

Für die Umrechnung der Temperatur von Fahrenheit in Celsius gilt

Temperatur °C = 5/9 (Temperatur °F − 32).

In den Wüsten erreicht die Temperatur ihre höchsten Werte. In weiten Teilen der Sahara liegt die sommerliche Mittagstemperatur über 45 °C, in der Lybischen Wüste gebietsweise sogar bei 50 °C. In Pakistan wurden als absoluter Höchstwert bisher 52,8 °C (in Jacobabad) gemessen und im kalifornischen Todestal 56,7 °C. Der absolute Hitzerekord auf der Erde beträgt nach Hoffmann (1959) 57,8 °C. Er wurde im lybischen El-Azizia gemessen.

Extrem niedrige Temperaturen werden aus Sibirien und von der Antarktis gemeldet. So wurde in Oimjakon ein Kälterekord von − 71,7 °C und in Werchojansk von − 67,7 °C gemessen; der absolute Kälterekord trat im Südwinter 1983 an der russischen Antarktisstation Vostok mit − 89,2 °C auf.

Wie bescheiden nehmen sich dagegen die Werte in Deutschland aus. Als Beispiel sei Berlin (Dahlem) mit einer absoluten Höchsttemperatur von 37,8 °C und einer Tiefsttemperatur von − 26,0 °C angeführt.

Luftfeuchte

Der Luftfeuchtigkeit kommt in der Atmosphäre eine besondere Bedeutung zu, da der Stoff Wasser (H_2O) in 3 verschiedenen Formen vorkommt, während alle anderen atmosphärischen Gase bei den auftretenden Druck- und Temperaturverhältnissen ihren Aggregatzustand nicht ändern, also permanente atmosphärische Gase sind.

Je nach Temperatur trifft man die Substanz Wasser im festen, flüssigen oder gasförmigen Aggregatzustand als Eis, Flüssigwasser oder Wasserdampf an. Gefrorenes Wasser kommt als Schnee, Reif, Hagel oder Graupel, Flüssigwasser als großtropfiger Regen oder kleintropfiger Sprühregen vor. Auch bei Temperaturwerten unter 0 °C, also unterhalb des Gefrierpunkts, treten in der Atmosphäre noch Wassertropfen auf. Man spricht von „unterkühltem" Wasser, das bis − 10 °C, u. U. bis − 20 °C als unterkühlte Wassertropfen in den Wolken dominiert. Unter − 20 °C überwiegt dann immer stärker der Anteil der Eiskristalle in den Wolken, und schließlich gibt es nur noch die Eisform.

Von großer Bedeutung für die Atmosphäre ist die physikalische Eigenschaft, daß zur Änderung des Aggregatzustands von fest zu flüssig und von flüssig zu gasförmig Wärme benötigt wird, um eine Arbeit gegen den molekularen Zusammenhalt im jeweiligen Zustand, d. h. gegen die Bindeenergie der Moleküle zu leisten. So werden 335 Kilojoule (kJ) benötigt, um 1 kg Eis zu schmelzen.

Um 1 l Wasser von 15 °C auf 100 °C zu erhitzen, werden nach $\Delta Q = m\,c\,\Delta T$ rund 356 000 Wattsekunden (Ws) oder Joule benötigt. Das ist etwa soviel Energie, wie eine 100-Watt-Glühbirne braucht, um 1 h zu brennen. Um das kochende Wasser in Wasserdampf zu überführen, also zu verdampfen bzw. verdunsten, ist fast 7mal soviel Wärmeenergie, nämlich rund 2300 kJ erforderlich.

Da Wärme verbraucht wird, wenn Eis in Wasser und Wasser in Wasserdampf überführt wird, so müssen wir uns fragen, was geschieht, wenn die Phasenänderung umgekehrt verläuft, d. h. wenn Wasserdampf zu Wasser kondensiert und Wasser zu Eis gefriert. Wie die Physik lehrt, wird dann genau die Wärmemenge wieder frei, die vorher hineingesteckt worden ist, nämlich pro kg rund 2300 kJ beim Kondensieren und 335 kJ beim Gefrieren.

Da dieser Vorgang nach außen nicht unmittelbar deutlich wird, d. h. durch unsere Haut oder ein Thermometer nicht unmittelbar fühlbar ist, sprechen wir bei der Umwandlungsenergie von „latenter" (verborgener) Wärme.

Der Wasserdampf in unserer Atmosphäre muß also zunächst infolge Wärmezufuhr irgendwo durch Verdunstung gebildet werden. Dieses geschieht v. a. über den Meeren, besonders den tropischen, aber natürlich auch über dem Festland. Die Menge des in der Luft vorhandenen Wasserdampfgehalts bestimmt die Luftfeuchte. Um sie zu messen, wurden eine Reihe Feuchtemaße definiert.

Feuchtemaße

Der *Dampfdruck e* gibt an, welcher Partialdruck am beobachteten Gesamtluftdruck auf den Wasserdampf entfällt, d. h. von ihm je nach Anteil ausgeübt wird.

Als *absolute Feuchte a* bezeichnet man den Wasserdampfgehalt in Gramm pro Kubikmeter (g/m^3). Die Angabe (Masse/Volumen) entspricht also der Wasserdampfdichte $a = \varrho_w \cdot 10^3$ (g/m^3).

Die *spezifische Feuchte s* besagt, wieviel Wasserdampf in 1 Kilogramm feuchter Luft enthalten ist (g/kg). Es gilt rechnerisch für den Zusammenhang von s und dem Dampfdruck e

$$s = \frac{\varrho_w}{\varrho_L + \varrho_w} = \frac{0{,}622\,e}{p - 0{,}378\,e} \approx 0{,}622\,\frac{e}{p} \ ,$$

wobei p der Luftdruck, ϱ_w die Dichte des Wasserdampfs, ϱ_L die der trockenen Luft bedeutet. Der Faktor 0,622 folgt dabei aus dem Verhältnis des Molekulargewichts von Wasserdampf ($M_w = 18{,}02$ kg/kmol) und trockener Luft ($M_L = 28{,}96$ kg/kmol).

Als *Mischungsverhältnis μ* wird dagegen definiert, wie das Verhältnis des Wasserdampfanteils in Gramm zum Anteil trockener Luft in 1 Kilogramm ist (g/kg), d. h.

$$\mu = \frac{m_w}{m_L} = \frac{m_w/V}{m_L/V} = \frac{\varsigma_w}{\varrho_L} = \frac{0{,}622\,e}{p - e} \approx 0{,}622\,\frac{e}{p} \ .$$

Da in der Meteorologie mangels geeigneter Instrumente die Dichte der Luft nicht gemessen wird, sie aber für viele Betrachtungen wichtig ist, bedient man sich der Temperatur, um die Dichte zu beschreiben.

Mit zunehmender Temperatur vergrößert sich das Volumen eines Körpers, d. h. verringert sich gemäß $\varrho = m/V$ seine Dichte. Ein zunehmender Wasserdampfanteil hat den gleichen Effekt, auch er verringert die Luftdichte.

Die virtuelle Temperatur T_v trägt diesem Umstand Rechnung. Sie ist die Temperatur, die trockene Luft haben muß, damit sie – bei gleichem Druck – dieselbe (geringere) Dichte aufweist wie wasserdampfhaltige Luft. Als Beziehung gilt

$$T_v = T(1 + 0{,}61\, s) \; ,$$

wenn T die beobachtete Temperatur in K und s die spezifische Feuchte ist; so liegt z. B. im Meeresniveau bei gesättigter Luft die virtuelle Temperatur bei 0 °C um rund 0,6 K, bei 10 °C um 1,3 K und bei 20 °C um 2,6 K über der gemessenen Temperatur.

Sättigung des Wasserdampfs

In einem Volumen, z. B. 1 m³, kann nur ein bestimmter maximaler Wasserdampfgehalt enthalten sein, dieses ist der Sättigungswert. Wird er überschritten, muß soviel Wasserdampf zu Wasser kondensieren, bis der Sättigungswert wiederhergestellt ist.

Wie sich zeigt, ist die Wasserdampfsättigung bei gegebenem Volumen primär von der vorhandenen Temperatur abhängig. Je höher diese ist, um so größer ist der Sättigungswert; je kälter die Luft, um so weniger Feuchte vermag sie aufzunehmen (Tabelle 2.2).

Tabelle 2.2. Sättigungsdampfdruck über Wasser (E_w) und Eis (E_e)

T [°C]	– 20	– 10	0	10	20	30	40
E_w [hPa]	1,25	2,86	6,1	12,3	23,4	42,4	73,8
E_e [hPa]	1,03	2,60	6,1	–	–	–	–

Aus Tabelle 2.2 folgt ferner, daß der Sättigungsdampfdruck über einer Wasserfläche größer ist als über einer Eisfläche, d. h. über Wasser vermag ein Volumen bei gleicher Temperatur mehr Feuchtigkeit aufzunehmen als über Eis. Der größte Unterschied tritt bei – 12 °C mit 0,27 hPa auf. Rechnerisch läßt sich der Sättigungsdampfdruck (hPa) z. B. nach der empirischen Magnus-Formel (t in °C) bestimmen

$$E_w = 6{,}1 \cdot 10^{(7{,}5\, t)/(t+237{,}2)}$$

$$E_e = 6{,}1 \cdot 10^{(9{,}5\, t)/(t+265{,}5)} \; .$$

Etwas anschaulicher ist die Angabe des Wasserdampfgehalts in g/m³ Luft, also die absolute Feuchte. Daher sei auch hierfür der Sättigungswert angegeben (Tabelle 2.3):

Tabelle 2.3. Maximale absolute Feuchte über Wasser und Eis

T [°C]	−20	−10	0	10	20	30	40
A_w [g/m³]	1,1	2,1	4,8	9,4	17,3	30,3	51,4
A_e [g/m³]	0,9	2,1	4,8	–	–	–	–

Relative Feuchte

Häufig wird der Feuchtegehalt der Luft statt in absoluten Maßzahlen, also statt als Dampfdruck, Mischungsverhältnis, spezifischer oder absoluter Feuchte, mit einer relativen Maßzahl in Prozent angegeben. Die relative Feuchte (rF) gibt an, wie groß der augenblickliche Anteil des Wasserdampfs in der Luft zum Sättigungswert, also dem bei gegebener Temperatur maximal möglichen Wert ist. Somit gilt für den Dampfdruck

$$rF = \frac{e}{E(T)} \cdot 100 \ .$$

Für die anderen Feuchtemaße gilt analog

$$rF = \frac{s}{S(T)} \cdot 100 \quad \text{bzw.} \quad rF = \frac{a}{A(T)} \cdot 100 \ .$$

Bei einer relativen Feuchte unter 40% ist die Luft sehr trocken, bei 100% ist sie gesättigt; dieses ist bei Nebel und in Wolken der Fall. Eine behagliche relative Feuchte bei einer Zimmertemperatur von 20°C liegt bei etwa 60% vor, was nach obiger Formel einem Wasserdampfgehalt von 10,4 g/m³ (rF = 10,4/17,3 · 100 = 60) entspricht.

Hohe relative Feuchten werden bei benachbarten Gebieten grundsätzlich dort angetroffen, wo es kälter ist. So treten z.B. Nebel im Frühjahr bevorzugt über See wegen der niedrigen Wassertemperatur auf, im Herbst dagegen bevorzugt über den kälteren Landflächen.

Wüsten und Steppen sind bekanntlich extreme Trockengebiete. Dieses gilt aber nur hinsichtlich des Niederschlags und der relativen Feuchte, nicht aber für den absoluten Wasserdampfgehalt. So weist z.B. Assuan im Jahresmittel mittags eine Temperatur von 34,4 °C und eine relative Feuchte von 20% auf; absolut gesehen befinden sich dort in Bodennähe 7,6 g Wasserdampf/m³ Luft, ein Wert, der bei uns z.B. im Herbst bei einer Temperatur von 7 °C zu Nebelbildung führt.

2.3 Tagesgang der Zustandsgrößen

Betrachtet man die täglichen Registrierungen der Temperatur und der relativen Feuchte, so erkennt man einen in der Regel deutlich ausgeprägten tageszeitabhängigen Gang dieser beiden Elemente. Dabei liegt das Minimum der Temperatur in den Frühstunden um den Sonnenaufgang, also je nach Jahreszeit zwischen 4 und 7 Uhr (MEZ). Danach steigt die Temperatur zunächst rasch, um die Mittagszeit langsamer an und erreicht ihren Höchstwert nach dem Sonnenhöchststand zwischen 14 und 15 Uhr (MEZ). Danach sinkt die Temperatur bis in die Abendstunden rasch, in den Nachtstunden verlangsamt bis zum morgendlichen Minimum.

Dieser tägliche Gang ist der Normalfall und gilt im Sommer wie im Winter. Im Einzelfall kann es aber durchaus zu einer Abweichung kommen, wenn z. B. als Folge eines winterlichen Warmlufteinbruchs die höchste Temperatur des Tags nachts und die niedrigste am Tag auftritt. An der Küste kann ein ausgeprägter Seewind dazu führen, daß die Temperatur ab 12 oder 13 Uhr nicht mehr steigt, so daß die Eintrittszeit der Höchsttemperatur vorverlegt wird.

Umgekehrt zur Temperatur verläuft der Tagesgang der relativen Feuchte. Sie hat in den Frühstunden ihren Höchstwert, sinkt dann rasch ab und erreicht gegen 15 Uhr ihr Minimum. Danach steigt sie dann rasch wieder an.

In Abb. 2.1 a ist der Tagesgang für Temperatur und relative Feuchte für einen stark bewölkten und einen heiteren Sommertag, in Abb. 2.1 b für einen stark bewölkten und einen heiteren Wintertag dargestellt. Zu beachten sind dabei u. a. die Amplituden, die bei heiterem Wetter und im Sommer am ausgeprägtesten sind. Auch der tatsächliche Wasserdampfgehalt der Luft verändert sich im Laufe des Tags. So weist die absolute Feuchte in Berlin im Sommer morgens um 7 Uhr (MEZ) einen mittleren Wert von $10,6 \, g/m^3$ auf, um 14 Uhr von $10,0 \, g/m^3$ und um 21 Uhr von $10,6 \, g/m^3$. Im Winter beträgt die absolute Feuchte morgens $4,5 \, g/m^3$, mittags $4,6 \, g/m^3$ und abends wieder $4,5 \, g/m^3$.

Wie sind die täglichen Variationen zu erklären? Für die Temperatur ist es offensichtlich, daß ihr Tagesgang vom täglichen Gang der Sonnenstrahlung bestimmt wird. Daß sich die relative Feuchte invers dazu verhält, ist nicht weiter verwunderlich, wenn man bedenkt, daß der Sättigungswert des Wasserdampfs um so größer ist, je höher die Temperatur ist. In der Formel für die relative Feuchte wird folglich E(T), also der Nenner, bis in die Mittagsstunden größer, und die relative Feuchte sinkt. Unterschiedliche Verhältnisse in der kalten und warmen Jahreszeit weist die absolute Wasserdampfmenge auf. Im Herbst und Winter steigt sie vom Sonnenaufgang bis zum Mittag an, weil die Tageserwärmung zu einer zunehmenden Verdunstung führt. Während der Nacht, wenn sich die Luft abkühlt, bilden sich an Gräsern, Sträuchern usw. Tautropfen, und der Wasserdampfgehalt der Luft sinkt.

Im Frühjahr und Sommer wirkt grundsätzlich der gleiche Effekt, so daß der Wasserdampfgehalt nach Sonnenaufgang steigt. In den Mittagsstunden tritt jedoch ein Vorgang auf, den wir als Konvektion bezeichnen. Dabei steigt die am Erdboden erwärmte Luft empor und nimmt den bodennahen Wasserdampfgehalt mit. Zum Ausgleich sinkt aus der Höhe wasserdampfärmere Luft herab. Dieser Prozeß führt zu einem Feuchteminimum am Mittag und Nachmittag, wenn der Aufwärtstransport des Wasserdampfs den Verdunstungsnachschub überwiegt. Erst mit dem Nachlassen der Konvektion gegen Abend beginnt der Wasserdampfgehalt wieder zu steigen, und zwar bis zum Einsetzen der nächtlichen Taubildung, d. h. in der warmen Jahreszeit tritt im Gegensatz

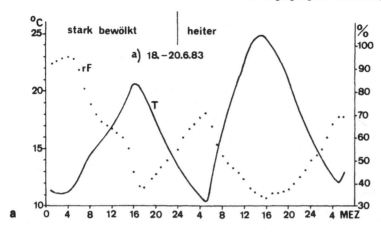

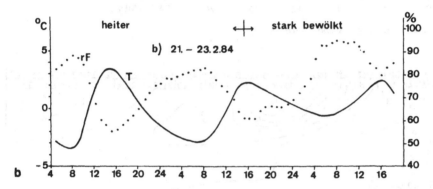

Abb. 2.1a, b. Tagesgang der Temperatur (*T*) und relativen Feuchte (*rF*) bei heiterem und stark bewölktem Himmel im Sommer (**a**) und Winter (**b**)

zur kalten eine Doppelwelle des Dampfdrucks auf. Die Unterschiede im Tagesgang sowie im Feuchtegehalt zwischen Sommer und Winter sind in Abb. 2.2 aufgezeigt.

Wie der Tagesgang der Temperatur im Erdboden verläuft, ist in Abb. 2.3 wiedergegeben. Wie zu erkennen ist, dringt die tägliche Erwärmungs- und Abkühlungswelle bis ca. 50 cm Tiefe in den Erdboden. Dabei schwächen sich beide mit zunehmender Tiefe zum einen ab, und zum anderen verspäten sich die Eintrittszeiten der Höchst- und Tiefstwerte.

Während bei Temperatur und Feuchte regelmäßig der Tagesgang zu beobachten ist, sieht es beim Luftdruck ganz anders aus. So zeigen die Luftdruckaufzeichnungen (Barogramme) in der Regel einen Verlauf, der vom Durchzug von Hoch- und Tiefdrucksystemen (Abb. 2.4) gekennzeichnet ist. Nur an ganz wenigen Tagen im Jahr und nur bei ruhigen Hochdruckwetterlagen wird die Tagesschwankung des Luftdrucks sichtbar. Eine solche Situation ist in Abb. 2.5 wiedergegeben. Am 10.7.1983 betrug um 10 Uhr (MEZ) der

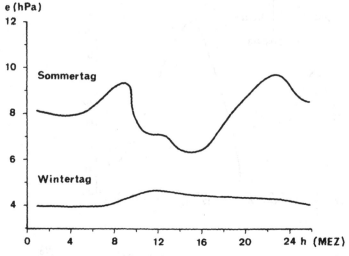

Abb. 2.2. Tagesgang des Dampfdrucks

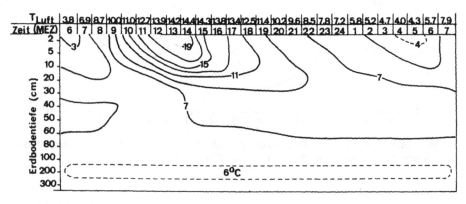

Abb. 2.3. Tagesgang der Erdbodentemperaturen

Luftdruck 1022,3 hPa, er sank bis 18 Uhr auf 1020,5 hPa, stieg bis gegen Mitternacht auf 1021,7 hPa an und ging bis 4 Uhr des Folgetags auf 1021,4 hPa zurück. Die Doppelwelle des Luftdrucks ist somit gekennzeichnet durch Maxima am Vormittag und in den späten Abendstunden sowie durch Minima am Nachmittag und in den späten Nachtstunden.

Die Ursache dieses Phänomens wird auf die tägliche Erwärmung und Abkühlung der Luft, d. h. auf die Temperaturwelle zurückgeführt. Sie regt die Atmosphäre zu einer Schwingung an, deren Folge die Doppelwelle des Luftdrucks ist.

Auch die Windgeschwindigkeit weist einen Tagesgang auf, der, wie Abb. 2.6 zeigt, im Sommer wesentlich ausgeprägter ist als im Winter. Dabei liegt das Minimum in den Nachtstunden, während tagsüber der Wind auffrischt.

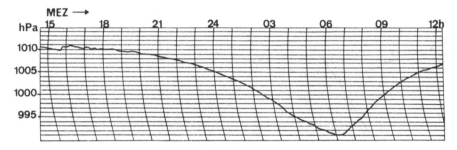

Abb. 2.4. Luftdruckregistrierung beim Durchzug eines Tiefs

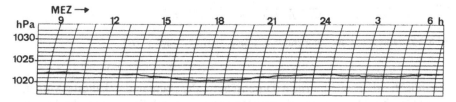

Abb. 2.5. Doppelwelle des Luftdrucks

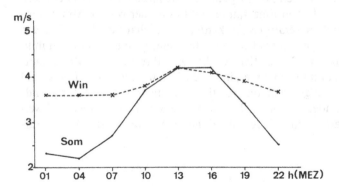

Abb. 2.6. Tagesgang der Windgeschwindigkeit

2.4 Jahresgang der Zustandsgrößen

Als Jahresgang eines meteorologischen Elements bezeichnet man seine Änderung im Laufe eines Jahrs. Dazu werden aus den mehrfachen täglichen Beobachtungen zuerst die Tagesmittelwerte und aus ihnen die Monatsmittelwerte
berechnet. Beide Größen eignen sich zur Darstellung des Jahresgangs, wobei
jedoch die Monatsmittel zu einem glatten Darstellungsverlauf führen.

Wie beim Tagesgang weisen Temperatur und Feuchte einen ausgeprägten,
der Luftdruck einen weniger markanten Jahresgang auf. Wie Abb. 2.7 veran-

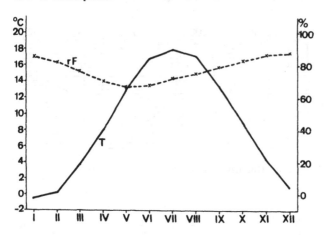

Abb. 2.7. Jahresgang der Temperatur (*T*) und relativen Feuchte (*rF*)

schaulicht, ist im vieljährigen Durchschnitt der Januar der kälteste Monat. Von März bis Mai erfolgt mit zunehmender Sonnenhöhe eine rasche Erwärmung, von September bis Dezember eine ebenso rasche Abkühlung. Die Sommermonate sind durch ein Temperaturplateau gekennzeichnet, wobei der Juli der wärmste Monat ist. In den Einzeljahren gibt es immer wieder Abweichungen von diesen Normaltemperaturen. So kann z. B. durchaus auch der Februar der kälteste oder der August der wärmste Monat sein, können Winter zu mild oder Sommer zu kühl sein. Die relative Feuchte zeigt ihre höchsten Monatsmittelwerte im Spätherbst und Frühwinter, ihre niedrigsten Werte im Frühjahr und Frühsommer. Wir hatten gesehen, daß relative Feuchte und Temperatur grundsätzlich invers zueinander verlaufen. Die in Abb. 2.8 zu beobachtende Abweichung erklärt sich daraus, daß die relative Feuchte ja nicht nur durch den tem-

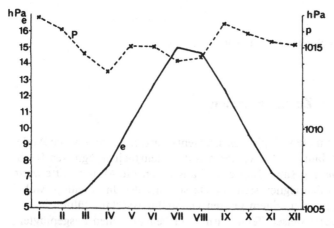

Abb. 2.8. Jahresgang des Dampfdrucks (*e*) und Luftdrucks (*p*)

peraturabhängigen Sättigungswert des Wasserdampfs bestimmt wird, sondern auch durch den tatsächlich in der Luft vorhandenen mittleren monatlichen Wasserdampfgehalt, der sich wiederum als Summe von Verdunstung und Advektion ergibt.

Der Dampfdruck (Abb. 2.8) weist in den Wintermonaten seine geringsten, in den Sommermonaten infolge der hohen Verdunstung seine höchsten Beträge auf. Die Übergangsjahreszeiten sind durch raschen Anstieg bzw. raschen Rückgang des Wasserdampfgehalts in der Luft gekennzeichnet.

Wie Abb. 2.8 ferner veranschaulicht, schwankt der mittlere Luftdruck in Mitteleuropa nur wenig von Monat zu Monat. Auffällig sind das Druckmini-

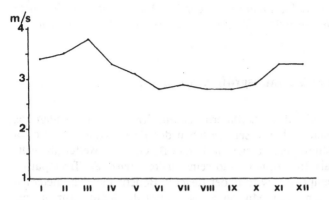

Abb. 2.9. Jahresgang der Windgeschwindigkeit

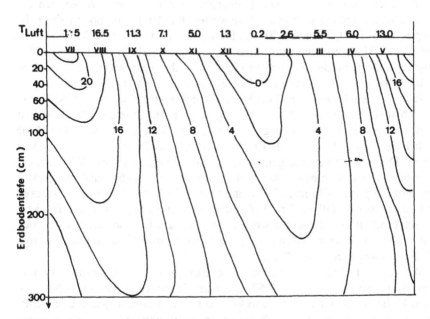

Abb. 2.10. Jahresgang der Erdbodentemperaturen

mum im April sowie die relativ hohen Druckwerte für Mai und September. Die genannten Erscheinungen weisen auf Begriffe wie „Aprilwetter", „Wonnemonat Mai" und „Altweibersommer" als Wetterbesonderheiten hin. Bei Mittelwerten von e = 10 hPa und p = 1013 hPa macht also der Dampfdruck rund 1% vom Luftdruck aus.

Auch die Windgeschwindigkeit weist einen Jahresgang auf. Dabei liegt das Minimum im Sommer, während die höchsten mittleren Windbeträge nach Abb. 2.9 im Frühjahr und Winter erreicht werden.

Der Jahresgang der Erdbodentemperaturen (Abb. 2.10) ist auch in 3 m Tiefe noch gut ausgeprägt. Die Eintrittszeiten der Extremwerte erscheinen mit zunehmender Tiefe deutlich phasenverschoben, so daß in 3 m die Höchsttemperatur erst im September und die Tiefsttemperatur erst im März eintritt. Die Frosttiefe reichte in diesem etwas zu milden Winter bis ca. 40 cm in den Erdboden.

2.5 Änderungen der Zustandsgrößen mit der Höhe

Temperatur, Feuchte und Luftdruck ändern sich mit der Höhe. Wir wollen uns dabei zunächst mit den Verhältnissen zwischen der Erdoberfläche und etwa 10–15 km Höhe beschäftigen, da sich in diesem Bereich das Wetter abspielt. Ihn bezeichnen wir als Troposphäre und seine obere Grenze als Tropopause.

Die höchste Lufttemperatur wird in der Regel in Bodennähe, d. h. meteorologisch in 2 m Höhe gemessen. Mit der Höhe nimmt die Temperatur bis zur Tropopause nahezu gleichmäßig ab. Wie die vieljährigen Messungen des Instituts für Meteorologie der Freien Universität Berlin zeigen, ergeben sich für Mitteleuropa folgende jährliche Mittelwerte: Von 10 °C am Boden sinkt die Temperatur auf 0 °C in knapp 2000 m Höhe, auf rund −20 °C in 5 km und auf −55 °C in 10 km, was einer mittleren Temperaturabnahme von 0,65 K/100 m entspricht. Dort, wo die Temperatur nicht mehr abnimmt, was in unseren Breiten im Mittel in 11 km Höhe der Fall ist, befindet sich die Tropopause.

Auch die Feuchtigkeit der Luft nimmt mit der Höhe ab. Wie in Abb. 2.11 deutlich wird, nimmt der Wasserdampfgehalt in den unteren Schichten sehr rasch, ab etwa 3 km Höhe dagegen nur noch langsam ab. Bis in 10 km Höhe hat sich der Dampfdruck von 10 hPa am Boden bis auf weniger als 0,1 hPa verringert. Die relative Feuchte geht weniger gleichmäßig mit der Höhe zurück, was wieder am Zusammenwirken von vorhandener Feuchte und Temperatur liegt. Ein Wert von 20% in 11 km Höhe zeigt jedoch ebenfalls an, wie trocken die Luft im Normalfall an der Obergrenze der Troposphäre ist. Diese Trockenheit setzt sich durch die ganze weitere Atmosphäre fort, so daß verständlich wird, warum sich unser Wetter, d. h. die Wolken- und Niederschlagsbildung, auf die Troposphäre beschränkt.

Oberhalb der Tropopause bleibt die Temperatur (Abb. 2.12) zunächst nahezu konstant; so steigt sie von −57 °C an der Tropopause nur auf −50 °C in 28 km Höhe an. Danach setzt ein so kräftiger Temperaturanstieg mit der Höhe ein, und zwar, wie wir noch sehen werden, als Folge des dort vorhandenen

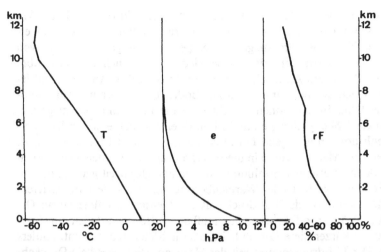

Abb. 2.11. Mittlere Änderungen von Temperatur (*T*), Dampfdruck (*e*) und relativer Feuchte (*rF*) mit der Höhe

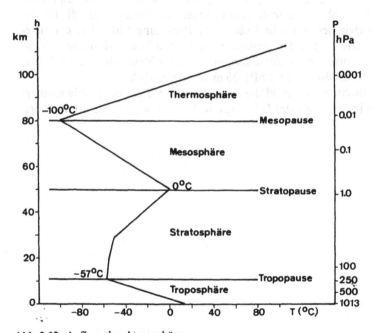

Abb. 2.12. Aufbau der Atmosphäre

Ozons, so daß in 50 km Höhe eine Temperatur nahe 0 °C erreicht wird. Dieser Bereich oberhalb der Tropopause heißt Stratosphäre, seine Obergrenze am Temperaturmaximum heißt Stratopause.

Daran schließt sich die Mesosphäre an, in der die Temperatur bis auf rund – 100 °C an der Mesopause in 80 km Höhe zurückgeht. Darüber beginnt die

Thermosphäre, die sich bis zur Grenze der Atmosphäre in rund 500–600 km Höhe, d. h. bis zum Übergang in den interplanetarischen Raum (Exosphäre), erstreckt. In der Thermosphäre steigt die Temperatur infolge Absorption von Röntgen- und Gammastrahlung der Sonne wieder sehr schnell auf Werte über 100 °C bis auf 700 °C am Atmosphärenrand an. Diese hohen Angaben sind jedoch nicht mit den Temperaturangaben am Boden und in der unteren Atmosphäre vergleichbar. In den hohen Schichten ist die Luftdichte extrem gering; schon in 100 km Höhe beträgt sie nur 1 Millionstel der Dichte an der Erdoberfläche. Es fehlt dort an genügend Luftmolekülen, um die Wärme zu leiten, zu transportieren. Ein Mensch würde in diesen Höhen auf der sonnenzugewandten Seite infolge der auftreffenden Strahlung gebraten und gleichzeitig auf seiner abgewandten Seite infolge fehlender Wärmeübertragung durch die Luft erfrieren.

Gemäß der Definition des Luftdrucks als das Gewicht der über einem Ort befindlichen Luftsäule pro Flächeneinheit muß der Luftdruck folglich um so geringer werden, je kürzer diese Luftsäule ist, also je höher man kommt. Anders ausgedrückt: Der Luftdruck nimmt mit der Höhe ab. Diese vertikale Druckabnahme läßt sich bereits deutlich an einem Hochhaus oder Turm zwischen Erdgeschoß und Dachgeschoß feststellen, denn pro 8 m Höhenunterschied nimmt der Luftdruck um 1 hPa ab. In einem 40 m hohen Gebäude beträgt somit die Druckdifferenz 5 hPa zwischen unten und oben. Die Beziehung 1 hPa/8 m gilt allgemein in Bodennähe; wegen der geringeren Luftdichte in der Höhe werden die Schritte größer, je höher man hinaufkommt, so z. B. 1 hPa/10 m in 2 km Höhe, 1 hPa/14 m in 5 km Höhe und 1 hPa/25 m in 10 km Höhe.

Die Druckabnahme mit der Höhe ist in Abb. 2.13 dargestellt. Wie man erkennt, herrscht in der Höhe des Feldbergs im Schwarzwald (1493 m) nur noch

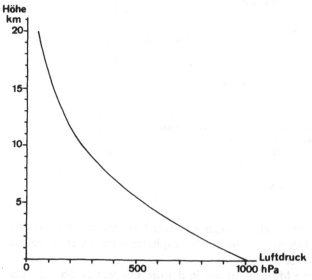

Abb. 2.13. Vertikale Luftdruckverhältnisse

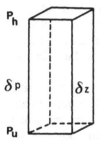

Abb. 2.14. Druckänderung in einer Luftsäule

ein Luftdruck von 850 hPa, auf der Zugspitze (2963 m), von 700 hPa und auf dem höchsten Berg der Erde, dem Mount Everest (8848 m) von nur noch rund 300 hPa. In der 4000 m hoch gelegenen Hauptstadt Boliviens, La Paz, leben die Menschen ständig unter einem Luftdruck, der um rund 400 hPa niedriger ist als im mitteleuropäischen Flachland.

Physikalisch läßt sich, mit dem Symbol δ für endliche Differenzen, die Druckänderung δp mit der Höhe δz beschreiben durch die hydrostatische Grundgleichung

$$\delta p = -g \cdot \varrho \cdot \delta z \ ,$$

d. h. die Druckabnahme mit der Höhe hängt ab von der Erdbeschleunigung g, der Dichte ϱ in der Luftsäule und der Höhenänderung dz (Abb. 2.14).

Wenn die Luft vertikal in Ruhe ist, d. h. wenn sie weder aufsteigt noch absinkt, sagt man, die Luft ist im hydrostatischen Gleichgewicht. In diesem Fall wird die Schwerkraft der Erde, die ein Luftquant nach unten beschleunigen würde, genau durch die vertikale Druckkraft ausgeglichen.

Die Atmosphäre befindet sich i. allg. angenähert in diesem Zustand, d. h. im hydrostatischen Gleichgewicht, denn die Vertikalbewegungen der Luft sind in der Regel sehr klein. Es gibt aber auch Ausnahmen, so z. B. in Schauer- und Gewitterwolken, wo Auf- und Abwinde bis zu 30 m/s auftreten können, oder an Berghängen. In diesen Fällen ist der atmosphärische Zustand nichthydrostatisch, da sich Schwere- und Druckbeschleunigung nicht aufheben.

2.6 Vertikale Stabilität der Atmosphäre

Um das Prinzip der vertikalen Stabilität der Atmosphäre besser zu verstehen, soll zunächst ein Gedankenexperiment durchgeführt werden. Dazu nehmen wir 3 gleiche Ballone und füllen den 1. mit normaler Umgebungsluft, den 2. mit heißer Luft und den 3. mit kalter Luft. Beim Loslassen der Ballone beobachten wir, daß der mit der Normalluft gefüllte in der Luft schwebt, der mit Heißluft gefüllte aufsteigt und der mit Kaltluft gefüllte zu Boden sinkt. Warum dieses unterschiedliche Verhalten?

Das Gewicht F_G eines Körpers ist definiert als

$$F_G = mg = \varrho \cdot V \cdot g \ ,$$

wobei m die Masse, g die Erdbeschleunigung, ϱ die Dichte und V sein Volumen ist. Bei unseren Ballonen ist g und V in allen 3 Fällen gleich, verschieden ist aber die Dichte ϱ, denn je wärmer die Luft ist, um so geringer ist ihre Dichte. Anders ausgedrückt: Kältere Luft hat eine größere Dichte, warme Luft eine geringere.

In unserem Experiment bedeutet das somit nach der obigen Gleichung, daß der Ballon mit der Kaltluft am schwersten ist, der mit Heißluft gefüllte am leichtesten, während das Gewicht des mit Normalluft gefüllten Ballons genau dem der Umgebungsluft entspricht. Die Folge ist, daß der Kaltluftballon sinkt, der Heißluftballon steigt und der Normalluftballon schwebt.

Allgemein läßt sich daher sagen: Körper, deren Dichte im Vergleich zum umgebenden Medium geringer ist, steigen empor, solche, deren Dichte größer ist, sinken ab. Sind die Dichten des Körpers und des Mediums gleich, so schwebt er (Archimedisches Prinzip).

Als Beispiel sei ein Stück Holz erwähnt, das auf dem Wasser schwimmt, im Gegensatz zu einem Stein, der sinkt.

Verfolgt man den aufsteigenden Heißluftballon, so stellt man fest, daß er größer wird, je höher er kommt. Allgemein gesprochen heißt das, ein aufsteigendes Luftpaket dehnt sich aus. Die Ursache dafür kennen wir aus dem vorhergehenden Kapitel. Da der Luftdruck mit der Höhe abnimmt, kommt das Luftpaket in Bereiche mit geringerem Außendruck, d.h. infolge des in ihm herrschenden Überdrucks dehnt es sich aus.

Was dabei passiert, wollen wir an einem weiteren Experiment verdeutlichen. Wir lassen die Luft aus einem Fahrrad- oder Autoreifen entweichen. Die unter Überdruck im Reifen stehende Luft fühlt sich nach Verlassen des Ventils recht kalt an, denn mit der Ausdehnung der ausströmenden Luft außerhalb des Reifens kommt es zu einer Abkühlung.

Drückt man dagegen Luft zusammen, wie dieses z.B. in einer Fahrradpumpe beim Aufpumpen geschieht, so erwärmt sie sich.

Wir können somit zusammenfassen: Aufsteigende Luft gelangt unter geringeren Außendruck, dehnt sich aus und kühlt sich dabei ab. Absinkende Luft kommt dagegen unter höheren Außendruck, wird komprimiert und erwärmt sich dabei. Diesen für die Atmosphäre sehr wichtigen Vorgang bezeichnet man als adiabatische Temperaturänderung. Die Bezeichnung verdeutlicht, daß dabei Temperaturänderungen stattfinden, ohne daß dem betrachteten Luftpaket Wärme von außen zugeführt oder entzogen wird. Der adiabatischen Abkühlung beim Aufsteigen steht die adiabatische Erwärmung der Luft beim Absinken gegenüber.

Wie groß ist nun die Temperaturänderung, die ein Luftpaket beim Auf- und Absteigen erfährt? Wir wollen uns zunächst auf ungesättigte Luft beschränken, d.h. die Vorgänge in den Wolken noch ausklammern. In diesem Fall beträgt die trockenadiabatische Temperaturänderung 1 K/100 m; aufsteigende Luft kühlt sich um diesen Betrag ab, absinkende erwärmt sich um diesen Betrag (trockenadiabatische Temperaturänderung).

Ein Luftpaket möge am Boden eine Temperatur von 20 °C haben. Wird es um 3000 m gehoben, so kühlt es sich dabei folglich um 30 K ab und kommt

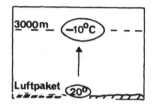

Abb. 2.15. Trockenadiabatische Temperaturänderung auf- und absteigender Luft

in 3 km Höhe mit einer Temperatur von −10 °C an (Abb. 2.15). Würde es anschließend wieder bis zum Boden absinken, erwärmte es sich wieder auf seine Ausgangstemperatur von 20 °C.

Ob nun ein Luftpaket aufsteigt, absinkt oder schwebt, hängt, wie wir am Beispiel der Ballone gesehen haben, von seiner Dichte bzw. Temperatur im Verhältnis zur Umgebungsluft ab.

Instabile (labile) Schichtung

Betrachten wir einen Tag, an dem am Boden eine Lufttemperatur von 20 °C und in 3 km Höhe ein Wert von −15 °C gemessen wird (Abb. 2.16), d.h. an dem die gemessene Temperaturänderung rund 1,2 K/100 m beträgt. Ein Luftpaket habe am Boden ebenfalls eine Temperatur von 20 °C und werde durch einen atmosphärischen Vorgang „gehoben". Beim Aufsteigen kühlt es sich trockenadiabatisch um 1 K/100 m ab und kommt in 3 km mit einer Temperatur von −10 °C an; im Vergleich zur dortigen Umgebungsluft ist es 5 K wärmer. Da seine Dichte folglich geringer ist, ist es leichter als die Umgebungsluft und bewegt sich weiter aufwärts, auch wenn jetzt der ursprüngliche Hebungsvorgang aufhört. An die Stelle der erzwungenen Hebung tritt eine thermisch-bedingte selbständige Aufwärtsbewegung. Für die Vertikalbeschleunigung a gilt

$$a = \frac{dv_z}{dt} = g\,\frac{(T_L - T_A)}{T_A} = g\,\frac{(\varrho_A - \varrho_L)}{\varrho_L}\;,$$

wobei sich der Index L auf das Luftpaket, A auf die Außenluft bezieht. Die Bewegung erfolgt somit um so beschleunigter, je größer der Temperatur- bzw. Dichteunterschied zwischen Luftpaket und Außenluft ist.

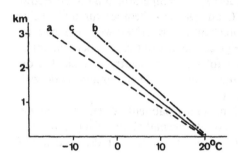

Abb. 2.16. Labile (*a*), stabile (*b*) und neutrale Schichtung (*c*)

Das Kennzeichen einer „instabil geschichteten" Atmosphäre ist somit, daß die beobachtete Temperaturabnahme größer ist als die adiabatische Temperaturänderung eines aufsteigenden Luftpakets. In diesem Fall erscheint das Luftpaket schon nach kurzem Aufsteigen wärmer als die Umgebung und setzt seinen Aufstieg beschleunigt fort.

Stabile Schichtung

Nun wollen wir einen Tag betrachten, an dem zwar am Boden wieder eine Lufttemperatur von 20 °C, in 3 km Höhe aber nur von −5 °C gemessen wird, d. h. an dem die gemessene Temperaturänderung rund 0,7 K/100 m beträgt (s. Abb. 2.16). Ein 20 °C warmes Luftquant werde wieder „gehoben". Infolge der trockenadiabatischen Abkühlung beträgt seine Temperatur bei Ankunft in 3 km Höhe wie im 1. Fall −10 °C, jedoch ist sein Verhältnis zur Umgebungsluft jetzt anders, denn es erscheint 5 K kälter. Seine Dichte ist somit größer, d. h. es ist schwerer als die Außenluft.

Hört der Hebungsvorgang, also die erzwungene Bewegung, jetzt auf, so sinkt das Luftpaket ab, und zwar nach obiger Beziehung um so beschleunigter, je größer seine Temperaturdifferenz zur Außenluft ist: Das Luftpaket kehrt in seine Ausgangslage zurück.

Somit läßt sich allgemein sagen: Ist die beobachtete Temperaturabnahme in der Atmosphäre kleiner als die adiabatische Temperaturänderung, spricht man von einer „stabil geschichteten" Atmosphäre; die Folgen einer erzwungenen Vertikalbewegung werden von ihr selbständig rückgängig gemacht, sobald der Initialimpuls aufhört.

Neutrale Schichtung

Die neutrale Schichtung ist der Grenzfall zwischen der instabilen und der stabilen Schichtung. Dabei entspricht die gemessene vertikale Temperaturänderung genau der adiabatischen Temperaturänderung vertikalbewegter Luftpakete.

In unserem Beispiel bedeutet das: Am Boden wird eine Lufttemperatur von 20 °C, in 3 km Höhe von −10 °C gemessen, d. h. die an diesem Tag beobachtete Temperaturänderung beträgt 1 K/100 m (s. Abb. 2.16). Auch ein trockenadiabatisch aufsteigendes Luftpaket ändert seine Temperatur um diesen Betrag und kommt in 3 km Höhe mit −10 °C an. Da seine Temperatur und Dichte damit genau der Umgebungsluft entsprechen, „schwebt" es, wenn die erzwungene Hebung aufhört, d. h. weder steigt es, noch sinkt es, sondern bleibt in dem Niveau liegen. Aus der Gleichung folgt für den neutralen Fall, daß die Beschleunigung infolge fehlender Temperatur- bzw. Dichteunterschiede zwischen Luftpaket und Außenluft Null ist.

In Abb. 2.16 wird deutlich, daß bei instabilen (labilen) Wetterlagen die beobachtete Temperaturkurve (a) links von der trockenadiabatischen (c), also auf der kälteren Seite liegt, bei stabilen Wetterlagen (b) rechts von dieser, d. h. auf der wärmeren Seite. Bei neutraler Schichtung sind gemessene Temperaturkurve und adiabatischer Temperaturverlauf gleich (c).

Feuchtadiabatische Prozesse

Bisher waren die Betrachtungen auf die Vertikalbewegung ungesättigter, also wolkenfreier Luft beschränkt. Wenden wir uns jetzt den Vorgängen innerhalb der Wolken zu. Auch in ihnen steigt die Luft empor bzw. sinkt Luft ab. Dabei bleiben alle Prozesse prinzipiell erhalten, nur die Beträge der adiabatischen Temperaturänderung ändern sich.

Dieses wird leicht verständlich, wenn wir uns an die Ausführungen über die latente Wärme bei der Zustandsänderung des Stoffs Wasser erinnern. Beim Schmelzen von Eis und Verdunsten von Flüssigwasser wird Wärmeenergie benötigt. Sie wird der Umgebung entzogen. Kondensiert dagegen Wasserdampf, also bilden sich Wolkentropfen, so wird die vorher entzogene Wärme der Umgebung wieder zugeführt. Das gleiche gilt bei der Eisbildung in Wolken. Wir haben es somit bei Vertikalbewegung der Luft in Wolken mit 2 entgegengesetzt wirkenden Wärmeprozessen zu tun. Einerseits kühlt sich jedes aufsteigende Luftpaket um 1 K/100 m ab, andererseits wird bei gesättigter, d. h. kondensierend aufsteigender Luft Kondensationswärme an die Umgebung abgegeben. Diese freigesetzte Wärmemenge ist um so größer, je mehr Wasserdampf kondensiert. Für die resultierende feuchtadiabatische Abkühlung γ_f gilt somit

$$\gamma_f = -\frac{\partial T}{\partial z} = 1\,\text{K}/100\,\text{m} - \delta T_K/100\,\text{m} \ ,$$

wobei δT_K der Temperaturbetrag infolge der freigesetzten Kondensations- bzw. Gefrierwärme ist. Da er bei der Kondensation großer Wasserdampfmengen groß ist, bei geringer Kondensation klein, heißt das, daß die feuchtadiabatische Temperaturänderung im Gegensatz zur trockenadiabatischen nicht konstant ist. In der Regel ist für die feuchtadiabatische Abkühlung aufsteigender bzw. Erwärmung absteigender Luft ein Wert von 0,4 K/100 m bei starker Kondensation (Tropen) bzw. 0,6 K/100 m bei durchschnittlicher Kondensation anzusetzen. Der Wert nähert sich dem trockenadiabatischen um so mehr, je weniger Wasserdampf kondensiert.

Die Aussagen über instabile, stabile und neutrale Schichtung gelten prinzipiell ebenfalls weiter, nur ist im gesättigten Fall das Verhältnis von feuchtadiabatischer Temperaturänderung des Luftpakets zur gemessenen vertikalen Temperaturänderung der Umgebungsluft zu betrachten.

Eine feuchtinstabile (feuchtlabile) Schichtung liegt somit in der Atmosphäre vor, wenn die gemessene Temperaturänderung mit der Höhe größer ist als die feuchtadiabatische der aufsteigenden Luftpakete. Feuchtstabil ist die Schichtung, wenn die gemessene Temperaturänderung mit der Höhe kleiner ist als die feuchtadiabatische, und bei neutraler Schichtung ist die beobachtete gleich der feuchtadiabatischen.

Wie wichtig diese Vorgänge sind, erkennt man im Vergleich zu Abb. 2.11. Dort zeigt sich eine mittlere vertikale Temperaturabnahme in der Troposphäre von 0,65 K/100 m. In bezug auf trockenadiabatisch aufsteigende Luft ist die Troposphäre somit recht stabil geschichtet, was der Wolkenbildung entgegenwirkt. In bezug auf feuchtadiabatisch aufsteigende Luft ist die Schichtung dagegen für alle Fälle mit $\gamma_f < 0,65$ K/100 m instabil, so daß sich hochreichende Wolken und die mit ihnen verbundenen Niederschlagsprozesse bilden können.

2.7 Gesetze

Zustandsgleichung für Gase

Der Zustand eines Gases wird beschrieben durch seinen Druck p, sein Volumen V und seine Dichte ϱ (bzw. Temperatur T). Betrachtet wird ein ideales Gas in einem Zylinder, der durch einen reibungsfrei laufenden Kolben abgeschlossen ist (Abb. 2.17). Bei Temperaturerhöhung des Gases dehnt es sich aus, und es gilt bei konstantem Druck für sein Volumen, wenn die Ausgangstemperatur $t_0 = 0\,°C$ ist,

$$V = V_0 (1 + \gamma \cdot t\,°C) ,$$

wobei $\gamma = 1/273\ K^{-1} = 0,00366\ K^{-1}$ ist.

Arretiert man den Kolben, so daß das Volumen des Gases trotz Temperaturerhöhung infolge Wärmezufuhr konstant bleibt, so erhöht sich sein Druck gemäß

$$p = p_0 (1 + \gamma \cdot t\,°C) .$$

Dabei ist wiederum $\gamma = 1/273\ K^{-1}$. Nach dem Boyle-Mariotte-Gesetz gilt ferner, wenn $T = $ const.,

$$p \cdot V = p_0 \cdot V_0 = \text{const.}$$

Kombiniert man diese 3 Beziehungen, so folgt als Gasgleichung bezogen auf ein Mol eines Gases als Volumen

$$p \cdot V_M = R * T .$$

Dabei ist $R *$ die für alle Gase gültige universelle Gaskonstante und V_M das Molvolumen des Gases, d. h. jenes Volumen, das von dem Molekulargewicht

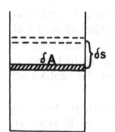

Abb. 2.17. Zustandsänderung von Gasen

des Gases in Gramm (1 Mol) eingenommen wird. Es beträgt für alle Gase $V_M = 22414\,\text{cm}^3\,\text{mol}^{-1}$. Für die universelle Gaskonstante folgt dann mit den Normalwerten $p = 1013,25\,\text{hPa}$ und $T = 273,15\,\text{K}$

$$R^* = 8,31\,\text{J}\cdot\text{K}^{-1}\,\text{mol}^{-1} = 8,31\cdot10^3\,\text{J}\cdot\text{K}^{-1}\,\text{kmol}^{-1}\;.$$

Bezieht man aber die allgemeine Gasgleichung nicht auf eine Volumeneinheit, sondern auf die Masseneinheit verschiedener Gase, dann wird das eingenommene Volumen von Gas zu Gas verschieden, weil gemäß $V = m/\varrho$ es von der Dichte des Gases abhängig ist. Mit dem Molekulargewicht M_i erhält man dann als individuelle Gaskonstante R_i

$$R_i = \frac{R^*}{M_i}\;.$$

Für trockene Luft mit $M_L = 28,96\,\text{kg}\cdot\text{kmol}^{-1}$ folgt

$$R_L = 287,1\,\text{J}\cdot\text{kg}^{-1}\cdot\text{K}^{-1}$$

und für Wasserdampf mit $M_W = 18,02\,\text{kg}\cdot\text{kmol}^{-1}$

$$R_W = 461,5\,\text{J}\,\text{kg}^{-1}\,\text{K}^{-1}\;.$$

Für wasserdampfhaltige, also feuchte Luft erhält man die Gasgleichung aus der Addition der beiden Gasgleichungen für trockene Luft mit dem Luftdruck p_L und für Wasserdampf mit dem Dampfdruck e.

Auf die Masseneinheit bezogen folgt als Gasgleichung

$$p_L = \varrho_L\,R_L\,T$$

bzw.

$$e = \varrho_w\,R_w\,T$$

und somit

$$p = p_L + e = T\,(\varrho_L\,R_L + \varrho_w\,R_w)\;.$$

Mit $\varrho = \varrho_L + \varrho_w$ und bei Anwendung der Definition für das Mischungsverhältnis $\mu = \varrho_w/\varrho_L$ wird, wenn man abschließend μ durch die spezifische Feuchte s ersetzt,

$$p = \varrho\,R_L\,T\left(1 + \left(\frac{R_W}{R_L} - 1\right)s\right)$$

und nach Einsetzen der Zahlenwerte $(R_W/R_L) = 1,61$ die Beziehung

$$p = \varrho\,R_L\,T\,(1 + 0,61\,s)\;.$$

Der Klammerausdruck kann als Faktor von R_L oder von T aufgefaßt werden. Um in der Gasgleichung die Gaskonstante für trockene Luft bei der Dichteberechnung verwenden zu können, setzt man

$$T_v = T\,(1 + 0,61\,s)\;.$$

Mit der virtuellen Temperatur T_v, die den Dichteeinfluß des Wasserdampfes in feuchter Luft berücksichtigt, lautet somit die Gasgleichung

$$\frac{p}{\varrho} = R_L \cdot T_v \ .$$

Statische Grundgleichung und barometrische Höhenformel

Die Gewichtskraft F_G der an einem Ort auf einer beliebigen Fläche A lastenden Luftsäule ist betragsmäßig gegeben durch

$$F_G = m \cdot g = \varrho \cdot V \cdot g = g \cdot \varrho \cdot A \cdot h \ .$$

Aufgrund der Definition des Drucks folgt im z-Koordinatensystem

$$p = \frac{F_G}{A} = g \cdot \varrho \cdot z$$

und somit nach Abb. 15 für die Druckabnahme dp, wobei das Symbol d das totale (vollständige) Differential beschreibt, bei der Höhenzunahme dz als statische Grundgleichung

$$dp = -g \cdot \varrho \cdot dz \ .$$

Am einfachsten läßt sich diese Beziehung über die Höhe z integrieren, wenn die Erdbeschleunigung g und die Dichte ϱ als konstant angenommen werden. Während man g im Bereich der meteorologischen Betrachtungen ohne weiteres als höhenunabhängig ansehen darf, gilt dieses nicht, wie gesehen, für die Dichte bzw. die Temperatur. Jedoch läßt sich über einen Kunstgriff auch diese Voraussetzung erfüllen, indem man den wahren Temperaturverlauf in einer Schicht durch die Mitteltemperatur $\bar{T}$ ersetzt, genauer durch einen für die Schicht konstanten (mittleren) Wert der virtuellen Temperatur $\bar{T}_v$.

Mit Hilfe der Gaszustandsgleichung $p/\varrho = R_L \cdot \bar{T}_v$ folgt dann, wenn ϱ in der statischen Grundgleichung substituiert wird, für die feuchte Atmosphäre

$$dp = -g \frac{p}{R_L \bar{T}_v} \cdot dz$$

oder nach Trennung der Variablen

$$\frac{dp}{p} = -\frac{g}{R_L \bar{T}_v} \cdot dz \ .$$

Integriert zwischen den Grenzen p_0 und p bzw. z_0 und z ergibt dieses

$$\ln \frac{p}{p_0} = -\frac{g}{R_L \bar{T}_v} (z - z_0)$$

bzw.

$$p = p_0 \cdot e^{-gz/R_L \bar{T}_v} \ ,$$

wenn wir vom Niveau $z_0 = 0$ ausgehen. Dieses ist die barometrische Höhenformel, mit der sich die exponentielle Luftdruckabnahme mit der Höhe beschreiben läßt.

Bei der praktischen Anwendung zerlegt man die Atmosphäre in einzelne
Schichten, z.B. zwischen Boden und 850 hPa, von 850 bis 700 hPa usw., bestimmt deren virtuelle Mitteltemperatur und berechnet den Zusammenhang
von Luftdruck und Höhe über die Formel (z in m)

$$\log p = \log p_0 \frac{z}{18\,400\,(1 + \gamma \bar{T}_v)} \ .$$

Dabei ist γ der Ausdehnungskoeffizient der Gase (0,00366) und T_v die mittlere virtuelle Temperatur der Schicht, denn es muß, wie gesagt, nicht nur die
Temperatur, sondern auch der Wasserdampf bei der Betrachtung der Dichte
berücksichtigt werden.

Thermodynamische Gesetze

Wird einem festen oder flüssigen Stoff der Masse m die Wärmemenge δQ zugeführt, so ändert sich seine Temperatur, wobei Temperaturänderung dT und
Wärmemenge δQ in folgendem Verhältnis zueinander stehen:

$$\delta Q = m \cdot c \cdot dT \ .$$

Der Faktor c heißt spezifische Wärme und ist eine charakteristische Eigenschaft, denn nach $c = \delta Q/(mdT)$ ist sie die Wärmeenergie, die man aufwenden
muß, um 1 kg eines Stoffs um 1 K zu erwärmen. Für Wasser z.B. ist
$c = 4187 \ J \cdot kg^{-1} K^{-1}$. Bei Gasen unterscheidet man 2 spezifische Wärmen,
und zwar c_p bei Zustandsänderungen unter konstantem Druck und c_v bei Zustandsänderungen bei konstantem Volumen. Dabei gilt für trockene Luft

$$c_p = 1005 \ J\,kg^{-1}K^{-1}$$

$$c_v = 718 \ J\,kg^{-1}K^{-1}$$

$$c_p - c_v = 287 \ J\,kg^{-1}K^{-1} = R_L$$

$$c_p/c_v = \kappa = 1,40 \ .$$

Den Ausdruck $m \cdot c$ bezeichnet man als Wärmekapazität. Als Einheit der Wärmemenge wurde früher die Kalorie (cal) verwendet, heute erfolgen die Angaben in Joule J (= Newtonmeter Nm). Dabei gilt

$$1 \ J = 0,2388 \ cal$$

$$1 \ cal = 4,1868 \ J \ .$$

Kehren wir zum Gedankenexperiment mit dem zylindrischen Gasbehälter zurück, dessen Kolben sich bei Erwärmung des Gases infolge der Gasausdeh-
nung verschiebt (Abb. 2.17). Das Gas leistet somit bei seiner Expansion eine

Arbeit δW. Da physikalisch Arbeit = Kraft $F \cdot$ Weg ds ist, so folgt für die Arbeit des Gases (mit $p = F/A$)

$$\delta W = -F ds = -p A ds$$

$$\delta W = -p \cdot dV \; ,$$

wenn A die Grundfläche des Zylinders und ds die Kolbenverschiebung und somit dV die Volumenänderung ist. Die Einheit der Arbeit ist Joule.

Bezogen auf die Atmosphäre heißt das: Ein sich ausdehnendes Gas verdrängt das umgebende Gas und leistet dabei eine Arbeit; umgekehrt ist an ihm eine Arbeit zu verrichten, wenn man ein Gas komprimieren will.

Der 1. Hauptsatz der Wärmelehre verknüpft Wärmeenergie und mechanische Arbeit miteinander und hat die Form

$$\delta Q = dU - \delta W = dU + p dV \; ,$$

d. h. eine dem Gas zugeführte Wärmemenge δQ dient einerseits dazu, seine innere Energie dU zu erhöhen, und andererseits zur Verrichtung einer Arbeit δW durch das erwärmte Gas. Die Erhöhung der inneren Energie dU äußert sich in seiner Temperaturerhöhung; da sie von der spezifischen Wärme c_v bei konstantem Volumen abhängt, lautet der 1. Hauptsatz in seiner massenspezifischen Form

$$\delta Q = c_v \cdot dT + p \cdot dV \; .$$

Für adiabatische Zustandsänderungen ist definitionsgemäß $\delta Q = 0$, da ja dem Luftpaket weder Wärme von außen zugeführt noch entzogen wird. Die Volumenänderung des Gases, d. h. seine Arbeit, erfolgt lediglich auf Kosten der inneren Energie. Für adiabatische Änderungen gilt demnach

$$0 = c_v + p \frac{dV}{dT} \; .$$

Differenziert man die Gasgleichung $p \cdot V = R_L \cdot T$ nach T, so ist

$$p \frac{dV}{dT} + V \cdot \frac{dp}{dT} = R_L \; .$$

Eingesetzt in die adiabatische Ausgangsgleichung folgt

$$0 = c_v + R_L - V \frac{dp}{dT} \; ,$$

und da $V = R_L \dfrac{T}{p}$ und $R_L = c_p - c_v$ ist, wird

$$\frac{dT}{dp} = \frac{c_p - c_v}{c_p} \frac{T}{p} \; .$$

Setzen wir in diese Gleichung $dp = -g\varrho\, dz = -g \dfrac{p}{R_L T} dz$ ein, so ergibt sich für die trockenadiabatische Temperaturänderung auf- und absteigender Luftpakete

$$\frac{dT}{dz} = -\frac{g}{c_p} = -0{,}98 \cdot 10^{-2}\,\text{K/m}$$

$$= -0{,}98\,\text{K}/100\,\text{m} \approx -1\,\text{K}/100\,\text{m}\;.$$

Wie die Beziehung zeigt, ist dieser Betrag nur vom Schwerefeld der Erde und vom c_p-Wert der Luft abhängig, nicht aber von der Höhe oder vom Luftdruck.

2.8 Potentielle Temperatur

Die graphische Erfassung der Zustandsänderungen auf- und absteigender Luft geschieht mit Hilfe thermodynamischer Diagramme. In Abb. 2.18 ist als Beispiel das Stüve-Diagramm wiedergegeben. Dabei ist auf der Ordinate der Luftdruck bzw. die Höhe dargestellt und auf der Abszisse die Temperatur. Die von rechts unten nach links oben verlaufenden Linien sind die Trockenadiabaten. Wie der Name schon sagt, läßt sich an ihnen verfolgen, wie sich trockene Luft beim Aufsteigen um 1 K/100 m abkühlt bzw. beim Absinken erwärmt.

Die von rechts unten nach links oben gekrümmt verlaufenden Linien sind die Feuchtadiabaten. Mit ihnen läßt sich verfolgen, wie sich die Temperatur

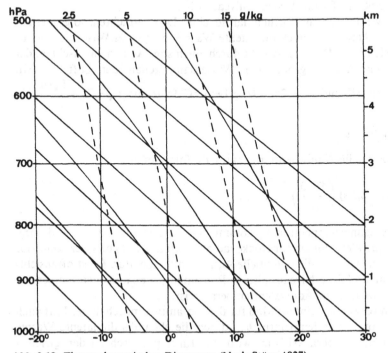

Abb. 2.18. Thermodynamisches Diagramm (Nach Stüve 1927)

feuchtadiabatisch in kondensierender Luft ändert, d. h. beim Auf- und Absteigen in Wolken. Als weitere Größe ist der Feuchtegehalt der Luft als gestrichelte Linie dargestellt, und zwar als Sättigungswert der spezifischen Feuchte, also in Gramm Wasserdampf pro Kilogramm feuchter Luft.

Die Tatsache, daß trockene Luft bei Vertikalbewegungen ihre Temperatur um 1 K/100 m ändert, macht es schwierig, in unterschiedlichen Höhen befindliche Luftpakete hinsichtlich ihres Wärmeinhalts direkt zu vergleichen. So nimmt z. B. am Boden 10 °C warme Luft bis 3000 m eine Temperatur von −20 °C an, oder umgekehrt, Luft in 3000 m Höhe mit einer Temperatur von −20 °C entspricht bei Abwärtsbewegung bodennaher Luft von 10 °C.

Um daher den Wärmegehalt von Luft in unterschiedlichen Höhen miteinander vergleichen zu können, muß man sie auf ein einheitliches Niveau bringen. Üblich ist es, sie auf $p_0 = 1000$ hPa zu beziehen. Dieses erfolgt im thermodynamischen Diagramm, indem das Luftpaket von seinem Ausgangsniveau längs der Trockenadiabaten bis auf 1000 hPa gebracht wird. Die dort abgelesene Temperatur, die also den Wärmegehalt von trockenen Luftquanten vergleichen läßt, wird als potentielle Temperatur θ bezeichnet. Rechnerisch ergibt sie sich nach

$$\theta = T_h \left(\frac{p_0}{p_h} \right)^{(\kappa - 1)/\kappa} = T_h \left(\frac{1000}{p_h} \right)^{0,29} ,$$

wobei die Ausgangstemperatur T_h und θ in Kelvin angegeben werden und p_h der Luftdruck in hPa im Ausgangsniveau h ist.

Wollen wir den Gesamtwärmeinhalt feuchter Luft betrachten, so gibt es zur potentiellen Temperatur noch die latente Wärmeenergie des Wasserdampfs L_v zu berücksichtigen. Dieses geschieht durch einen sog. Äquivalenzzuschlag, der um so größer ist, je größer der Wasserdampfgehalt der Luft ist. Mit $c_p = 1005$ J/kg·K und $L_v = 2500$ J/kg bei 0 °C folgt aus $T_{\ddot{A}} = T_h + \dfrac{L_v \cdot \mu}{c_p}$ in Näherung

$$T_{\ddot{A}} = T_h + 2,5 \, s \ .$$

Für die potentielle Äquivalenttemperatur $\theta_{\ddot{A}}$ folgt somit

$$\theta_{\ddot{A}} = (T_h + 2,5 \, s) \left(\frac{1000}{p_h} \right)^{0,29} ,$$

d. h. zur Ausgangstemperatur T_h kommt der Äquivalenzzuschlag, und dann wird die Äquivalenttemperatur trockenadiabatisch auf 1000 hPa bezogen. Auf diese Weise erhält man die potentielle Äquivalenttemperatur. Es ist offensichtlich, daß im 1000-hPa-Niveau, also in Bodennähe, die Äquivalenttemperatur gleich der potentiellen Äquivalenttemperatur ist.

Vielfach verwendet wird als Maß für den Gesamtwärmegehalt der Luft auch die pseudopotentielle Temperatur θ_{ps}, durch die ebenfalls die latente Wärme des Wasserdampfs berücksichtigt wird. Sie führt praktisch zu den gleichen Zahlenwerten wie die potentielle Äquivalenttemperatur. Doch während $\theta_{\ddot{A}}$

eine rechnerische Größe ist, da bei ihrer Bestimmung die Kondensation unter konstantem Druck, d. h. im Ausgangsniveau p_h stattfindet, wird die pseudopotentielle Temperatur den physikalischen Abläufen bei der Wolkenbildung eher gerecht.

Im thermodynamischen Diagramm wird die pseudopotentielle Temperatur bestimmt, indem man ein Luftquant von seinem Ausgangsniveau zunächst trockenadiabatisch bis zum Kondensationsniveau hebt; von dort erfolgt der weitere Aufstieg nach der Feuchtadiabaten, und zwar so lange, bis diese sich an eine Trockenadiabate anschmiegt, d. h. daß dann sämtlicher Wasserdampf kondensiert ist. Bringt man das Luftquant, aus dem sämtliches kondensiertes Wasser ausgefallen sein soll, längs der Berührungstrockenadiabaten auf 1000 hPa, so läßt sich dort die pseudopotentielle Temperatur ablesen.

2.9 Ionosphäre

Der geschilderte stockwerkartige Aufbau der Atmosphäre basiert auf ihrem Temperaturverhalten. Zu einer anderen Einteilung gelangt man, wenn man die elektrischen Eigenschaften unserer Lufthülle betrachtet. Dieses gilt v. a. für die Höhen von 80 bis 500 km, die als Ionosphäre bezeichnet werden.

Wie es der Name schon verdeutlicht, sind es elektrisch geladene Teilchen, nämlich Ionen, also elektrisch geladene Atome und Moleküle sowie freie Elektronen, die die Eigenschaften der Ionosphäre bestimmen. Die Ladungsdichte steigt von $10^4/cm^3$ in $10-40$ km Höhe auf $10^6/cm^3$ in 80 km und bis auf $10^9/cm^3$ ab 200 km an. Dabei erfolgt der Anstieg nicht gleichmäßig, sondern konzentriert sich auf bestimmte Schichten, so auf die E-Schicht in rund $80-100$ km und auf die F-Schicht zwischen 200 und 400 km Höhe, die sich am Tage in eine F_1-Schicht in 220 km und eine F_2-Schicht in 350 km aufspaltet.

Diese Schichten haben eine außerordentlich große Bedeutung für den Kurzwellenfunkverkehr, denn ihre Leitfähigkeit entspricht der einer Eisenschale von 3 mm Stärke rund um die Erde. Die vom Erdboden ausgesandten Kurzwellen würden den Erdbereich verlassen, wenn sie nicht an den hochleitenden Schichten der Ionosphäre reflektiert zur Erde zurückgestrahlt würden. Nur so ist ein Kurzwellenempfang von Kontinent zu Kontinent, nur auf diese Weise ist die drahtlose Telegraphie von den Schiffen auf den Weltmeeren mit ihrem Heimathafen möglich (Abb. 2.19).

Unterhalb der E-Schicht existiert v. a. am Tage die D-Schicht. Diese hat keine reflektierende, sondern eine absorbierende, eine dämpfende Wirkung auf die Kurzwellen. Dieser Vorgang kann durch energiereiche Strahlung nach Sonnenausbrüchen so stark werden, daß er schlagartig den gesamten Kurzwellenempfang lahmlegt, daß in den Kurzwellenzentren plötzlich eine erdrückende Stille auftritt. Nach Aufhören der Eruption und der Wiedervereinigung der freien Ladungsträger zu neutralen Atomen und Molekülen, setzt der Empfang wieder ein. Die Wirkung der D-Schicht wird auch bei Mittelwellenempfang

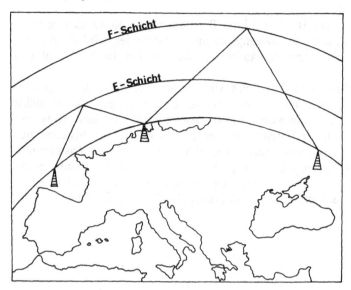

Abb. 2.19. Kurzwellenausbreitung in der Atmosphäre

von Rundfunksendern deutlich, der nachts merklich besser ist, da dann die D-Schicht im Vergleich zum Tag kaum ausgeprägt ist.

Ein optisches Phänomen der Ionosphäre sind die farbenprächtigen Polarlichter in hohen geographischen Breiten. Während sie äquatorwärts von 50°N und 50°S kaum auftreten, kommt es in hohen Breiten praktisch jede Nacht zu diesem faszinierenden Schauspiel mit sich ständig ändernden Farben und Formen, wobei allerdings im Sommer wegen der Mitternachtssonne die Polarlichter mit bloßem Auge nicht erkennbar sind, da der Himmel zu hell ist.

Die Entstehung der Polarlichter ist durch energiereiche Teilchenstrahlung der Sonne zu erklären. Trifft diese auf die Luftmoleküle in der Ionosphäre, so nehmen diese Energie auf und gehen in einen energetisch angeregten Zustand über. Da dieser nicht stabil ist, geben die Luftmoleküle die zugeführte Energie wieder ab, und zwar durch Ausstrahlung von Licht. Die Tatsache, daß Polarlichter nur in höheren geographischen Breiten auftreten, erklärt sich aus dem Magnetfeld der Erde. Von ihm werden die in die Atmosphäre eindringenden elektrisch geladenen solaren Teilchen zu höheren Breiten abgelenkt, wo sie in Höhen oberhalb 100 km die Polarlichter erzeugen.

3 Strahlung

Strahlung ist eine Energie in Form elektromagnetischer Wellen (Abb. 3.1), die zu ihrer Ausbreitung keines Mediums bedarf. Auf diese Weise wird verständlich, wieso die Sonnenstrahlung durch den praktisch luftleeren Weltraum zur Erde gelangen kann. Die für die Meteorologie wichtigste Strahlungseinheit ist die Bestrahlungsstärke E. Sie ist definiert als die Strahlungsenergie δQ, die pro Zeiteinheit dt auf die Flächeneinheit dA trifft:

$$E = \frac{\delta Q/dt}{dA} \; .$$

Die Einheit der Bestrahlungsstärke ist Watt pro Quadratmeter (W/m^2); früher wurde cal/cm$^2 \cdot$min oder erg/cm$^2 \cdot$s benutzt. Für die Umrechnung gilt

$1 \text{ W/m}^2 = 1{,}433 \cdot 10^{-3} \text{ cal/cm}^2 \cdot \text{min} = 10^3 \text{ erg/cm}^2 \cdot \text{s}$

$1 \text{ cal/cm}^2 \cdot \text{min} = 697{,}8 \text{ W/m}^2 \; .$

3.1 Strahlungsspektrum

Im normalen Sprachgebrauch benutzt man die Begriffe kurz- und langwellige Strahlung und beschreibt auf diese Weise bereits den physikalischen Tatbestand, daß die verschiedenen Arten von Strahlung unterschieden werden durch ihre Wellenlänge λ (Abstand zweier benachbarter Schwingungsberge oder Schwingungstäler). Dabei reicht das elektromagnetische Strahlungsspektrum von Wellenlängen von ca. 10^{-12} m bis zu einigen Kilometern.

Die Ausbreitungsgeschwindigkeit c ist für alle Strahlungsarten im Vakuum gleich und beträgt rund 300 000 km/s. Folglich lassen sich gemäß der Formel

$c = \lambda f$

die Strahlungsarten anstelle der Wellenlänge λ auch durch ihre Frequenz f, d. h. durch die Anzahl ihrer Schwingungen pro Zeiteinheit klassifizieren. Kurzwellige Strahlung besitzt somit eine hohe Frequenz, langwellige Strahlung eine niedrige. Nach Abb. 3.2 unterscheiden wir folgende Strahlungsarten: a) Gamma-(γ)-, Röntgen- und Ultraviolett-(UV-)Strahlung als kurzwellige Strahlung, b) sichtbare Strahlung (Licht), c) Infrarot (IR) (Wärmestrahlung) und Mikro-

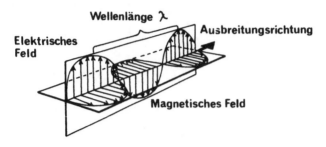

Abb. 3.1. Elektromagnetische Strahlung

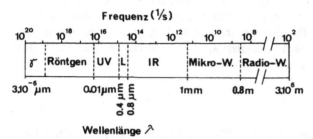

Abb. 3.2. Elektromagnetisches Strahlungsspektrum

wellen (Radar) als langwellige Strahlung sowie d) Radiowellen (UKW, KW, MW, LW) als sehr langwellige Strahlung.

In bezug auf die Energie W, die die verschiedenen Strahlungsarten aufweisen, gilt mit dem Planck-Wirkungsquantum $h = 6,626 \cdot 10^{-34}$ Js

$$W = hf \; ,$$

d. h. je höher die Frequenz einer Strahlung, also je kurzwelliger sie ist, um so energiereicher ist sie. Aus diesem Grunde wirken die radioaktiven γ-Strahlen, die Röntgenstrahlung, aber auch Teile der UV-Strahlung bei pflanzlichem, tierischem und menschlichem Leben zellzerstörend.

3.2 Herkunft der Strahlung

Die Erde erhält praktisch ihre gesamte Strahlungsenergie von der Sonne. Auch die Brennstoffe, die wir verwenden, haben ihren Ursprung in der Solarstrahlung, da durch sie erst über die Photosynthese der Pflanzen und über die Kleinlebewelt in den Ozeanen der Aufbau der Kohlenwasserstoffe in Kohle und Erdöl möglich wurde.

Die Energieproduktion der Sonne beträgt rund $3,8 \cdot 10^{23}$ kW oder umgerechnet auf die Sonnenoberfläche $63\,500$ kW/m². Die Ursache der gewaltigen

Energieerzeugung führt man auf eine thermonukleare Kernverschmelzung unter Freisetzung von Strahlung zurück, bei der Wasserstoffkerne zu Helium verschmolzen werden. Grundlage für die Erklärung dieser Vorgänge ist die Gleichung von Einstein

$$E = m \cdot c^2 \; ,$$

nach der sich Masse m in Energie E umwandeln läßt. Danach verliert bei der Kernverschmelzung die Sonne an Masse, und diese Massendefekte werden in Energie umgesetzt. Die Massenverluste sind jedoch so klein, daß die Sonne in 1000 Jahren nur den Anteil $1,6 \cdot 10^{-11}$ ihrer Gesamtmasse eingebüßt hat. Auf diese Weise ist die Sonne in der Lage, ihre beobachtete Strahlungsleistung über geologische Zeiträume aufrechtzuerhalten.

3.3 Die Solarkonstante

Die in der Sonne erzeugte Strahlungsenergie wird nach allen Seiten abgestrahlt und trifft nach einem mittleren Weg von $R = 149 \cdot 10^6$ km und einer Laufzeit von rund 8 min auf die Erde bzw. auf die Kugelfläche, in der sich die Erde auf ihrer Bahn um die Sonne bewegt. Die Energie, die pro Quadratmeter und Sekunde am Rand der Atmosphäre auftrifft, läßt sich überschlagsmäßig berechnen:

$$I_0 = \frac{W_{\text{Sonne}}}{4\pi R^2} = \frac{3,8 \cdot 10^{23} \text{ kW}}{4\pi (149 \cdot 10^9 \text{ m})^2} = 1360 \text{ W/m}^2 \; .$$

Diese Strahlungsenergie von rund 1360 W/m², die am Rande der Atmosphäre pro Sekunde auf 1 m² senkrechte Fläche fällt, heißt Solarkonstante I_0. Dieser Wert ist konstant im Laufe der Jahrzehnte und Jahrhunderte, schwankt aber innerhalb eines Jahres um insgesamt 7%, da sich die Entfernung Erde-Sonne jahreszeitlich zwischen $147 \cdot 10^6$ km (2. Januar) und $152 \cdot 10^6$ km (4. Juli) ändert. Um das räumlich-zeitliche Mittel der Solarkonstanten für die rotierende Erde zu bestimmen, wird I_0 von der senkrecht zur Solarstrahlung stehenden Kreisfläche ($r^2 \cdot \pi$) auf die Erdkugel ($4\pi r^2$) umgerechnet, d. h. $I_0 = 340$ W/m².

3.4 Wirkung der Erdatmosphäre auf die Solarstrahlung

Beim Durchgang durch die Atmosphäre wird die Sonnenstrahlung auf mannigfache Weise beeinflußt und dabei in verschiedenen Spektralbereichen geschwächt. Einen Überblick über die verschiedenen Effekte vermittelt Abb. 3.3, in der die Energieverteilung im Sonnenspektrum für die Wellenlängen zwischen 0,2 μm (kurzwellig) über 0,4 – 0,8 μm (sichtbar) bis 1,5 μm (nahes Infrarot) aufgetragen ist.

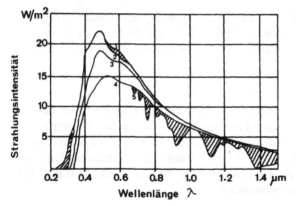

Abb. 3.3. Schwächung der Solarstrahlung durch Absorption und Streuung beim Durchgang durch die Atmosphäre (nach Foitzik-Hinzpeter)

Kurve 1 gibt den Verlauf des Spektrums wieder, wie es am Rand der Atmosphäre beobachtet wird. Wie sich zeigt, entspricht es weitgehend dem Spektrum, das ein schwarzer Körper bei einer Temperatur von rund 5750 K aussendet. Man kann daher folgern, daß die Strahlungstemperatur der Sonne, die in ihrem Zentrum $15 \cdot 10^6$ K beträgt, an ihrem sichtbaren Rand, der Photosphäre, einem Wert von 5750 K entspricht.

Ozonabsorption

Kurve 2 ist noch weitgehend identisch mit Kurve 1, doch fällt im kurzwelligen Bereich zwischen 0,2 und 0,3 µm eine deutliche Abweichung auf. Diese Schwächung ist auf die Strahlungsabsorption in der Stratosphäre durch das Ozon (O_3), also den 3atomigen Sauerstoff, zurückzuführen. Trifft die UV-Strahlung unterhalb von 50 km Höhe, wo die Dichte der Luft bereits hinreichend groß ist, auf die Sauerstoffmoleküle (O_2) der Luft, so spaltet es diese aufgrund der Energiezufuhr $W = h \cdot f$ in 2 Sauerstoffatome (O). Über eine rein chemische Reaktion entsteht dann durch Vereinigung von einem Sauerstoffmolekül mit einem Sauerstoffatom das Ozon (O_3). Bei diesem Vorgang ist ein drittes Luftmolekül M als energetischer (katalytischer) Reaktionspartner erforderlich.

$$O_2 + h \cdot f_{uv} \rightarrow O + O$$

$$O_2 + O + M \rightarrow O_3 + M.$$

Ozon ist aber nicht stabil, sondern zerfällt unter Strahlungseinfluß mit der Zeit wieder in normalen Sauerstoff (O_2) und freie Sauerstoffatome (O), von denen sich 2 wieder zu normalem Sauerstoff vereinigen, d. h. $O_3 + X + h \cdot f_{uv} \rightarrow XO + O_2$ und $XO + O + h \cdot f_{uv} \rightarrow O_2 + X$, wobei z. B. X = NO ist. Dieser in Abhängigkeit von der UV-Strahlung ständig ablaufende Prozeß der Ozonbildung und des Ozonzerfalls schafft eine Gleichgewichtskonzentration in der Stratosphäre, wobei der maximale Ozongehalt zwischen 20 und 30 km Höhe vorhanden ist.

Die Folge der photochemischen Ozonprozesse ist der Temperaturanstieg in der Stratosphäre (Abb. 2.12).

In jüngster Zeit sind die anthropogenen Einflüsse auf die Ozonschicht in die Diskussion geraten. US-Wissenschaftler stellten 1974 fest, daß Fluor-Chlor-Kohlenwasserstoffverbindungen, FCKW oder Freone genannt, ozonzerstörend wirken. Die FCKW werden als Treibgas von Spraydosen sofort, von Dämmschäumen allmählich und von alten Gefrier- und Klimaanlagen auf den Müllkippen freigesetzt. Unbeeinflußt steigen sie bis in die Stratosphäre empor, wo v. a. die Chloratome (als Faktor X) unter dem Einfluß von UV-Strahlung ozonzerstörend wirken.

Auf diese Weise ist über dem Südpolargebiet das Ozonloch entstanden. Die tiefen Wintertemperaturen in der antarktischen Stratosphäre von $-85\,°C$ bis $-90\,°C$, die über die Stratosphärenwolken den heterogen chemischen Abbauprozeß begünstigen, sowie der fehlende Luftaustausch mit den ozonhaltigen mittleren Breiten sind der Grund, warum gerade dort alljährlich das Ozonloch von September bis November entsteht. Ab Dezember, wenn sich im Südsommer die Stratosphäre erwärmt und die Zirkulation umstellt, verschwindet das Ozonloch für 9 Monate wieder.

Vielfach wird das Ozonloch verwechselt mit den geringeren Ozonwerten in den Tropen und Subtropen, z. B. in Australien. Dort ist von Natur aus weniger Ozon vorhanden als in den mittleren und hohen Breiten, dort hat die Natur die Ureinwohner durch eine dunkle Hautfarbe der stärkeren UV-Strahlung angepaßt.

Über dem Nordpolargebiet sind die winterlichen Stratosphärentemperaturen i. allg. 10 K höher als über dem Südpol. Auch führen die winterlichen Stratosphärenerwärmungen (S. 259) zu einem Luftaustausch mit den ozonhaltigeren mittleren Breiten. Beide Effekte verlangsamen den Ozonrückgang, doch kann er sich auf längere Sicht auch auf der Nordhalbkugel drastisch bemerkbar machen. Eine Schwächung der Ozonschicht bedeutet aber eine Zunahme an UV-Strahlung und damit eine Zunahme von Haut- und Augenerkrankungen. Nur ein weltweites FCKW-Verbot kann hier Abhilfe schaffen. Die Ozonschicht würde dann noch 30 Jahre brauchen, ehe sie sich wieder erholt hat. Derzeit ist es aber noch nicht der Ozonabbau, sondern das unvernünftige Sonnenbaden, das den Hautärzten Anlaß zur Sorge gibt.

Streuung

Betrachten wir den Verlauf von Kurve 3 in Abb. 3.3, so ist sie oberhalb 0,8 µm gegenüber Kurve 1 und Kurve 2 nicht verändert, während im kurzwelligen und sichtbaren Strahlungsbereich eine signifikante Abweichung deutlich wird. Die Ursache dieser Schwächung ist die Streuung der Solarstrahlung an den Molekülen der reinen und trockenen Luft (Rayleigh-Streuung) oberhalb der Tropopause. Treffen UV-Strahlung und das sichtbare Licht auf die Luftmoleküle, so nehmen diese einen Teil der Energie der von der Sonne zur Erde „gerichteten" Strahlung auf, gehen in einen energetisch angeregten Zustand über und strahlen die aufgenommene Energie anschließend wieder ab, und zwar nach allen Richtungen, wobei allerdings die Vorwärtsrichtung bevorzugt bleibt. Auch das Streulicht wird von Molekülen wieder aufgenommen und abgestrahlt, so daß vielfach gestreutes Licht den ganzen Luftraum über uns erfüllt und von allen Richtungen zum Betrachter auf der Erde gelangt.

Da die Streuung proportional zur 4. Potenz der Frequenz der Strahlung erfolgt, wird hochfrequentes, also kurzwelliges Licht stärker gestreut als langwelliges. Für die Spektralbereiche des sichtbaren Lichts (hellblau, blau, grün, gelb, orange und rot) bedeutet das folglich, daß in reiner, trockener Luft Blau stärker gestreut wird als Rot. Damit wird verständlich, warum der Himmel blau erscheint.

Je trockener und sauberer die Luft ist, um so blauer ist der Himmel. Tiefblau erscheint er in frischer Polarluft.

Dort, wo keine Luftmoleküle vorhanden sind, um das Sonnenlicht zu streuen, kann der Himmel folglich auch nicht blau sein. Damit können wir die Aussage der Astronauten verstehen, im Weltraum sei der Himmel schwarz.

In den unteren Atmosphärenschichten erfolgt eine zusätzliche Streuung der Solarstrahlung an den Wasserdampfmolekülen und den feinen Luftverunreinigungen (Mie-Streuung). Sie führt, wie Kurve 4 veranschaulicht, zu einer beachtlichen weiteren Schwächung der direkten Sonnenstrahlung, außerdem tritt sie auch in den langwelligeren Spektralbereichen auf. Die Folge ist, daß neben Blau auch Rot stärker gestreut wird und die Blaufärbung des Himmels um so blasser wird, je feuchter und verunreinigter die Luft ist.

Bei Sonnenauf- und Sonnenuntergang hat die Strahlung einen langen Weg durch die unteren, wasserdampfreichen und verunreinigten Luftschichten, und der Himmel erscheint infolge Absorption der anderen Farben in seiner morgendlichen und abendlichen Rotfärbung. Dieser Effekt wird verstärkt, wenn durch Vulkanausbrüche oder Staubstürme in den Wüsten große Mengen feiner Staubteilchen in die Tropo- und Stratosphäre gelangen. In der Folgezeit sind dann phantastische purpurrote Dämmerungserscheinungen zu beobachten.

Wasserdampfabsorption

Von großer Wichtigkeit für die Temperaturverhältnisse auf der Erde ist die Eigenschaft des Wasserdampfs, Strahlungsenergie im Langwelligen zu absorbieren. Dieser Prozeß ist in Kurve 5 zu erkennen, wo oberhalb von 0,7 µm die Absorptionsbanden des Wasserdampfs zu starken Energieschwächungen in den infraroten Spektralbereichen führen.

Reflexion

In der Troposphäre findet ferner eine Reflexion der einfallenden Sonnenstrahlung an den Wolken statt. Je stärker der Himmel bewölkt ist, um so mehr wird reflektiert. Ein Teil der reflektierten Strahlung geht zurück in den Weltraum, während ein anderer nach mehrfachen Reflexionen seinen Weg zur Erdoberfläche fortsetzt. Da die Wolkentropfen im Gegensatz zu den Luftmolekülen alle Wellenlängen gleich beeinflussen, erscheint uns der Himmel an stark bewölkten Tagen weiß bis grau.

Auch an der Erdoberfläche findet schließlich eine Reflexion der einfallenden Solarstrahlung statt, wobei sich ihr Betrag nach der Art und Beschaffenheit der Erdoberfläche richtet.

Physikalisch wird die Fähigkeit eines Stoffs, Strahlung zu reflektieren, durch sein Reflexionsvermögen R ausgedrückt. Dieses ist dabei der Strahlungsanteil J_R, der von der auffallenden kurzwelligen Gesamtstrahlung J_G reflektiert wird: $R = J_R/J_G$.

Tabelle 3.1. Reflexionsvermögen einiger Stoffe in %

Wolken	50 – 80
Frischer Schnee	75
Sandflächen	30
Ackerland	20
Wiesen	10
Wasser	4

Nach Tabelle 3.1 reflektieren Wolken z. B. je nach Kompaktheit und Mächtigkeit 50 – 80% des auffallenden Sonnenlichts, während es bei den Wasserflächen der Seen und Ozeane (abgesehen bei tiefstehender Sonne) nur 4% sind.

Durch Reflexion und Streuung wird also ein Teil der einfallenden kurzwelligen Sonnenstrahlung wieder in den Weltraum zurückgeworfen und geht auf diese Weise dem Verband Erde-Atmosphäre verloren.

Extinktionsgesetz

Die Schwächung dJ (Extinktion) der Sonnenstrahlung in der Atmosphäre beim Durchlaufen der Wegstrecke ds ist proportional der noch vorhandenen Strahlungsenergie J sowie der längs des Wegs ds vorhandenen Masse. Betrachtet man eine Luftröhre mit dem Querschnitt 1 cm², so ist die Masse $m = \varrho\,ds$, wenn ϱ die Luftdichte ist (Abb. 3.4). Mit dem Proportionalitätsfaktor a folgt das Bouguer-Lambert-Gesetz

$$dJ = -a\,J\varrho\,ds$$

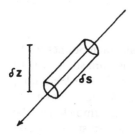

δz $\quad$ δs

Abb. 3.4. Strahlungsextinktion

und, über alle Wegstrecken integriert, wobei β der Zenitwinkel ist,

$$ J = J_0\, e^{-a\sec\beta \int_0^\infty \varrho\, dz} = J_0\, e^{-aM\sec\beta}\,, $$

wobei $ds = dz\sec\beta$ die Projektion des schräg durch die Atmosphäre verlaufenden Strahls auf die Vertikale und M die gesamte durchstrahlte Masse ist.

Vom Rande der Atmosphäre nimmt somit die Energie der auf dem Weg zur Erde befindlichen Strahlung nach einer Exponentialfunktion ab, wobei die Schwächung um so größer wird, je niedriger die Sonnenhöhe h ist. In der Größe a sind die geschilderten physikalischen Prozesse von Absorption, Streuung und Reflexion enthalten.

3.5 Mittlerer Haushalt der einfallenden Solarstrahlung

Das Verhältnis von reflektierter und gestreuter kurzwelliger Strahlung zur gesamten auffallenden Strahlungsenergie bezeichnet man als „Albedo". Für die Erde mit einem Ozeananteil von 71% zu 29% Land, mit ihrer wechselnden Oberflächenbeschaffenheit (Gebirge, Wüsten, Schnee-, Grünflächen) und ihrer Bewölkung beträgt die Gesamtalbedo 0,3, d. h. 30% der am Rande der Atmosphäre auftreffenden Solarstrahlung gehen ungenutzt in den Weltraum zurück.

Die Einzelheiten des mittleren kurzwelligen Energiehaushalts sind in Abb. 3.5 zu finden. Setzen wir die Solarkonstante I_0 gleich 100%, so werden davon 19% in der Atmosphäre durch Ozon, Wasserdampf und Wolken absorbiert, 29% werden gestreut und 24% werden reflektiert (20% an Wolken, 4% an der Erdoberfläche). An der Erde gelangen nur noch 28% als direkte Strahlung und 23% als indirektes, diffuses Licht zur Absorption.

Somit beträgt im Jahresmittel der Strahlungsgewinn der Erdoberfläche rund 50% der Solarkonstanten. 26% gehen als gestreute und reflektierte Strahlung direkt wieder in den Weltraum zurück. 19% verbleiben infolge Absorption in der Atmosphäre; im System Erde-Atmosphäre verbleiben somit rund 70% der zugestrahlten Energie.

Betrachten wir die prozentuale Verteilung der Strahlungsenergie auf die Bereiche UV, sichtbares Licht und IR, so ergibt sich das in Tabelle 3.2 aufgeführte Bild.

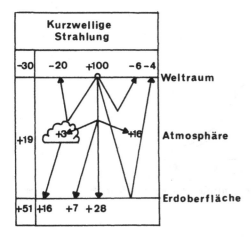

Abb. 3.5. Kurzwellige globale Energiebilanz des Systems Erde-Atmosphäre (nach H. Hinzpeter)

Tabelle 3.2. Energieverteilung der Solarstrahlung in %

	UV	S	IR
Rand der Atmosphäre	7 – 9	46	47

Während beim Durchgang durch die Atmosphäre der sichtbare Anteil praktisch konstant bleibt, wird der UV-Bereich um so stärker geschwächt, je tiefer die Sonne steht; der Strahlungsanteil im IR nimmt hingegen zu.

3.6 Solar-, Global- und Himmelsstrahlung

Die auf direktem Weg zur Erdoberfläche kommende Strahlung der Sonne wird „direkte Sonnenstrahlung" S genannt, während die infolge Streuung und Reflexion unten ankommende indirekte Strahlung als „diffuse Himmelsstrahlung" H bezeichnet wird. Die aus beiden Komponenten bestehende Gesamtstrahlung heißt „Globalstrahlung" G. Somit ist

$$G = S + H \, .$$

Ihr Betrag gibt an, welche Strahlungsenergie auf der Erde von einer horizontalen Fläche empfangen und in Wärme umgewandelt werden kann; sie spielt daher z. B. eine Rolle bei der Frage nach dem sinnvollen Einsatz von Sonnenkollektoren zur Energiegewinnung in den einzelnen Gebieten der Erde.

Die absoluten Höchstwerte für die Tagessumme der Globalstrahlung liegen in unserer Klimazone bei etwa 8700 Wh/m². Für Berlin z. B. erhält man als Maximalwert 7500 Wh/m², während die mittleren monatlichen Tageswerte nach Abb. 3.6 zwischen 440 Wh/m² im Dezember und 5300 Wh/m² im Juni

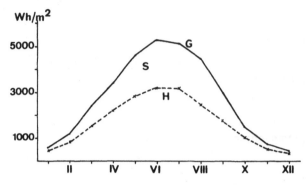

Abb. 3.6. Jahresgang von Globalstrahlung (G), diffuser Himmelsstrahlung (H) und direkter Sonnenstrahlung in Mitteleuropa (S)

Tabelle 3.3. Prozentualer Anteil der diffusen Himmelsstrahlung H an der Globalstrahlung G

	Berlin	Kairo
Frühjahr	64	30
Sommer	60	27
Herbst	65	27
Winter	79	39
Jahr	63	31

liegen, d. h. im Jahresverlauf um den Faktor 12 schwanken. Die Himmelsstrahlung H liegt im Juni und Juli dagegen nur rund 9mal höher als im Dezember, was sich aus dem größeren Betrag der direkten Sonnenstrahlung (Bereich zwischen den Kurven von H und G) erklärt.

Im Jahresmittel erhalten wir für die Globalstrahlung G in Berlin einen Wert von 2700 Wh/m^2, wobei auf die direkte Sonnenstrahlung S 1200 Wh/m^2 und auf die diffuse Himmelsstrahlung H 1500 Wh/m^2 entfallen. Wie groß die klimatische Bedeutung des indirekten Himmelslichts in unserem Klima ist, wird in Tabelle 3.3 durch Vergleich von Berlin und Kairo deutlich.

Außerdem folgt aus Tabelle 3.3, daß der Anteil der diffusen Himmelsstrahlung im Winter größer ist als im Sommer. Analog dazu ist H an wolkenreichen Tagen größer als an heiteren, so wurden z. B. an einem Sommertag mit nur 5 h Sonnenschein H = 4500 Wh/m^2 gemessen, während an einem anderen mit 11 h Sonnenscheindauer H = 3600 Wh/m^2 war.

Die Geräte, mit denen die ankommende Solarstrahlung gemessen wird, basieren auf der Eigenschaft „schwarzer" Körper, die gesamte auffallende Strahlungsenergie zu absorbieren und sie in Wärme umzuwandeln. Mißt man z. B. die Temperaturerhöhung einer bestrahlten schwarzen Scheibe oder von Wasser

in einem absolut schwarzen Gefäß, so läßt sich die zugestrahlte Energie grundsätzlich mit der Beziehung

$$\Delta Q = m \cdot c \cdot \Delta T$$

bestimmen. Die Absolutinstrumente heißen Pyrheliometer. Geräte, die an diesen geeicht werden müssen, heißen Aktinometer.

Bei der Messung der Globalstrahlung fällt die gesamte Strahlung, also direkte Sonnenstrahlung und indirekte Strahlung, auf das Gerät, bei der Messung der diffusen Himmelsstrahlung wird um die Meßeinrichtung des Geräts
ein Ring so angebracht, daß er sich zwischen Sonne und Sensor befindet, so
daß das direkte Sonnenlicht ausgeblendet wird und nur die diffuse Strahlung
in das Gerät fallen kann.

Die Sonnenscheindauer wird mit dem sog. Sonnenscheinautographen registriert. Er besteht im wesentlichen aus einer etwa 10 cm dicken Glaskugel und
einem dahinter befindlichen Brennpapier mit Stundeneinteilung. Scheint die
Sonne, wird die auf die Glaskugel fallende Strahlung so konzentriert, daß sie
in dem Spezialpapier eine Brennspur hinterläßt. Auf diese Weise lassen sich
sonnige und bewölkte Intervalle unterscheiden (s. Abb. 8.1 Meteor-Geräte).

3.7 Wärmestrahlung der Erde

Wie geschildert, stehen an der Erdoberfläche im globalen Mittel rund 50% der
Solarstrahlung zur Verfügung. Sie werden absorbiert, wobei sich der Erdboden
erwärmt.

Jeder Körper, dessen Temperatur verschieden vom absoluten Nullpunkt
(0 K) ist, strahlt nach dem Stefan-Boltzmann-Gesetz eine Energie aus, die um
so größer ist, je höher seine Temperatur (4. Potenz) ist. Es gilt für die ausge-
strahlte Gesamtenergie fester und flüssiger schwarzer Körper über alle Spektralbereiche

$$E = \sigma T^4 \ .$$

Dabei ist $\sigma = 5{,}67 \cdot 10^{-8}$ J/m^{2}K^{4}s. Bei nichtschwarzen Strahlern tritt in der
Gleichung noch ein Faktor $a < 1$ auf.

In welchem Spektralbereich das Maximum der Strahlungsenergie auftritt,
ob es also z. B. im kurz- oder langwelligen Bereich liegt, wird durch das Wien-
Verschiebungsgesetz erfaßt:

$$\lambda_{max} \cdot T = konst. = 2{,}8978 \cdot 10^{-3} \, mK \ .$$

Wie man erkennt, ist der Spektralbereich mit der maximalen Strahlungsenergie
um so kurzwelliger, je höher die Temperatur des erwärmten Körpers ist bzw.
um so langwelliger, je niedriger seine Temperatur ist.

Setzt man in diese Gleichung die effektive Temperatur der Sonne von
5750 K ein, so folgt für das solare Strahlungsspektrum, daß die maximale

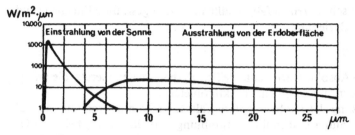

Abb. 3.7. Spektrale Ein- und Ausstrahlung (nach Reuter und Robinson)

Tabelle 3.4. Strahlungsenergie in Abhängigkeit von der Temperatur eines Körpers

T [°C]	−20	−10	0	10	20	30
E [W/m²]	233	272	316	365	419	479

Energie im Bereich um 0,5 µm, also im grünen Licht, auftritt. Die Durchschnittstemperatur der Erde beträgt 15 °C = 288 K. Setzt man diesen Wert ein, so zeigt sich, daß das Maximum der Energie von der Erde im Wellenlängenbereich um 10 µm, also im Infrarot, ausgestrahlt wird. Die Abb. 3.7 zeigt anschaulich das Strahlungsspektrum der Solarstrahlung einerseits und das der Ausstrahlung der Erdoberfläche andererseits, die sich beide nur wenig überdecken.

Für Wellenlängen kürzer als 4 µm und länger als 50 µm ist die von der Erde ausgehende Strahlung vernachlässigbar gering.

Da an der Erdoberfläche je nach Klimaregion, Jahreszeit, Land-Meer-Verteilung, Bodenart, Vegetation usw. sehr unterschiedliche Temperaturverhältnisse herrschen, wechselt auch die (infrarote) Ausstrahlung der Erde erheblich von Ort zu Ort. So liefert das Stefan-Boltzmann-Gesetz für die Ausstrahlung E in Abhängigkeit von der Temperatur die in Tabelle 3.4 aufgeführten Werte:

Gegenstrahlung und effektive Ausstrahlung

Vergleicht man die an einem Ort aufgrund seiner Temperatur berechnete Ausstrahlung E mit der dort gemessenen Ausstrahlung E_{eff}, so stellt man überrascht fest, daß offensichtlich weniger Strahlungsenergie der Erdoberfläche verlorengeht, als es nach dem Stefan-Boltzmann-Gesetz zu erwarten wäre. Dieses wird in Tabelle 3.5 deutlich.

In Spitzbergen wäre bei einer Mitteltemperatur von etwa −20 °C eine Ausstrahlung von 237 W/m² zu erwarten, gemessen werden aber nur 105 W/m²; in Zürich ($T_M = 10 °C$) ist die Relation 363 W/m² zu 91 W/m² und im Monsunklima Indiens ($T_M = 25 °C$) 454 W/m² zu 167 W/m². Die Differenz AG wächst von den hohen über die mittleren bis zu den niederen Breiten an. In allen geo-

Tabelle 3.5. Vergleich von berechneter (E), effektiver (E_{eff}) und Gegenstrahlung (AG)

	Spitzbergen	Zürich	Poona (Indien)
E [W/m^2]	237	363	454
E_{eff} [W/m^2]	105	91	167
AG [W/m^2]	132	272	286

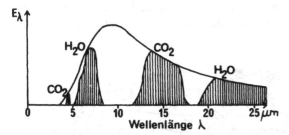

Abb. 3.8. Atmosphärische Absorptions- und Fensterbereiche für die langwellige (Wärme-) Strahlung

graphischen Breiten gelangt somit von der Atmosphäre eine „Gegenstrahlung" (AG) zur Erdoberfläche und verringert ihre Ausstrahlung auf den gemessenen Wert, den man als „effektive Ausstrahlung" (E_{eff}) bezeichnet. Dabei beschreibt der Begriff „effektiv" die Tatsache, daß nur dieser Strahlungsverlust zu einer Abkühlung der Erdoberfläche führt, d. h. $E_{eff} = E - AG = \sigma T^4 - AG$. Die Ursache für die Gegenstrahlung liegt in der Eigenschaft der Atmosphäre, langwellige Strahlung zu absorbieren. Der Wasserdampf absorbiert v. a. die Strahlungsbereiche um 6,3 µm und oberhalb von 18 µm, das atmosphärische Kohlendioxid absorbiert bei 4,3 und um 15 µm. Dieses ist in der Abb. 3.8 durch die schraffierten Gebiete wiedergegeben.

Durch die Absorption der von der Erdoberfläche ausgehenden langwelligen Strahlung sowie der geschilderten Absorption von solarer Strahlung erwärmt sich die Atmosphäre und strahlt entsprechend ihrer Temperatur Strahlungsenergie in diskreten Spektralbereichen aus. Ein Teil davon geht in den Weltraum, der andere Teil gelangt als atmosphärische Gegenstrahlung jedoch zur Erdoberfläche.

Die Atmosphäre wirkt folglich wie ein Glashaus. Sie läßt die von der Sonne kommende Strahlung weitgehend zur Erdoberfläche durch, absorbiert dagegen v. a. durch Wasserdampf und Kohlendioxid die von der erwärmten Erdoberfläche ausgehende langwellige Strahlung und hindert dadurch einen Teil daran, dem System Erde-Atmosphäre verlorenzugehen. Dieses ist der Treib- bzw. Glashauseffekt der Atmosphäre.

Je größer der Wasserdampfgehalt der Atmosphäre ist, um so größer ist die absorbierte terrestrische Strahlungsenergie und um so größer ist folglich die atmosphärische Gegenstrahlung. Das erklärt, warum die Gegenstrahlung in Poona höher ist als in Zürich bzw. die in Zürich höher ist als die im wasserdampfarmen Spitzbergen. Auch ein erhöhter CO$_2$-Gehalt verstärkt den Treibhauseffekt der Atmosphäre.

Nur durch 3 Spektralbereiche kann nach Abb. 3.8 die langwellige Strahlung der Erdoberfläche grundsätzlich ungehindert durch die Atmosphäre in den Weltraum gelangen. Zwischen 3,4 und 4,1 μm befindet sich das kleine, zwischen 8 und 12 μm das große atmosphärische Fenster des Wasserdampfs; ein weiteres, schwächer ausgeprägtes Fenster liegt bei 18 μm. Wie ein beheiztes Haus durch offene Fenster ungehindert Wärme verliert, so verliert das System Erde-Atmosphäre durch seine Fenster Wärmeenergie an den Weltraum.

In Abb. 3.9 wird die mittlere jährliche Wärmeausstrahlung der Erde nach Messungen des Wettersatelliten NIMBUS III sichtbar. Wie zu erkennen ist, nehmen die Werte grundsätzlich von $150-200$ W/m^2 in hohen Breiten auf

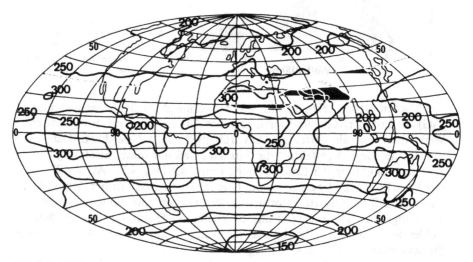

Abb. 3.9. Mittlere jährliche Wärmeausstrahlung der Erde in W/m^2 nach Satellitenmessungen (umgerechnet nach Werten von Raschke u. a. 1972)

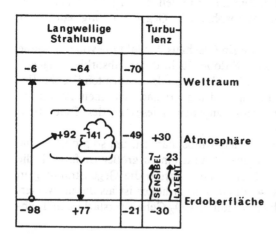

Abb. 3.10. Langwellige globale Energiebilanz des Systems Erde-Atmosphäre (nach H. Hinzpeter)

$250-300 \text{ W/m}^2$ in den Tropen zu, wobei die höchsten Beträge über wolkenarmen Gebieten, wie z. B. über der Sahara, auftreten.

Betrachten wir nun den langwelligen Strahlungshaushalt des Systems Erde-
Atmosphäre. Nach Abb. 3.10 strahlt die Erdoberfläche entsprechend ihrer
Temperatur und Kugelgestalt im langwelligen Bereich 98% der Solarkonstanten aus. Davon gehen nur 6% direkt in den Weltraum, während 92% in der
Atmosphäre absorbiert werden. Außerdem verliert die Erdoberfläche durch
Verdunstung (23%) und Konvektion (7%) rund 30% an die Atmosphäre. Zusammen mit den 19% aus der kurzwelligen Absorption hat somit die Atmosphäre einen Energiegewinn von 141%. Davon werden 64% an den Weltraum
abgegeben, und 77% gelangen als Gegenstrahlung zur Erdoberfläche zurück.

3.8 Strahlungsbilanz

Bei einer planetarischen Albedo von 30% verbleiben 70% der zugestrahlten
Sonnenenergie im System Erde-Atmosphäre. Genau dieser Betrag geht als
langwellige Strahlung (64% + 6%) wieder in den Weltraum, d. h. das System
Erde-Atmosphäre weist im global-zeitlichen Mittel eine ausgeglichene Energiebilanz auf.

Betrachtet man aber die Strahlungsverhältnisse in den einzelnen Klimazonen der Erde, so sind diese i. allg. nicht im Strahlungsgleichgewicht. Wie
Abb. 3.11 veranschaulicht, ist in niederen Breiten die Sonneneinstrahlung größer als die effektive Ausstrahlung, während in hohen Breiten die Ausstrahlung
die Einstrahlung überwiegt. Nur bei etwa 40° geographischer Breite halten sich
Ein- und Ausstrahlung die Waage. Würde folglich nur der Strahlungshaushalt
die Temperatur der Erdregionen bestimmen, müßten die Tropen immer wärmer
und die Polargebiete immer kälter werden.

Dieses ist aber nicht der Fall. Luft- und Meeresströme transportieren ständig Wärme aus tropischen Breiten polwärts, während gleichzeitig kältere Luft
und kälteres Ozeanwasser zum Ausgleich äquatorwärts strömt. Auf diese Weise
sorgt der „meridionale Wärmeaustausch" für einen Abbau der Auswirkungen

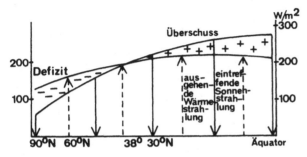

Abb. 3.11. Strahlungsbilanz der Erde zwischen Äquator und Pol

der regional unausgeglichenen Strahlungsverhältnisse und somit für eine über große Zeiträume hinweg konstante Mitteltemperatur in den Klimazonen.

Als Wärmebilanzgleichung eines Orts folgt somit für

die Erdoberfläche $\quad\quad\quad Q_1 = J_{abs} - E_{eff} - H - LH + A_{oz}$
die Atmosphäre $\quad\quad\quad\quad Q_2 = E_{eff} - R + H + LH + A_{atm}$
das System Erde-Atmosphäre $\;\; Q = J_{abs} - R + A_{oz} + A_{atm}$.

Dabei ist J_{abs} die absorbierte kurzwellige Strahlung, E_{eff} die effektive Ausstrahlung, H der Verlust bzw. Gewinn durch sensible, LH jener durch latente Wärme; ferner ist R der langwellige Strahlungsverlust aus der Atmosphäre an den Weltraum und A_{oz} bzw. A_{atm} der meridionale Wärmetransport von Ozean bzw. Atmosphäre.

4 Luftbewegung

Die Luft der Atmosphäre ist ständig in Bewegung. Dabei hat man zu unterscheiden zwischen den geordneten großräumigen Bewegungen, wie z. B. um die Hoch- und Tiefdruckgebiete, und den ungeordneten kleinräumigen, turbulenten Vorgängen. Je nach ihrer mittleren horizontalen Ausdehnung und ihrer mittleren Lebensdauer lassen sich 5 atmosphärische Grundstrukturen der Bewegung unterscheiden (Tabelle 4.1).

Die Turbulenz ist die kleinräumigste und kurzzeitigste atmosphärische Bewegungsform. Ihr spürbarer Ausdruck sind die Windstöße, die Böen. Sichtbar wird sie z. B. an der ungeordneten, wirbelartigen Bewegung der Blätter im Herbst oder dem Auf und Ab fliegender Pollen im Frühjahr.

Als Konvektion bezeichnet man das Aufsteigen erwärmter Luft bei gleichzeitigem Absinken kälterer Luft. Infolge ihrer unterschiedlichen Beschaffenheit und damit thermischen Eigenschaften erwärmt sich bekanntlich die Erdoberfläche von Ort zu Ort trotz gleicher Einstrahlung unterschiedlich stark. So ist es z. B. im Sommer über Asphalt oder Sandflächen erheblich wärmer als über Gras oder Wasser. Die aufliegende Luft wird daher über der einen Unterlage stärker erwärmt als über der anderen, d. h. ihre Dichte wird geringer als die der benachbarten Luft, und die erwärmten Luftpakete lösen sich vom Boden ab und steigen auf. Als Ersatz muß an anderer Stelle kältere (dichtere) Luft aus der Höhe absinken. Die Vertikalbeschleunigung ist dabei um so größer, je stärker der Temperaturunterschied zwischen den auf- bzw. absteigenden Luftpaketen und der Umgebungsluft ist. Es gilt für die Vertikalbeschleunigung

$$\frac{dw}{dt} = g\frac{(T - T_U)}{T_U} = g\frac{(\varrho_U - \varrho)}{\varrho} \, ,$$

wobei sich der Index U auf die Umgebungsluft bezieht.

Tabelle 4.1. Atmosphärische Bewegungsstrukturen

	Horizontale Ausdehnung	Lebensdauer
Turbulenz	10 cm – 100 m	10 s – 10 min
Konvektion	50 m – 10 km	10 min – 3 h
Wolkenkomplexe/-bänder	20 km – 500 km	3 h – 24 h
Zyklonen/Antizyklonen	500 km – 3000 km	1 d – 3 d
Lange Wellen	3000 km – 10000 km	3 d – 8 d

Turbulenz und Konvektion sind die maßgeblichen Vorgänge für die klein-räumige Vertikalbewegung der Luft, Zyklonen und Antizyklonen sowie die langen Wellen bestimmen dagegen im wesentlichen die Horizontalbewegung der Luft, genauer gesagt, bei ihnen ist die horizontale Luftbewegung erheblich größer als die vertikale. So reichen die horizontalen Windbeträge in den Hoch- und Tiefdruckgebieten von einigen Metern pro Sekunde bis zu 40 m/s in den Orkantiefs, während die auf- und absteigende Luftbewegung dabei nicht grö-ßer als einige Zentimeter pro Sekunde ist. Nur bei starker Konvektion, z. B. in Schauer- und Gewitterwolken, kann auch die Vertikalbewegung der Luft Werte zwischen 10 m/s und 30 m/s erreichen.

4.1 Kräfte bei reibungsfreier Bewegung

Das grundlegende Gesetz, das die Bewegung in der Atmosphäre erfaßt, ist das 2. Newton-Gesetz: Kraft $\vec{F}$ = Masse m·Beschleunigung $\vec{a}$ oder umgestellt

$$\vec{a} = \frac{\vec{F}}{m} \ .$$

Die Beschleunigung eines Körpers ist um so größer, je größer die angreifende Kraft ist, sie ist um so geringer, je größer die Masse ist. In der Meteorologie ist es üblich, die allgemeinen physikalischen Betrachtungen anhand der Mas-seneinheit m = 1 kg durchzuführen. Außerdem wirken auf die Luft mehrere Kräfte, so daß $\vec{F}$ die (vektorielle) Summe aller Einzelkräfte ist, d.h.

$$\vec{a} = \frac{d\vec{v}}{dt} = \frac{\vec{F}_1 + \vec{F}_2 + \ldots \vec{F}_n}{m} = \frac{\sum \vec{F}_i}{m} \ .$$

Druckkraft

Betrachten wir auf der Erdoberfläche 2 Orte mit unterschiedlichem Luftdruck, so herrscht zwischen ihnen ein Druckunterschied. Man sagt, zwischen den bei-den Orten im Abstand δn herrscht ein Druckgefälle vom höheren zum tieferen Luftdruck. Dieser Ausdruck weist auf die Parallele zwischen strömendem Was-ser und strömender Luft hin, denn ebenso wie Wasser dem Gefälle folgend vom höheren Punkt zum tieferen fließt, strömt die Luft dem Druckgefälle fol-gend vom höheren zum tieferen Luftdruck.

Man erkennt dieses Prinzip deutlich in Abb. 4.1. Am Ort P_1 beträgt der Luftdruck 1010 hPa, am δn = 1000 km entfernten Ort P_2 werden 1000 hPa ge-messen, d.h. das Druckgefälle beträgt 1 hPa/100 km. Wie wir früher gesehen haben, nimmt der Luftdruck mit der Höhe ab, und zwar um 1 hPa/8 m, d.h. in P_1 wird der Luftdruck von 1000 hPa in 80 m Höhe angetroffen, in P_2 dage-gen an der Erdoberfläche. Zeichnet man die 1000-hPa-Linie zwischen P_1 und

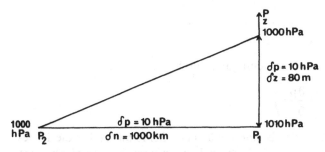

Abb. 4.1. Prinzip des Luftdruckgefälles

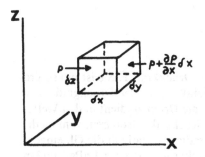

Abb. 4.2. Ableitung der Druckkraft

P_2, so läßt sich das „Druckgefälle" vom höheren Bodenluftdruck bei P_1 zum tieferen bei P_2 veranschaulichen.

Zur Ableitung der Druckkraft $\vec{P}$ betrachten wir ein Luftvolumen δV mit den Kanten δx, δy, δz (Abb. 4.2) und der Dichte ϱ. Horizontale Druckunterschiede führen dazu, daß auf die linke Seitenfläche der Luftdruck p, auf die rechte Seitenwand der Druck $p + \delta p$ wirkt. Dann ist gemäß $F = p \cdot A$ die resultierende Kraft auf das Volumen in x-Richtung gleich der Differenz beider Kräfte, d. h.

$$\delta F = p \delta y \delta z - \left(p + \frac{\partial p}{\partial x} \delta x\right) \delta y \delta z = -\frac{\partial p}{\partial x} \delta x \delta y \delta z \ .$$

Dividiert durch ($\varrho \delta x \cdot \delta y \cdot \delta z$), d. h. durch die Masse des Volumens, folgt nach $\vec{a} = \delta \vec{F}/m$ als Druckbeschleunigung bzw. als Druckkraft pro Masseneinheit mit dem Symbol ∂ für die partielle Ableitung

$$a_{p(x)} = -\frac{1}{\varrho} \frac{\partial p}{\partial x} \ .$$

Für ein Druckgefälle in y- bzw. z-Richtung ergibt sich analog

$$a_{p(y)} = -\frac{1}{\varrho} \frac{\partial p}{\partial y} \quad \text{und} \quad a_{p(z)} = -\frac{1}{\varrho} \frac{\partial p}{\partial z} \ .$$

Die räumliche Druckbeschleunigung wird folglich durch alle 3 Komponenten beschrieben, d. h. mit den Einheitsvektoren $\vec{i}$, $\vec{j}$, $\vec{k}$ durch den Ausdruck

$$-\frac{1}{\varrho}\vec{\nabla}p = -\frac{1}{\varrho}\left(\frac{\partial p}{\partial x}\vec{i}+\frac{\partial p}{\partial y}\vec{j}+\frac{\partial p}{\partial z}\vec{k}\right) \ ,$$

und die horizontale Druckbeschleunigung durch

$$-\frac{1}{\varrho}\vec{\nabla}_h p = -\frac{1}{\varrho}\left(\frac{\partial p}{\partial x}\vec{i}+\frac{\partial p}{\partial y}\vec{j}\right) \ ,$$

wobei das Nabla-Zeichen ($\vec{\nabla}$) als eine abkürzende Schreibweise für die Differentiationsvorschrift $\vec{i}\partial/\partial x+\vec{j}\partial/\partial y+\vec{k}\partial/\partial z$ benutzt wird. In der obigen Form stellt sie den Gradienten des Luftdrucks p dar. Im sog. natürlichen Koordinatensystem zeigt die Abszisse in Strömungs- und die Ordinate (nebst Einheitsvektor $\tilde{n}$) in Druckgefällerichtung; dann folgt

$$\vec{a}_{p(h)} = -\frac{1}{\varrho}\frac{\partial p}{\partial n}\tilde{n} \ .$$

Die Ursache einer jeden Luftbewegung ist die Druckkraft $\vec{P}$. Sie ist um so größer, je stärker in einem Gebiet das Druckgefälle, d.h. der Druckgradient in hPa/100 km, ist. Gemessen wird der horizontale Druckgradient in den Wetterkarten senkrecht zu den Linien gleichen Luftdrucks, den Isobaren, vom niedrigeren zum höheren Luftdruck, so daß der Gradient negativ in die Gl. eingeht. Bei schwachwindigem Wetter beträgt der Druckgegensatz etwa 1 hPa/100 km, bei Sturmwetterlagen dagegen 10 hPa/100 km.

Die ablenkende Kraft der Erdrotation – Corioliskraft

Wäre die Druckkraft die einzige auf die Luftteilchen wirkende Kraft, so würde die Luft auf direktem Weg senkrecht zu den Isobaren vom höheren zum tieferen Luftdruck strömen. Druckunterschiede zwischen verschiedenen Orten würden dadurch rasch ausgeglichen, stärkere Druckgegensätze könnten erst gar nicht entstehen. Derartige Verhältnisse werden aber nur in Äquatornähe angetroffen. In allen anderen Regionen strömt die Luft nahezu parallel zu den Isobaren, in Höhen oberhalb 1000 m, in der freien Atmosphäre, grundsätzlich isobarenparallel. Gegenüber der Richtung der Druckkraft erscheint daher der Wind nach rechts abgelenkt (Nordhalbkugel).

Die Ursache für dieses Verhalten liegt darin, daß sich die Erde für uns unbemerkt dreht. Man kann sich den Effekt, den ein rotierendes System auf eine geradlinige Bewegung ausübt, an einem Versuch klar machen (Abb. 4.3).

Auf einer Drehscheibe mit dem Radius R befindet sich im Punkt B, also im Abstand r von der Drehachse P, ein Beobachter. Wirft er bei stillstehender Scheibe einen Ball in radialer Richtung, so sieht er, daß der Ball in S auf die Wand auftrifft, die als Zylinder die Scheibe umgibt. Nun drehe sich die Scheibe für den Beobachter unbemerkt mit der Winkelgeschwindigkeit $\omega = d\beta/dt$, so daß der Punkt B mit der Bahngeschwindigkeit $c = \omega r$ um die Drehachse kreist. Beim Abwurf wirken somit auf den Ball die Bahngeschwindigkeit c und

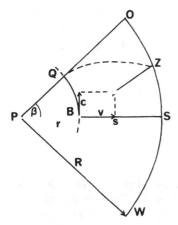

Abb. 4.3. Bewegungen auf einem rotierenden System

die Wurfgeschwindigkeit v. Nach dem Parallelogramm der Kräfte fliegt der Körper in Richtung Z und trifft dort auf die Wand. Während der Zeit, die der Ball von B nach Z unterwegs ist, dreht sich die Scheibe und damit der Beobachter nach Q. Der Beobachter glaubt, der radial weggeworfene Ball müsse in O auftreffen; überrascht stellt er fest, daß er aber in Z auftrifft, d. h. daß die Flugbahn gegenüber seiner Blickrichtung nach rechts abgelenkt erscheint. Bewegungen auf rotierenden Systemen zeigen somit eine Ablenkung, in diesem Fall eine Rechtsablenkung.

Auch die Erde ist ein für uns unbemerkt rotierendes System. Sie dreht sich in 24 h um ihre Achse von West nach Ost und hat damit, wenn T = 86168 s die Länge eines Tags bezogen auf einen Fixstern (Sterntag) ist, die Winkelgeschwindigkeit

$$\omega = \frac{2\pi}{T} = 7,29 \cdot 10^{-5}\,\mathrm{s}^{-1}\,.$$

Wie haben wir nun die ablenkende Kraft der Erdrotation auf die Bewegungen auf der Erde zu verstehen?

Die Physik lehrt, daß bei rotierenden Systemen eine Zusatzkraft auftritt, die Zentrifugalkraft $\vec{F}_z$. Sie ist betragsmäßig gegeben durch

$$F_z = m\frac{c^2}{r}\,,$$

wenn c die Bahngeschwindigkeit und r der Abstand von der Drehachse ist. Jeder kennt diese Kraftwirkung, die beim Hammerwurf infolge der Drehbewegung an der Kugel angreift und diese wegfliegen läßt, sobald der Werfer das Stahlseil losläßt. Dabei fliegt der Hammer um so weiter, je schneller der Werfer sich dreht, d. h. je größer die Winkelgeschwindigkeit ω und damit nach

$$c = \omega r$$

die Bahngeschwindigkeit der Kugel ist.

Betrachtet man einen ruhenden Körper auf der rotierenden Erde, z. B. einen Baum oder ein Luftpaket bei Windstille in der geographischen Breite ϕ, so dreht er sich mit der Erde um die Erdachse, von der er den Abstand r hat. Seine Bahngeschwindigkeit c ist dann dem Betrag nach

$$c = \omega r$$

und seine Zentrifugalkraft F_z ist

$$F_z = m\,\frac{c^2}{r} = m\omega^2 r \ .$$

Wie Abb. 4.4 veranschaulicht, wird im Fall des auf der abgeplatteten Erde stillstehenden Körpers die Zentrifugalkraft F_z mit ihrer Vertikalkomponente F_{zv} und der Horizontalkomponente F_{zh} kompensiert durch die Anziehungskraft G der Erde bzw. deren Komponenten G_v und G_h. Dadurch wird verhindert, daß der Körper von der Erde fortfliegt.

Nehmen wir nun den Fall, daß sich der Körper, also unser Luftteilchen, auf der Erde mit der Geschwindigkeit v von West nach Ost bewegt. Dann addieren sich die Bahn- und Eigengeschwindigkeit, und es hat die totale Geschwindigkeit c+v.

Gemäß Abb. 4.5 ergibt sich die neue Gesamtfliehkraft

$$F_{z(ges)} = m\,\frac{(c+v)^2}{r} = m\,\frac{c^2+2cv+v^2}{r} = m\,\omega^2 r + 2m\omega v + m\,\frac{v^2}{r} \ .$$

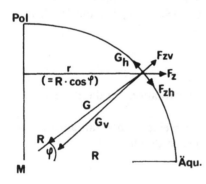

Abb. 4.4. Schema zur Wirkung von Zentrifugal- und Gravitationskraft auf der Erde

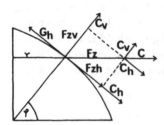

Abb. 4.5. Coriolis-Kraft

Wegen $F_z = m\omega^2 r$ bei relativ zur Erde ruhendem Körper ist die durch die Luftbewegung hervorgerufene Zusatzkomponente C der Zentrifugalkraft

$$C = F_{z(ges)} - F_z = 2m\omega v + m\frac{v^2}{r} .$$

Außer am Pol ist betragsmäßig der Abstand r von der Erdachse im Vergleich zum Betrag der Luftbewegung v sehr groß und damit der letzte Term vernachlässigbar klein, so daß grundsätzlich gilt

$$C = 2m\omega v \quad \text{bzw.} \quad a_c = 2\omega v .$$

Dabei ist C die Coriolis-Kraft und a_c die Coriolis-Beschleunigung. Ihre Vertikalkomponente $a_{c(v)} = a_c \cos\phi$ ist dabei der Erdbeschleunigung entgegengesetzt gerichtet und im Vergleich zu ihr so klein, daß sie in der Meteorologie keine Rolle spielt. Bedeutsam ist dagegen die Horizontalkomponente. Für sie gilt nach Abb. 36

$$a_{c(h)} = 2\omega \sin\phi \cdot v_h$$

bzw. bei Zerlegung in die West-Ost- und Nord-Süd-Komponente

$$a_{c(x)} = -2\omega \sin\phi \cdot v$$

$$a_{c(y)} = 2\omega \sin\phi \cdot u.$$

Der Betrag der Coriolis-Kraft liegt in der Größenordnung der anderen horizontal wirkenden Kräfte, u.a. der Druckkraft. Die Beziehung zeigt, daß die Coriolis-Kraft am Äquator Null ist und mit zunehmender geographischer Breite ϕ bis zum Pol anwächst, sie zeigt ferner das Anwachsen der Coriolis-Kraft mit zunehmender Geschwindigkeit v_h der Luft.

Die wiedergegebene Ableitung der Coriolis-Kraft veranschaulicht in einfacher Form die ablenkende Kraft der Erdrotation bei West-Ost-Strömung der Luft. Daß sie auch bei meridionaler Luftbewegung gilt, zeigt die nachfolgende Betrachtung. Ein Luftteilchen verlagere sich aus der geographischen Breite ϕ zur Breite $\phi + d\phi$. Der in der Zeit t zurückgelegte Weg ist dann nach Abb. 4.6 bei kleinem $d\phi$

$$R \cdot d\phi = v \cdot t .$$

In der Breite ϕ bzw. $(\phi + d\phi)$ dreht sich die Erde mit

$$\omega \cdot r = \omega R \cdot \cos\phi$$

bzw.

$$\omega \cdot r' = \omega \cdot R \cdot \cos(\phi + d\phi) .$$

In der Zeit t, die das Luftteilchen von ϕ nach $(\phi + d\phi)$ unterwegs ist, dreht sich die Erdoberfläche in $(\phi + d\phi)$ um die Strecke

$$s = \omega R (\cos\phi - \cos(\phi + d\phi)) t$$

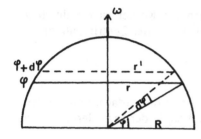

Abb. 4.6. Zur Ableitung der Coriolis-Kraft bei N-S-Bewegung

bzw. nach Substitution von R mit der ersten Beziehung um

$$s = -\omega \cdot v \cdot t^2 \frac{\cos(\phi + d\phi) - \cos\phi}{d\phi}$$

$$s = -\omega v t^2 \frac{d\cos\phi}{d\phi} = \omega v t^2 \sin\phi \; .$$

Für die Coriolis-Beschleunigung folgt somit bei Differentiation nach dt

$$a_c = \frac{d^2 s}{dt^2} = 2\omega \sin\phi \cdot v \; .$$

Ein überzeugender experimenteller Beweis dafür, daß die Coriolis-Kraft an jedem Punkt der Erde und bei jeder Bewegungsrichtung wirksam wird, liefert das Foucault-Pendel. Es besteht aus einer schweren Kugel (28 kg), die an einem langen Faden (67 m) hängt. Ein solches Pendel vermag bei reibungsarmer Aufhängung und bei vorsichtigem Anschwingen über 24 Stunden zu schwingen.

Ein Beobachter stellt fest, daß das Pendel nach dem Anschwingen seine Schwingungsebene im Raum mit der Zeit verändert, indem es auf der Nordhalbkugel in bezug auf seine Bewegungsrichtung allmählich nach rechts, auf der Südhalbkugel nach links abgelenkt wird. Nach einiger Zeit schwingt das Pendel senkrecht zur Anfangsrichtung, später wieder in der Anfangsebene, aber invers zum Anfang, danach wieder senkrecht dazu und schließlich nach einer vollen 360°-Drehung erreicht es wieder die Ausgangsposition. Aufgezeichnet beschreibt die Pendelbahn eine Rosettenfigur. Der Beobachter muß aus der Änderung der Pendelebene schließen, daß eine permanente Kraft auf das Pendel wirkt, die dieses stetig ablenkt.

In Wirklichkeit behält jedoch infolge seiner Trägheit das Pendel seine Schwingungsebene im Raum unverändert bei und um diese dreht sich der Raum, der mit der rotierenden Erde starr verbunden ist. Bei der ablenkenden Kraft der Erdrotation, der Coriolis-Kraft, handelt es sich somit um eine Trägheitskraft. Da sie senkrecht zur jeweiligen Bewegungsrichtung angreift, vermag sie ferner physikalisch keine Arbeit zu leisten und ist eine Scheinkraft.

Zusammenfassend läßt sich feststellen: Die Coriolis-Kraft steht stets senkrecht zur Bewegungsrichtung (Scheinkraft) und bewirkt auf der Nordhalbkugel eine Ablenkung der Luft nach rechts (Abb. 4.7). Sie ist am Äquator Null

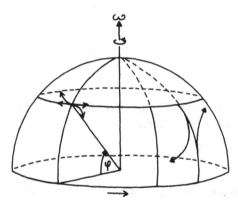

Abb. 4.7. Luftbewegung auf der Nordhalbkugel unter dem Einfluß der Coriolis-Kraft

und wächst mit zunehmender geographischer Breite bis zum Pol an. Außerdem ist sie um so größer, je höher die Windgeschwindigkeit ist.

Der geostrophische Wind

Wir haben bisher zwei Kräfte kennengelernt, die auf die horizontalen Luftbewegungen wirken: die Druckkraft und die Coriolis-Kraft. Wie Abb. 4.8 veranschaulicht, beginnen sich die Luftteilchen unter dem Einfluß der Druckkraft vom höheren zum tieferen Luftdruck, d. h. senkrecht zu den Isobaren, beschleunigt in Bewegung zu setzen. Sobald dieses der Fall ist, setzt entsprechend der Strömungsgeschwindigkeit v die Wirkung der Coriolis-Kraft ein, und die Teilchenbahn wird nach rechts abgelenkt. Während dabei zunächst noch die Druckkraft die Coriolis-Kraft überwiegt, stellt sich nach einigen Stunden ein Gleichgewicht zwischen beiden Kräften ein, und der Wind strömt parallel zu den Isobaren. Diesen Wind, bei dem die Luftbewegung gekennzeichnet ist durch das Gleichgewicht von Druckkraft und Coriolis-Kraft und bei der die Bewegung längs geradliniger, paralleler Isobaren beschleunigungsfrei erfolgt, bezeichnen wir als geostrophischen Wind. Er ist in der Atmosphäre oberhalb der etwa 1000 m hohen Reibungsschicht grundsätzlich anzutreffen.

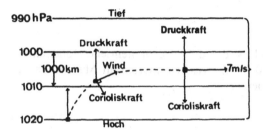

Abb. 4.8. Wirkung von Druck- und Coriolis-Kraft (geostrophischer Wind)

Tabelle 4.2. Abhängigkeit des geostrophischen Winds v_g vom Druckgefälle $\delta p/\delta n$ ($\phi = 53°$)

hPa/100 km	1	2	3	4	5	6	7
v_g (m/s)	6,7	13,5	20,2	27,0	33,7	40,4	47,2

Als Bewegungsgleichung bei Wirkung von Druck- und Coriolis-Kraft folgt dann mit dem Coriolis-Parameter $f = 2\omega \sin \phi$ allgemein

$$\frac{du}{dt} = fv - \frac{1}{\varrho}\frac{\partial p}{\partial x} \quad \text{bzw.} \quad \frac{dv}{dt} = -fu - \frac{1}{\varrho}\frac{\partial p}{\partial y}.$$

Da beim geostrophischen Wind infolge des Gleichgewichts von P und C gilt: $du/dt = dv/dt = 0$, so ist

$$u_g = -\frac{1}{\varrho f}\frac{\partial p}{\partial y} \quad \text{bzw.} \quad v_g = +\frac{1}{\varrho f}\frac{\partial p}{\partial x}.$$

Legt man die x-Achse des Koordinatensystems tangential zur Strömungs- bzw. Isobarenrichtung im stationären Fall, so ergibt sich der Druckgradient allein aus der Druckänderung senkrecht zu den Isobaren vom tieferen zum höheren Druck. Dieses Bezugssystem relativ zu den Gebilden der Wetterkarte heißt natürliches Koordinatensystem. Da dabei die y-Richtung mit dem Druckgefälle (Normalenrichtung n) zusammenfällt, so folgt für die geostrophische Windgeschwindigkeit u_g (vgl. Tabelle 4.2)

$$u_g = -\frac{1}{\varrho f}\frac{\partial p}{\partial n}.$$

Als vertikale Bewegungsgleichung gilt bei $dw/dt = 0$

$$g = -\frac{1}{\varrho}\frac{\partial p}{\partial z}.$$

Multipliziert man die vorletzte Gleichung mit dn, die letzte mit dz und subtrahiert die zweite von der ersten, so ergibt sich, da das totale Differential gleich der Summe der partiellen Differentiale ist,

$$f \cdot u_g \, dn - g \cdot dz = -\frac{dp}{\varrho}.$$

Für eine Fläche gleichen Druckes gilt $dp = 0$; somit folgt

$$u_g = -\frac{g \cdot dz}{f \cdot dn}.$$

Da $H = \oint g \cdot dz$ das Geopotential bzw. dH/dn der geopotentielle Höhenunterschied einer Druckfläche (z. B. 500 hPa) zwischen 2 Orten im Abstand dn ist, erhält man für den Höhenwindbetrag

$$u_g = -\frac{1}{f}\frac{dH}{dn}.$$

Wie man erkennt, ist bei einer derartigen topographischen Betrachtung der Strömungsverhältnisse auf Flächen gleichen Luftdrucks die Geschwindigkeit u_g nicht mehr von der Dichte abhängig. Die geostrophische Windbeziehung ist dann für jede Höhe gültig. Während an einem Ort also die geostrophische Bodenwindgeschwindigkeit vom Druckgegensatz in der Bodenwetterkarte abhängt, wird die Windstärke in allen Höhenwetterkarten (sog. absoluten Topographien) vom Gefälle der betreffenden Druckfläche $\partial H/\partial n$ bestimmt, wobei die Isolinien als Linien gleicher geopotentieller Höhe $H = g \cdot z$ in geopotentiellen Metern oder Dekametern angegeben sind. Wie man erkennt, stellt also H physikalisch keine Längeneinheit dar. Mit der Größe H wird angegeben, welche Arbeit erforderlich ist, um die Masseneinheit bis zur geometrischen Höhe zu heben. Das geopotentielle Meter (gpm) ist definiert als $H/10$ und weicht folglich betragmäßig nur wenig vom geometrischen Meter ab.

Zentrifugalkraft und Gradientwind

In vielen Fällen sind die Bahnen der Luftteilchen, v. a. in der freien Atmosphäre, entweder geradlinig oder nur so schwach gekrümmt, daß auch in diesem Fall der Wind quasigeostrophisch ist. Mitunter, wie z. B. beim Umströmen von Hoch- und Tiefdruckzentren, ist die Bahnkrümmung jedoch so groß, daß die infolge der Bewegung auf gekrümmten Bahnen auftretende Zentrifugalbeschleunigung

$$a_z = \frac{v_h^2}{r} \quad \text{bzw.} \quad \vec{a}_z = \frac{1}{r} v_h \vec{k} \times \vec{v}_h$$

berücksichtigt werden muß.

Dabei haben wir 2 Fälle zu unterscheiden, und zwar die Strömung auf einer zyklonal gekrümmten Bahn (um Tiefs) und die auf einer antizyklonal gekrümmten Bahn (um Hochs).

Die Zentrifugalkraft ist bekanntlich stets nach außen, also vom Rotationszentrum weg gerichtet. Wie Abb. 4.9a, b zeigt, hat sie somit bei der Bewegung

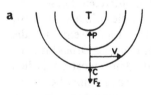

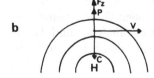

Abb. 4.9a, b. Zyklonaler (a) und antizyklonaler (b) Gradientwind

der Luftteilchen um ein Tiefzentrum die gleiche Richtung wie die Coriolis-Kraft, d.h. für das Kräftegleichgewicht bei zyklonaler Bewegung gilt

$$P = C + F_z \; .$$

Bewegen sich dagegen die Luftteilchen um ein Hochzentrum, so addiert sich in diesem Fall die Zentrifugalkraft zur Druckkraft, und wir erhalten betragsmäßig

$$P + F_z = C \quad \text{bzw.} \quad P = C - F_z \; .$$

Setzen wir für P, C und F_z die jeweilige Beziehung ein und lösen die so erhaltenen Gleichgewichtsgleichungen auf, so erhalten wir für den Gradientwind v_z bei zyklonaler Bahnkrümmung

$$v_z = -r\omega \sin\phi + \sqrt{r^2\omega^2 \sin^2\phi - \frac{r}{\varrho}\frac{\partial p}{\partial n}} \quad \text{am Boden}$$

$$v_z = -r\omega \sin\phi + \sqrt{r^2\omega^2 \sin^2\phi - r\frac{\partial H}{\partial n}} \quad \text{in der Höhe}$$

und für den Gradientwind v_a bei antizyklonaler Bahnkrümmung

$$v_a = r\omega \sin\phi - \sqrt{r^2\omega^2 \sin^2\phi + \frac{r}{\varrho}\frac{\partial p}{\partial n}} \quad \text{am Boden}$$

$$v_a = r\omega \sin\phi - \sqrt{r^2\omega^2 \sin^2\phi + r\frac{\partial H}{\partial n}} \quad \text{in der Höhe}$$

Bei zyklonaler Bahnkrümmung führt die Beziehung stets zu einer reellen Lösung. Bei antizyklonaler Bahnkrümmung kann dagegen der Wurzelausdruck imaginär werden, was bedeutet, daß bei bestimmten antizyklonalen Bahnkrümmungen nur bestimmte maximale Druckgradienten auftreten sollen.

Vergleichen wir den geostrophischen, zyklonalen und antizyklonalen Gradientwind miteinander, so zeigt es sich, daß bei gleichem Druckgegensatz bzw. Höhengefälle Unterschiede in der Windgeschwindigkeit auftreten. Dieser Umstand läßt sich leicht verstehen, da die Druckkraft allein die primäre Kraft ist, während Coriolis- und Zentrifugalkraft erst wirksam werden, wenn sich die Teilchen unter dem Einfluß der Druckkraft bewegen, d.h. die Druckkraft ist eine von der jeweiligen Wetterlage vorgegebene Kraft. Beim geostrophischen Wind hält ihr, wie gezeigt, die Coriolis-Kraft die Waage, was zu einer bestimmten Windgeschwindigkeit führt. Beim zyklonalen Gradientwind gilt dagegen $P = C + F_z$, d.h. die Coriolis-Kraft ist kleiner als im geostrophischen Fall und damit auch die Windgeschwindigkeit. Beim antizyklonalen Gradientwind mit $P + F_z = C$ im Kräftegleichgewicht muß dagegen die Coriolis-Kraft und damit die Windgeschwindigkeit größer sein, um der Summe aus den beiden anderen Kräften die Waage halten zu können.

Diese Betrachtungen seien an einem Rechenbeispiel veranschaulicht. Bei einem Gefälle in der 500-hPa-Höhenkarte von 20 gpm/100 km führen die Gleichung in 50 °N zu einem geostrophischen Wind $v_g = 17$ m/s; für den zyklonalen Gradientwind erhält man $v_z = 15$ m/s und für den antizyklonalen Gradientwind $v_a = 24$ m/s.

4.2 Reibungskraft

Bei den bisherigen Betrachtungen wurde eine wichtige Kraft, die Reibungskraft F_R, noch nicht berücksichtigt. In der freien Atmosphäre ist sie in der Tat so gering, daß wir sie vernachlässigen können. Anders liegen die Verhältnisse in Erdbodennähe, wo der Wind durch Bäume, Häuser, Hecken, Getreidefelder, ja selbst durch die Grashalme der Wiesen beeinflußt, d. h. abgebremst wird. Je höher die „Bodenrauhigkeit" ist, je stärker der Wind weht, um so größer ist der Reibungseinfluß.

Daß die Reibungskraft mit zunehmender Windstärke ansteigt, erkennt man an dem Ablenkungswinkel α_o, unter dem die Isobaren von der Windrichtung geschnitten werden, also an der Ablenkung von der geostrophischen Windrichtung. Im norddeutschen Flachland sind im Jahresmittel bei geostrophischen Windgeschwindigkeiten von 5, 25 und 50 kn Ablenkungswinkel von 15 °, 25 ° bzw. 35 ° anzutreffen, wobei sich der Zusammenhang durch eine logarithmische Funktion beschreiben läßt.

In welchem Ausmaß die Reibung mit der Strömungsgeschwindigkeit wächst, wird auch in Abb. 4.10 sichtbar. Ohne Reibung würden bei geraden Isobaren, wie gesehen, geostrophische Windverhältnisse herrschen. Sie sind auf der Abszisse in Knoten (1 kn = 1,852 km/h) angegeben. Auf der Ordinate ist aufgetragen, welcher Prozentsatz des geostrophischen Winds tatsächlich beobachtet wird, und zwar bei den gegebenen Rauhigkeitsverhältnissen von Berlin. Wie wir erkennen, entspricht an windschwachen Tagen der beobachtete 13 h-Wind (10-min-Mittel) dem geostrophischen Betrag, d. h. ist die Relation 100%.

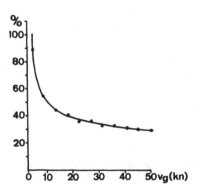

Abb. 4.10. Abbremsende Wirkung der Reibung auf die Luftbewegung

Aber schon bei einem geostrophischen Bodenwind von 10 kn beträgt der tatsächliche Wind nur noch 50% davon, und an Starkwindtagen werden sogar nur noch 30% des geostrophischen Windbetrags beobachtet.

Geht man von dem einfachen Ansatz nach Guldberg-Mohn zur Bestimmung der Reibungskraft F_R aus, wonach die Reibung um so größer wird, je größer die Windgeschwindigkeit ist, so gilt für die Reibungskomponenten in x- und y-Richtung

$$(1/\varrho)\, F_{Rx} = -k \cdot u$$

$$(1/\varrho)\, F_{Ry} = -k \cdot v \ ,$$

wobei ϱ die Luftdichte, k der Reibungskoeffizient sowie u und v die Windkomponenten in x- bzw. y-Richtung sind. Im Falle geradliniger, beschleunigungsfreier Bewegung bei west-östlich verlaufenden Isobaren gilt dann

$$0 = f \cdot v - k \cdot u$$

$$0 = -f \cdot u - k \cdot v - \frac{1}{\varrho}\frac{\partial p}{\partial y} \ ,$$

d. h. in West-Ost-Richtung wirken dabei nur die Coriolis- und Reibungskraft, während in Süd-Nord-Richtung noch zusätzlich die Druckkraft wirksam wird. Für die beiden Windkomponenten u und v in zonaler bzw. meridionaler Richtung folgt daraus

$$u = -\frac{f}{f^2 + k^2}\left(\frac{1}{\varrho}\frac{\partial p}{\partial y}\right)$$

$$v = -\frac{k}{f^2 + k^2}\left(\frac{1}{\varrho}\frac{\partial p}{\partial y}\right) \ .$$

Der Ablenkungswinkel α_0, d. h. der Winkel zwischen dem beobachteten und dem geostrophischen Bodenwind, ergibt sich (Abb. 4.11) als

$$\tan \alpha_0 = \frac{v}{u} \ .$$

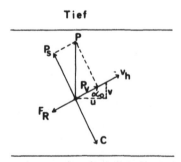

Abb. 4.11. Kräftegleichgewicht unter dem Einfluß von Druck-, Coriolis- und Reibungskraft

Daraus folgt mit den obigen Ausdrücken

$$\tan \alpha_0 = \frac{k}{f}$$

und somit für den Reibungskoeffizienten

$$k = f \cdot \tan \alpha_0 \, ,$$

d. h. die Reibungskraft steht in Beziehung zum Ablenkungswinkel des Winds und läßt sich über ihn berechnen. Da sich ferner der Ablenkungswinkel α_0 invers zum Windquotienten $q = v_b/v_g$, also dem Verhältnis aus beobachtetem und geostrophischem Windgeschwindigkeitsbetrag verhält, wobei $\alpha_0 = a \cdot q^{-b}$ ist, so läßt sich nach

$$k = f \cdot \tan (a \cdot q^{-b})$$

die Reibung auch über den abbremsenden Effekt auf die Windgeschwindigkeit bestimmen. Dabei sind die Konstanten a und b empirisch für einen Ort zu bestimmende Größen.

Zusammenfassend läßt sich somit feststellen, daß die Reibung einerseits zu einer Verringerung der Strömungsgeschwindigkeit gegenüber dem geostrophischen Wind führt und daß andererseits der reibungsbeeinflußte Wind gegenüber der geostrophischen Windrichtung eine Ablenkung nach links erfährt: Der beobachtete Bodenwind schneidet die Isobaren zum tiefen Luftdruck.

Die Ablenkungswinkel sowie der Windquotient hängen dabei von der Größe der Reibungskraft ab. Über dem Meer, wo die Reibung gering ist, ist der Ablenkungswinkel kleiner und der Windquotient größer als über dem Festland. So beträgt der Ablenkungswinkel über dem Meer im Mittel $15° - 20°$, über dem Flachland $25° - 30°$ und in Gebirgsregionen $30° - 45°$.

In Abb. 4.11 ist für geradlinige Bewegungen dargestellt, wie die Kräfte auf ein Luftteilchen wirken. Wie wir erkennen, wird im Gleichgewichtsfall der Reibungskraft die Waage gehalten durch die Komponente der Druckkraft in Windrichtung, also gilt betragsmäßig $F_R = P_v$; die Coriolis-Kraft wird dagegen durch die senkrecht zur Windrichtung wirkende Komponente der Druckkraft kompensiert, d. h. betragsmäßig gilt $C = P_s$.

4.3 Die vollständige Bewegungsgleichung

Sämtliche Kräfte, die auf die Luftteilchen der Atmosphäre wirken bzw. wirken können, sind in der allgemeinen (Euler)-Bewegungsgleichung zusammengefaßt. Die horizontale Komponente lautet

$$\frac{d\vec{v}_h}{dt} = -\frac{1}{\varrho} \vec{\nabla}_h p - f \vec{k} \times \vec{v}_h + \frac{1}{\varrho} \vec{F}_R$$

d. h. die Beschleunigung (radial und tangential) eines jeden Luftteilchens ergibt sich aus der Resultierenden von Druck-, Coriolis- und Reibungs-Kraft. Wenn $F_R = 0$ ist und Druck- und Coriolis-Kraft im Gleichgewicht sind, ist die Beschleunigung Null. Die sich ergebende Gleichgewichtsströmung ist der geostrophische Wind. Die Vertikalbeschleunigung von Luft wird dagegen erfaßt durch

$$\frac{dw}{dt} = -\frac{1}{\varrho}\frac{\partial p}{\partial z} - g \ .$$

Sie hängt vom vertikalen Luftdruckgradienten $\partial p/\partial z$, d. h. von der Druckabnahme mit der Höhe ab. Da die Vertikalbewegungen, wie früher erwähnt, bei der Betrachtung der großräumigen Strömungsverhältnisse klein sind im Vergleich zum horizontalen Wind, kann dabei in Näherung $dw/dt = 0$ gesetzt werden. Aus der letzten Gleichung wird dann die hydrostatische Grundgleichung $dp = -g\varrho dz$, d. h. die großräumigen Strömungsvorgänge werden in der Meteorologie als quasihydrostatisch betrachtet. Bei kleinräumigen Vorgängen, z. B. bei der Konvektion in Schauer-/Gewitterwolken liegt dagegen die Vertikalbeschleunigung in der Größenordnung $0,1 - 0,5 \text{ m/s}^2$ und darf nicht vernachlässigt werden; in diesen Fällen handelt es sich um vertikal beschleunigte, also nichthydrostatische Vorgänge.

4.4 Turbulenz

Die grundsätzlichen viskosen Eigenschaften der Luft, in Bodennähe v. a. aber die Bodenrauhigkeit mit ihren vielfältigen Rauhigkeitselementen (Bauwerke, Bäume, Hecken, Büsche usw.), führen im räumlichen Nebeneinander wie im zeitlichen Nacheinander in der strömenden Luft zur Bildung unterschiedlichster kleinräumiger Luftwirbel (Abb. 4.12a), ähnlich den Wasserwirbeln in Bächen hinter Hindernissen. Diese in ihrer Gesamtheit ungeordnete, wirbelartige Luftbewegung bezeichnet man als (mechanische) Turbulenz, die als Abweichung von der geordneten mittleren Luftbewegung zu verstehen ist. Zur Gruppe der turbulenten Bewegungsvorgänge gehört ferner die Konvektion, also ein thermisch bedingtes Aufsteigen am Erdboden erwärmter Luftblasen und Absinken kälterer Luftpakete, wobei die Konvektion sich bis zur Tropopause zu erstrecken vermag.

Die mechanische Turbulenz ist auf zwei Entstehungsursachen zurückzuführen. Zum einen ist es die ständig in Bodennähe vorhandene kräftige Windzunahme mit der Höhe (vgl. Tabelle 4.3), die sog. vertikale Scherung des Windes. Zum anderen sind es die vielfältigen Unebenheiten des Untergrundes. Dabei sind die rauhigkeitsbedingten Turbulenzwirbel etwas größer als die durch die Windscherung der Grundströmung verursachten.

Das Ergebnis der Turbulenzvorgänge erkennt man deutlich, wenn man eine Windregistrierung betrachtet. Windrichtung und Windstärke sind ständigen kurzzeitigen Schwankungen unterworfen (Abb. 4.12b), wobei die Geschwin-

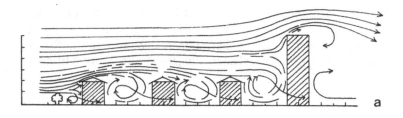

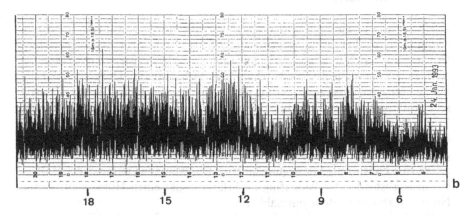

Abb. 4.12. a Luftwirbel an Hindernissen; **b** Windregistrierung

digkeitsspitzen die Windböen darstellen. Die eigentliche Grundströmung ergibt sich erst durch zeitliche Mittelung des Windes. Das charakteristische Merkmal turbulenter Strömungen ist somit ihre Unregelmäßigkeit. Dabei treten die Schwankungen so unsystematisch auf, daß sie nicht mehr kausal, sondern nur noch nach dem statistischen Zufallsprinzip beschrieben werden.

Die raschen zeitlichen Windschwankungen an einem Ort lassen sich anschaulich als Folge durchlaufender Turbulenzkörper, sog. Turbulenzelemente, verstehen. Die charakteristische Länge der mechanischen Turbulenzelemente liegt bei etwa 10 m, die charakteristische Zeit bei 10 s. Jedoch reicht im Einzelfall die Spannweite von Zentimetern bis zu einigen Dekametern, wobei die sehr kleinen Wirbel in der Regel durch den Zerfall größerer entstehen.

Die thermischen Turbulenzelemente weisen ebenfalls große räumliche Unterschiede auf. Sie reichen von wenigen Zentimetern einer Warmluftblase über einem erhitzten Stein bis zum Hektometer- und Kilometerbereich bei Cumulus- und Cumulonimbuswolken. Die charakteristische Zeit reicht dabei von etwa 1–60 min.

Flugzeuge, die durch die Gipfelregion von Schauerwolken fliegen, bekommen diese große thermische Turbulenz durch heftige Stöße zu spüren. Daher werden diese anhand der Wolken sichtbaren Turbulenzgebiete nach Möglichkeit umflogen.

Daneben gibt es aber in der oberen Troposphäre noch ein weiteres Turbulenzphänomen, das in klarer Luft auftritt und das man als Clear Air Turbulence, kurz CAT, bezeichnet. Diese Luftunruhe tritt bevorzugt randlich oder im Bereich von Starkwindbändern auf, vor allem bei antizyklonaler Krümmung der Stromlinien und in der Nachbarschaft hoher Gebirge (Alpen, Rocky Mountains). Sie ist so heftig, daß sie kleinere Flugzeuge zum Absturz bringen kann.

Das Turbulenzkonzept

Die Turbulenz ist ein dreidimensionaler Vorgang. Im Gegensatz zu laminarer Strömung treten bei turbulenter Strömung Bewegungen quer zur übergeordneten Strömungsrichtung auf. Wie anhand der Windregistrierung erkennbar wird, ist ein hervorstechendes Merkmal der Turbulenz ihre Unregelmäßigkeit. Da sie völlig unsystematisch wirkt, werden ihr bei der Behandlung stochastische (zufällige) Prozesse zugrunde gelegt. Ein weiteres Merkmal der Turbulenz ist ihre Wirbelartigkeit. Durch die Überlagerung von Grundströmung und turbulenter Zusatzbewegung entstehen kleinräumig gekrümmte Bahnbewegungen. Ihre wirbelartige Struktur bedeutet jedoch nicht, daß dabei in jedem Einzelfall eine kreisförmige Bewegung auftritt. Die Bewegung aufgewirbelter Blätter im Herbst oder der Pollenflug im Frühjahr gibt einen Hinweis auf einige Formen turbulenter Bewegungsabläufe.

Die Turbulenz läßt sich (nach dem Konzept von Reynolds) erfassen, wenn man die atmosphärischen Bewegungen zerlegt in eine mittlere Strömung (Grundströmung) und in eine turbulente Zusatzbewegung, i. allg. in folgender Form geschrieben:

$$u = \bar{u} + u'$$

$$v = \bar{v} + v'$$

$$w = \bar{w} + w' \ .$$

Dabei sind $\bar{u}$, $\bar{v}$, $\bar{w}$ die über einen Zeitraum von einigen 10 Minuten gemittelten Geschwindigkeitskomponenten und u', v', w' die turbulenten Abweichungen zu jedem Zeitpunkt vom Mittelwert.

Durch die turbulente Bewegung wird die innere Reibung der Strömung ganz wesentlich erhöht. Zerlegen wir wieder die Momentanwerte in Mittelwerte und Abweichungen, so erhalten wir (mit $\varrho \doteq$ const.)

$$E_{kin} = \frac{\varrho}{2} \overline{(u^2 + v^2 + w^2)} = \frac{\varrho}{2}(\bar{u}^2 + \bar{v}^2 + \bar{w}^2) + \frac{\varrho}{2}(\overline{u'^2} + \overline{v'^2} + \overline{w'^2}) \ .$$

Der erste Ausdruck auf der rechten Seite ist die kinetische Energie der mittleren Strömung, der zweite erfaßt die Turbulenzenergie. Diese wird ständig an immer kleinere turbulente Wirbel weitergegeben, bis sie in Wärme umgewandelt, d.h. bis sie dissipiert ist. Da die turbulente Energie aus der Energie der mittleren Strömung stammt, verringert sich die kinetische Energie des Gesamtsystems infolge der turbulenten Reibung fortlaufend, es sei denn, auch sie würde ständig durch Umwandlung potentieller in kinetische Energie regeneriert.

Die Turbulenzelemente weisen an ihrem Ausgangspunkt, z. B. an der Erd-oberfläche, bestimmte Eigenschaften hinsichtlich des Wärme- und Wasser-dampfgehalts, aber auch hinsichtlich anthropogener Luftbeimengungen auf. Bei ihren Querbewegungen, bei denen also ganze Luftvolumina der verschie-densten Größenordnungen bewegt werden, nehmen sie diese Eigenschaften mit und geben sie auf ihrem Wege und in ihrer neuen Umgebung ab. Das bedeutet: Durch Turbulenz werden Eigenschaften transportiert und mit den „Umge-bungseigenschaften" vermischt. Das „Ziel" der Turbulenz ist es also, Gegensät-ze auszugleichen. Wie effektiv diese Vorgänge sind, erkennt man daran, daß die turbulenten Transporte etwa um den Faktor 10^4 größer sind als die mole-kularen Transporte.

Nur durch diesen Umstand läßt sich z. B. erklären, wieso der Tagesgang der Lufttemperatur am Boden sich auch noch in der Höhe auswirkt, wobei die Höchst- und Tiefsttemperatur beispielsweise am Eiffelturm in 200 m Höhe rund 2 h später eintritt als am Boden. Bei einem rein molekularen vertikalen Wärmetransport würden in 1 m Höhe die Extremtemperaturen gegenüber dem Erdboden bereits um 5 h phasenverschoben sein. Hinsichtlich des Impulses m·u, also der mit der Masse multiplizierten Geschwindigkeit, läßt sich folgen-des sagen: In einiger Höhe hat man, wie wir im nächsten Kapitel sehen werden, die ungestörte Geschwindigkeit u, während die Windstärke um so geringer wird, je mehr wir uns dem Erdboden nähern. Aufgrund ihrer Ausgleichsfunk-tion ist die Turbulenz bestrebt, Impuls aus dem Bereich mit größeren Werten in den Bereich mit kleineren Werten zu übertragen, d. h. es kommt zu einem nach unten gerichteten Impulsstrom.

Zur Bestimmung der durch die Turbulenz verursachten vertikalen Flüsse, z. B. von Impuls, Wärme und Wasserdampf, sind aufwendige und sehr genaue Messungen notwendig, müssen doch die kurzperiodischen Schwankungen von Wind, Temperatur und Feuchte aufgelöst werden.

Bei den sog. direkten Messungen werden für Zeiträume von 10−30 min zum einen der Mittelwert der Größen und zum anderen die Abweichungen vom Mit-telwert bestimmt. Sind u die horizontale und w die vertikale Windkomponente sowie T die Temperatur und q der Wasserdampfgehalt (spezifische Feuchte), so werden die vertikalen Flüsse beschrieben durch die Beziehungen

$$\tau = -\varrho\,\overline{u'w'} \qquad \text{Impulsfluß ,}$$

$$H = c_p\varrho\,\overline{w'T'} \qquad \text{Fluß fühlbarer Wärme ,}$$

$$E = \varrho\,\overline{w'q'} \qquad \text{Wasserdampffluß .}$$

Eine andere Möglichkeit ist, die vertikalen Flüsse aus Profilmessungen zu be-stimmen. Dazu werden an einem Mast in Abständen Ausleger angebracht, an denen sich Meßinstrumente für die einzelnen Größen befinden, z. B. Vektor-windfahnen für die Windmessung, Widerstandsthermometer für die Tempera-turmessung und Mikrowellenrefraktometer für die Feuchtemessung. Auf diese Weise erhält man ein mittleres Profil der betrachteten Größen. Ist s eine der transportierbaren Eigenschaften, so läßt sich ihr vertikaler Fluß S (in Anleh-

nung an molekulare Transportverhältnisse) erfassen durch den sog. Gradientansatz

$$S = -\varrho\, K\, \frac{\partial s}{\partial z}\ .$$

Dabei ist $\partial s/\partial z$ das gemessene vertikale Gefälle der Eigenschaft (z. B. Wärme,
Feuchte) und K der jeweilige turbulente Diffusionskoeffizient. Dieser sog. K-
Ansatz basiert auf der Annahme, daß man die für molekulare Transporte gel-
tenden Gradientbeziehungen verwenden darf, wenn man in ihnen die molekularen Diffusionskoeffizienten durch die turbulenten Diffusionskoeffizienten
K_H, K_W, K_M für die Transporte von Wärme, Wasserdampf bzw. Impuls ersetzt. Der Ausdruck $\varrho\, K = A$ wird als Austauschkoeffizient bezeichnet. Da K
bzw. A (im Gegensatz zur Wärmeleitfähigkeit bei molekularen Vorgängen) keine Konstante ist, sondern in hohem Maße von der atmosphärischen Schichtung abhängt, sind folglich auch die turbulenten Vertikaltransporte stark stabi-
litätsabhängig. Je labiler die Schichtung ist, um so stärker sind die vertikalen
Flüsse, je stabiler die Schichtung ist, um so geringer ist die Turbulenz entwickelt (Abb. 4.13 a, b).

Das bedeutet z. B., daß nachts, wenn die Schichtung der bodennahen Luft
recht stabil ist, die Turbulenz relativ schwach ausgeprägt ist und nur wenige
hundert Meter hoch reicht. Tagsüber, wenn v. a. im Sommer die Schichtung
neutral bis labil ist, reicht die turbulente Durchmischung der Luft in der Regel
über 1 km hoch. Dieser Umstand erklärt auch, warum an den Bergstationen
das Windgeschwindigkeitsminimum am Tage und das Windmaximum nachts
auftritt, während es an den Talstationen genau umgekehrt ist. Am Tage ist infolge des hohen Turbulenzzustandes der Impulstransport nach unten groß, so
daß es in Bodennähe zu einem Auffrischen des Windes kommt, nachts ist dagegen die Kopplung zwischen Höhen- und Bodenwind nur schwach, und der
Bodenwind „schläft ein".

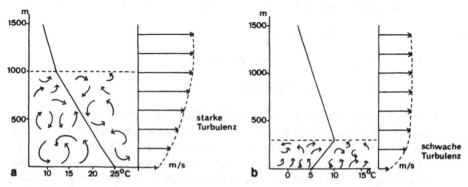

Abb. 4.13 a, b. Atmosphärische Turbulenz in Abhängigkeit von der Schichtung und der vertikalen Windzunahme. **a** starke Turbulenz; **b** schwache Turbulenz

4.5 Vertikale Windverhältnisse

Vertikale Windverhältnisse in der Reibungsschicht

Der Einfluß der Bodenrauhigkeit, d. h. der Reibungskraft auf das Windfeld, ist am größten in Bodennähe. Von dort wird der abbremsende Effekt auf 2 Arten an die darüberbefindliche Strömung weitergegeben, so daß wir physikalisch zwischen der molekularen Reibung und der turbulenten Reibung zu unterscheiden haben. Die erstere ist nur in der Nähe fester Grenzflächen von Bedeutung und tritt daher nur unmittelbar an der Erdoberfläche auf.

Der für die Atmosphäre weitaus wichtigere Prozeß ist die turbulente Reibung. Wie wir gesehen haben, treten durch Windscherung und Bodenrauhigkeit in der Luftströmung Wirbel auf, deren Durchmesser von einigen Metern bis zu wenigen hundert Metern beträgt. Sie stellen physikalisch eine ideale Form dar, in der kinetische Energie „vernichtet" wird, d. h. sie verkörpern den Bremseffekt auf die Strömung. Je höher somit die turbulenten Wirbel hinaufreichen, um so höher erstreckt sich auch der von der Erdoberfläche ausgehende Reibungseinfluß. Im Mittel reicht die Reibungsschicht rund 1000 m hoch.

In Bodennähe, wo die Reibungskraft am größten ist, wird der Wind am stärksten abgebremst und nach links, also zum tieferen Luftdruck, abgelenkt. Mit der Höhe nimmt die Reibungskraft und damit ihre Wirkung auf die Strömung ab.

Wie Tabelle 4.3 veranschaulicht, wird der Ablenkungswinkel mit zunehmender Höhe kleiner, d. h. dreht der Wind zunehmend in Richtung der Isobaren; in 1000 m Höhe ist die Abweichung nur noch gering, darüber weht er isobarenparallel. Gleichzeitig nimmt die Windstärke mit der Höhe zu. Setzt man den in diesem Fall in 16 m Höhe gemessenen Bodenwind gleich 100%, so hat er bis 125 m Höhe um 50% zugenommen und sich bis 500 m bereits verdoppelt. Unterhalb von 16 m führt die Bodenrauhigkeit zu einer entsprechenden Verringerung der Windgeschwindigkeit bis auf 28% in 5 cm Höhe über Grund.

Im Mittel läßt sich die Windgeschwindigkeit u_h in der Höhe h aus dem in der Höhe z_A gemessenen Bodenwind u_A berechnen durch den Potenzansatz

$$u_h = u_A \left(\frac{h}{z_A} \right)^m .$$

Dabei ist m ein Faktor, der von 0,15 bei mittlerer labiler Schichtung über 0,25 bei neutraler bis zu 0,40 bei stabiler Schichtung reicht. Was man erhält, ist eine gute Näherung für das logarithmische Windprofil der bodennahen Schicht.

Die Zunahme der Windgeschwindigkeit mit der Höhe bis zum geostrophischen Windbetrag bei gleichzeitiger Drehung der Windrichtung in die Isobarenrichtung läßt sich sehr anschaulich durch die „Ekman-Spirale" zeigen. In Abb. 4.14 ist der Wind als Vektor dargestellt. Am Boden (10 m über Grund) ist der Pfeil am kürzesten und zeigt am stärksten zum tiefen Luftdruck. Mit zunehmender Höhe werden die Windpfeile länger und drehen nach rechts. Diese Rechtsdrehung des Winds mit der Höhe bei gleichzeitiger Windzunahme ist ein charakteristisches Zeichen der Reibungsschicht.

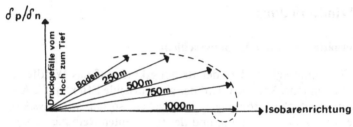

Abb. 4.14. Ekman-Spirale

Die planetarische Grenzschicht

Bei genauerer Betrachtung der in der Regel rund 1000 m mächtigen Reibungsschicht, die man allgemein als planetarische Grenzschicht bezeichnet, wird
eine dreischichtige Unterteilung deutlich. Unmittelbar an die Erdoberfläche
schmiegt sich eine nur Millimeter dünne laminare (viskose) Bodenschicht an.
In ihr bestimmt die molekulare Reibung die Strömungsverhältnisse (vgl.
Abb. 4.15). Sie ist nur über glatten Bodenflächen und bei geringer Windgeschwindigkeit ausgeprägt.

Ihr folgt die einige Dekameter mächtige bodennahe Grenzschicht, die sog.
Prandtl-Schicht. Sie reicht i. allg. 10–60, maximal 100 m hinauf und ist durch
starke turbulente Transporte gekennzeichnet. In ihr nimmt der Windbetrag
sehr rasch mit der Höhe zu (Tabelle 4.3). Die Windrichtung ändert sich dabei
jedoch nur wenig oder gar nicht. Die Luftbewegung wird durch die parallel zur
Erdoberfläche wirkende Reibungskraft (Tangentialkraft) gebremst, die man
bezogen auf die Flächeneinheit (N/m^2) als Schubspannung τ bezeichnet. Sie
stellt in der Prandtl-Schicht die dominierende Kraft im Vergleich zur Druck-
und Coriolis-Kraft dar.

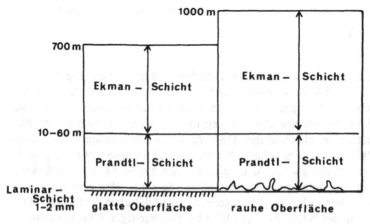

Abb. 4.15. Planetarische Grenzschicht

Tabelle 4.3. Mittlere Ablenkungswinkel in verschiedenen Höhen. (Nach Seeliger 1937)

h [m]	Boden	250	500	750	1000	1500
α [°]	38	27	15	8	3	0

Mittlere Windgeschwindigkeit in verschiedenen Höhen in % vom Wert in 16 m Höhe

h [m]	0,05	0,25	0,50	1	2	16	32	125	250	500
v/v_{16}	28	43	52	61	71	*100*	115	150	175	197

Unterteilt man die bodennahe Grenzschicht in dünne horizontale Luft-schichten mit einheitlichem Strömungsvektor, so läßt sich für jede Teilschicht vorstellen, daß die Schubspannung an ihrer Oberseite in Windrichtung und an ihrer Unterseite entgegengesetzt gerichtet ist. Da in jeder Teilschicht die Strö-mung stationär ist, also weder beschleunigt noch verzögert wird, muß die Schubspannung in ihr konstant sein. Als Resultierende erhält man somit für die Gesamtschicht, da sich im Innern die Effekte aufheben, eine Schubspan-nung, die gleich der Reibungskraft an der Erdoberfläche ist, d. h. für die Prandtl-Schicht ist eine (praktisch) höhenkonstante Schubspannung charakte-ristisch.

Den Hauptteil der planetarischen Grenzschicht bildet die in der Regel 500 – 1000 m mächtige Ekman-Schicht. Die turbulente Reibung nimmt in ihr mit zunehmender Höhe ab und sinkt dabei auf die Größenordnung der Druck- und Coriolis-Kraft. Dabei kommt es zu der charakteristischen Rechtsdrehung des Windes mit der Höhe (Drehungsschicht). Vom Oberrand der Ekman-schicht an werden die turbulenten Reibungskräfte vernachlässigbar klein, so daß in der freien Atmosphäre Druck- und Coriolis-Kraft die Strömungsver-hältnisse grundsätzlich bestimmen.

Vom Aspekt der allgemeinen Zirkulation aus gesehen, ist die planetarische Grenzschicht somit jener Teil der Lufthülle, der die freie Atmosphäre mit der Erdoberfläche koppelt. So wird der freien Atmosphäre, wie früher gesehen, die von der Sonne zugestrahlte Energie weitgehend auf dem Umweg über die Erd-oberfläche zugeführt. Dabei sind es die turbulenten Vorgänge, die den Aus-tauschmechanismus von Impuls, Wärme und von Wasserdampf bewerkstelli-gen. Insgesamt ergibt sich ein sehr komplexes Wechselwirkungsgefüge.

So wirken auf die Grenzschicht als externe Parameter aus der freien Atmo-sphäre der geostrophische Wind u_g und von der Erdoberfläche die dort statt-findenden Strahlungsumsetzungen sowie die Rauhigkeitshöhe z_0 als charakte-ristische Maßzahl für die Erhebungen an der Erdoberfläche. So ist z. B. z_0 über Gras- und Schneeflächen mit 0,5 – 1 cm gering, beträgt über Rübenäckern und Getreidefeldern 5 – 10 cm und erreicht im Wald und in der Stadt Werte von 100 – 300 cm.

Ein charakteristischer interner Turbulenzparameter ist die Schubspannung $\tilde{\tau}$. Sie ist proportional der vertikalen Windscherung, also $\partial u/\partial z$, wenn der

Wind in x-Richtung weht. Als Proportionalitätsfaktor benutzt man den Impulsaustauschkoeffizienten K_M, der selbst wiederum proportional $|\partial u/\partial z|$ ist und der innerhalb der Prandtl-Schicht quadratisch mit dem Mischungsweg l wächst, d. h.

$$K_M = l^2 \left| \frac{\partial u}{\partial z} \right| .$$

Als Mischungsweg bezeichnet man dabei nach Prandtl den Weg, „den die einheitlich bewegten Flüssigkeitsballen in Richtung quer zur Strömungsrichtung zurücklegen, bevor sie durch Vermischung ihre Individualität einbüßen". Auf die Atmosphäre bezogen, heißt das also in vertikaler Richtung.

In adiabatischer Strömung bei neutraler Schichtung gilt, wenn z die Höhe über Grund und k die Karman-Konstante (k = 0,4) ist, für den Mischungsweg

$$l = k\,(z + z_0).$$

Mit diesem Mischungswegansatz folgt für die Schubspannung in der Prandtl-Schicht

$$\tau = \varrho\, K_M \frac{\partial u}{\partial z} = \varrho\, l^2 \left| \frac{\partial u}{\partial z} \right|^2 = \varrho \left(k\,(z + z_0) \left| \frac{\partial u}{\partial z} \right| \right)^2$$

oder

$$\left| \frac{\partial u}{\partial z} \right| = \sqrt{\frac{\tau'}{\varrho}} \, \frac{1}{k\,(z + z_0)} .$$

Um aus dieser Gleichung eine vereinfachte Form der Vertikalverteilung $\bar{v}_h(z)$ der Geschwindigkeit in der Prandtl-Schicht zu entwickeln, wird vorausgesetzt, daß zum einen keine vertikale Windrichtungsänderung in der Prandtl-Schicht auftritt und zum anderen die Schubspannung an der Ober- und Untergrenze der Schicht sich um weniger als 10% unterscheiden, d. h. daß angenähert $\tau = $ const. bzw. $\partial \tau/\partial z \approx 0$ für die Prandtl-Schicht gilt. Dann folgt

$$u\,(z) - u_0 = \sqrt{\frac{\tau}{\varrho}} \, \frac{1}{k} \ln \frac{z + z_0}{z_0} .$$

Für $z \gg z_0$ folgt

$$u\,(z) = \frac{u_*}{k} \ln \left(\frac{z}{z_0} \right) .$$

Dabei heißt $\sqrt{\dfrac{\tau}{\varrho}} = u_*$ die Schubspannungsgeschwindigkeit.

Bei labiler Schichtung ist der turbulente Impulsaustauschkoeffizient K_M größer als bei neutraler und bei stabiler Schichtung. Da er ferner bei nichtneutraler Schichtung nicht quadratisch mit der Höhe z zunimmt, ergeben sich bei stabiler bzw. labiler Schichtung charakteristische Abweichungen von dem logarithmischen Windprofil der Prandtl-Schicht bei neutraler Schichtung.

Abschließend ist noch zu erwähnen, daß die Höhe der planetarischen Grenzschicht zum einen von der jeweiligen Erdoberflächenbeschaffenheit abhängt. Zum anderen ist sie grundsätzlich im Sommer höher als im Winter bzw. tags höher als nachts, wo sie u. U. nur 200 m hoch reicht, während sie sich an Sommertagen auch deutlich über 1000 m hoch erstrecken kann.

Unter Anwendung des Schubspannungsvektors $\vec{\tau}$ läßt sich die durch die Reibung verursachte Abweichung des Windes vom geostrophischen Wind beschreiben. Ersetzt man in der Bewegungsgleichung den Reibungsterm durch

$$\vec{F}_R = \frac{1}{\varrho} \frac{\partial \tau}{\partial z} \; ,$$

so folgt für den Gleichgewichtszustand bei horizontaler Bewegung $\vec{v}_h$ mit dem Coriolis-Parameter $f = 2\,\Omega \sin \varrho$ und dem Einheitsvektor $\vec{k}$

$$\frac{1}{\varrho}\vec{\nabla}_h p + f\,\vec{k}\,x\,\vec{v}_h = \frac{1}{\varrho}\frac{\partial \tau}{\partial z} \; .$$

Da für den geostrophischen Wind $\vec{v}_g$ gilt

$$-\frac{1}{\varrho}\vec{\nabla}_h p = f\,\vec{k}\,x\,\vec{v}_g \; ,$$

so folgt bei Substitution des Druckterms in der Bewegungsgleichung

$$f\,\vec{k}\,x\,(\vec{v}_h - \vec{v}_g) = \frac{1}{\varrho}\frac{\partial \tau}{\partial z} \; .$$

Wie man erkennt, ist der Differenzvektor $(\vec{v}_h - \vec{v}_g)$, also die ageostrophische Windkomponente, von der Größe des Reibungseinflusses auf die Luftbewegung abhängig.

Das Widerstandsgesetz der atmosphärischen Reibungsschicht

Bei Autos ist es üblich, ihren Widerstand gegenüber der Luftströmung durch einen Widerstandsbeiwert, den sog. c_w-Wert zu beschreiben. Je geringer dieser ist, um so strömungsgünstiger ist die Karosserie.

Auch der innere Widerstand der Atmosphäre in der Reibungsschicht wird durch einen Widerstandsbeiwert beschrieben. Eine vereinfachte Betrachtung soll diese Verhältnisse veranschaulichen, den wesentlichen Inhalt des atmosphärischen Widerstandsgesetzes verdeutlichen.

Bei neutraler Schichtung ist, wie gesehen,

$$u\,(z) = \frac{u_*}{k} \ln\left(\frac{z}{z_0}\right)$$

die Beziehung für das logarithmische Windprofil in der Prandtlschicht. Setzen wir einmal der Einfachheit halber voraus, sie würde in Näherung für die ganze Reibungsschicht gelten. Da an deren Obergrenze u (z) = u_g ist und ihre Höhe sich mit dem Coriolis-Parameter f = $2\omega \sin \phi$ aus

$$h = k \frac{u_*}{f}$$

ergibt, so folgt

$$k \frac{u_g}{u_*} = \ln \left(\frac{h}{z_0} \right) = \ln \frac{k \cdot u_*}{f \cdot z_0} = \ln \left(k \frac{u_*}{u_g} \cdot \frac{u_g}{f \cdot z_0} \right) \ .$$

Dabei bezeichnet man als geostrophischen Widerstandskoeffizienten c_g den Ausdruck

$$c_g = \frac{u_*}{u_g}$$

und als Rossby-Zahl Ro die Größe

$$Ro = \frac{u_g}{f \cdot z_0} \ .$$

Die Rossby-Zahl beschreibt somit über den geostrophischen Wind u_g des großräumigen Druckfelds und den Rauhigkeitseinfluß z_0 der Erdoberfläche die externen Parameter, die auf die Grenzschicht wirken. Das atmosphärische Widerstandsgesetz lautet dann

$$\frac{k}{c_g} = \ln (k \cdot c_g \cdot Ro) \ ,$$

bzw. in einer anderen Form

$$\ln Ro = A - \ln c_g + \frac{k}{c_g} \cos \alpha_0 \ ,$$

wenn α_0 der Ablenkungswinkel des Winds am Boden, d. h. der Winkel zwischen der Windrichtung und den Isobaren, und A eine Konstante ist. Ersetzt man cos α_0 durch den Ausdruck B = $(k/c_g) \sin \alpha_0$, so nimmt das Widerstandsgesetz schließlich die Form an

$$\ln Ro = A - \ln c_g + \sqrt{\left(\frac{k}{c_g} \right)^2 - B^2} \ .$$

Wichtig ist dabei, daß die Konstanten A und B in einer neutral geschichteten Atmosphäre unabhängig sind von der Rossby-Zahl, d. h. von den externen Einflüssen.

Für die praktische Berechnung des Widerstandskoeffizienten c_g ist es bedeutsam, daß sich der in $10\,m$ Höhe gemessene Bodenwind u_{10} ausdrücken läßt als Bruchteil des geostrophischen Winds (vgl. Abb. 4.10), d. h.

$$u_{10} = q \cdot u_g \ ,$$

wobei $q = u_{10}/u_g$ der sog. Windquotient ist. Mit dem auf die Bodenwindverhältnisse bezogenen Widerstandskoeffizienten c_D wird aus

$$c_D = \frac{u_*}{u_{10}} = \frac{k}{\ln (z/z_0)} \ ,$$

mit dem empirisch bestimmbaren Windquotienten q schließlich

$$c_g = q \cdot c_D = q \frac{k}{\ln (z/z_0)} \ .$$

Thermischer Wind

Als thermischen Wind $\vec{v}_{th}$ bezeichnet man den Differenzvektor $\vec{\Delta} v$ zwischen dem geostrophischen Wind $\vec{v}_{gh}$ an der Obergrenze einer Schicht und dem geostrophischen Wind $\vec{v}_{gu}$ an der Untergrenze der Schicht, d. h.

$$\vec{v}_{th} = \vec{v}_{gh} - \vec{v}_{gu} \ .$$

Zu seiner Ableitung geht man von der statischen Grundgleichung $dp = -g \cdot \varrho \cdot dz$ aus und substituiert die Dichte über die Zustandsgleichung der Gase $p = \varrho \cdot R_L \cdot T_V$. Dann folgt

$$-g \cdot dz = \frac{dp}{p} R_L \cdot T_V \ .$$

Setzt man diesen Ausdruck ein in die Beziehungen für die geostrophischen Windkomponenten u_g und v_g in West-Ost- bzw. Nord-Süd-Richtung, d. h. in

$$u_g = -\frac{1}{f} \frac{\partial H}{\partial y} \quad \text{und} \quad v_g = \frac{1}{f} \frac{\partial H}{\partial x} \ ,$$

wobei $\partial H = g \cdot \partial z$ ist, und differenziert die Gleichungen nach p, so folgt

$$p \frac{\partial u_g}{\partial p} \equiv \frac{\partial u_g}{\partial \ln p} = \frac{R_L}{f} \left(\frac{\partial T_V}{\partial y} \right)_p \quad \text{bzw.} \quad p \frac{\partial v_g}{\partial p} \equiv \frac{\partial v_g}{\partial \ln p} = -\frac{R_L}{f} \left(\frac{\partial T_V}{\partial x} \right)_p \ .$$

Durch Integration über die betrachtete Schicht, deren Untergrenze durch den Luftdruck p_u, deren Obergrenze durch den Druck p_h definiert ist, wird mit der virtuellen Mitteltemperatur der Schicht $\bar{T}_V$

$$u_{th} = -\frac{R_L}{f}\left(\frac{\partial \bar{T}_v}{\partial y}\right) \ln\left(\frac{p_u}{p_h}\right)$$

$$v_{th} = \frac{R_L}{f}\left(\frac{\partial \bar{T}_v}{\partial x}\right) \ln\left(\frac{p_u}{p_h}\right) .$$

Ist $\partial T / \partial n$ der Temperaturgradient senkrecht zu den mittleren Schichtisothermen, so folgt für den Betrag des parallel zu den mittleren Isothermen gerichteten thermischen Winds im natürlichen Koordinatensystem, bei dem die x-Achse tangential zu den mittleren Isothermen der relativen Topographie verläuft

$$u_{th} = -\frac{R_L}{f}\left(\frac{\partial \bar{T}_v}{\partial n}\right) \ln\left(\frac{p_u}{p_h}\right) .$$

Dabei werden Wärmezentren im Uhrzeigersinn, Kältezentren im Gegenuhrzeigersinn „umweht". Je stärker also der horizontale Temperaturgradient ist, um so stärker ist auch der thermische Wind.

Gemäß der Definition des thermischen Winds läßt sich feststellen, daß sich der geostrophische Wind im Niveau p_h ergibt, indem man zum geostrophischen Wind im tieferen Niveau den thermischen Wind addiert, d. h.

$$\vec{v}_h = \vec{v}_u + \vec{v}_{th} \; ;$$

entsprechend der thermischen Windgleichung können wir somit sagen, daß in der freien Atmosphäre Windänderungen mit der Höhe eine Folge horizontaler Temperaturänderungen sind.

Vertikale Windverhältnisse in der freien Atmosphäre

Oberhalb der Reibungsschicht weht der Wind grundsätzlich parallel zu den Isolinien (Isogeopotentiallinien) der Höhenwetterkarten. Die Windgeschwindigkeit nimmt mit der Höhe weiter zu und erreicht ihren Höchstwert in der Nähe der Tropopause, also in unseren Breiten in rund 10 km Höhe. Im Gegensatz zur planetarischen Grenzschicht hat diese Windzunahme mit der Höhe aber nichts mehr mit dem Reibungseinfluß zu tun, sondern ist auf horizontale Druckunterschiede zurückzuführen, die sich mit der Höhe verstärken. Die Ursache für die mit der Höhe zunehmende Druckkraft liegt, wie gezeigt, in den horizontalen Temperaturunterschieden, d. h. in den Temperaturgegensätzen zwischen tropischen und polaren Luftmassen.

Wie die statische Grundgleichung in der Form

$$\frac{dp}{dz} = -g\varrho$$

zeigt, nimmt der Luftdruck mit der Höhe um so rascher ab, je größer die Dichte ϱ, also je kälter die Luftsäule ist, während in Warmluft die vertikale

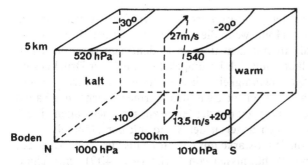

Abb. 4.16. Vertikale Windänderung in Warm- und Kaltluft

Druckabnahme langsamer erfolgt. Geht man z. B. vom gleichen Luftdruck in München und Berlin aus, jedoch von einer höheren Temperatur in München, so ist am Boden kein Druckunterschied vorhanden, mit der Höhe wird sich jedoch aufgrund des Temperatureffekts einer einstellen, der um so stärker wird, je größer der Temperaturunterschied ist und je höher man kommt.

In Abb. 4.16 herrscht am Boden auf 500 km Entfernung ein Druckgegensatz von 10 hPa. Im Süden ergibt sich aus +20°C am Boden und −20°C in 5 km Höhe eine Mitteltemperatur der Luftsäule von 0°C, im Norden aus +10°C am Boden und −30°C in der Höhe eine solche von −10°C. Die Folge ist, daß sich bis 5 km Höhe der horizontale Druckgegensatz auf 20 hPa verstärkt. Nach Tabelle 4.2 entspricht einem Druckgradienten von 2 hPa/100 km ein geostrophischer Wind von 13,5 m/s, einem Gradienten von 4 hPa/100 m ein Wind von 27 m/s.

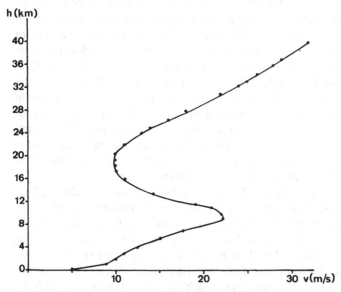

Abb. 4.17. Mittleres vertikales Windprofil über Mitteleuropa

Wie wir sehen, führt ein Temperaturunterschied zwischen 2 Orten dann zu einer Windzunahme mit der Höhe, wenn die warme Luft mit dem höheren Bodenluftdruck und die Kaltluft mit dem tieferen Bodendruck zusammenfällt. Wie sich leicht verstehen läßt, muß sich im umgekehrten Fall der Druckgegensatz und damit die Windgeschwindigkeit mit der Höhe vermindern. Zusammenfassend läßt sich daher feststellen: Zwischen warmen Hochs und kalten Tiefs nimmt die Windgeschwindigkeit mit der Höhe zu, zwischen kalten Hochs und warmen Tiefs schwächt sich dagegen der Wind mit der Höhe ab.

Im Normalfall nimmt die Windstärke mit der Höhe bis zur Tropopause zu, wie dieses an den mittleren Verhältnissen von Berlin (Abb. 4.17) veranschaulicht ist. In der unteren Stratosphäre geht die Windgeschwindigkeit dann zurück und nimmt in der mittleren und oberen Stratosphäre erneut stark zu.

4.6 Strahlströme

Das Windmaximum in Tropopausennähe erreicht in unseren Breiten in Einzelfällen häufig Werte von 30–75 m/s, in extremen Fällen werden gebietsweise sogar bis 150 m/s gemessen. Bedenkt man, daß wir beim Bodenwind ab 33 m/s von Windstärke 12 (Orkan) sprechen, so läßt sich ermessen, wie hoch die Strömungsgeschwindigkeiten in der oberen Troposphäre sind. In den Höhenwetterkarten ist zu erkennen, daß sich diese Starkwindfelder in einem Band mit gebietsweisen Unterbrechungen konzentrieren und sich wellenförmig um die Halbkugel erstrecken. In Abb. 4.18 ist für den europäisch-atlantischen Raum das Windfeld in rund 9 km Höhe für den 12. November 1972, 12 GMT wiedergegeben, wobei Linien gleicher Windgeschwindigkeit, sog. Isotachen, gezeichnet sind. Im Starkwindbereich sind Windgeschwindigkeiten von über 145 kn, also von rund 270 km/h bzw. 75 m/s festzustellen. Derartige Starkwindbänder, deren Geschwindigkeit 30 m/s übersteigt, bezeichnet man als Strahlstrom („jetstream"). Da ihre mittlere Breite 100–500 km beträgt, ihre mittlere Höhe aber nur 1–4 km, haben wir uns die Strahlströme als elliptische Hochgeschwindigkeitsröhren in Tropopausennähe vorzustellen (Abb. 4.19). Die mittlere Länge der Strahlströme, deren Zentrum man als Strahlstromachse bezeichnet, reicht von 1000 bis 10 000 km. Flugzeuge, die in ihrem Bereich mit dem starken Rückenwind fliegen, brauchen weniger Flugzeit und weniger Treibstoff; bei Gegenwind kehren sich die Verhältnisse entsprechend um.

Aufgrund ihrer geographischen Lage unterscheidet man auf jeder Halbkugel 2 troposphärische Strahlströme: den Polarfrontstrahlstrom und den Subtropenstrahlstrom. Der Polarfrontstrahlstrom befindet sich auf der Nordhalbkugel zwischen 50°N und 75°N und schwankt in seiner Lage von Tag zu Tag sowohl in Nord-Süd- wie in Ost-West-Richtung beträchtlich (Abb. 4.20). Wie Abb. 10.9a, b veranschaulicht, hat dieses zur Folge, daß er in den Mittelkarten der Windgeschwindigkeit im Januar praktisch gar nicht und im Juli auch nur schwach ausgeprägt erscheint.

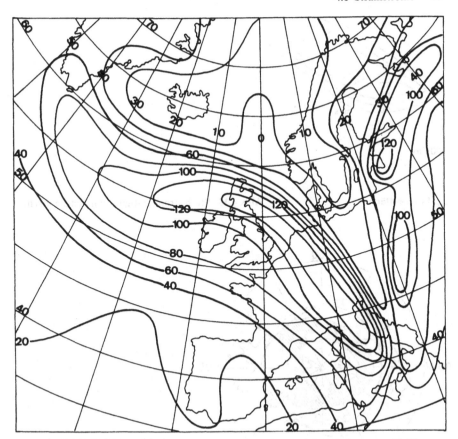

Abb. 4.18. Windgeschwindigkeitsfeld in 300 hPa (ca. 9 km) bei dem Orkan vom 12. November 1972 (in kn)

Ganz anders verhält sich der Subtropenstrahlstrom. Er liegt im Sommer beständig bei 40 °N, im Winter bei 30 °N, und ist deutlich als Starkwindband in den Mittelkarten zu erkennen. Entsprechend der höheren Tropopausenlage in den Subtropen gegenüber den mittleren und nördlichen Breiten befindet er sich in 12 km Höhe.

Seine Entstehung verdankt der Polarfrontstrahlstrom dem Temperaturgegensatz zwischen subtropischen und polaren Luftmassen, der besonders groß in den mittleren Breiten ist. Entsprechend dem Jahresgang des meridionalen Temperaturgegensatzes, d. h. seiner stärksten Ausprägung im Winter, ist das Polarfrontstarkwindband in der kalten Jahreszeit am stärksten ausgeprägt. Auf der warmen, also der äquatorialen Seite des Polarfrontstrahlstroms kommt es zu einem Aufsteigen der Luft, auf der polwärtigen, also kalten Seite zu einem Absinken. Man spricht von einer thermisch direkten Querzirkulation im Polarfrontstrahlstrombereich.

Während also die Lage des Polarfrontstrahlstroms von der jeweiligen Lage der Kaltluft- und Warmluftgebiete abhängt und sich mit deren Verlagerung ver-

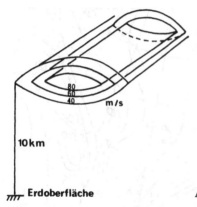

Abb. 4.19. Strahlstromkonfiguration (schematisch)

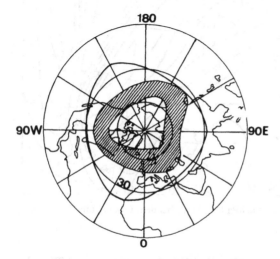

Abb. 4.20. Mittlere geographische Lage von Subtropen- und Polarfrontstrahlstrom (schraffiert)

ändert, hat der Subtropenstrahlstrom physikalisch andere, dynamische Entstehungsursachen. Dieses wird daran deutlich, daß er durch eine thermisch indirekte Querzirkulation gekennzeichnet ist, d. h. durch Aufsteigen der Luft an seiner kalten, also polwärtigen Seite und durch Absinken auf seiner wärmeren, äquatorwärtigen. Seine Entstehung geht u. a. darauf zurück, daß die rotierende Erde in niedrigen Breiten Drehimpuls an die Atmosphäre überträgt, den diese dann in höheren Breiten, wo die Bahngeschwindigkeit der Erdpunkte ja langsamer ist, wieder an den Erdkörper abgibt. Der Subtropenstrahlstrom entsteht dort und in der Höhe, wo der polwärtige Drehimpulstransport am größten ist, nämlich in 40° Breite und in 12 km Höhe. Auch in der Stratosphäre gibt es 2 nordhemisphärische Strahlströme. Im Winter liegt ein westliches Starkwindband in etwa 65°N (s. Abb. 10.9a). Entsprechend seiner Entstehung durch den winterlich starken Temperaturgegensatz an der Schattengrenze, d. h. an der Grenze zwischen der Sonneneinstrahlung in mittleren und niedrigen Breiten

Tabelle 4.4. Grenzschichtstrahlstrom[1]

Höhe [m]	Windrichtung [°]	Geschwindigkeit [m/s]	Temperatur [°C]
Boden	190	1,8	7,5
050	200	3,8	
110	220	5,7	8,1
125	250	5,8	
140	270	5,9	9,5
200	300	5,5	9,7
240	270	3,8	
260	250	3,4	
280	260	3,4	9,5

[1] Das Beispiel wurde freundlicherweise von R. Roth, Hannover, zur Verfügung gestellt.

und der fehlenden Einstrahlung im Bereich der Polarnacht, bezeichnet man ihn als Polarnachtstrahlstrom. Seinem Einfluß ist auch die Windzunahme oberhalb 20 km Höhe in Abb. 4.17 zuzuschreiben.

Im Sommer zeigt die Stratosphäre dagegen ein östliches Starkwindband, das aufgrund seiner geographischen Lage als äquatorialer Strahlstrom bezeichnet wird.

In jüngster Zeit wird der Begriff Strahlstrom auch für ein relatives Starkwindphänomen innerhalb der Reibungsschicht verwendet; man spricht in diesem Fall vom Grenzschichtstrahlstrom. Dabei handelt es sich um eine Winderscheinung in 100—300 m Höhe, die sich v. a. im Schwachwindbereich von Hochdruckgebieten an nächtlichen Inversionen entwickelt und bei denen der beobachtete Wind als Folge einer Trägheitsschwingung bis zum doppelten Betrag größer ist als der geostrophische Wind. Gleichzeitig tritt eine ungewöhnlich starke Änderung der Windrichtung mit der Höhe auf.

Als Beispiel sind in Tabelle 4.4 die vertikalen Wind- und Temperaturverhältnisse bei einer Grenzschichtstrahlstromsituation über der Norddeutschen Tiefebene aufgeführt.

Wie wir sehen, liegt das Geschwindigkeitsmaximum mit 5,7—5,9 m/s inmitten einer Schicht, in der auf 90 m Höhendifferenz die Windrichtung um 80° nach rechts (im Uhrzeigersinn) dreht. Gleichzeitig ist dort die Temperaturzunahme mit der Höhe am stärksten ausgeprägt. Oberhalb der Inversion schwächt sich der Wind wieder auf Werte unter 5 m/s ab.

5 Wolken und Niederschlag

5.1 Verdunstung

Wie wir in Kap. 2 gesehen haben, ist der Wasserdampf mit durchschnittlich 1,3% an der Zusammensetzung der Luft in Bodennähe beteiligt. In die Atmosphäre gelangt er über die Verdunstung von Wasser. Es ist uns vertraut, daß Wasser unter Normalbedingungen bei 100 °C kocht, physikalisch siedet, d. h. daß durch die Wärmeenergiezufuhr der chemische Stoff Wasser vom flüssigen in den gasförmigen Zustand übergeht. Zwar wird das Wasser an der Erde nicht bis zum Siedepunkt erwärmt, dennoch findet ein Übergang von Wasser in Wasserdampf statt. Diese bei Temperaturen unter dem Siedepunkt ablaufende Zustandsänderung bezeichnet man als Verdunstung. So verdunstet das Wasser von Seen, Flüssen, feuchtem Erdboden, Pflanzen, Ozeanen und sorgt für einen ständigen Wasserdampfnachschub in die Atmosphäre. Je höher die Temperatur einer Region ist und je mehr Wasser zur Verfügung steht, um so größer ist die Verdunstung (Tabelle 5.1).

Die stärkste Verdunstung tritt in den Tropen und Subtropen auf, hat in mittleren Breiten Werte von 500–700 mm und nimmt zum Pol rasch ab, vorausgesetzt, es steht genug Wasser zur Verfügung, das verdunsten kann. Um den Verdunstungsvorgang physikalisch zu verstehen, muß man die Anziehungskräfte zwischen den Molekülen betrachten. Sie sind am größten im festen Zustand, weniger groß im flüssigen und am geringsten im gasförmigen. Will man einen festen Stoff verflüssigen bzw. diesen verdampfen, so muß eine Arbeit gegen die zwischenmolekularen Kräfte geleistet werden, d. h. man muß Energie zuführen, damit die Moleküle am Siedepunkt das Wasser verlassen und in den Luftraum gelangen können. Bei der Verdunstung, die bei Temperaturen unter dem Siedepunkt stattfindet, wird die erforderliche Energie aus dem Wärmevorrat des Wassers selbst genommen. Wir hatten früher gesehen, daß sich die Temperatur eines Stoffs verstehen läßt als die mittlere Bewegungsenergie seiner Moleküle. Die Moleküle haben aber nicht alle die gleiche Geschwindigkeit; die mei-

Tabelle 5.1. Mittlere Verdunstung von den Ozeanen der Nordhalbkugel in mm-Wassersäule

geographische Breite	0 – 10	10 – 20	20 – 30	30 – 40	40 – 50	50 – 60	60 – 70
mm/Jahr	1200	1350	1300	1100	750	500	150

sten entsprechen nach Maxwell dem Mittelwert, es gibt aber auch langsamere und schnellere. Bei den schnellen reicht ihre Bewegungsenergie aus, um die Anziehungskräfte im Wasser zu überwinden und aus der Oberfläche herauszutreten. Zurück bleiben die Moleküle mit geringerer Bewegungsenergie, so daß damit verständlich wird, daß durch Verdunstung die Temperatur der Flüssigkeit zurückgeht. Diesen Abkühlungseffekt beobachtet man z. B. nach sommerlichen Gewitterschauern, in der Nähe von Springbrunnen oder beim Rasensprengen, da auch der Luft durch den Verdunstungsvorgang Wärme entzogen wird.

5.2 Besonderheiten des Sättigungsdampfdrucks

Als Dampfdrucke war in Kap. 2 der vorhandene Partialdruck des Wasserdampfs am Gesamtluftdruck bezeichnet worden, als Sättigungsdampfdruck E der bei einer bestimmten Temperatur maximal möglichen Dampfdruck. Entspricht die in der Atmosphäre befindliche Wasserdampfmenge dem Maximalwert, so beträgt die relative Feuchte $rF = (e/E) \cdot 100$ gleich 100% und die Luft ist gesättigt. In bezug auf die molekulare Betrachtungsweise bedeutet Sättigung, daß ein Gleichgewicht besteht zwischen der Anzahl der Moleküle, die vom Wasser in die Luft übertritt, und der Zahl, die in der gleichen Zeit aus der Luft wieder in die Flüssigkeit eintaucht.

Bei einfacher Betrachtungsweise heißt Wasserdampfsättigung Bildung von Wassertröpfchen, also Kondensation, bei einer relativen Feuchte von 100%. In der Wirklichkeit sind die Verhältnisse jedoch erheblich komplizierter. Wie man im Labor in einer Nebelkammer zeigen kann, bei der durch plötzlichen Druckfall eine rapide adiabatische Abkühlung der wasserdampfhaltigen Luft herbeigeführt wird, tritt Kondensation in absolut sauberer Luft, also Tropfenbildung, erst bei einer relativen Feuchte von rund 800% auf.

Derartig hohe Übersättigungen werden in der Atmosphäre aber nicht beobachtet. Die gemessenen Maximalwerte liegen bei 100% oder nur wenige Prozent darüber. Daher müssen Prozesse wirksam werden, die in unserer Lufthülle zur Kondensation bei einer relativen Feuchte um 100% führen.

Kondensationskerne

Im Gegensatz zu dem Laborversuch besteht die Atmosphäre nicht aus absolut sauberer Luft, sondern enthält eine Vielzahl von festen, flüssigen und gasförmigen Luftbeimengungen. So gelangen durch die Turbulenz ständig Staubpartikel von der Erdoberfläche in die Atmosphäre, werden große Staubmengen bei Vulkanausbrüchen an die Luft abgegeben, treten Salzteilchen durch Wind und Wellen aus der Meeresoberfläche in die Luft, kommen Partikel durch Industrie, Kraftwerke und Hausbrand in die Atmosphäre.

Diese feinen und feinsten Partikel bezeichnet man als Aerosolteilchen; sie lassen sich mit sog. Kernzählern bestimmen, wobei im einfachsten Fall Luft aus einem kleinen Rohr nach dem Revolverprinzip auf eine dünne Vaselineschicht geschossen und unter dem Mikroskop ausgewertet wird. Nach ihrer Größe unterscheidet man: Aitken-Kerne ($10^{-2} - 10^{-1}$ µm), große Kerne ($10^{-1} - 2$ µm) und Riesenkerne (>2 µm).

Die hygroskopischen Aerosole, also die Teilchen, die die Fähigkeit zur Wasseranlagerung haben, bilden die Basis der atmosphärischen Kondensation; man bezeichnet sie daher als Kondensationskerne. Viele Teilchen, die diese Eigenschaft zunächst nicht haben, werden dadurch hygroskopisch, daß sie sich mit flüssigen oder auch gasförmigen Luftbeimengungen überziehen. Auf diese Weise steht insgesamt eine große Anzahl von Kondensationskernen der Bildung von Wassertröpfchen zur Verfügung. Über den Ozeanen sowie in sauberer Gebirgsluft sind bis 1000 Kerne/cm^3 Luft enthalten, in Großstädten können es mehrere 100000/cm^3 sein.

Krümmungseffekt

Wie die Physik lehrt, gibt es einen unterschiedlichen Sättigungsdampfdruck über ebenen und gekrümmten Flächen. Je kleiner der Tropfen ist, d.h. je stärker seine Oberfläche gekrümmt ist, um so geringer sind die molekularen Bindekräfte im Tropfen und um so höher ist folglich über ihm der Sättigungsdampfdruck im Vergleich zu einer ebenen Wasserfläche. Bringt man ein Hygrometer, das über einer benachbarten ebenen Wasserfläche eine relative Feuchte von 100% anzeigt, in die unmittelbare Nähe eines Tropfens, so ist über diesem infolge des erhöhten Sättigungsdampfdrucks die relative Feuchte noch unter 100%.

Für die relative Erhöhung des Sättigungsdampfdrucks über einem Tropfen gilt

$$\frac{\Delta E}{E} = \frac{2\alpha}{Tr4607 - 2\alpha},$$

wobei T die absolute Temperatur (K), r der Tropfenradius in m und $\alpha = 0,0728$ $(1 - 0,002 (T - 291))$ die Oberflächenspannung des Wassers ist. Beschränkt man sich bei der grundlegenden Betrachtung auf Vorgänge bei einer Temperatur von 0 °C, so vereinfacht sich die obige Beziehung zu

$$\frac{\Delta E}{E} = \frac{12 \cdot 10^{-8}}{r}.$$

Über einem Tröpfchen mit dem Radius $r = 10^{-6}$ m = 1 µm ist somit der Sättigungsdampfdruck im Vergleich zur ebenen Wasserfläche um 12% erhöht, bei $r = 10^{-5}$ m = 10 µm um 1,2%, bei $r = 10^{-4}$ m = 0,1 mm nur noch um 0,12 und bei $r = 10^{-3}$ m = 1 mm um 0,01%. Das heißt: Über kleinen Tropfen unter 1 µm ist die Luft so ungesättigt, daß diese gleich nach der Bildung als Folge des Krümmungseffekts wieder verdampfen müßten.

Lösungseffekt

Noch ein weiterer, für die Tropfenbildung wichtiger physikalischer Effekt wird in der Atmosphäre wirksam. Gibt man in chemisch reines Wasser etwas Kochsalz oder Säure, so erhöht sich dadurch die Anziehungskraft zwischen den Molekülen, so daß es für sie beim Verdampfen bzw. Verdunsten schwerer ist, den Flüssigkeitsverband zu verlassen. Die Folge ist, daß über einer wäßrigen Lösung der Sättigungsdampfdruck niedriger ist als über reinem Wasser bei gleicher Oberflächenform.

Viele der Kondensationskerne bzw. der an sie angelagerten Salze oder Säuren lösen sich, sobald sich bei der Kondensation Flüssigwasser an ihnen bildet, und es entsteht eine wäßrige Lösung. Für die relative Erniedrigung des Sättigungsdampfdrucks als Folge des Lösungseffekts gilt in Näherung

$$-\frac{\Delta E}{E} = \frac{m_s}{m_w + m_s} \, ,$$

wobei m_w die Zahl der Wassermoleküle und m_s die Zahl der gelösten Salz- oder Säuremoleküle ist. Je höher die Konzentration der Lösung ist, um so größer ist die Dampfdruckerniedrigung über dem Tropfen. In einer gesättigten Kochsalzlösung (370 g NaCl in 1 l Wasser) sind bei einem Molekulargewicht des Wassers von 18 und des Kochsalzes von 58,5 insgesamt 1000/18 = 55,6 Wassermole und 6,3 Salzmole enthalten, wobei jedes Mol die gleiche Anzahl Moleküle ($n = 6,02 \cdot 10^{23}$) enthält. Folglich wird

$$-\frac{\Delta E}{E} = \frac{6,3}{55,6 + 6,3} = 0,10 \, ,$$

d. h. die Sättigungsdampfdruckerniedrigung beträgt in diesem Fall 10%, so daß über dieser Lösung Wasserdampfsättigung bereits bei einer relativen Feuchte von 90% eintreten würde.

5.3 Wolkenbildung

Kondensation

Der wichtigste Kondensationsvorgang in der Atmosphäre ist die Wolkenbildung. Als Voraussetzungen dafür haben wir kennengelernt: Das Vorhandensein von Wasserdampf und Kondensationskernen sowie eine Abkühlung der Luft, durch die der Rückgang des Sättigungsdampfdrucks und damit die Erhöhung der relativen Feuchte hervorgerufen wird. Der bei der Wolkenbildung entscheidende Abkühlungsvorgang ist die adiabatische Temperaturerniedrigung beim Aufsteigen von Luft. Es erhebt sich nun die Frage, wodurch die Luft zum Aufsteigen veranlaßt wird.

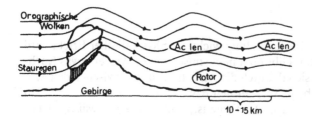

Abb. 5.1. Stau- und Wogenwolken am Gebirge

Das Aufsteigen von Luft kann zum einen thermisch verursacht sein, also durch die von horizontalen Temperaturunterschieden ausgelöste, zellenartige Konvektion (Konvektionswolken). Zum anderen kommt es in der Atmosphäre zu dynamischen, d. h. zu Aufsteigen infolge des Zusammenströmens der Luft. Am anschaulichsten ist dieser Vorgang (Abb. 5.1) an Gebirgen zu erkennen, wo die anströmende Luft zum Aufsteigen gezwungen wird (Hinderniswolken), oder hinter Gebirgen, wo sich eine wellenförmige Luftbewegung mit Auf- und Absteigen einstellt (Wogenwolken). Von großer Bedeutung sind die dynamischen Vorgänge im Bereich von Tiefdruckgebieten, bei denen es sich um ausgedehnte, schichtförmige Hebungen handelt (Aufgleit- oder Hebungswolken).

Mit dem Aufsteigen kühlt sich die Luft zunächst um 1 K/100 m ab. Hat sie sich so weit abgekühlt, daß der Sättigungsdampfdruck gleich dem vorhandenen Dampfdruck ist, so ist die Luft wasserdampfgesättigt und beginnt bei weiterer Hebung und damit Abkühlung zu kondensieren, d. h. Wasserdampfmoleküle lagern sich an die Kondensationskerne an und überziehen diese mit einer Wasserhaut.

Nach dem Krümmungseffekt müßten die soeben gebildeten Tropfen sofort wieder verdunsten, da über ihnen die Luft ungesättigt erscheint; dieses gilt besonders für sehr kleine Wolkentröpfchen. Jedoch ist zu bedenken, daß durch die Anlagerung an die Kondensationskerne die Tröpfchen schon eine gewisse Ausdehnung (im Vergleich zu den Vorgängen in der Nebelkammer) haben und daß dadurch der Einfluß des Krümmungseffekts gemildert wird.

Es wirkt sich jedoch mit der Tropfenbildung gleichzeitig der Lösungseffekt aus, der wiederum bei den kleinsten Tröpfchen am größten ist, da die Lösung bei ihnen am konzentriertesten und damit die relative Übersättigung über dem Tropfen infolge der Sättigungsdampfdruckerniedrigung am größten ist.

Wie wir erkennen, sind die Wirkungen des Krümmungs- und Lösungseffekts bei der Tropfenbildung genau entgegengesetzt, sie heben sich praktisch auf. Das bedeutet, daß trotz der wolkenphysikalisch komplizierten Vorgänge die Kondensation zu Wolkentröpfchen bei einer relativen Feuchte von rund 100 % abläuft, sobald die Tröpfchen eine Größe von 4 μm überschritten haben (Abb. 5.2).

Eiskristallbildung

In großen Teilen der Troposphäre liegt (vgl. Abb. 2.11) die Temperatur unter dem Gefrierpunkt, so daß sich in den Wolken Eiskristalle bilden. Früher nahm man

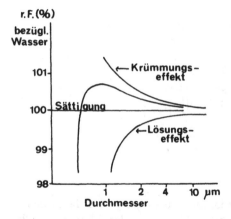

Abb. 5.2. Effekte bei der Tropfenbildung

an, daß es analog zu den Kondensationskernen auch Sublimationskerne in der Luft gibt, auf denen der Wasserdampf sich sofort als Eis ansetzt (Sublimation).

Heute weiß man, daß zunächst Wassertröpfchen in den Wolken vorhanden sein müssen, die unterhalb 0 °C gefrieren und auf diese Weise Eiskerne darstellen. Auf ihnen schlägt sich dann der Wasserdampf direkt als Eis nieder, d. h. er überspringt die flüssige Phase.

Das Gefrieren der Wassertröpfchen erfolgt dabei keineswegs schlagartig unter 0 °C. Wie die Physik lehrt, wird bei einer wäßrigen Lösung der Gefrierpunkt im Vergleich zu reinem Wasser herabgesetzt. Wolkentropfen sind aber vielfach wäßrige Lösungen, wie wir gesehen haben, so daß damit verständlich wird, daß in der Atmosphäre auch unter 0 °C noch Wassertropfen vorhanden sind. Man spricht von unterkühltem Wasser.

Im allgemeinen lassen sich nach dem Verhältnis von unterkühlten Wassertropfen zu Eiskristallen 4 Temperaturintervalle unterscheiden:

0 °C bis −12 °C: unterkühlte Wassertropfen überwiegen,
−13 °C bis −20 °C: Wassertropfen und Eiskristalle sind gleich häufig,
−20 °C bis −40 °C: Eiskristalle überwiegen,
unter −40 °C: es treten nur Eiskristalle auf.

Die von den Eiskristallen aufgebauten Formen weisen eine große Vielfalt auf und reichen von einfachen hexagonalen Plättchen und Prismen bis zu den kompliziertesten Schneesternen. Ihre Ausprägung hängt dabei vom Grad der Wasserdampfübersättigung bezogen auf Eis, v. a. aber von der Temperatur ab, bei der sie sich bilden. Nach Mason (1971) besteht folgender Zusammenhang zwischen der Form der Eiskristalle und ihrer Entstehungstemperatur:

0 bis −3 °C: dünne Plättchen
−3 bis −5 °C: Nadeln
−5 bis −8 °C: Prismen
−8 bis −12 °C: hexagonale Plättchen
−12 bis −16 °C: dendritische Sterne
−16 bis −25 °C: Plättchen
−25 bis −50 °C: Prismen.

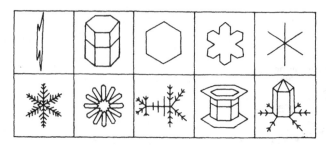

Abb. 5.3. Eiskristallformen

Der modifizierende Einfluß der Wasserdampfübersättigung wird daran deutlich, daß sich im Temperaturbereich 0 bis $-3\,°C$ außer den Plättchen auch Prismen und Sternchen bilden können.

Bei der Auf- und Abwärtsbewegung kommen viele Eiskristalle durch unterschiedliche Temperatur- und damit Formungsbereiche, woraus sich die große Vielfalt ihres Aussehens und ihre z. T. bizarre Form erklärt (Abb. 5.3).

Wachstum der Wolkenelemente

Durch bloße Kondensation hören die Wolkentröpfchen in der Regel zwischen 20 und 100 µm, also in der Größenordnung einiger hundertstel Millimeter, auf zu wachsen. Unter besonders günstigen Bedingungen können durch Kondensation auch noch Sprühregentropfen entstehen, die einen mittleren Durchmesser zwischen 100 und 500 µm, also $0,1-0,5$ mm haben. Ein weiteres Tröpfchenwachstum allein durch Kondensation kann dagegen in den außertropischen Breiten nicht stattfinden; dazu reicht einerseits der Feuchtegehalt der Luft nicht aus und andererseits stehen dem Kondensationsprozeß so viele Kondensationskerne zur Verfügung, daß nicht einige große, sondern sehr viele kleine Wolkentröpfchen gebildet werden. Bei der Bildung von Regentropfen, die im Mittel $0,5-5$ mm groß werden, müssen daher andere Prozesse als bloße Kondensation eine Rolle spielen.

Nach der Bergeron-Findeisen-Theorie liegt der Schlüssel zur Erklärung großtropfigen Regens in der Tatsache, daß sich in einer hochaufragenden Wolke Eiskristalle bilden, wenn diese in Temperaturbereiche unter $0\,°C$ vorstößt. Dadurch befinden sich in ihr im räumlichen Nebeneinander Wassertropfen und Eiskristalle, d. h. die Wasserwolke wird physikalisch zur Mischwolke. Jetzt wird eine weitere Besonderheit des Sättigungsdampfdrucks wirksam.

Wie wir schon in Kap. 2 kennengelernt haben, herrscht bei gleicher Oberflächengestalt über Eis ein anderer Sättigungsdampfdruck als über unterkühltem Wasser. In Eis als festem Körper sind die zwischenmolekularen Anziehungskräfte größer als in Wasser, so daß bei einer bestimmten Temperatur weniger Moleküle aus dem Eis als aus dem Wasser verdunsten können: der Sättigungsdampfdruck ist über Eis niedriger als über Wasser.

Tabelle 5.2. Sättigungsdampfdruck über Wasser (E_W) und Eis (E_E) in hPa

Temperatur [°C]	0	-10	-20	-30	-40	-50
E_W	6,108	2,863	1,254	0,509	0,189	0,063
E_E	6,107	2,597	1,032	0,380	0,128	0,039
(E_E/E_W) 100	100,0	90,7	82,3	74,7	67,8	61,9

Wie Tabelle 5.2 zeigt, führt der Unterschied im Sättigungsdampfdruck dazu, daß z. B. bei $-10\,°C$ über Eis schon bei einer auf Wasser bezogenen relativen Feuchte von 90,7% Sättigung herrscht, während die Luft in bezug auf die Wassertropfen noch ungesättigt ist. Zeigt das Haarhygrometer, dessen Angaben sich immer auf eine Wasseroberfläche beziehen, eine relative Feuchte von 100% an, so herrscht folglich in bezug auf Eis eine Übersättigung, die um so größer ist, je niedriger die Temperatur ist. Die Konsequenz ist, daß

1. die Eiskristalle schon wachsen, wenn die beobachtete relative Feuchte noch unter 100% liegt,
2. die Wassertropfen bei Eissättigung verdunsten, da in bezug auf sie die Luft ja ungesättigt ist.

Folglich sind Mischwolken nie stabil, sondern wandeln sich mit der Zeit in eine Eiswolke um.

Sind durch diesen Prozeß die Wachstumsbedingungen für die Eiskristalle optimal, da sie ja auch zahlenmäßig geringer sind als die Wassertröpfchen, so gibt es noch einige weitere Möglichkeiten, die zur Vergrößerung der Eiskristalle führen.

Bei Berührung erstarren die unterkühlten Tröpfchen auf den Eiskristallen; Schneekristalle können sich verhaken oder durch Berührung aneinanderfrieren, entgegengesetzte elektrische Ladungen können zu einer Anlagerung führen.

Haben die Eiskristalle eine Größe erreicht, daß sie nicht mehr vom Aufwind in den Wolken getragen, in der Schwebe gehalten werden, so beginnen sie zu fallen; aus den Wolkenelementen werden Niederschlagselemente. Gelangen die Eiskristalle dabei in Temperaturbereiche über $0\,°C$, so schmelzen sie, und es entsteht der großtropfige Regen. Im Winter, wenn die Temperatur auch in den bodennahen Luftschichten unter $0\,°C$ ist, unterbleibt das Aufschmelzen, und der Niederschlag fällt als Schnee. Nach der Bergeron-Findeisen-Theorie kann folglich großtropfiger Regen bei uns nur über die Eisphase der Wolkenelemente auftreten. In den Tropen ist das anders. Dort steht wegen der hohen Verdunstung so viel Wasserdampf zur Verfügung, daß großtropfiger Regen allein durch Kondensation und Zusammenfließen von Wassertröpfchen bei Berührung (Koaleszenz) entsteht.

Über den Zusammenhang zwischen der Größe der Hydrometeore und ihrer Fallgeschwindigkeit gibt Tabelle 5.3, meist nach Messungen von Nakaya, Aufschluß.

Eine Sonderform der Niederschlagselemente sind die Graupel- und Hagelkörner. Sie bilden sich in den hochreichenden Schauer- und Gewitterwolken

Tabelle 5.3. Größe und Fallgeschwindigkeit von Hydrometeoren

Art	Durchmesser [mm]	Fallgeschwindigkeit [cm/s]
Wolkentropfen	0,02 – 0,10	1 – 25
Sprühregentropfen	0,10 – 0,50	25 – 200
Regentropfen	0,50 – 5,0	200 – 800
Eisnadeln	1,5	50
Schneesterne	4,2	50
Schneeflocken	10 – 30	100 – 200
Graupel	1 – 5	150 – 300
Hagel	10 – 30	über 500

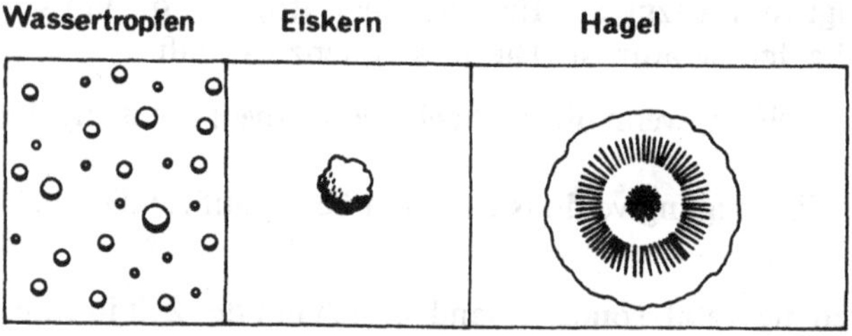

Wassertropfen   **Eiskern**   **Hagel**

Abb. 5.4. Bildung von Hagelkörnern

mit kräftigen Auf- und Abwinden. Dabei werden Eis- und Schneekerne wiederholt zwischen den tieferen und höheren Wolkenschichten rasch hin und her bewegt, stoßen dabei in unterschiedlichen Temperaturbereichen mit unterkühlten Wassertropfen zusammen und lagern diese an. Auf diese Weise kommt ein schalenartiger Aufbau der Körner zustande (Abb. 5.4). Graupeln bilden sich bevorzugt in Polarluft mit ihrem geringeren Feuchtegehalt im Frühjahr, Hagel ist eine sommerliche Niederschlagsform, wenn viel Feuchtigkeit für das Körnerwachstum zur Verfügung steht.

5.4 Wolkenklassifikation

Bei einer Einteilung der verschiedenen Wolken nach physikalischen Gesichtspunkten könnte man zum einen die Art der Wolkenelemente zur Grundlage machen und würde in diesem Fall Wasserwolken, Eiswolken und Mischwolken unterscheiden. Zum anderen wäre eine Einteilung nach ihrer Entstehungsart, nach der physikalischen Ursache der Aufwärtsbewegung der Luft, möglich. In diesem Fall hätte man zu unterscheiden zwischen den Konvektionswolken und den Hebungs- oder Aufgleitwolken, wobei z. B. die orographisch erzwungenen Hinderniswolken eine Unterart darstellten.

Jede physikalische Einteilung setzt aber die Kenntnis der momentanen physikalischen Prozesse in der Atmosphäre voraus. So müßte z. B. in jedem Einzelfall festgestellt werden, aus welchen Wolkenelementen eine Wolke besteht. Bedenken wir, daß die Wolkenbeobachtung vom Boden durchgeführt wird, so wird verständlich, daß eine überall und jederzeit anwendbare Einteilung notwendig ist.

Die heute gebräuchliche internationale Wolkenklassifikation geht auf den Engländer L. Howard (1772−1864) zurück, der die Wolken − ähnlich wie Linné die Pflanzen − mit lateinischen und damit international verwendbaren Namen versah, und über den Goethe in einem Gedicht in bezug auf die Wolkenbenennung schrieb:

Was sich nicht halten, nicht erreichen läßt,
Er faßt es an, er hält zuerst es fest.
Bestimmt das Unbestimmte, schränkt es ein,
Benennt es treffend! − Sei die Ehre dein!

Die 10 Hauptwolkenarten

Die bei der Wetterbeobachtung allgemein verwendete Wolkenklassifikation basiert

a) auf der Höhe der Wolkenuntergrenze,
b) auf ihrem Aussehen.

Hinsichtlich der Höhe werden unterschieden: tiefe, mittelhohe und hohe Wolken. Über das Aussehen, also die Phänomenologie der Wolken, wird indirekt auch eine Aussage über die Entstehungsart gemacht. So gehören die Kumuluswolken, also die Quell- oder Haufenwolken, zu den Konvektionswolken. Die unterschiedliche Erwärmung benachbarter Gebiete läßt einzelne wärmere Luftblasen entstehen, die aufsteigen und die isolierten Kumuluswolken bilden. Im Gegensatz dazu stehen die flächenhaften Stratusformen, also die Schichtwolken. Sie verdanken ihre Entstehung dem großflächigen Aufsteigen der Luft. In Abb. 5.5 sind die nachfolgend beschriebenen 10 Hauptwolkenarten schematisch dargestellt.

Hohe Wolken

Zu den hohen Wolken zählen die 3 Wolkenarten: Zirrus, Zirrokumulus und Zirrostratus; sie treten bei uns in der Regel oberhalb 6000 m auf und bestehen aus Eiskristallen.

Als *Zirrus* (Federwolke) bezeichnet man isolierte Wolken in Form weißer, zarter Fäden, Bänder oder Flecken am blauen Himmel. Sie haben ein faseriges Aussehen.

Der *Zirrokumulus* besteht aus weißen, gerippt oder gekörnt aussehenden Bällchen oder Flecken, die meist flächenartig miteinander verwachsen erscheinen.

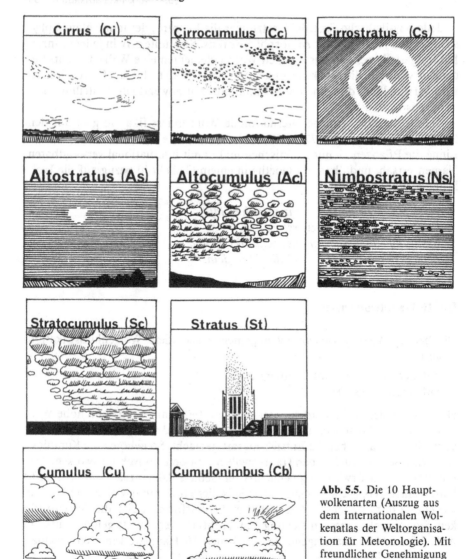

Abb. 5.5. Die 10 Hauptwolkenarten (Auszug aus dem Internationalen Wolkenatlas der Weltorganisation für Meteorologie). Mit freundlicher Genehmigung der Weltorganisation für Meteorologie, Genf

Als *Zirrostratus* (Schleierwolke) definiert man einen weißlichen Wolkenschleier, also eine hohe Schichtwolke. Sie hat ein faseriges oder glattes Aussehen und ist so dünn, daß die Sonne hindurchscheint. Dabei entsteht häufig um die Sonne ein farbiger Ring, ein sog. Halo, infolge Brechung und Reflexion des durchfallenden Sonnenlichts in den Eiskristallen.

Mittelhohe Wolken

Zu den mittelhohen Wolken gehören der Altokumulus und der Altostratus; sie treten bei uns mit ihrer Basis in der Regel zwischen 2000 und 6000 m auf.

Der *Altokumulus* (Schäfchenwolke) ist eine weißgraue zusammengewachsene Wolke aus Bällchen oder Flecken, die etwas größer sind als die Wolkenelemente des Zirrokumulus.

Als *Altostratus* bezeichnet man eine graue, mittelhohe Wolkenschicht von meist einförmigem Aussehen. Er kann als dünne Schichtwolke auftreten, so daß die Sonne noch schwach durchscheint, kann aber auch so dick sein, daß er die Sonne verbirgt.

Tiefe Wolken

Zu den tiefen Wolken, also den Wolken mit einer Untergrenze bis 2000 m Höhe, gehören: Kumulus, Kumulonimbus, Stratokumulus, Stratus und Nimbostratus.

Der *Kumulus* ist eine isolierte, scharf gegen den blauen Himmel abgegrenzte Wolke, die in der Vertikalen die Form von Hügeln und Kuppen aufweist und die aufgrund ihrer z. T. blumenkohlartigen Quellungen auch als Quell- oder Haufenwolken bezeichnet wird. Die von der Sonne beschienenen Teile erscheinen leuchtend weiß, die Untergrenze ist verhältnismäßig dunkel und verläuft fast horizontal.

Der *Kumulonimbus* ist eine hochreichende, dichte Quellwolke, deren Obergrenze ein unscharfes bis faseriges Aussehen aufweist, was dadurch verursacht wird, daß die an den Wolkenrändern austretenden Eiskristalle nur allmählich verdunsten. Er kann bei uns rund 10 km, in den Tropen bis 17 km mächtig werden, also bis zur Tropopause reichen. Der obere Teil wirkt häufig wie ein Amboß. Unterhalb der meist sehr dunklen Wolkenbasis befinden sich oft zerfetzte Wolken. Der Kumulonimbus ist die typische Schauer- und Gewitterwolke.

Der *Stratokumulus* ist die tiefe Haufenschichtwolke, d. h. er besteht aus grauweißen Ballen und Schollen, die zu einer Wolkenschicht zusammengewachsen sind. Durch den Wechsel von hellen Randpartien und dunkleren Innenteilen bei jedem Ballen oder jeder Scholle erscheint die Stratokumulusbewölkung mosaikartig strukturiert.

Als *Stratus* bezeichnet man die tiefe, durchgehend graue Wolkenschicht, deren einförmige Untergrenze so niedrig sein kann, daß die oberen Teile von Türmen, Masten und Hochhäusern in die Wolke hineinragen. Niederschlag tritt nur in Form von leichtem Sprühregen oder Schneegriesel auf. Der Stratus wird auch als Hochnebel bezeichnet.

Der *Nimbostratus* ist eine dunkelgraue Wolkenschicht, die dem dichten Altostratus verwandt ist, nur daß seine Untergrenze niedriger und häufig durch Wolkenfetzen gekennzeichnet ist. Er kann viele Kilometer mächtig werden und dadurch zu anhaltendem Regen (Landregen) oder Dauerschneefall führen.

Einige Unterarten

Die Vielfalt der atmosphärischen Vorgänge schafft nicht nur die 10 Hauptwolkenarten, sondern bei hohen, mittelhohen und tiefen Wolken noch zahlreiche Unterarten, von denen einige markante noch definiert werden sollen.

Als *Cirrus uncinus* bezeichnet man Zirren, die wie ein Komma oder lange Haken am Himmel hängen. Sie sind häufig Vorboten einer Wetterverschlechterung.

Der *Altocumulus castellanus* ist ein Altokumulus, der im oberen Bereich durch türmchenartige Aufquellungen gekennzeichnet ist. Das Gesamtbild gleicht Zinnen auf einem Burgwall. Diese schmalen Aufquellungen aus einer gemeinsamen Wolkenbasis sind Anzeichen für eine Labilisierung der betreffenden Schicht und weisen daher auf eine nachfolgende Kumulonimbusentwicklung, auf Schauer und Gewitter hin.

Der *Altocumulus lenticularis* ist eine Wolke in Linsen- oder Mandelform; sie erscheint in der Mitte dunkler als am Rand, was auf aufsteigende Luft in der Wolkenmitte und auf Absteigen am Rand hindeutet. Lentikulariswolken treten häufig als Wogenwolken im Lee von Gebirgen auf (Abb. 5.1), sind aber gegen Abend auch über dem Flachland zu erkennen.

Auch beim Stratokumulus sind Kastellanus- und Lentikularisformen zu beobachten.

Bei den Kumuluswolken heißen die flachen *Cumulus humilis*, die mit mäßiger vertikaler Ausdehnung *Cumulus mediocris* und jene mit kräftiger, blumenkohlartigen Quellungen *Cumulus congestus*.

Vom *Cumulonimbus incus* spricht man, wenn der Kumulonimbus im oberen Teil einem Amboß gleicht, vom *Cumulonimbus calvus*, wenn ein emporquellender Cumulus congestus an den Rändern unscharf wird, d. h. zu vereisen beginnt, und vom *Cumulonimbus cappilatus*, wenn aus seiner Obergrenze zirrusartige Fasern aus Eiskristallen herauswachsen.

Wolkenfetzen treten als *Cumulus fractus* und *Stratus fractus* häufig unter Kumulonimben und unter Nimbostratus auf.

Mittlere physikalische Eigenschaften

Faßt man die vorliegenden Messungen über die Tropfenzahl in den verschiedenen Wolken zusammen, so erhält man für Stratus, Stratokumulus und Altostratus mittlere Werte von 400 Tropfen/cm^3, für Kumulus 350, für Nimbostratus 250 und für Cumulonimbus rund 100 Tropfen/cm^3.

Als mittlere Tropfendurchmesser ergeben sich bei Stratus, Stratokumulus und Altostratus 10 µm, bei Nimbostratus 15 µm, bei Cumulus humilis und mediocris 15–20 µm sowie bei Cumulus congestus und Kumulonimbus 40 µm.

Der maximale Wasserdampfgehalt in einer Wolke hängt von der Temperatur des betreffenden Wolkenbereichs ab. So können bei 20 °C rund 17 g/m^3, bei 10 °C rund 9 g/m^3, bei 0 °C rund 5 g/m^3, bei −10 °C ca. 2 gm^3 und bei −20 °C noch 1 g/m^3 Wasserdampf enthalten sein.

Der Gehalt an Flüssigwasser in einer Wolke ist geringer als ihr Wasserdampfgehalt. Dieses wird verständlich, wenn man bedenkt, daß immer nur ein
Teil des vorhandenen Wasserdampfs kondensiert. Der höchste Flüssigwassergehalt wird im Zentrum von Kumulonimben mit Werten bis zu $5\,g/m^3$ beobachtet, während zu den Rändern durch die Vermischung mit trocknerer Luft die
Werte rasch zurückgehen. Im allgemeinen wird in Kumuluswolken ein Wasser-
gehalt von etwa $1\,g/m^3$ angetroffen, womit sie wasserreicher als die stratiformen Wolkenarten sind.

5.5 Wolkenbildung und thermodynamisches Diagramm

Um in der Praxis die Frage zu beantworten, ob Wolkenbildung zu erwarten ist,
wo die Untergrenze liegt und wie mächtig die Wolken werden, benutzt man in
der Regel ein thermodynamisches Diagramm, z. B. wie wir es in Abb. 2.13 kennengelernt haben.

Kondensation bei dyamischer Hebung

Ein dynamischer Hebungsvorgang liegt z. B. vor, wenn die Luft gegen ein Gebirge strömt und dabei zum Aufsteigen gezwungen wird. Nehmen wir an, die
Luft habe in 1000 hPa eine Temperatur von $20\,°C$ und einen Feuchtegehalt
$s = 10\,g/kg$. Aus dem Diagramm (Abb. 2.18) ist zu entnehmen, daß die Luft
eine Feuchte von $S = 15\,g/kg$ haben müßte, um bei $20\,°C$ gesättigt zu sein. Ihre

relative Feuchte beträgt aber tatsächlich nur $rF = \dfrac{s}{S}\,100 = \dfrac{10}{15}\,100 = 67\%$. Um

gesättigt zu sein, muß die Luft sich daher auf eine Temperatur abkühlen, bei
der $10\,g/kg$ die maximale spezifische Feuchte S ist.
    Steigt die Luft nun am Gebirge empor, kühlt sie sich von $20\,°C$ längs der
Trockenadiabaten ab. Bei 910 hPa schneidet die Trockenadiabate die
$10\,g/kg$-Feuchtelinie, d. h. bei der Temperatur, die unser Luftpaket dort hat, ist
der in ihm enthaltene Feuchtegehalt gleich dem maximal möglichen. Der Was-
serdampf der Luft ist gesättigt und kondensiert; die Wolkenbildung beginnt.
Die Wolkenuntergrenze liegt somit bei 900 m, und das weitere Aufsteigen der
Luft erfolgt feuchtadiabatisch (Abb. 5.6).

Kondensation infolge Konvektion

Ein sehr häufiger Vorgang ist die Bildung von Kumuluswolken im Tagesverlauf. Während der Himmel nachts klar ist, bildet sich im Laufe des Vormittags
zunächst Cumulus humilis, der mit zunehmender Erwärmung zu Cumulus mediocris oder congestus wächst und u. U. sich am Nachmittag zu Kumulonimbus

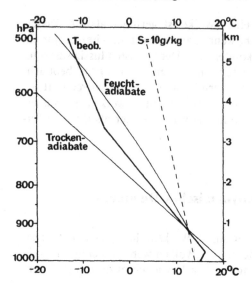

Abb. 5.6. Diagrammbetrachtung zur Wolkenbildung

mit Schauern, Gewittern und starken Windböen (Fallböen) weiterentwickelt (Abb. 5.7). Auch diese Entwicklung läßt sich mit dem thermodynamischen Diagramm erfassen.

In Abb. 5.6 sind in das Diagramm die vertikalen Temperaturverhältnisse eingetragen, wie sie in den Frühstunden vom Boden bis in 500 hPa, also rund 5,5 km Höhe, gemessen wurden. Die Bodentemperatur beträgt 15 °C, und die Luft hat einen Feuchtegehalt s = 10/kg, d. h. rF = 91%. In 910 hPa, also in rund 900 m Höhe, schneidet die 10 g/kg-Feuchtelinie die gemessene Zustandskurve. Gehen wir von diesem Schnittpunkt längs der Trockenadiabaten zum Erdboden (1000 hPa), so finden wir dort eine Temperatur von 20 °C. Das bedeutet: Wenn sich die Luft am Boden vom Morgenwert von 15 °C auf 20 °C erwärmt, stellt sich in den unteren Schichten eine neutrale Schichtung ein, und es genügen schon geringe lokale Übertemperaturen, z. B. über trockenerem im Vergleich zu feuchterem Gelände, über der Stadt im Vergleich zum Wald, um die etwas wärmeren Luftpakete trockenadiabatisch bis 910 hPa aufsteigen zu lassen. Dort entspricht ihre vorhandene Feuchte der maximal möglichen, und der Wasserdampf beginnt zu kondensieren.

Die Zustandsänderung der von der Kumulusbasis kondensierend aufsteigenden Luft verläuft oberhalb 910 hPa nach der Feuchtadiabaten. Wie zu erkennen, verläuft die Kurve rechts von dem gemessenen Temperaturprofil; die aufsteigenden Luftpakete sind wärmer als die Umgebungsluft, die Schichtung ist feuchtlabil. In 5 km Höhe jedoch schneidet die Feuchtadiabate das gemessene Temperaturprofil erneut, so daß sie links vom Temperaturprofil verläuft. Die aufsteigende Luft ist somit von dort kälter als die Umgebungsluft, und die Schichtung ist oberhalb 500 hPa stabil. Folglich ist die thermisch bedingte Vertikalbewegung der Luftpakete und damit das Wolkenwachstum beendet. Die

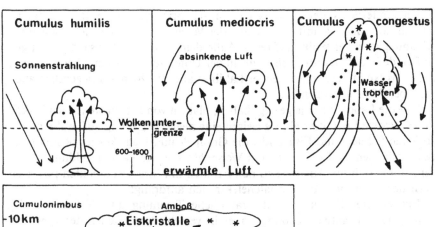

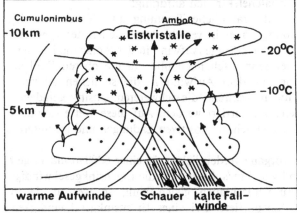

Abb. 5.7. Entwicklung von Konvektionswolken

Obergrenze der Kumuluswolken erreicht bei dieser Wettersituation somit rund 5000 m.

Bei intensiven Gewittersituationen kann der obere Schnittpunkt zwischen der Feuchtadiabaten und der gemessenen Zustandskurve erst in 10–12 km Höhe liegen, so daß in diesen Fällen die Kumulonimbuswolken bis zur Tropopause hinaufreichen. Bei Schönwettersituationen mit Cumulus humilis oder Cumulus mediocris liegt er dagegen nur wenige hundert Meter oberhalb des Kondensationsniveaus.

5.6 Gewitter

Entstehung von Raumladungen

Je höher die feuchtlabile atmosphärische Schichtung hinaufreicht, um so höher erstreckt sich die Kumulusentwicklung, um so wahrscheinlicher wird der Übergang zum Kumulonimbus, zur Schauer- und Gewitterwolke. Wie kommt es nun dazu, daß in der Wolke ein starkes elektrisches Feld entsteht?

Die Findeisen-Reifenscheid-Wichmann-Theorie geht von der Beobachtungstatsache aus, daß erst mit dem Beginn der Vereisung die ersten elektrischen Erscheinungen in der Wolke auftreten. Außerdem berücksichtigt sie die kräftigen Aufwinde in der Gewitterwolke, die an der Untergrenze 3–5 m/s betragen und in der Wolke infolge zunehmender Labilität auf 10–20 m/s, gelegentlich auch auf über 30 m/s anwachsen.

Wie die Laborversuche gezeigt haben, platzen von den entstehenden Eiskristallen feinste Eissplitter ab; sie weisen eine negative Ladung auf, während die größeren Schnee- und Eisgebilde, die Graupel- und Hagelkörner positiv geladen erscheinen. Auf diese Art und Weise läßt sich die Ladungsbildung verstehen, wobei sich die Analogie zu den Atomen mit ihrem kompakten positiven Kern und ihren negativen Schalenelektronen aufdrängt.

Ein weiteres Problem ist die räumliche Trennung und Anhäufung der positivenund negativen Ladungsträger in verschiedenen Teilen der Gewitterwolke. Nach der Theorie trägt der kräftige Aufwind in der Wolke die leichten, negativ geladenen Eissplitter sehr rasch nach oben in die oberen Wolkenbereiche; dort gelangen sie aus dem Aufwind in die seitlichen Abwindbereiche und fallen nach unten, während die schwereren, positiv geladenen Eiskristalle noch nach oben transportiert werden. Auf diese Weise sammeln sich im oberen Wolkenteil schließlich die positiven Ladungen und im unteren die negativen.

Ein Beispiel soll diesen Vorgang verdeutlichen. In einer 6000 m mächtigen Wolke herrsche ein Aufwind von 5 m/s. Setzt man die Eigensinkgeschwindigkeit der Eissplitter im Aufwindschlauch gleich Null, so werden sie in 1200 s = 20 min bis oben transportiert. Bei einer Eigensinkgeschwindigkeit der schwereren Eiskristalle von 3 m/s werden diese nur mit einer relativen Aufwindgeschwindigkeit von 2 m/s transportiert; sie brauchen 3000 s = 50 min, um nach oben zu gelangen. In der Zeitdifferenz können die aus dem Aufwindschlauch herausgeblasenen Eissplitter seitlich herabsinken und sich im unteren Wolkenbereich ansammeln.

Auf diese Weise läßt sich grundsätzlich verstehen, wie die räumliche Trennung der unterschiedlich geladenen Teilchen in der Wolke erfolgt. Auch wenn die Theorie noch Fragen offen läßt, im Ergebnis führt sie zu einer Ladungsverteilung, wie sie auch beobachtet wird (Abb. 5.8).

Blitz und Donner

Zwischen den verschiedenen Raumladungen in der Gewitterwolke einerseits sowie zwischen Wolkenteilen und Erdoberfläche andererseits besteht ein starkes luftelektrisches Feld, das – wie beim Kurzschluß – bestrebt ist, sich durch eine plötzliche Entladung den elektrischen Spannungszustand abzubauen. In diesem Sinne ist der Blitz nichts anderes als ein außerordentlich langer Funke zwischen verschiedenen Wolkenteilen derselben Wolke, zwischen verschiedenen Wolken oder zwischen Gewitterwolke und Erdoberfläche. Dabei sind 80% aller Blitze Wolkenblitze und nur 20% Erdblitze.

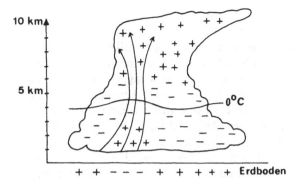

Abb. 5.8. Ladungsverteilung in Gewitterwolken

Die Leuchterscheinung im Blitzkanal erkärt sich daraus, daß in dem starken elektrischen Feld freie atmosphärische Elektronen so stark beschleunigt werden, daß sie beim Auftreffen auf die Luftmoleküle diesen Energie zuführen, die die Moleküle in Form von Licht abstrahlen, wenn sie wieder in ihren Normalzustand zurückgehen.

Bei genauer Betrachtung besteht der Blitz aus mehreren Phasen. Die Vorentladung, die den Blitzkanal schafft, dauert einige hundertstel Sekunden. Ihr folgen die Hauptentladung, die weniger als eine tausendstel Sekunde dauert, und ein schwaches Nachleuchten, wieder in der Größenordnung hundertstel Sekunde.

Der Donner ist eine Folge der starken Erhitzung im Blitzkanal durch den Blitz. Temperaturen bis zu 30000 °C rufen eine starke Ausdehnung der Luft hervor mit einem anschließenden Luftsturz in das entstandene Unterdruckgebiet des Blitzkanals. Die Druckänderung beträgt dabei 10 – 100 hPa, wobei die Druckwelle, auch Schockwelle genannt, den Donner erzeugt.

Abschließend sei noch ein Wort zum Verhalten bei Gewitter gesagt.

Jeder hohe Gegenstand, gleichgültig ob Baum, Mast, Kirchturm, Felsen beeinflußt das normale luftelektrische Feld so, daß es über dem Gegenstand zu einer Drängung der parallel zur Erdoberfläche verlaufenden elektrischen Feldlinien kommt, wodurch der Blitz „angezogen" wird. Der Spruch „Eichen soll man weichen, Buchen soll man suchen" ist ein fatales Ammenmärchen! Wird man von einem Gewitter im Freien überrascht, so knie man sich hin und beuge sich vor, so daß einerseits das luftelektrische Feld kaum verändert wird und andererseits die Körperoberfläche klein ist, und zwar niemals in unmittelbarer Nähe hoher oder gar metallischer Gegenstände.

Am sichersten ist man unterwegs im Auto aufgehoben. Im physikalischen Sinne wirkt das Auto wie ein auf einer guten Bodenisolierung (Autoreifen) stehender Faraday-Käfig. Der Blitz könnte zwar in die Karosserie einschlagen, so wie es öfter bei Flugzeugen geschieht, doch außer einem ohrenbetäubenden Krach würde nichts passieren, da die elektrischen Ladungen nicht ins Wageninnere dringen und daher die Insassen nicht gefährden können.

Meteorologische Gefahren

Infolge der labilen Schichtung innerhalb der Gewitterwolke treten, wie erwähnt, starke Aufwinde auf, die i. allg. 10 – 20 m/s, im Einzelfall auch 30 m/s erreichen können. Die seitlichen Abwinde sind zwar weniger stark, doch werden Maximalwerte bis zu 15 m/s beobachtet. Auf- wie Abwinde haben nach dem sog. Thunderstorm-Projekt in den USA ihre größte Geschwindigkeit zwischen 3 und 5 km. Der Durchmesser der „Auf- und Abwindschläuche" liegt in allen Höhen recht einheitlich zwischen 1 und 2,5 km.

Dieses Nebeneinander von kräftigen Auf- und Abwinden verursacht eine starke Turbulenz in der Gewitterwolke und stellt eine Gefahr für die Flugzeuge, v. a. für die leichteren, dar.

Eine weitere Gefahr geht von den unterkühlten Wassertropfen in der Wolke aus, da sie beim Zusammenprall mit dem Flugzeug v. a. vorne anfrieren and die Maschine auf diese Weise kopflastig und damit steuerungsunfähig machen. Dieses Problem läßt sich durch eine Beheizung der Trag- und Stirnflächen des Flugzeugs lösen.

Am Boden können die starken Gewitterböen gefährlich sein, da sie Bäume zu entwurzeln und Dächer abzudecken vermögen. Ihre meteorologische Bezeichnung als Fallböen deutet schon darauf hin, daß ihre Ursache mit den herabstürzenden, wolkenbruchartigen Wassermassen zusammenhängt. Einerseits wird dabei kältere Luft aus der Höhe mit nach unten gerissen, andererseits findet eine starke Verdunstungsabkühlung längs des Fallwegs statt. Aus der Dichtedifferenz der kälteren Luft zur Umgebung erklärt sich die hohe Beschleunigung der Gewitterböen, deren Stärke weit über der Windgeschwindigkeit liegt, die nach dem vorhandenen Druckfeld zu erwarten ist.

5.7 Tau und Nebel

Neben der Wolkenbildung tritt atmosphärische Kondensation noch bei 2 weiteren Erscheinungen auf, bei der Bildung von Tau und Nebel. Während jedoch bei den Wolken die Abkühlung der Luft bis zur Wasserdampfsättigung durch Vertikalbewegung, also durch einen adiabatischen Prozeß hervorgerufen wird, kühlt sich die Luft bei der Tau- und Nebelbildung nicht durch adiabatische Vorgänge ab.

Die Bildung von Tautropfen an Gräsern, Zweigen, Blättern sowie von Beschlag auf Autos, Dächern usw. ist eine Folge der nächtlichen Abkühlung durch langwellige Ausstrahlung (σT^4) fester und flüssiger Stoffe. Dabei kühlen v. a. die dünnen Körper stark ab, da bei ihnen die Oberfläche groß ist im Vergleich zu ihrer Wärmekapazität m c (m = Masse, c = spezifische Wärme), also zu ihrer Fähigkeit, Wärme zu speichern. Ihre Temperatur vermag dann auf Werte zu sinken, die 2 – 5 °C unter der Lufttemperatur liegen, da sich die Luft als Gas nur wenig strahlungsbedingt abkühlt. Wird dabei, obwohl die relative Feuchte der Umgebungsluft nur zwischen 80 und 90% liegt, am abgekühlten Körper der Taupunkt erreicht, also die Temperatur, bei der die vorhandene Feuchtigkeit der maximal möglichen entspricht, setzt die Taubildung ein, sofern die Lufttemperatur über 0 °C ist. Liegt der Taupunkt aber unter dem Gefrierpunkt, so bildet sich Reif.

Der Nebel ist im Grunde eine der Erdoberfläche aufliegende Wolke, wobei man im meteorologischen Sinn dann von Nebel spricht, wenn die Sichtweite unter 1000 m liegt. Bei Sichtweiten zwischen 1 und 8 km und gleichzeitig hoher relativer Feuchte (über 80%) spricht man von feuchtem Dunst, wobei die Sichtbeeinträchtigung ebenfalls schon durch kleine Wassertröpfchen hervorgerufen wird. Nicht zu verwechseln ist damit der trockene Dunst, der v. a. in Industriegebieten als Folge des hohen Aerosolgehalts auftritt.

Nebeltröpfchen sind sehr klein, ihr Durchmesser beträgt nur hundertstel Millimeter. Bei leicht nässendem Nebel werden im Mittel Größen von 10 bis 20 µm, bei dichtem Nebel von 20 bis 40 µm angetroffen, im Einzelfall sind auch schon Werte von 100 µm, also im Bereich der Tautropfen, beobachtet worden. Der Flüssigwassergehalt von Nebel liegt zwischen 0,01 und 0,30 g/m^3.

Beim Nebel lassen sich 3 Grundarten der Entstehung unterscheiden, und zwar je nachdem, wie nach der Beziehung für die relative Feuchte rF = (e/E) 100 physikalisch Wasserdampfsättigung erreicht wird.

Abkühlungsnebel

Abkühlungsnebel entstehen, wenn die Luft von der Erdoberfläche her abgekühlt und dadurch eine Erniedrigung des Sättigungsdampfdrucks E bis zur vorhandenen Feuchte eintritt. Erfolgt diese Temperaturerniedrigung als Folge der Ausstrahlung an der Erdoberfläche, spricht man von Strahlungsnebel. Diese treten bei uns v. a. im Herbst bei windschwachen Wetterlagen, also in praktisch ruhender Luft auf.

Von Advektionsnebel spricht man dagegen, wenn warmfeuchte Luft über eine kalte Unterlage geführt und dadurch bis zum Taupunkt abgekühlt wird. Zu dieser Gruppe gehören z. B. die berüchtigten Neufundlandnebel, die durch die Abkühlung subtropischer Luft über dem kalten Wasser des Labradorstroms entstehen.

Verdunstungsnebel

Wasserdampfsättigung ist 2. durch eine Erhöhung des augenblicklich vorhandenen Feuchtegehalts bei unveränderter Lufttemperatur bis zum Sättigungsdampfdruck zu erreichen. Dieser Vorgang ist gelegentlich im Herbst über warmen Seen zu beobachten, wobei die relativ hohe Verdunstung zur Bildung des sog. Dampfnebels führt.

Gelangt im Winter feuchtmilde Luft über eine Schneedecke, so kann die Verdunstung des schmelzenden Schnees zu einer Feuchteanreicherung der Luft bis zum Sättigungswert führen. In diesem Fall spricht man von Tauwetternebel.

Mischungsnebel

Wasserdampfsättigung wird 3. erzielt, indem Abkühlung der Luft und Erhöhung des Wasserdampfgehalts gleichzeitig stattfinden. Dieser Vorgang kann im Grenzbereich von wärmerer und kälterer Luft auftreten. Dabei fällt zum einen leichter Regen oder Sprühregen in die bodennahe Luftschicht und erhöht durch Verdunstung den Feuchtegehalt, zum anderen führt die turbulente Durchmischung der Warm- und Kaltluft zu einem Temperaturwert, dessen Sättigungsdampfdruck dem vorhandenen Dampfdruck entspricht. Da man diesen Grenzbereich von Luftmassen als Front bezeichnet, spricht man bei dieser Nebelform von Frontnebel.

Am häufigsten sind bei uns die Strahlungsnebel. Bei tiefen Temperaturen, und zwar ab etwa −20 °C bilden sich Eiskristalle, und es entsteht Eisnebel. Da die Zahl der Eiskristalle erheblich geringer ist als die der Wassertropfen, ist die Sicht in Eisnebel besser als in Wassernebel. Bei Temperaturen zwischen 0 °C und −20 °C kann der unterkühlte Nebel zu mächtigen Reifablagerungen an Bäumen und Sträuchern führen, so daß gelegentlich Astbrüche die Folge sind.

In Deutschland sind mit mehr als 40 Nebeltagen die Küstengebiete und das Norddeutsche Tiefland zwischen Elbe und Oder am nebelreichsten. Die Gebiete westlich der Elbe sind dagegen i. allg. nebelärmer als der süddeutsche Raum.

Im Binnenland ist der Herbst, an der Küste und über See der Winter und das Frühjahr die Hauptnebelzeit. Grundsätzlich kann man sagen, daß in einem Gebiet jene Jahreszeit die nebelreichste ist, in der sie kälter ist als eine angrenzende Region, denn Luft, die von dem wärmeren Gebiet zum kälteren geführt wird, kann über der kälteren Unterlage bis zum Taupunkt abgekühlt werden.

6 Luftmassen, Frontalzone und Polarfront

In diesem Kapitel wollen wir beginnen, uns mit den atmosphärischen Erscheinungen zu beschäftigen, die täglich unser Wetter bestimmen, die entscheiden, obe es kalt oder warm, regnerisch oder sonnig, schwachwindig oder stürmisch ist. Erst die Kenntnis der atmosphärischen Grundstrukturen Luftmassen und Fronten, Hoch- und Tiefdruckgebiete läßt uns das augenblickliche Wetter sowie die weitere Wetterentwicklung verstehen, nur über die Diagnose ihrer momentanen Verteilung auf der Erde werden wir in die Lage versetzt, eine Wettervorhersage für mehrere Tage im voraus zu machen.

6.1 Luftmassen

Definition

Wie die täglichen Wetterbeobachtungen zeigen, weist die Luft in großen Gebieten der Erde nahezu einheitliche Verhältnisse in bezug auf ihre Temperatur, Feuchte, Stabilität, Staubkonzentration usw. auf. Eine solche ausgedehnte Ansammlung von Luft mit quasihomogenen Eigenschaften bezeichnet man als Luftmasse, wenn

a) die horizontale Ausdehnung über 500 km beträgt,
b) sie in der Vertikalen mehr als 1000 m mächtig ist,
c) ihre horizontale Temperaturänderung kleiner als 1 K/100 km ist.

Der Temperaturgradient dient zur Kennzeichnung der Homogenität der Luftmasse, ihre Ausdehnung grenzt sie von kleinräumigen Luftansammlungen ab.

Die Hauptluftmassen und ihre Entstehungsgebiete

Die Entstehung einheitlicher Luftmassen setzt voraus

a) einheitliche physikalische Einflußfaktoren im Entstehungsgebiet und
b) eine längere Verweildauer der Luft in diesem Raum.

Die eine maßgebliche physikalische Einflußgröße ist der Strahlungshaushalt im Entstehungsgebiet, d.h. in tropischen Breiten werden andere Luftmassen entstehen als in polaren. Eine 2. ist der Untergrund. Luftmassen, die über dem Meer entstehen, sind feuchter als jene über dem Festland. Luftmassen, die sich über schneebedeckter Erdoberfläche bilden, sind kälter als solche über schneefreier Unterlage bei gleichen Einstrahlungsverhältnissen.

Eine längere Verweildauer der Luft im Entstehungsgebiet setzt geringe horizontale und vertikale Luftbewegungen, also geringe Luftdruckgegensätze voraus. Diese Bedingung ist sowohl in den ausgedehnten, nahezu ortsfesten Hochdruckgebieten wie in gealterten, gradientschwachen Tiefdruckzonen erfüllt.

Das Abfließen der Luft aus dem Entstehungsgebiet und damit das Vordringen der Luftmasse in andere Klimazonen setzt voraus, daß die Luft zuletzt im Bereich eines Hochs war, denn nur dort führt die bodennahe Divergenz zu einem Ausströmen der Luft in Richtung des tieferen Luftdrucks.

Entsprechend den geschilderten Bedingungen lassen sich Hauptentstehungsgebiete der Luftmassen unterscheiden:

a) Die *Tropen* sind gekennzeichnet durch eine große Einstrahlung bei relativ geringer Ausstrahlung und durch große Meeresgebiete mit hohen Wassertemperaturen; die Druckgegensätze sind gering (äquatoriale Tiefdruckrinne).

b) Die *Subtropen* weisen eine hohe Einstrahlung, über dem Festland aber auch eine vergleichsweise hohe Ausstrahlung auf. Große Land- und Ozeanflächen sowie schwache Druckgegensätze im Bereich des subtropischen Hochdruckgürtels sorgen für gute Entstehungsbedingungen.

c) Das *Polargebiet* ist gekennzeichnet durch eine geringe Einstrahlung und eine hohe Ausstrahlung. Der Untergrund ist großflächig schnee- und eisbedeckt und im Mittel herrscht schwacher Hochdruckeinfluß.

d) Das *Subpolargebiet* weist ebenfalls eine negative Strahlungsbilanz auf, doch ist sie weniger ausgeprägt als in höheren Breiten; die großen Wasser- und Landgebiete sind nur jahreszeitlich von Eis oder Schnee bedeckt; schwachwindig ist es im Bereich gealterter Tiefdruckzonen und unter zeitweiligem Hochdruckeinfluß.

e) Zwischen den beiden polaren und den beiden tropischen Entstehungsgebieten befinden sich etwa zwischen 45 °N und 60 °N die *mittleren Breiten*, die gemäßigte Klimazone. Aufgrund ihres stark wechselhaften Wettercharakters, d.h. der raschen Verlagerung von Hoch- und Tiefdruckgebieten mit ständiger Änderung von Windgeschwindigkeit und Windrichtung ist sie mehr eine Umwandlungszone für in die von Norden und Süden eindringende Luftmassen als ein Entstehungsgebiet im definierten Sinne.

Aufgrund dieser Überlegungen lassen sich somit 5 Hauptluftmassen unterscheiden:

1. Polarluft (P),
2. Subpolarluft (P_s),
3. gemäßigte Luft (X),
4. Subtropikluft (T_s),
5. Tropikluft (T).

In Abb. 6.1a, b ist ihre Verteilung im Winter und Sommer dargestellt, wobei die Grenzen durch die Lufttemperatur bzw. über den Ozeanen auch durch die Was-

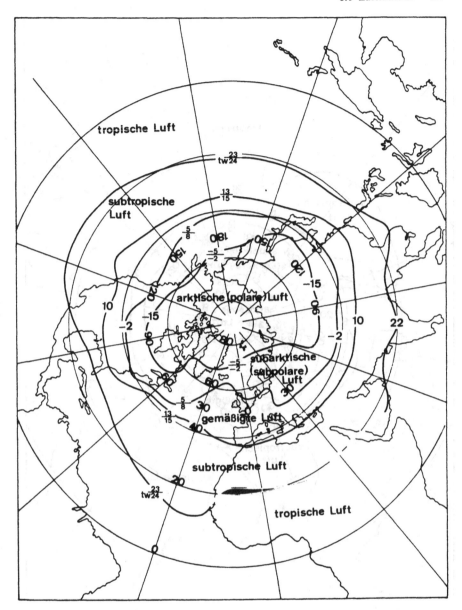

Abb. 6.1 a, b. Luftmassenverteilung (a) im Winter, (b) im Sommer. (Nach Geb, 1971)

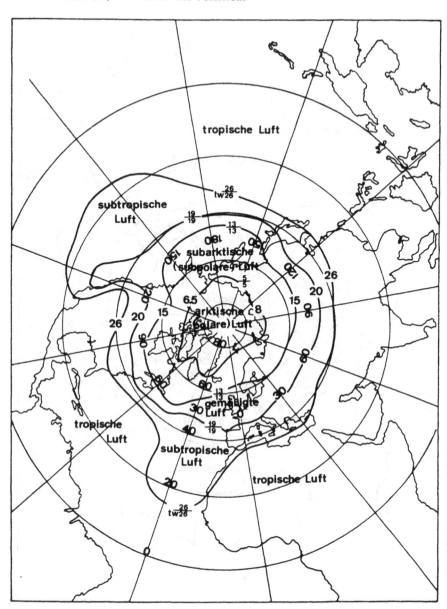

Abb. 6.1 b

Tabelle 6.1. Luftmassen in Mitteleuropa

		Weg nach Mitteleuropa
Polarluft (P)	mP	Island, Nordmeer
	cP	Nordeuropa
Subpolarluft (P_s)	mP_s	Island-Grönland
	cP_s	Nordost- und Ost-europa
Gemäßigte Luft (X)	mX	Mittelatlantik
	cX	Mittel- und Osteuropa
Subtropikluft (T_s)	mT_s	Azoren, Mittelmeer
	cT_s	Südosteuropa

sertemperatur festgelegt sind. Für Mitteleuropa sind nur die ersten 4 von Bedeutung, da die Tropikluft (T) nicht so weit vorstoßen kann, sondern auf der Südflanke der Subtropenhochs auf die Tropen beschränkt bleibt. Bezeichnen wir maritime Luftmassen mit „m" und kontinentale mit „c", so beeinflussen die in Tabelle 6.1 aufgeführten Luftmassen bei uns das Wettergeschehen.

Physikalische Prozesse

Fließt eine Luftmasse aus ihrem Entstehungsgebiet ab und gelangt dabei in andere Klimazonen, so wird sie von den dortigen Untergrund- und Strahlungsbedingungen beeinflußt; sie wird mehr oder weniger schnell umgewandelt; sie verliert ihre ursprünglichen Eigenschaften. Eine nach Süden vorstoßende Kaltluft wird erwärmt, eine nach Norden geführte Warmluft abgekühlt, Festlandsluft wird über den Ozeanen feuchter, Meeresluft über den Kontinenten durch Ausregnen und geringeren Wasserdampfnachschub trockener.

Die Umwandlung sowie die Entstehung der Luftmassen erfolgen durch die gleichen physikalischen Prozesse, nämlich durch molekulare Transporte und vor allem durch turbulente Flüsse. Wir wollen uns diese Vorgänge anhand der Temperatur veranschaulichen, doch gelten die Beziehungen in analoger Weise auch für die Feuchte und andere Luftmasseneigenschaften.

Die Erwärmung der Luft erfolgt, wie gesehen, im wesentlichen von der Erdoberfläche aus, wo rund 50% der einfallenden Solarstrahlung absorbiert und in Wärme umgewandelt wird; dabei gelangt die Feuchtigkeit von der Erdoberfläche durch Verdunstung in die Atmosphäre.

Besteht zwischen der Erdoberfläche F und der Luft die Temperaturdifferenz $T_1 - T_2$, so gilt für den molekularen Wärmeübergang

$$Q = \lambda F (T_1 - T_2) t$$

und, da die Verhältnisse innerhalb einer Luftmasse ja horizontal homogen sein sollen, für den Wärmestrom in z-Richtung

$$\frac{\delta Q}{\delta t} = \lambda A \frac{\partial T}{\partial z} ;$$

der Wärmetransport ist um so größer, je größer der vertikale Temperaturunterschied zwischen Erdoberfläche und Luft ist. Dabei ist λ die sog. Wärmeübergangszahl. Mit der Beziehung $\delta Q = m \cdot c \cdot dT$ folgt bei Betrachtung des Wärmedurchgangs durch die Grund- und Deckfläche eines Volumens mit der Masse m bzw. Dichte ϱ und der spezifischen Wärme c anhand von

$$\frac{\partial T}{\partial t} = \frac{\lambda}{c\varrho} \frac{\partial^2 T}{\partial z^2}$$

die durch den Wärmeübergang hervorgerufene zeitliche Änderung der Temperatur der Luftsäule. Da die molekularen Prozesse aber sehr langsam ablaufen, ist der Einfluß der turbulenten Wärme- und Feuchtetransporte erheblich größer.

Für den vertikalen Fluß S_z einer atmosphärischen Größe s gilt, wie gesehen, die Beziehung

$$S_z = -\varrho K \frac{\partial \bar{s}}{\partial z} = -A \frac{\partial \bar{s}}{\partial z} \ .$$

Auch er ist um so größer, je stärker die vertikale Änderung der Eigenschaft ist.

Der turbulente Diffusionskoeffizient K bzw. der Austauschkoeffizient $A = \varrho K$ ist von der Stabilität der Luftmasse abhängig. In stabil geschichteten Luftmassen ist er klein, d. h. sind die vertikal-turbulenten Flüsse von Wärme und Feuchte gering. Labil geschichtete Luftmassen weisen dagegen große turbulente Diffusionskoeffizienten und damit große turbulente Flüsse auf.

Luftmassenumwandlung

Die Kenntnisse über die physikalischen Prozesse sollen nun auf die Umwandlung von Luftmassen auf ihrem Weg vom Entstehungsgebiet durch andere Klimaregionen angewendet werden.

Eine über dem grönländischen Eis entstandene Luftmasse ist kalt, feuchtearm und stabil geschichtet. Gelangt die Kaltluft über den warmen Ozean, so wird sie labilisiert. Turbulente und konvektive Flüsse transportieren Wärme und Feuchte bis in die mittlere und obere Troposphäre. Da sich die Flüsse auf einen großen Raum verteilen und für die aufsteigende feuchtwarme Luft ursprüngliche Kaltluft aus der Höhe absinkt, bleibt der Kaltluftcharakter der Luftmasse auch am Boden für längere Zeit deutlich erhalten. Über dem Ozean ist daher eine Polarluftmasse daran zu erkennen, daß ihre Lufttemperatur in 2 m Höhe unter der Wassertemperatur liegt. Wie groß die Labilisierung von Polarluft sein kann, wird beim „Aprilwetter" deutlich, wenn die frische Kaltluft vom relativ kühlen Atlantik auf das bereits erwärmte mitteleuropäische Festland übertritt. Hochreichende Konvektionswolken sind daher charakteristisch für labilisierte Kaltluft.

Anders ist es, wenn Warmluft über einen kalten Untergrund gelangt. Die Luftmasse wird von der Unterlage abgekühlt und dadurch stabilisiert. Die turbulenten Flüsse sind auf die bodennahen Schichten beschränkt und verändern dort den Charakter der Luftmasse rasch, während die Warmluftmasse in den höheren Schichten unbeeinflußt ihren ursprünglichen Charakter beibehält. Über dem Ozean ist Warmluft daher daran zu erkennen, daß ihre Lufttemperatur nur wenig über der Wassertemperatur liegt.

Stabilisierte Warmluft über kalten Meeresgebieten ist an ausgedehnten Stratus- und Stratokumulusfeldern zu erkennen. In Mitteleuropa stellt sich das neblig-trübe „Novemberwetter" ein, wenn maritime Warmluft über das kalte mitteleuropäische Festland geführt wird. Daß die turbulente Anreicherung von Feuchtigkeit auf die unteren Schichten begrenzt ist, erkennt man daran, daß schon die Hochlagen der Mittelgebirge oberhalb der Wolkendecke liegt und strahlenden Sonnenschein haben, während im Flachland häufig Sprühregen aus der tiefhängenden Stratusdecke fällt.

Die Umwandlung von grönländischer Polarluft auf ihrem Weg von ihrem Entstehungsgebiet über dem Eis bis nach Mitteleuropa im Winter anhand des vertikalen Temperatur- und Feuchteprofils zeigt Abb. 6.2. Man beachte die Größe der Veränderungen in den unteren im Vergleich zu den oberen Schichten sowie die Änderung der Stabilität.

Grundsätzlich läßt sich sagen, daß eine Luftmasse Mitteleuropa um so ursprünglicher erreicht, je direkter ihr Weg vom Ursprungsgebiet ist und um so

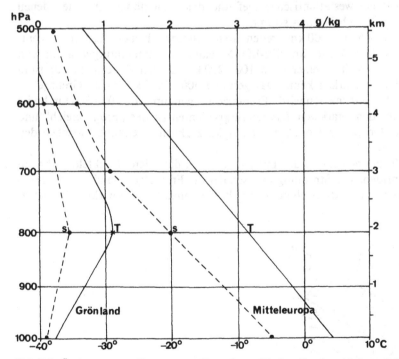

Abb. 6.2. Änderung von Temperatur (*T*) und spezifischer Feuchte (*s*) in grönländischer Polarluft auf dem Weg nach Mitteleuropa

rascher sie sich verlagert. So führt Polarluft zu einem scharfen Kälteeinbruch, wenn sie vom Polargebiet über das verschneite Skandinavien rasch nach Mitteleuropa vordringt, während grönländische Polarluft durch ihren weiten Weg über den Atlantik bereits in abgeschwächter Form ankommt.

6.2 Grenzgebiete zwischen Luftmassen: Frontalzonen

Die Kerngebiete der Luftmassen zeichnen sich durch ihre quasieinheitlichen horizontalen Verhältnisse hinsichtlich Temperatur und Feuchte aus. Da dort die Druck- und Dichte-/Temperaturflächen nahezu parallel zueinander verlaufen, weist die Atmosphäre im Innern der Luftmassenbereiche eine „barotrope" Schichtung auf.

Ganz anders ist die Situation im äußeren Bereich der Luftmassen, also im Grenzbereich von Warm- und Kaltluft. Wurde bisher bei den Luftmassen die Druckverteilung außer acht gelassen, so müssen wir uns fragen, wie diese beschaffen sein muß, damit verschiedene Luftmassen einander genähert werden. Die ideale Voraussetzung dazu bildet das „Viererdruckfeld", wie es in Abb. 6.3 zu erkennen ist. Über dem atlantisch-europäischen Bereich sind es häufig ein Grönlandhoch und Islandtief, zwischen denen Polarluft südwärts geführt wird, sowie ein westatlantisches Tief und das Azorenhoch, zwischen denen Subtropikluft nach Norden strömt.

In der etwa 500–1000 km breiten Grenzzone zwischen den Luftmassen entsteht auf diese Weise im 500-hPa-Niveau ein Temperaturgegensatz von 10–20 K, der sich in einer etwa 100–200 km breiten Zone noch auf rund 5 K/100 km verstärken kann. Das gesamte 500–1000 km breite Grenzgebiet zwischen den Luftmassen wird „Frontalzone" genannt, der 100–200 km breite Bereich mit dem stärksten Temperaturgradienten ist der „Frontbereich" und gehört zu der „Bodenfront", meist nur kurz „Front" genannt, zwischen den Luftmassen.

Das Zusammenführen der Luft, z. B. durch das Viererdruckfeld, führt zu einer Konfluenz der Strömung und schafft die Frontalzone und den Frontbereich in der freien Atmosphäre. In der bodennahen Schicht wirkt aber zusätz-

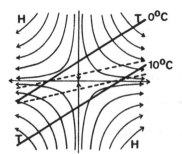

Abb. 6.3. Viererdruckfeld

lich die Reibung auf die Strömung, wodurch der Prozeß noch verstärkt und der Frontbereich u. U. auf wenige Zehnerkilometer Tiefe verringert wird, d. h. in Bodennähe erscheint der Frontbereich linienhaft ausgeprägt. In den Boden-wetterkarten wird daher der bodennahe Frontbereich als Linie, als Front, gezeichnet, die die Kalt- und Warmluft voneinander trennt.

In Abb. 6.4 sind schematisch die Zusammenhänge von Luftmassen, Frontal-zone, Frontbereich und Front anhand eines Vertikalschnitts der Temperatur wiedergegeben. Die barotropen Verhältnisse in der Kalt- und Warmluft werden durch den horizontalen Verlauf der Isothermen veranschaulicht. In der Fron-talzone, wo eine Isothermenneigung gegen die Druckflächen festzustellen ist, herrschen dagegen „barokline" Verhältnisse, im Frontbereich entsprechend

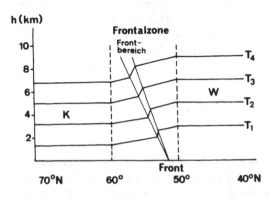

Abb. 6.4. Zusammenhang von Luftmassen, Frontalzone, Front-bereich und Front

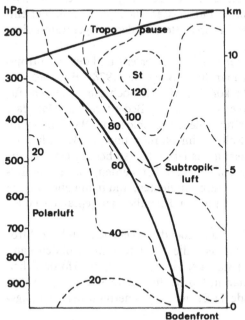

Abb. 6.5. Zusammenhang von Luft-massen, Kaltfront und Strahlstrom (Orkanwetterlage vom 12. November 1972)

dem starken horizontalen Temperaturgradienten sogar „hyperbarokline" Bedingungen.

Je stärker der horizontale Temperaturgradient in der Atmosphäre ist, um so stärker wird der Druckgradient in den Höhenwetterkarten. Frontalzonen müssen daher mit hohen Geschwindigkeiten, mit Starkwindbändern, verbunden sein. Dabei erreicht der Wind oberhalb der Schicht sein Maximum, in der der Temperaturgradient am stärksten ist.

In Abb. 6.5 ist ein Vertikalschnitt wiedergegeben, in dem der charakteristische Zusammenhang von Front bzw. Frontbereich, Luftmassen und Windfeld zu erkennen ist. Das Zentrum des Strahlstroms befindet sich in Tropopausennähe, und zwar in der warmen Luft oberhalb der Stelle, wo der Frontbereich das 500-hPa-Niveau schneidet.

Zu Abb. 4.20 war gesagt worden, daß die geographische Lage des Polarfrontstrahlstroms zeitlich stark varriiert. Dieser Tatbestand weist somit darauf hin, daß sich die polare Frontalzone, und somit die Luftmassengrenze zwischen der Warm- und der Kaltluft ständig räumlich verändert.

6.3 Polarfront

Wie wir gesehen haben, lassen sich bei den Luftmassen zwei Grundarten voneinander unterscheiden, polare und tropische. Die polaren entstehen auf unserer Halbkugel in den nördlichen, die tropischen in den südlichen Breiten, dort sind ihre barotropen Kerngebiete. In der gemäßigten Zone, also etwa zwischen 45° und 60°N, grenzen beide Luftmassen aneinander, d.h. hier entsteht eine Frontalzone und dort, wo in ihrem Bereich der Temperaturgradient am stärksten ist, eine Front.

Diese frontale Grenze zwischen der Polarluft einerseits und der (sub)-tropischen Luft andererseits bezeichnet man nach Bergeron (1928), Bjerknes und Solberg (1922) als „Polarfront". Ihr kommt, wie wir noch sehen werden, für die Entwicklung von Tiefdruckgebieten eine große Bedeutung zu. Man darf aber nicht annehmen, daß die Polarfront wie ein geschlossenes Band die Halbkugel umgibt. Zwar ist stets die Kaltluft im Norden und die Warmluft im Süden vorhanden, doch ist nicht überall das Druckfeld so beschaffen, daß die Luftmassen in einem Ausmaß gegeneinandergeführt werden, daß es zur Bildung eines starken horizontalen Temperaturgradienten, und damit zur Bidlung einer starken Frontalzone mit der entsprechend deutlich ausgeprägten Polarfront kommt.

Insbesondere im inneren Bereich von Hochdruckgebieten sind die Strömungsverhältnisse so beschaffen, daß sich die Polarfront nicht bilden kann bzw. eine vorhandene auflöst, denn statt der zur Frontbildung erforderlichen Konvergenz der Strömung findet man in Hochs divergente Strömungsverhältnisse, also eine auseinanderlaufende Luftbewegung innerhalb der Reibungsschicht.

Außerhalb der Hochdruckzentren ist die Polarfront dagegen anhand des Temperaturgegensatzes beiderseits der Front gut zu erkennen. Ihre mittlere Lage ändert sich mit der Jahreszeit. Im Winter liegt sie weiter im Süden und dringt über Europa bis ins Mittelmeergebiet vor, während sie im Sommer über Mitteleuropa oder Skandinavien verläuft. Wegen des größeren Temperaturgegensatzes zwischen hohen und niedrigen Breiten im Winter ist die Polarfront in der kalten Jahreszeit besser ausgeprägt als in der warmen.

Neigung der Polarfront

Grenzen verschieden temperierte flüssige oder gasförmige Stoffe aneinander, so steht ihre Grenzfläche keineswegs senkrecht zwischen ihnen. Wie sich im Labor mit einer kälteren und einer wärmeren Flüssigkeit zeigen läßt, schiebt sich der dichtere, also kältere Stoff in den unteren Schichten unter den wärmeren, weniger dichten, so daß sich eine geneigte Grenzfläche einstellt.

Für die Verhältnisse an der Polarfront bedeutet das, daß sich die kältere Polarluft in Bodennähe keilförmig unter die Warmluft schiebt. Wovon dabei die Schräglage einer stationären Front, also ihre Neigung mit der Höhe, abhängig ist, hat Margules (1906) gezeigt. Zur Vereinfachung hat er dabei die reale Front mit ihrem Frontbereich durch eine Frontfläche ersetzt, an der sich die Temperatur zwischen der Warm- und Kaltluft sprunghaft ändert (Abb. 6.6a, b).

Für den Luftdruck an der Frontfläche muß gelten, wenn K die Kaltluft, W die Warmluft kennzeichnet,

$$p_K - p_W = 0 \; ,$$

d. h. der Luftdruck weist keine sprunghafte Änderung auf. Der Neigungswinkel α der Front ist definiert als

$$\tan \alpha = \frac{dz}{dn} \; ,$$

wobei wir die Frontneigung gegen die Horizontale normal zur Bodenlage betrachten. Unter Berücksichtigung der Verhältnisse in der Kalt- und Warmluft folgt als totales Differential

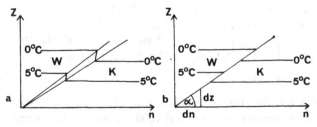

Abb. 6.6a, b. Neigung und Isothermenverlauf bei realen (a) und idealen Fronten (b)

$$d\,(p_K - p_W) = \left[\left(\frac{\partial p}{\partial n}\right)_K - \left(\frac{\partial p}{\partial n}\right)_W\right] dn + \left[\left(\frac{\partial p}{\partial z}\right)_K - \left(\frac{\partial p}{\partial z}\right)_W\right] dz = 0$$

und damit für den Anstieg

$$\frac{dz}{dn} = -\frac{(\partial p/\partial n)_K - (\partial p/\partial n)_W}{(\partial p/\partial z)_K - (\partial p/\partial z)_W}\;.$$

Ersetzt man den horizontalen Druckgradienten $\partial p/\partial n$ durch die Beziehung für den geostrophischen Wind und den vertikalen $\partial p/\partial z$ durch die statische Grundgleichung, also

$$\frac{\partial p}{\partial n} = \varrho \cdot f \cdot v_g \quad \text{bzw.} \quad \frac{\partial p}{\partial z} = -g \cdot \varrho\;,$$

so wird

$$\frac{dz}{dn} = -\frac{f}{g}\frac{(\varrho_K v_{gK} - \varrho_W v_{gW})}{(\varrho_K - \varrho_W)}$$

und bei Substitution der Dichte ϱ über die Zustandsgleichung der Gase $\varrho = p/R \cdot T$

$$\frac{dz}{dn} = -\frac{f}{g}\frac{(T_W v_{gK} - T_K v_{gW})}{T_K - T_W}\;.$$

Ersetzt man schließlich im Zähler die Temperaturwerte in der Warm- und Kaltluft durch die Mitteltemperatur T_M und kehrt im Nenner die Temperaturwerte um, so folgt für den Neigungswinkel

$$\tan \alpha = -\frac{f}{g}\frac{T_M (v_{gK} - v_{gW})}{T_W - T_K}\;.$$

Somit bestimmen 2 Effekte die Größe der Frontneigung: die Temperatur und der Wind beiderseits der Front. Der Temperatureffekt verursacht ein Aufsteigen in der Warmluft und ein Absteigen in der Kaltluft und versucht durch diese thermisch direkte Zirkulation die Frontfläche in die Waagerechte zu drehen. Diesem Vorgang wirkt der Wind und seine Geschwindigkeitszunahme mit der Höhe beiderseits der Front entgegen. Die stationäre Frontneigung ist dann erreicht, wenn sich beide Kräfte die Waage halten. Außerdem nimmt die Frontneigung wegen $f = 2\omega \sin \phi$ mit zunehmender geographischer Breite zu.

Ein Beispiel soll die Betrachtung verdeutlichen. Es sei: $T_K = 275$ K, $T_W = 285$ K, $v_{gK} = 35$ m/s, $v_{gw} = 10$ m/s. In 50° Breite ist der Coriolis-Parameter $f = 2\omega \sin \phi = 11{,}2 \cdot 10^{-5}\,s^{-1}$. Aus obiger Beziehung folgt dann

$$\tan \alpha = 0{,}008\;, \quad \text{d.h.} \quad \alpha = 0{,}46°\;.$$

Die Neigung der Front gegen die Horizontale ist somit sehr gering. Der Wert von 0,46° entspricht einem Anstieg von 8 km auf 1000 km Horizontaldistanz, d.h. einem Verhältnis von 1 : 125.

Frontogenetische Funktion

Ob es zur Entstehung einer Front (Frontogenese) oder zu ihrer Auflösung (Frontolyse) kommt, läßt sich mit der frontogenetischen Funktion F beschreiben. Ist s eine konservative skalare atmosphärische Eigenschaft, so gilt

$$\vec{F} = \frac{d}{dt} |\vec{\nabla}s| \quad \text{mit} \quad \vec{\nabla}s = \frac{\partial s}{\partial x}\vec{i} + \frac{\partial s}{\partial y}\vec{j} + \frac{\partial s}{\partial z}\vec{k} \ .$$

Bei $F > 0$ handelt es sich um Frontogenese, bei $F < 0$ um Frontolyse. Bei trockenadiabatischen Vorgängen betrachtet man i. allg. die zeitliche Gradientänderung der potentiellen Temperatur θ, bei feuchtadiabatischen Vorgängen jene der potentiellen Äquivalenttemperatur.

Bei Aufspaltung der individuellen Änderung in den lokalen und den advektiven Anteil folgt

$$\frac{d}{dt}(\vec{\nabla}\theta) = \frac{\partial(\vec{\nabla}\theta)}{\partial t} + u\frac{\partial}{\partial x}(\vec{\nabla}\theta) + v\frac{\partial}{\partial y}(\vec{\nabla}\theta) + w\frac{\partial}{\partial z}(\vec{\nabla}\theta)$$

$$= \vec{\nabla}\left(\frac{\partial\theta}{\partial t}\right) + \vec{\nabla}\left(u\frac{\partial\theta}{\partial x}\right) + \vec{\nabla}\left(v\frac{\partial\theta}{\partial y}\right) + \vec{\nabla}\left(w\frac{\partial\theta}{\partial z}\right) - \frac{\partial\theta}{\partial x}\vec{\nabla}u$$

$$- \frac{\partial\theta}{\partial y}\vec{\nabla}v - \frac{\partial\theta}{\partial z}\vec{\nabla}w$$

$$= \vec{\nabla}\left(\frac{d\theta}{dt}\right) - \left(\frac{\partial\theta}{\partial x}\vec{\nabla}u + \frac{\partial\theta}{\partial y}\vec{\nabla}v + \frac{\partial\theta}{\partial z}\vec{\nabla}w\right)$$

Bei frontogenetischen Betrachtungen in einem rein horizontalen, linearen Windfeld entfällt der vertikale Antriebsterm. Dreht man ferner auf der Druckfläche die x-Achse in Richtung der potentiellen Isothermen, so daß die y-Achse in Normalenrichtung n zeigt, so folgt, da bei adiabatischen Prozessen $d\theta/dt = 0$

$$F = -\left|\frac{\partial\theta}{\partial n}\right| \cdot \frac{\partial v_n}{\partial n} \quad \text{bzw.} \quad F = -\left|\frac{\partial T}{\partial n}\right| \cdot \frac{\partial v_n}{\partial n} \ .$$

Aufgrund der verwendeten Schreibweise geht der Gradient der (potentiellen) Temperatur stets positiv in die Gleichung ein. Damit folgt:

- Frontogenese ($F > 0$) tritt ein, wenn $\partial v_n/\partial n < 0$ ist, d. h. wenn die isothermensenkrechte Strömungskomponente abnimmt, wenn also Konfluenz herrscht, denn dann werden die Isothermen einander genähert.
- Frontolyse ($F < 0$) tritt ein, wenn $\partial v_n/\partial n > 0$ ist, d. h. wenn die isothermensenkrechte Strömungskomponente zunimmt, wenn also infolge von Diffluenz die Isothermen voneinander weiter entfernt werden.

Frontenmodell

Die Ursache jeder Frontogenese ist die Entstehung eines Temperaturgegensatzes. Dieses kann geschehen

- durch advektive Vorgänge, wie bei der frontogenetischen Funktion geschildert;
- durch dynamische Prozesse in einer Luftmasse mit allmählicher Temperaturänderung, wenn es in ihr zu einer (thermisch indirekten) Zirkulation kommt mit Aufsteigen im kälteren und Absinken im wärmeren Gebiet;
- durch strahlungsbedingte Prozesse in den bodennahen Luftschichten, z. B. beim Land-Meer-Gegensatz.

Der thermische Gegensatz führt zu dynamischen Effekten, d. h. zu Divergenzen und Konvergenzen in der vertikalen Luftsäule, und somit zu Druckänderungen. Auf diese Weise entstehen eine frontale Tiefdruckrinne mit Aufsteigen und eine korrespondierende Zone relativ höheren Luftdrucks mit Absinken vor und hinter der Front. Die grundsätzliche Folge der so entstehenden beiden vertikalen Zirkulationsräder sind als charakteristische Wettererscheinungen präfrontale Aufheiterung, frontale Bewölkungs- und Niederschlagsbänder sowie postfrontale Aufheiterung.

Aufgrund dieses Frontenmodells läßt sich somit sagen, daß Fronten sowohl im Grenzgebiet verschieden temperierter Luftmassen entstehen können als auch in einheitlicher Luft. Der erste Fall liegt dem Norwegischen Frontenmodell zugrunde, der zweite Fall führt vor allem in der Kaltluft hinter einer ersten Kaltfront zur Bildung weiterer, sog. „sekundärer" Kaltfronten. Dabei handelt es sich jedoch ebenso wie bei den orographischen Fronten im Küstenbereich oder an Gebirgen um originäre Fronten.

Ob Fronten primär thermisch oder dynamisch verursacht sind, entspricht der Diskussion, ob zuerst die Henne oder das Ei da war. Zwar ist zu ihrer Entstehung, wie gesagt, ein Temperaturgegensatz notwendig, doch löst dieser nicht nur dynamische Prozesse aus, sondern wird durch diese entweder sogar gebildet oder verstärkt. Eine Front ist aufgrund der intensiven Wechselwirkungen immer ein thermisch-dynamisches System.

Für die Wettervorhersage sind die Wettererscheinungen an Fronten die wichtigsten Phänomene. Sie sind jedoch nur tertiäre Elemente der frontogenetischen Prozesse.

Die Fronten als barokline Zonen

Die atmosphärische Massenverteilung läßt sich durch Flächen gleicher Dichte ϱ bzw. gleichen spezifischen Volumens $\alpha = 1/\varrho$ darstellen. Sind in einem Gebiet keine horizontalen Temperaturunterschiede vorhanden, was in Näherung im Kerngebiet der Luftmassen der Fall ist, so verlaufen Druck- und Dichteflächen parallel zueinander; man sagt, die atmosphärischen Verhältnisse sind barotrop.

Überall dort, wo hingegen deutliche horizontale Temperatur- und damit Dichteunterschiede vorhanden sind, müssen sich die Flächen gleichen Druckes und gleicher Dichte schneiden. Es entsteht ein Netz von Schnittflächen, sog. Solenoide. In diesem Fall spricht man von baroklinen atmosphärischen Verhältnissen, wobei die Baroklinität um so größer ist, desto größer die Zahl von Solenoiden pro Flächeneinheit ist.

Für den Solenoidvektor gilt

$$\vec{N} = \vec{\nabla}\alpha \times (-\vec{\nabla}p) = -\vec{\nabla}\alpha \times \vec{\nabla}p = \vec{\nabla}p \times \vec{\nabla}\alpha = \vec{\nabla}p \times \vec{\nabla}1/\varrho \; .$$

Durch logarithmische Differentiation der Zustandsgleichung sowie der Beziehung für die potentielle Temperatur θ folgt

$$\frac{1}{\alpha}\vec{\nabla}\alpha + \frac{1}{p}\vec{\nabla}p = \frac{1}{T}\vec{\nabla}T$$

und vektoriell mit $\vec{\nabla}p$ multipliziert

$$\frac{1}{\alpha}\vec{\nabla}\alpha \times \vec{\nabla}p = \frac{1}{T}(\vec{\nabla}T \times \vec{\nabla}p) \; .$$

Entsprechend ist bei vektorieller Multiplikation mit $\vec{\nabla}T$

$$\frac{1}{\theta}\vec{\nabla}\theta \times k\frac{1}{p}\vec{\nabla}p = \frac{1}{T}\vec{\nabla}T$$

$$\frac{1}{\theta}\vec{\nabla}\theta \times \vec{\nabla}T = -\frac{1}{p}k(\vec{\nabla}p \times \vec{\nabla}T) \; .$$

Daraus folgt mit der Definition von $\vec{N}$

$$-\vec{\nabla}\alpha \times \vec{\nabla}p = \vec{N} = \frac{\alpha}{T}\frac{p}{k}\left(\frac{1}{\theta}\nabla v\theta \times \vec{\nabla}T\right)$$

bzw. da $k = \dfrac{c_p - c_v}{c_p} = \dfrac{R}{c_p}$ schließlich

$$\vec{N} = -\vec{\nabla}\alpha \times \vec{\nabla}p = c_p\vec{\nabla}(\ln\theta) \times \vec{\nabla}T \; .$$

Damit ist gezeigt, daß sich der Solenoidvektor bzw. die Solenoide auch durch Vertikalschnitte von Temperatur und potentieller Temperatur ergeben und sich auf diese Weise die Dichte eliminieren läßt. Bei barotropen Verhältnissen sind Isothermen und Isentropen (Linien gleicher potentieller Temperatur) folglich parallel, bei baroklinen Verhältnissen schneiden sie sich. Je größer die Solenoidzahl ist, um so barokliner ist dort die Atmosphäre. Fronten mit ihrer starken Baroklinität sind daher hyperbarokline atmosphärische Bereiche.

Da man ferner zeigen kann, daß die Horizontalkomponente des Solenoidvektors in Beziehung zum thermischen Wind steht, d. h.

$$\vec{N}_h = -f \cdot \vec{v}_{th} \; ,$$

läßt sich die Baroklinität eines Gebietes auch durch die relative Topographie erfassen. Damit wird deutlich, daß für die Frontenanalyse in den Bodenwetterkarten die relative Topographie eine wertvolle Hilfe ist.

Auch ist der Solenoidvektor ein Maß für die Beschleunigung der „solenoiden Zirkulation" um die Einheitsflächen. Je stärker diese ist, um so stärker ist die thermische direkte Zirkulation im Frontbereich, d. h. um so intensiver sind die frontalen Vertikalbewegungen und damit die Wettererscheinungen.

7 Zyklonen und Antizyklonen

Unter einer Zyklone oder einem Tiefdruckgebiet versteht man ein Gebiet tiefen Luftdrucks, in dem der Luftdruck allseitig zum Zentrum hin abnimmt; eine Antizyklone oder ein Hochdruckgebiet ist entsprechend ein Gebiet, in dem der Luftdruck allseitig zum Zentrum hin zunimmt. Beide Drucksysteme sind durch geschlossene, meist kreisförmige bis elliptische Isobaren gekennzeichnet. In Mitteleuropa liegt der Kerndruck der Bodentiefs i. allg. bei 990–1000 hPa, in Orkantiefs bei 950–970 hPa, während im Zentrum der Hochs in der Regel 1025–1030 hPa gemessen werden, gelegentlich aber auch bis 1050 hPa. Der höchste Bodenluftdruck wurde bisher mit 1082 hPa in einem winterlichen Hoch in Sibirien gemessen. Ein Sonderfall sind die intensiven Tiefdruckgebiete der Tropen, die tropischen Wirbelstürme, in denen mit 880–890 hPa die tiefsten Luftdruckwerte auf der Erde aufgetreten sind. Auf der Nordhalbkugel werden die Zyklonen vom Wind im Gegenuhrzeigersinn, die Antizyklonen im Uhrzeigersinn umweht, auf der Südhalbkugel ist die Umströmungsrichtung umgekehrt (Abb. 7.1). Das bedeutet, daß auf der nördlichen Halbkugel an der Ostseite der Hochs und der Westseite der Tiefs mit einer nördlichen Strömung Kaltluft nach Süden fließt und an der Ostseite der Tiefs und Westseite der Hochs Warmluft nach Norden strömt, ein für den Klimahaushalt der Erde außerordentlich wichtiger Vorgang. Aber auch für unser tägliches Wettergeschehen sind die Hoch- und Tiefdruckgebiete von großer Bedeutung; jedoch ist es nur eine Regel, daß Hochs schönes Wetter bringen, von der es viele Ausnahmen gibt.

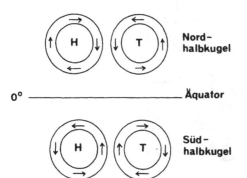

Abb. 7.1. Grundsätzliche Luftbewegung um Hochs und Tiefs auf der Nord- und Südhalbkugel

7.1 Tiefdruckgebiete

Historisches

In ihren frühesten Ansätzen geht die Vorstellung über Tiefdruckgebiete auf die Zeit um 1800, also die Zeit Goethes, Beethovens, Napoleons, zurück, als Brandes (1777–1834) die erste Art einer Bodenwetterkarte zeichnete und die Tiefs als negative Abweichung des Luftdrucks vom durchschnittlichen Luftdruck fand. Dabei stellte er auch den Zusammenhang zwischen barometrischem Minimum und Schlechtwettergebiet fest.

Der Berliner Dove (1803–1879) erkannte aufgrund seiner Beobachtungen dann bereits schon den Zusammenhang zwischen tiefem Luftdruck, Windverhältnissen und Luftmasse, auch wenn der Begriff erst viel später geprägt wurde, und sprach in seiner „Theorie der Stürme" vom Kampf einer warmen, südlichen Luftströmung mit einer kalten, nördlichen.

Als erster erkannte der englische Admiral Fitzroy (1805–1865) aufgrund seiner Beobachtungen über See die Wirbelstruktur der Tiefdruckgebiete und die zungenförmigen Vorstöße der Kaltluft auf der Westseite und der Warmluft auf der Ostseite (Abb. 7.2).

Von fundamentaler Bedeutung, auf denen auch unsere heutigen Vorstellungen z. T. noch basieren, waren die Erkenntnisse von Bjerknes, Bergeron und Solberg, der sog. „norwegischen Schule", über die Luftmassen, die Frontalzone und die Polarfront sowie deren Zusammenhang mit der Entwicklung der Tiefdruckgebiete. Bei seiner „Polarfronttheorie" ging V. Bjerkens (1921) davon aus, daß außertropische Zyklonen sich an der Grenze zwischen polarer und

Abb. 7.2. Historisches Zyklonenmodell nach Fitzroy (1863)

(sub)-tropischer Luft bilden, also an der Polarfront. Somit gilt als Voraussetzung für die Entstehung einer Zyklone unserer Breiten grundsätzlich das Vorhandensein von 2 Luftmassen, einer kalten und einer warmen. Auch bei ihrer Weiterentwicklung und Verlagerung bleiben diese Zyklonen stets an die Polarfront gebunden.

Wir wissen heute, daß es auch noch andere Prozesse in der Atmosphäre gibt, die zur Entwicklung von Tiefdruckgebieten führen, jedoch stellt die Polarfrontzyklone den häufigsten Zyklonentyp der mittleren und höheren Breiten dar.

Lebenslauf der Polarfrontzyklonen

Die Entwicklung der Polarfrontzyklonen am Boden von ihrem Entstehungsstadium über ihr Reife- bis zu ihrem Auflösungsstadium ist in den 20er Jahren zuerst von J. Bjerknes u. Solberg (1922) schematisch beschrieben worden. Nach der Entwicklung der Radiosonde konnten nach 1930 auch die mit dem Bodentief verbundenen Entwicklungen in der Höhe untersucht werden. Schließlich führte der Einsatz der Wettersatelliten in den 60er Jahren zu einer anschaulichen Vorstellung über die großräumige Wolkenverteilung im Zusammenhang mit der Tiefentwicklung am Boden und in der Höhe. Alle Informationen zusammengefaßt führen zu folgendem Schema über den grundsätzlichen Zusammenhang von Boden- und Höhendruckfeld, Bodenfronten, Luftmassen und Bewölkung bei der Entwicklung der Polarfrontzyklonen (Abb. 7.3 a – g):

a) Im Ausgangsstadium verläuft in der Bodenwetterkarte die Grenze zwischen der Kalt- und Warmluft, also die Polarfront, ungestört auf der Vorderseite des Höhentrogs (ausgezogene Linien) und verlagert sich kaum. Ihre häufigste Orientierung ist von West nach Ost, Südwest nach Nordost, oder wie in Abb. 7.3 a von Süd nach Nord. Die Neigung der quasistationären Front, die die Kaltluft im Westen von der Warmluft im Osten trennt, entspricht den Temperatur- und Windverhältnissen beiderseits der Front. Gekennzeichnet ist die Polarfront durch ein schmales Wolkenband.

b) Nun beginnt der Luftdruck in einem Gebiet an der Polarfront stärker zu fallen. Die bodennahe Luft beginnt in das Gebiet etwas tieferen Luftdrucks einzuströmen und deformiert dabei die Polarfront, d. h. in ihrem Erscheinungsbild entsteht eine wellenförmige Ausbuchtung, eine sog. „Welle" (Abb. 7.3 b). Manche zyklonalen Entwicklungen bleiben in diesem Wellenstadium, so daß nur ein kleines, häufig aber regional recht wetterintensives Wellentief an der Polarfront entlang mit der Höhenströmung zur Hauptzyklone zieht. Im Satellitenbild ist das Wellenstadium des Tiefs durch eine Verdickung des Wolkenbands oder eine Ausbuchtung gekennzeichnet.

c) In den meisten Fällen intensiviert sich aber der Luftdruckfall und aus der Welle entwickelt sich ein Bodentiefdruckgebiet mit geschlossenen Isobaren (gestrichelte Linien) und zyklonaler Zirkulation der Strömung, das zuneh-

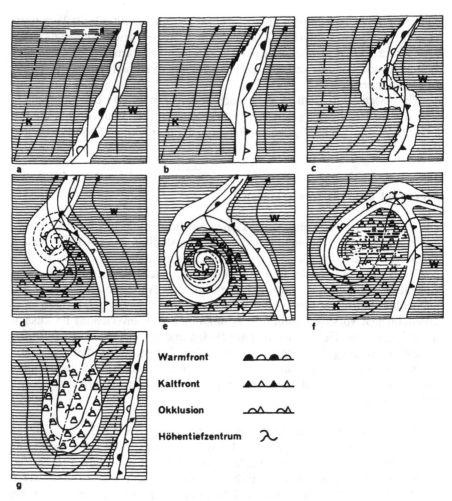

Abb. 7.3 a – g. Lebenslauf einer Polarfrontzyklone. Näheres s. Text

mend größer wird (Abb. 7.3 c). Auf der Rückseite des Tiefs (Westseite) stößt zungenförmig die Kaltluft, auf der Vorderseite (Ostseite) die Warmluft vor; aus der langgestreckten, quasistationären Polarfront entstehen im Strömungsbereich des Tiefs 2 Fronten, wobei hinter der „Warmfront" die Warmluft und hinter der „Kaltfront" die Kaltluft vorstößt. In diesem Stadium weisen die Zyklonen einen ausgedehnten „Warmsektor", d. h. einen großen, mit Warmluft gefüllten Bereich zwischen der Kaltfront und der Warmfront auf. Kalt- und Warmfront sind durch ein Wolkenband, das Tiefzentrum durch einen ausgedehnten Schichtwolkenkomplex gekennzeichnet.

d) Bei der Weiterentwicklung des Tiefs wird der Warmsektor zunehmend eingeengt, verkleinert. Die Ursache dafür ist, daß die Kaltfront rascher zieht als die Warmfront. Dieses liegt neben den stärkeren Luftdrucktendenzen an der Kaltfront an der größeren Stabilität der Warmluft im Vergleich zur Kaltluft. So kann die instabilere Kaltluft sich gegenüber der vorgelagerten Warmluft leichter durchsetzen, wobei sie die Warmluft zum Aufsteigen zwingt. An beiden Grenzen, also vor der Kaltfront wie an der Warmfront weicht dadurch die Warmluft nach oben aus, sie steigt auf.

Die Kaltfront holt die Warmfront zuerst im zentralen Tiefbereich ein. Beide Fronten vereinigen sich zu einer Front, der Okklusion, und man sagt, das Tief beginnt zu okkludieren. Zungenförmig schiebt sich dabei die Kaltluft, erkenntlich an der Kumulusform der Bewölkung, von der Tiefrückseite in den zentralen Tiefbereich mit seiner Schichtbewölkung vor (Abb. 7.3 d).

Erstmals ist in diesem Stadium der Entwicklung ein Höhentiefzentrum, z. B. in 500 hPa, zu erkennen. Es liegt im Bereich der Kaltluft mehrere hundert Kilometer vom Bodentiefzentrum entfernt. Während das Bodentief in dieser Phase seine größte Intensität zu erreichen beginnt, ist das Höhentief noch schwach entwickelt.

e) Gewissermaßen nach dem Reißverschlußprinzip schreitet der Okklusionsprozeß vom Wirbelzentrum nach außen fort. Spiralförmig erscheinen das Wolkenband der Okklusion und die Kaltluftzunge mit ihrer typischen kumuliformen Bewölkung im zentralen Tiefbereich angeordnet. Das Höhentiefzentrum ist näher an das Bodenzentrum herangerückt und hat sich verstärkt (Abb. 7.3 e).

f) Im Auflösungsstadium ist das Tiefzentrum weitgehend von Kaltluft und damit von Kumulusbewölkung angefüllt. Nur das schmale Wolkenband der Okklusion zeigt noch den in der Höhe vorhandenen Rest an Warmluft an (Abb. 7.3 f). Am Okklusionspunkt, also dort, wo die Kalt- und Warmfront abzweigen, kann sich ein kleines „Randtief" bilden. Dieses ist aber nur bei stärkerem Luftdruckabfall am Okklusionspunkt der Fall. Boden- und Höhentief liegen nahezu senkrecht übereinander, wobei das Bodentief nur noch schwach, das Höhentief dagegen stark entwickelt ist.

g) Im Endstadium ist das Bodentief aus der Bodenwetterkarte verschwunden. Nur noch ein Isobarentrog, der vollständig durch Kaltluft bzw. Quellbewölkung gekennzeichnet ist, weist auf die ehemalige Bodentiefentwicklung hin. Vorhanden ist dagegen noch der Höhenwirbel. Die Polarfront hat sich während des Lebenslaufs der Zyklone nach Osten verlagert; eine neue Welle kann zu einer neuen Tiefentwicklung führen (Abb. 7.3 g)

Die Wellenzyklonen bleiben also während ihres gesamten Lebenslaufs an die Polarfront gebunden. Daher finden sich in den Wetterkarten längs eines Frontenzugs häufig mehrere Zyklonen, d. h. ganze „Zyklonenfamilien" (s. Abb. 7.16 a). Dabei ist das vordere (nordöstliche) Tief das älteste, das hinterste (südwestliche) das jüngste (vgl. auch Abb. 8.11). Höhentröge und -keile, die mit den einzelnen Bodentiefs bzw. Hochs verbunden sind, heißen „kurze Wellen", jene, die mit den Zyklonenfamilien gekoppelt sind, heißen „lange Wellen".

Eindrucksvoll belegt wird der schematisch dargestellte Lebenslauf der Polarfrontzyklonen durch die Satellitenaufnahmen der Tiefentwicklung vom 9.

bis 14. April 1968 über der westlichen Sowjetunion. Jede Phase im Leben einer Polarfrontzyklone ist in den Wolkenaufnahmen anschaulich wiederzufinden (vgl. Abb. 8.10a–f).

7.2 Fronten der Zyklonen

Unter einer „idealen" Front versteht man im Sinne von Margueles (1906) eine räumlich geneigte Grenzfläche zwischen 2 Luftmassen, an der sich die Temperatur und Feuchte in der Horizontalebene sprunghaft, also übergangslos ändert. Mathematisch gesprochen, tritt im Temperatur- und Feuchtefeld an der idealen Front eine Diskontinuität (0. Ordnung) auf.

Wie wir bei der Diskussion der Polarfront schon gesehen haben, sind die „realen" Fronten dagegen schmale, räumlich geneigte Grenzbereiche zwischen 2 Luftmassen, in denen starke horizontale Temperatur- und Feuchtegradienten auftreten, d.h. reale Fronten sind durch starke horizontale Temperatur- und Feuchteänderungen im Frontbereich definiert; sie sind hyperbarokline atmosphärische Zonen. Als atmosphärische Strukturen verlagern sich die Fronten im allgemeinen Strömungsfeld, wobei sie jedoch nicht einfach mitdriften, sondern ihre Bewegung das Ergebnis komplexer horizontaler und vertikaler Prozesse ist.

Zu unterscheiden sind, wie wir gesehen haben, als ursprüngliche Frontentypen die Warmfront und die Kaltfront und als Kombinationstyp die Okklusion. Im Bodendruckfeld sind die Fronten durch eine Rinne tiefen Luftdrucks charakterisiert, im Strömungsfeld der Reibungsschicht entsprechend durch konvergente Winde beiderseits der Front, d.h. durch Winde, die eine Komponente zur Tiefdruckrinne und damit zur Front aufweisen. Diese Erscheinung verdeutlicht, daß Fronten mit einer aufsteigenden Luftbewegung verbunden sind.

Warmfront

Sie trennt die Warmluft eines Tiefs von der vorgelagerten Kaltluft. Da die warme Luft über die kalte aufgleitet, ist die Atmosphäre in ihrem Bereich in der Regel stabil geschichtet. Mit einer Neigung von etwa 1 : 150, also einem Anstieg von nur 1 km auf 150 km Entfernung, liegt sie recht flach im Raum.

Typisch für die stabile Warmfront ist daher das Aufgleiten der Warmluft längs der Front und damit die Aufgleitbewölkung. Der Bewölkungsaufzug beginnt bereits 500–800 km vor der Bodenlage der Warmfront mit Zirrus und Zirrostratus, in dessen Eiskristallen sich durch Brechung und Spiegelung häufig als optisches Phänomen ein farbiger Ring um die Sonne, ein „Halo", bildet. Mit Annäherung der Bodenfront geht die hohe Bewölkung in Altostratus über, der sich zu Nimbostratus verdichtet und aus dem anhaltender Niederschlag als Landregen im Sommer und stundenlanger Schneefall im Winter auftritt.

Mit dem Durchzug der Bodenwarmfront nimmt die vertikale Wolkenmächtigkeit rasch ab, und der Dauerregen hört auf.

Im Warmsektor herrschen relativ einheitliche Temperaturverhältnisse. In der Nähe des Tiefzentrums bleibt die Wolkendecke aus Stratus oder Stratokumulus geschlossen und vereinzelt kann noch etwas Regen oder Sprühregen fallen. In größerer Entfernung vom Tiefzentrum, also dort, wo sich schon Hochdruckeinfluß auswirkt, ist die Warmfront nur noch mit Wolkenfeldern verbunden. Im Warmsektor kann dort der Himmel aufheitern und die Mittagstemperatur im Sommer kräftig ansteigen.

Kaltfront

Sie bildet die Grenze zwischen der rückseitigen Kaltluft des Tiefs und der vorgelagerten Warmluft des Warmsektors. Mit ihrem Durchgang an einem Ort setzt der Temperaturrückgang ein, der sich fortsetzt, bis das Zentrum der Polarluft den Ort überquert hat. In der Bodenwetterkarte liegt daher die Kaltfront dort, wo die Abkühlung beginnt.

Die im Vergleich zur Warmfront ausgeprägteren Temperatur- und Windgeschwindigkeitsgegensätze führen dazu, daß die Kaltfronten mit einer Neigung von etwa 1:100 steiler sind als Warmfronten. Dadurch finden die Hebungsprozesse der Warmluft unmittelbar vor und an der Kaltfront intensiver statt, was auch zu intensiveren Wettererscheinungen führt.

Dabei hat man grundsätzlich zu unterscheiden zwischen schnell ziehenden und langsam ziehenden Kaltfronten. An den schnellziehenden Kaltfronten ist

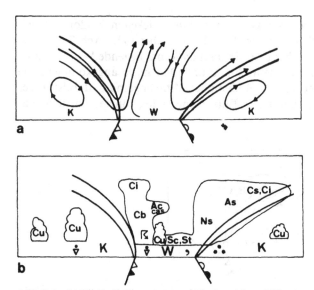

Abb. 7.4a, b. Vertikale Strömungsverhältnisse (a) und Wettererscheinungen (b) in einer vollentwickelten Zyklone mit schnellziehender Kaltfront

das Aufsteigen der feuchtwarmen Luft sehr intensiv, und es bilden sich hochreichende Kumulonimbuswolken. Schauer, Gewitter und ein in Form von Fallböen kräftig auffrischender Wind sind die Folge. Altocumulus castellanus deuten häufig auf das Nahen der Kaltfront, auf den labilen Wettercharakter hin. Charakteristisch ist ferner das kräftige Absinken der Kaltluft im Frontbereich und hinter der Front, was zu einer (postfrontalen) Aufheiterung nach Durchzug der Kaltfront führt, bevor es in der meist labil geschichteten Kaltluft des nachfolgenden Höhentrogs zur Bildung von Konvektionswolken kommt, die mit Schauern verbunden sind. Erst mit dem nachfolgenden Hochkeil setzt Wetterberuhigung (abklingende Schauertätigkeit) ein. Dieser Kaltfronttyp wird bei uns am häufigsten angetroffen.

Anders liegen die Verhältnisse bei langsam ziehenden Kaltfronten. Sie sind in der Regel mit schwachen Druckgegensätzen und flachen Wellen längs des Frontenzugs verbunden. An die Stelle intensiver Hebung tritt bei ihnen eine mehr aufgleitende Bewegung der Warmluft längs des Kaltfrontbereichs, d. h. an den langsamen Kaltfronten entsteht ein Wettertyp in der Art einer umgekehrten Warmfront.

Im Bodenfrontbereich treten dabei im Sommer v. a. Kumulonimbuswolken mit Gewitterschauern, im Winter Nimbostratusbewölkung mit Dauerniederschlag auf. In den mittleren und höheren Schichten ist der langsame Kaltfronttyp mit Altostratus und Zirrus verbunden, die sich weit über den bodennahen Kaltluftbereich schieben.

In Abb. 7.4a, b sind die grundsätzlichen Strömungs-, Bewölkungs- und Niederschlagsverhältnisse an der Warmfront, an einer schnellziehenden Kaltfront sowie innerhalb der Warm- und Kaltluft dargestellt. In Abb. 7.5a, b sind die Strömungs- und Wolkenanordnungen für langsam ziehende Kaltfronten wiedergegeben.

Die vertikale thermische Struktur einer vollentwickelten Zyklone sei am Beispiel des schweren Orkantiefs vom 12./13. November 1972 (Abb. 7.6) veranschaulicht. Die am Boden über dem Englischen Kanal liegende Warmfront ist in der Höhe bereits über Norddeutschland und Dänemark angekommen. Die steilere Kaltfront befindet sich am Boden über Mittelengland und weist in der Höhe eine Neigung zum Atlantik auf. Entsprechend den höheren Lufttempera-

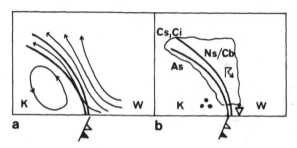

Abb. 7.5a, b. Vertikale Strömungsverhältnisse (a) und Wettererscheinungen (b) an einer langsam ziehenden Kaltfront

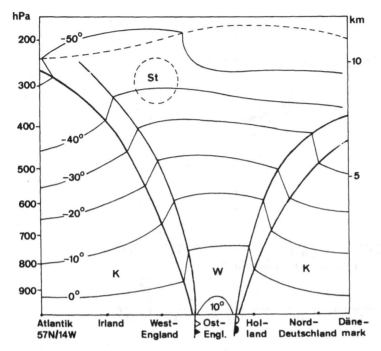

Abb. 7.6. Thermische Struktur einer vollentwickelten Zyklone im Vertikalschnitt (Orkanwetterlage vom 12. November 1972)

turen im Warmsektor liegen dort die Isothermen und die Tropopause am höchsten. Starke horizontale Temperaturänderungen kennzeichnen den Warmfront- und Kaltfrontbereich. Außerdem ist die typische Lage des Starkwindmaximums in der Warmluft oberhalb der Kaltfront zu erkennen.

Lokale Änderungen bei Kaltfrontdurchgängen

Im vorherigen Abschnitt sind die räumlichen Strukturen der schnell ziehenden bzw. der langsam ziehenden Kaltfronten beschrieben worden. Als Alternative dazu bietet sich die Betrachtung der zeitlichen Änderungen der meteorologischen Größen an einem Ort beim Frontdurchzug an. Physikalisch gesprochen sind das die lokalen Änderungen $\partial/\partial t$ von Temperatur, Feuchte, Luftdruck usw.. Diese Änderungen sind es, die vom Thermographen, Hygrographen, Barographen aufgezeichnet werden. Eine Auswertung von mehr als 100 Kaltfrontdurchgängen führt dabei zu der Unterscheidung von 4 verschiedenen Kaltfronttypen: Neben der langsam ziehenden Kaltfront gibt es 2 Typen schnell ziehender Kaltfronten sowie ein Auflösungstyp unter Hochdruckeinfluß.

In den Abb. 7.7–7.10 sind die lokal-zeitlichen bodennahen meteorologischen Änderungen für die 6 h vor und nach dem Kaltfrontdurchgang dargestellt. Das Zeitintervall B-E beschreibt dabei den Beginn und das Ende des un-

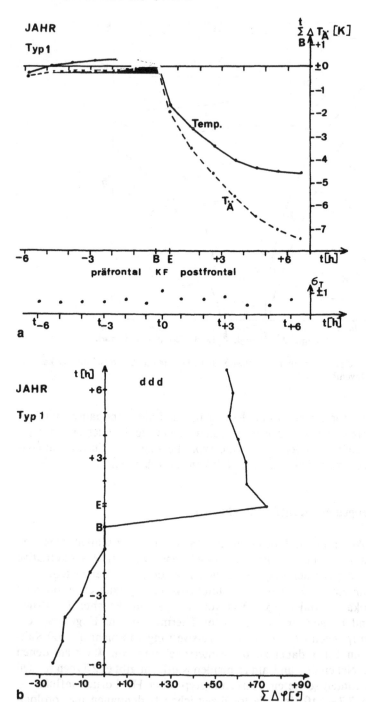

Abb. 7.7a–c. Lokale Änderungen von Temperatur, Äquivalenttemperatur, Windrichtung und Luftdruck beim Kaltfronttyp 1

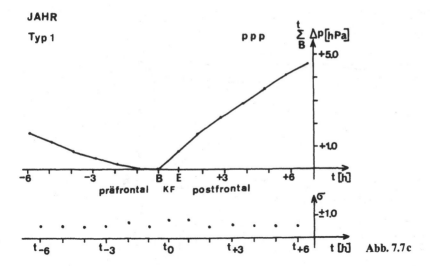

Abb. 7.7c

mittelbaren Frontbereichs, also des raschen Übergangs von der präfrontalen wärmeren Luftmasse in die postfrontale Polarluftmasse. Die dargestellten Temperaturänderungen sind tagesgangbereinigt, d. h. durch die Herausrechnung der strahlungsbedingten Erwärmung der Luft bis zum Nachmittag bzw. der abendlichen und nächtlichen Abkühlung geben die Kurvenverläufe allein die Kaltluftadvektion an, und zwar sowohl im Frontbereich als auch in der nachfolgenden Kaltluft.

Beim Durchzug primär thermisch geprägter Kaltfronten (Typ 1) kommt es zu einem raschen und starken Temperaturrückgang (Abb. 7.7a), verbunden mit einer kräftigen Änderung der Windrichtung, dem frontalen Windsprung (Abb. 7.7b). Der Feuchterückgang ist im Frontbereich selbst gering. Erkennbar wird dieses durch den Vergleich der Änderungen von Temperatur und Äquivalenttemperatur, wobei, wie früher gezeigt, die Differenz zwischen beiden dem Feuchtezuschlag, also dem Grad des Wasserdampfgehalts der Luft, entspricht. Beim Kaltfronttyp 1 steht im Frontbereich einer mittleren Temperaturabnahme von 1.7 K ein Rückgang der Äquivalenttemperatur von 2.0 K gegenüber, was also einem Feuchterückgang von nur 0.3 K entspricht. Der Gang der Luftdruckänderung zeigt Druckfall vor der Kaltfront und einen kräftigen Druckanstieg nach dem Durchgang des Kaltfronttyps 1 in der Kaltluft. Der Frontbereich selbst ist durch eine schmale Rinne tiefen Luftdrucks gekennzeichnet (Abb. 7.7c).

Zu den schnell ziehenden Kaltfronten gehört auch der Kaltfronttyp 2. Wie Abb. 7.8a veranschaulicht, ist sowohl mit dem unmittelbaren Frontdurchgang als auch danach der Temperaturrückgang gering im Vergleich zum Feuchterückgang, d. h. zur Äquivalenttemperatur. Somit ist der Kaltfronttyp 2 primär feuchtedominiert. Die Windrichtungsänderung (Abb. 7.8b) beim Frontdurchgang sowie der präfrontale Luftdruckfall und der postfrontale Druckanstieg (Abb. 7.8c) sind weniger stark ausgeprägt als beim primär thermisch dominierten Kaltfronttyp 1.

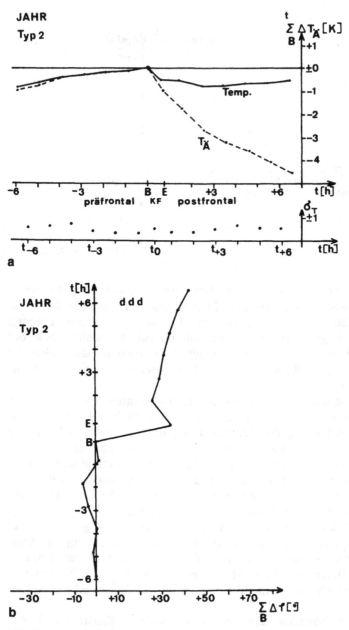

Abb. 7.8a–c. Lokale Änderungen von Temperatur, Äquivalenttemperatur, Windrichtung und Luftdruck beim Kaltfronttyp 2

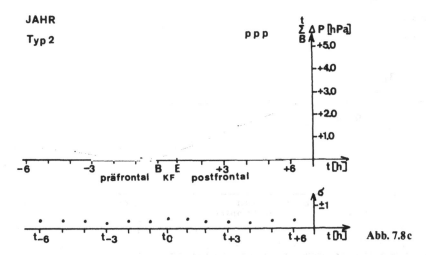

Abb. 7.8 c

Setzt bei den Kaltfronttypen 1 und 2 der Temperatur- und Feuchterückgang gleichzeitig ein, so setzt nach Abb. 7.9a beim Kaltfronttyp 3 die Abnahme der Temperatur erst mehrere Stunden nach dem Rückgang der Äquivalenttemperatur und damit der Feuchte ein. Die frontale Winddrehung ist kräftig und dauert im Mittel über eine Stunde (Abb. 7.9b). Der Luftdruckgang läßt erkennen, daß mit diesem Kaltfronttyp ein breiter (gradientschwacher) Bodentrog, also eine breite Rinne tiefen Luftdrucks, verbunden ist (Abb. 7.9c). Beim Kaltfronttyp 3 handelt es sich somit um langsam ziehende Kaltfronten, bei denen der Temperaturrückgang erst am Ende der zyklonalen Winddrehung einsetzt.

Mit und nach dem Durchzug des Kaltfronttyps 4 ist nach Abb. 7.10a vor allem ein Rückgang der Äquivalenttemperatur und somit der Feuchte verbunden. Die frontale Winddrehung ist nur mäßig ausgeprägt (Abb. 7.10b).

Völlig andersartig als bei den anderen Kaltfronttypen verhält sich im Mittel der Luftdruckgang (Abb. 7.10c). So beginnt der Anstieg des Luftdrucks bereits vor der Front, und der Frontbereich ist nur noch durch einen relativen und sehr schmalen Tiefdrucktrog gekennzeichnet. Die Kaltfronten des Typs 4 sind somit in ein Feld steigenden Luftdrucks und damit absinkender Luft eingelagert; daher befinden sich diese Kaltfronten im Auflösungsstadium; ihre zyklonalen Eigenschaften gehen rasch zurück.

Grundsätzlich läßt sich somit sagen, daß es 2 Kaltfrontarten gibt, nämlich Typ 1 und 3, die primär durch ihren thermischen Charakter geprägt sind. Hingegen werden die Kaltfronttypen 2 und 4 primär durch ihre Feuchteeigenschaften bestimmt.

Die thermischen und Feuchteeigenschaften der 4 Kaltfronttypen sowie die Vertikalbewegung der Luft an ihnen spiegeln sich nach Abb. 7.11 in ihrem Niederschlagsverhalten wider. Während beim Kaltfronttyp 1 die größte Niederschlagsmenge an und unmittelbar hinter der Front auftritt, liegt beim Kaltfronttyp 2 die Niederschlagsaktivität v. a. vor der Front, also noch im Bereich der Warmluft am Boden. Beim Kaltfronttyp 3, also der langsam ziehenden

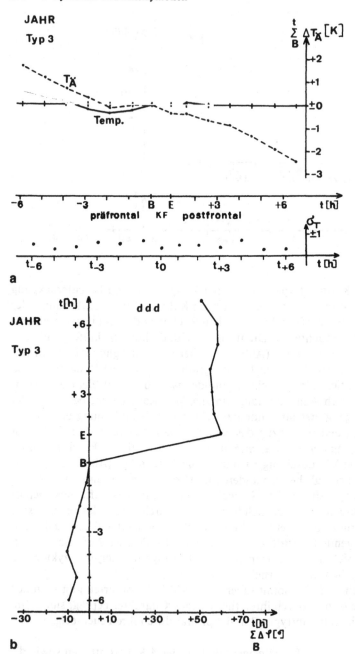

Abb. 7.9 a–c. Lokale Änderungen von Temperatur, Äquivalenttemperatur, Windrichtung und Luftdruck beim Kaltfronttyp 3

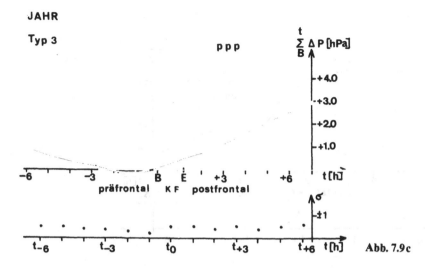

Abb. 7.9 c

Kaltfront, fällt der Hauptniederschlag erst deutlich nach dem Frontdurchzug, was erkennen läßt, daß langsam ziehende Kaltfronten mit einem flachen Aufgleiten der Luft verbunden sind und sich somit wie umgekehrte Warmfronten verhalten.

Beim Kaltfronttyp 4 regnet es höchst selten und wenn, dann harmlos, denn nur 25% der Frontdurchgänge sind noch mit leichten, kurzen Schauern verbunden, wobei im Mittel weniger als 0.1 mm Niederschlag fällt. Auch auf diese Weise wird der übergeordnete antizyklonale Einfluß und somit das Auflösungsstadium dieses Kaltfronttyps deutlich.

Vertikalprofile der Kaltfronttypen

In Abb. 7.12 sind für die 4 Kaltfronttypen die mittleren jährlichen Vertikalprofile der pseudopotentiellen Temperatur vor und nach dem Frontdurchgang wiedergegeben. Zum einen wird dabei der hochreichende Rückgang der Temperatur und Feuchte beim Luftmassenwechsel deutlich. Zum anderen läßt sich aus der vertikalen Änderung der pseudopotentiellen Temperatur mit der Höhe die Schichtung der Atmosphäre erkennen.

Die pseudopotentielle Temperatur ist gemäß ihrer Definition ein Maß für den Gesamtwärmeinhalt der Luft, da sie sowohl die fühlbare als auch die latente Wärme des enthaltenen Wasserdampfs berücksichtigt. Somit läßt sie sich auch als Ausdruck für die Dichte der Luft verstehen. Dort, wo also die pseudopotentielle Temperatur mit der Höhe zunimmt, liegt somit wärmere, d. h. spezifisch leichtere Luft über dichterer Luft, und die atmosphärische Schichtung ist stabil. Dort aber, wo die pseudopotentielle Temperatur mit der Höhe abnimmt, liegt potentiell kältere, also dichtere Luft über spezifisch leichterer, und die Schichtung ist latent labil, d. h. mit zunehmender Kondensation und der damit verbundenen Freisetzung latenter Wärme erhöht sich die Labilität der Atmo-

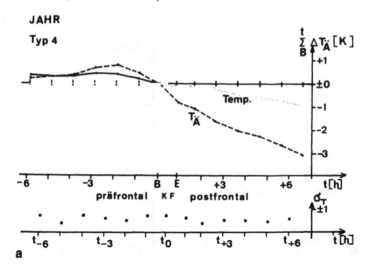

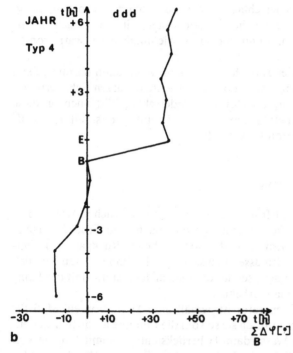

Abb. 7.10 a – c. Lokale Änderungen von Temperatur, Äquivalenttemperatur, Windrichtung und Luftdruck beim Kaltfronttyp 4

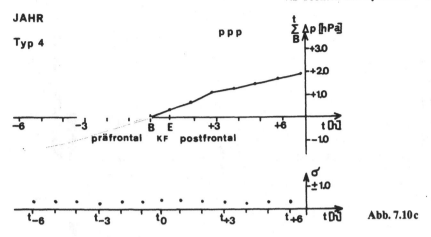

Abb. 7.10c

sphäre. Mit der bodennahen Erwärmung am Tage werden v. a. im Sommer-halbjahr indifferente Schichtungen, bei denen folglich die pseudopotentielle Temperatur mit der Höhe konstant ist, in labile überführt. In der indifferenten bis labilen bodennahen Schichtung im präfrontalen bzw. postfrontalen Bereich spiegelt sich die Schauer- und Gewitterneigung von Kaltfronten wider.

Die jahreszeitlichen Stabilitätsunterschiede der Kaltfronten werden in Abb. 7.13 wiedergegeben. Im Sommer weisen die Kaltfronten vom Boden bis in die mittlere Troposphäre eine latent labile Schichtung, der Kaltfronttyp 3 eine latent indifferente (neutrale) Schichtung auf. Im Winter dagegen läßt der vertikale Verlauf der pseudopotentiellen Temperatur den wesentlich stabileren Charakter der Kaltfronten erkennen. Die bodennahen Schichten sind neutral bis stabil, beim Kaltfronttyp 3 sogar sehr stabil geschichtet.

In der wasserdampfarmen höheren Troposphäre weisen alle Kaltfronttypen, und zwar im Sommer wie im Winter, eine stabile Schichtung auf. Auch der prä- und postfrontale Bereich weist in der Höhe eine Zunahme der pseudopotentiellen Temperatur und damit eine stabil geschichtete obere Troposphäre auf.

Okklusion

Die Vereinigung der schneller ziehenden Kaltfront mit der Warmfront des Tiefs führt zur Okklusion, wobei dann die Warmluft und damit auch die Warmfront nur noch in der Höhe vorhanden ist, während am Boden 2 Kaltluftmassen, die der Vorderseite und der Rückseite des Tiefs, aneinandergrenzen.

Weisen die beiden Kaltluftmassen beiderseits der Grenzlinie nahezu die gleiche Temperatur auf, so bezeichnet man die Front kurz als Okklusion. Ist dagegen die nachfolgende Kaltluft kälter als die vorlaufende, so daß an einem Ort mit dem Durchgang der Okklusionsfront ein Temperaturrückgang einsetzt, so spricht man von einer „Kaltfrontokklusion". Diese Form tritt bei uns häufig

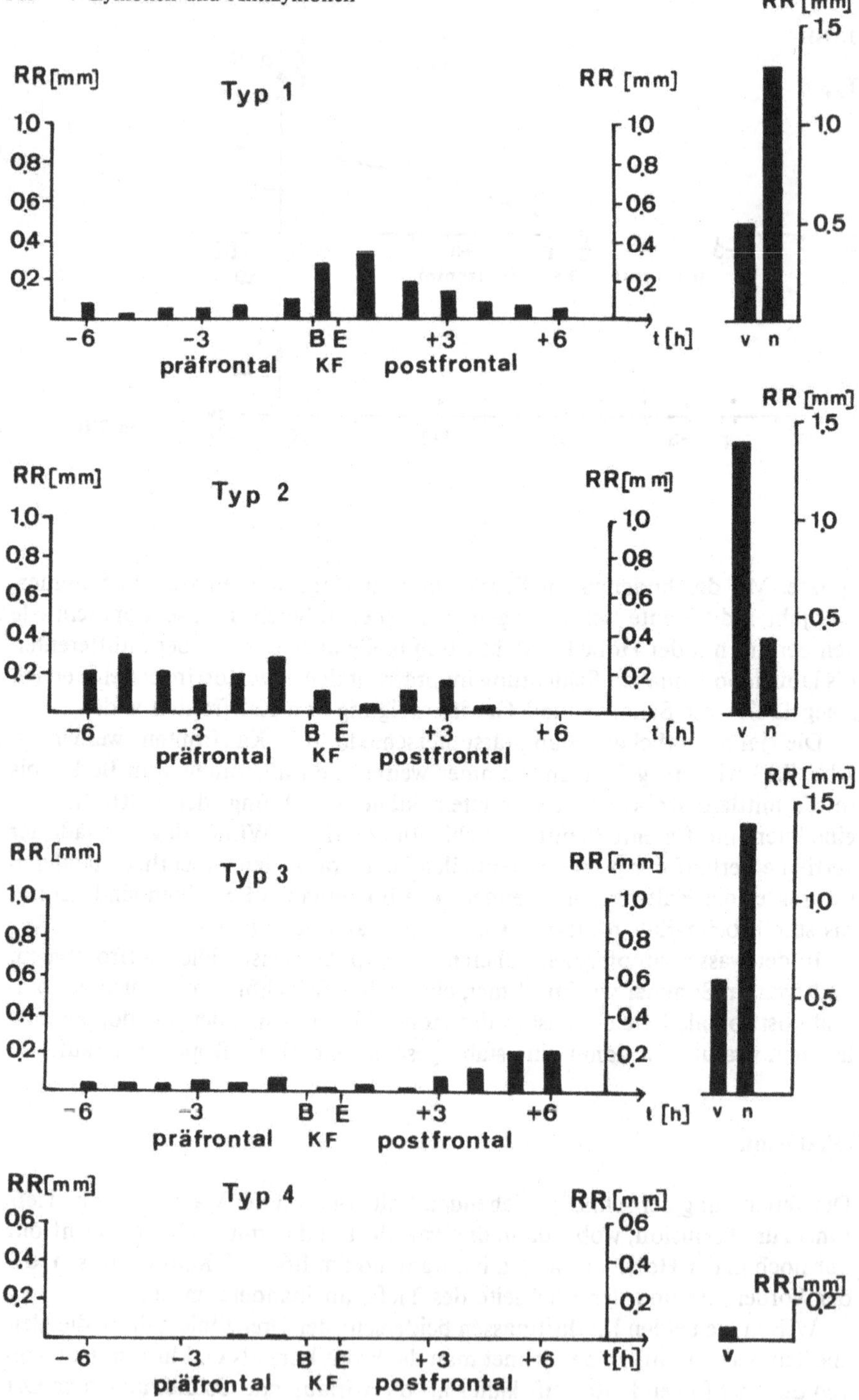

Abb. 7.11. Mittlere lokale Niederschlagsverhältnisse beim Durchzug der Kaltfronttypen 1–4

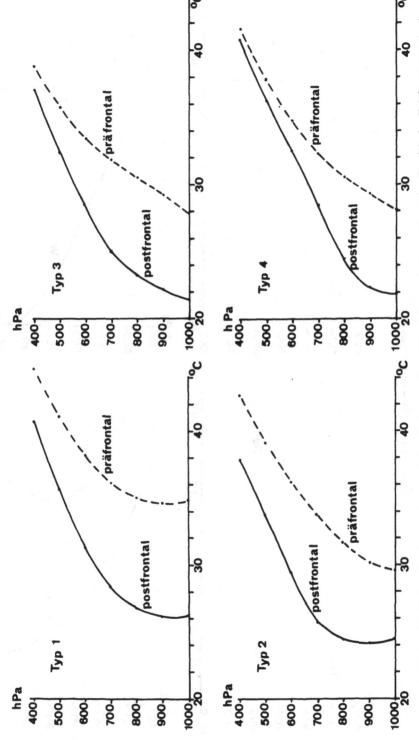

Abb. 7.12. Mittlere Vertikalprofile der pseudopotentiellen Temperatur im präfrontalen sowie im postfrontalen Bereich der Kaltfronttypen 1–4

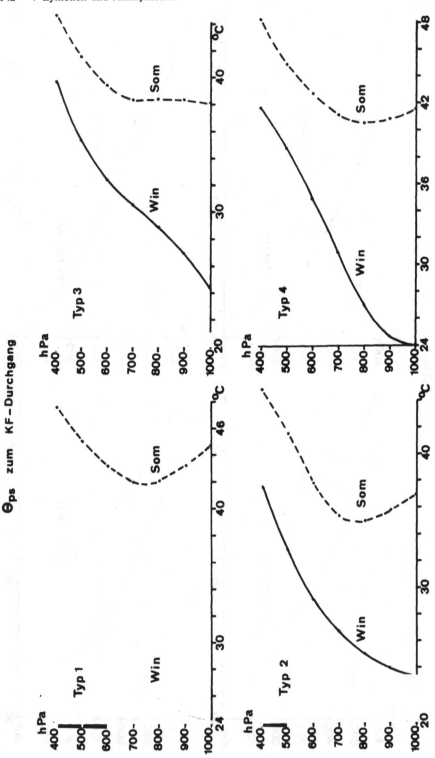

Abb. 7.13. Mittlere Vertikalprofile der pseudopotentiellen Temperatur der Kaltfronttypen 1–4 im Sommer und Winter

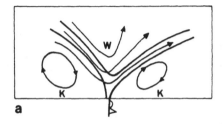

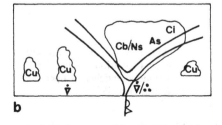

Abb. 7.14a, b. Vertikale Strömungsverhältnisse (**a**) und Wettererscheinungen (**b**) an einer Okklusion

im Sommer auf. Bei einer „Warmfrontokklusion", wie sie als Folge des im Vergleich zum Festland warmen Atlantiks bei uns im Winter öfter auftritt, weist dagegen die nachfolgende Kaltluft etwas höhere Temperaturen auf als die vorlaufende, so daß es nach dem Frontdurchzug etwas wärmer wird.

In Abb. 7.14a, b sind die grundsätzlichen Strömungs-, Niederschlags- und Bewölkungsverhältnisse an einer Okklusion dargestellt. Bewölkung und Niederschläge stellen i. allg. eine starke räumliche Drängung von Warmfront- und Kaltfrontwetter dar. Während dabei im Winter der stratiforme Wolkencharakter mit länger anhaltendem Niederschlag der Normalfall ist, sind die sommerlichen Okklusionen z. T. mit labiler Schichtung, d. h. mit Kumulonimben, Schauern und Gewittern verbunden.

In Abb. 7.15 ist die grundsätzliche thermische Struktur einer Okklusion anhand der pseudopotentiellen Temperatur, also anhand des Gesamtwärmeinhalts der Luft wiedergegeben. Deutlich sind die beiden Kaltluftmassen sowie die abgehobene Warmluft zu erkennen. Die Tatsache, daß sich von der Warmluftschale in der Höhe eine Warmluftzunge bis zum Boden erstreckt, erklärt sich aus den Bewölkungs-, Strahlungs- und Konvergenzverhältnissen, wodurch die Luft in der Bodenwetterkarte unmittelbar an der Okklusion am wärmsten und am feuchtesten erscheint. Zu beachten ist auch die Neigung der Warmluftachse mit der Höhe. Dieser Umstand ist im Einzelfall von Bedeutung für das Auftreten des stabilen oder labilen Okklusionstyps. Ganz allgemein läßt sich zur Unterscheidung von stabiler und latent labiler Wettersituation sagen:

Nimmt über einem Ort die pseudopotentielle Temperatur mit der Höhe zu, so liegt – vom Gesamtwärmeinhalt gesehen – wärmere, also spezifisch leichtere über kälterer Luft, und die Schichtung ist stabil. Nimmt dagegen die pseudopotentielle Temperatur mit der Höhe ab, so bedeutet das, daß spezifisch kältere Luft über wärmerer liegt, und die Schichtung ist labil, genauer latent labil, denn erst mit der Wolkenbildung und dem Freisetzen latenter Energie des Wasserdampfs bei der Kondensation erscheinen die unteren, wasserdampfreicheren

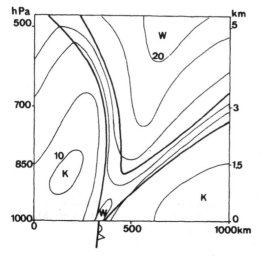

Abb. 7.15. Thermische Struktur einer Okklusion anhand der pseudopotentiellen Temperatur. (Nach Geb, 1971)

Schichten wärmer als die höheren, und der Labilitätsprozeß beginnt. Die vertikale Änderung der pseudopotentiellen Temperatur ist daher ein wichtiger Indikator bei der Erkennung latent labiler Schichtung in der Atmosphäre und damit bei der Schauer- bzw. Gewittervorhersage.

7.3 Zusammenhang von Bodenfronten und Höhenwetterkarte

Bei den bisherigen Ausführungen über das Verhältnis der Bodenfronten zu den Erscheinungen in der Höhe wurden die atmosphärischen Strukturen mit Hilfe von Vertikalschnitten veranschaulicht. Nachzuholen ist noch die horizontale Zuordnung der Erscheinungen zwischen der Boden- und der Höhenwetterkarte.

In Abb. 7.16a erkennt man im Bodendruckfeld vom 23. Juli 1981, 06z ein Tiefdrucksystem über West- und Nordeuropa, wobei es sich bei den Tiefs um Polarfrontzyklonen handelt. Das nördliche Tief ist bereits weitgehend okkludiert und daher das älteste, während über Spanien ein sehr junges Tief zu erkennen ist; die 3 Wirbel bilden eine Zyklonenfamilie.

In Abb. 7.16b ist das korrespondierende Höhendruckfeld von 500 hPa wiedergegeben. Im Bereich der Höhentiefs bzw. Höhentröge ist die Luft stets kalt, im Bereich der Höhenhochs bzw. der Höhenkeile ist sie stets vergleichsweise warm. Die Bodenkaltfront mit dem Wellentief über Spanien liegt, bezogen auf die 500-hPa-Strukturen, auf der Trogvorderseite, während die Warmfront über der Ostsee durch einen schwachen Hochkeil gekennzeichnet ist. Auch das Okklusionssystem verläuft auf der Vorderseite der höhenkalten Luft. Dieses Beispiel ist typisch für die Kopplung von Bodensystemen und Höhenwetterkarte.

Besonders deutlich werden die Zusammenhänge von Bodenfronten und Höhentemperaturfeld, wenn man anstelle der Temperaturen in einem Niveau, z. B. in 500 hPa, die Mitteltemperatur einer größeren Schicht betrachtet. In der

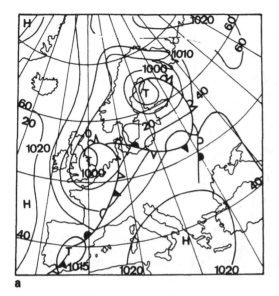

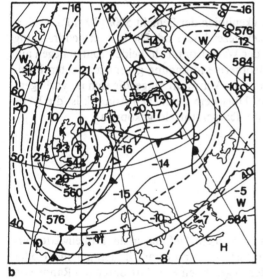

Abb. 7.16a, b. Wetterkarten vom 23. Juli 1981. **a** Bodenwetterkarte; **b** Höhenwetterkarte von 500 hPa mit Isogeopotentialen (———); Isothermen (– – –) und Bodenfronten

Regel benutzt man dazu die Schicht 500 hPa über 1000 hPa und drückt die Mitteltemperatur durch den Abstand der beiden Druckflächen, d. h. durch die Schichtdicke aus. Dort, wo die Schichtdicke groß ist, muß die Luftdichte gering und somit die Mitteltemperatur hoch sein, dort, wo die Schichtdicke gering ist, muß die Luftsäule kalt sein.

Derartige Schichtdickenkarten bezeichnet man als relative Topographie. Ihre Isolinien stellen mittlere Isothermen dar, so daß sich in ihnen sowohl die barotropen Zentren der Luftmasssen als auch ihre Grenzbereiche, also die baroklinen Zonen, deutlich erkennen lassen.

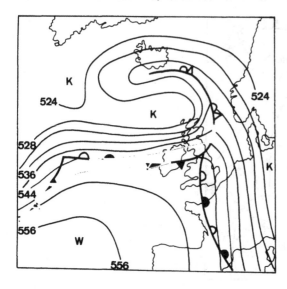

Abb. 7.17. Zusammenhang von Bodenfronten und relativer Topographie 500/1000 hPa

In Abb. 7.17 sind die Schichtdickenlinien der Schicht 500/1000 hPa wiedergegeben, in der die Bodenfronten eingezeichnet sind. Die Isothermendrängung liegt hinter der Kaltfront und vor der Warmfront, d. h. beide Fronten liegen auf der warmen Seite der durch die Isothermendrängung gekennzeichneten Frontalzone. Typisch für Okklusionen ist die Warmluftzunge, die sich im vorliegenden Beispiel nach Island erstreckt. Über dem westlichen Atlantik ist die Welle mit der typischen Ausbuchtung im Temperaturfeld gekoppelt.

7.4 Kaltlufttropfen

Unter einem Kaltlufttropfen versteht man ein Tief, das in der Höhenwetterkarte als deutlicher Wirbel ausgeprägt ist, während es am Boden gar nicht oder nur schwach zu erkennen ist. In der Regel treten Kaltlufttropfen am Rande von Hochdruckgebieten, also bei relativ hohem Bodenluftdruck, auf, so daß die starke Bewölkung, Schauer, Gewitter und Böen für den sehr überraschend auftreten, dessen Barometer entsprechend dem hohen Luftdruck auf „Schön" steht.

Kaltlufttropfen sind, wie ihr Name es sagt, die Folge kalter Luft in ihrem Bereich; in ihrer Mitteltemperatur unterscheiden sich die im Durchmesser 200–500 km großen Wirbel von ihrer Umgebung um 5–10 °C, gelegentlich auch um mehr. Damit erklärt sich auch der niedrige Druck in der Höhe bei vergleichsweise hohem Bodendruck, denn nach der statischen Grundgleichung in der Form

$$\frac{dp}{dz} = -g\varrho(T)$$

nimmt der Luftdruck mit der Höhe in der kalten Luftsäule rasch ab.

Im Sommer führen die niedrigen Höhentemperaturen zu einer labilen Schichtung, wenn der Kaltlufttropfen sich über dem erwärmten Festland befindet. Starke Konvektionsvorgänge mit den obengenannten Wettererscheinungen sind die Folge. Im Winter ist die Gegenstrahlung der trockenkalten Höhenluft sehr gering, so daß in ihrem zentralen Bereich sehr niedrige Tiefsttemperaturen am Boden auftreten. An die Stelle von Schauern treten ausgedehnte Schneefallgebiete, die durch das Aufgleiten der wärmeren Umgebungsluft auf die Kaltluft verursacht werden.

Die Entstehung der Kaltlufttropfen erfolgt abseits der Polarfront im Bereich der baroklinen Frontalzone in der Höhe, wenn es zu einer regionalen Abschnürung eines Kaltluftgebiets von der ausgedehnten Polarluftmasse kommt. Man spricht von einem Cut-off-Effekt (Abb. 7.18).

Kaltlufttropfen weisen daher im Gegensatz zu Polarfrontzyklonen primär keine Bodenfronten auf; allerdings können sie gelegentlich im Laufe der Zeit eine sekundäre Kaltfront in ihren Zirkulationsbereich einbeziehen, wenn sich ihre zyklonale Rotation, wenn auch in abgeschwächter Form, bis zum Boden durchsetzt. Ihre Lebensdauer reicht von einigen Tagen bis zu etwa 2 Wochen, wobei sie in ihrer Zugrichtung grundsätzlich der Windrichtung am Boden folgen.

In Abb. 7.19 sind die Bodenwetterkarte, die Höhenkarte von 500 hPa und die relative Topographie 500/1000 hPa für einen Kaltlufttropfen wiedergegeben, der sich am 4. Juni im Seegebiet von Schottland gebildet hat und über Südskandinavien, Deutschland und die Alpen in 7 Tagen bis zum Schwarzen Meer gezogen ist. Den Höhepunkt seiner Entwicklung erreichte er am 7. Juni über Deutschland. In der Bodenkarte befindet sich Mitteleuropa im Bereich einer Hochdruckbrücke, die sich vom Azorenhoch ostwärts erstreckt (s. Abb. 7.19a). Im 500-hPA-Niveau bietet sich jedoch ein gänzlich anderes Bild (s. Abbl 7.19b). Dort liegt südlich von Berlin ein kräftiges Höhentief, dessen Ursache, wie die relativen Isothermen der Schichtdickenkarte 500/1000 hPa (s. Abb. 7.19c) zeigen, ein intensives Kältezentrum ist.

In Abb. 7.20 ist die vertikale thermische Struktur des Kaltlufttropfens dargestellt. Deutlich ist die tiefe Lage der Isothermen und die niedrige Tropopausenhöhe in seinem Zentrum zu erkennen. Seine Temperaturdifferenz zur

Abb. 7.18. Cut-off-Effekt eines Kaltluftgebiets

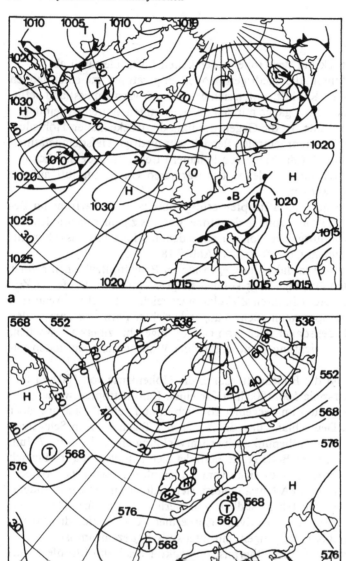

Abb. 7.19 a–c. Karten vom 7. Juni 1983. **a** Bodenwetterkarte; **b** 500-hPa-Höhenkarte; **c** relative Topographie 500/1000 hPa

Umgebung beträgt, wie aus Abb. 7.21 folgt, bis zu 10 K. Auffällig ist, daß die Atmosphäre oberhalb des Kaltlufttropfens dafür bis zu 10 K wärmer ist als die Umgebung, was eine Folge des Absinkens der Luft über ihm ist.

Daß die Luft in seinem Bereich aufsteigt, folgt indirekt aus dem Vertikalschnitt der relativen Feuchte. Die in seinem Zentrum über Gärmersdorf sich

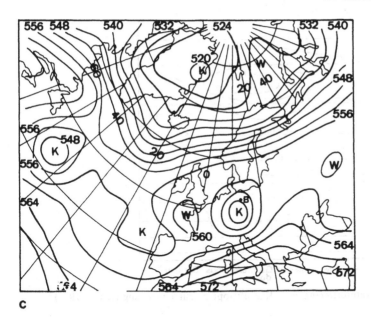

c

aufwölbenden Feuchtelinien zeigen die hochreichende Quellbewölkung an, die mit Schauern und Gewittern verbunden ist. An seinen Flanken weist dagegen die niedrige relative Feuchte auf Absinken in der Höhe hin, wodurch die Vertikalentwicklung der Wolken gebremst wird (Abb. 7.22).

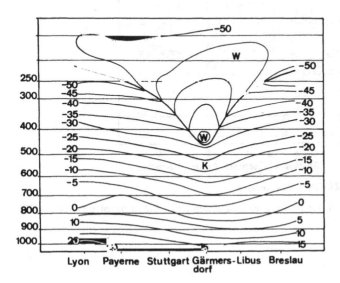

Abb. 7.20. Thermische Struktur eines Kaltlufttropfens im Vertikalschnitt (7. Juni 1973)

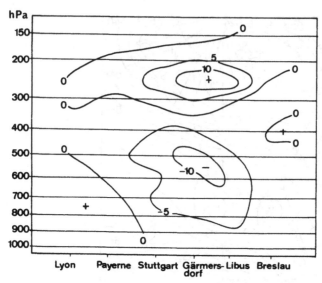

Abb. 7.21. Temperaturdifferenz eines Kaltlufttropfens zur Umgebung (7. Juni 1973)

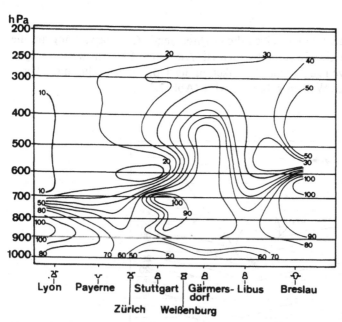

Abb. 7.22. Vertikalschnitt der relativen Feuchte durch einen Kaltlufttropfen (7. Juni 1973)

7.5 Tropische Zyklonen – Tropische Wirbelstürme

In den Tropen nimmt der Luftdruck von den Subtropenhochs auf beiden Halbkugeln zum Äquator hin ab, so daß parallel zum Äquator ein Gürtel tiefen Luftdrucks angeordnet ist. Im Gegensatz zum Tiefdruckgürtel der mittleren und nördlichen Breiten ist er jedoch nur mit einer einzigen Luftmasse, nämlich mit Tropikluft, erfüllt. Damit entfällt für die tropischen Zyklonen ein Entstehungsmechanismus, wie wir ihn für die Polarfrontzyklonen kennengelernt haben, d. h. weder die Entstehung noch die Weiterentwicklung tropischer Tiefs ist mit einer Luftmassengrenze gekoppelt.

Regionaler Luftdruckfall in der äquatorialen Tiefdruckrinne führt dazu, daß sich flache tropische Wellen im Strömungsfeld bilden. Ihr rückwärtiger Bereich ist in der Regel durch konvergente Strömung, ihr vorderer Bereich durch divergente Strömung gekennzeichnet. Bei instabiler Schichtung entwickeln sich im konvergenten Wellenteil hochreichende Kumulonimbuskomplexe, sog. Cluster, und intensive Gewitterschauer, während im divergenten Bereich aufgelockerte Quellbewölkung ohne Niederschlag anzutreffen ist (Abb. 7.23). Entsprechend der Generalströmung in den Tropen von Ost nach West ziehen die tropischen Wellen – im Gegensatz zu den Tiefs unserer Breiten – in der Regel von Osten nach Westen.

Durch weiteren Luftdruckfall können aus den Wellen tropische Zyklonen entstehen, die sich wiederum gelegentlich bis zu tropischen Orkantiefs, den tropischen Wirbelstürmen, weiterentwickeln. Sie werden in den USA als Hurrikan, in Japan als Taifun bezeichnet. Auch wenn der Entstehungsmechanismus tropischer Wirbelstürme noch nicht in allen Einzelheiten geklärt ist, so lassen sich doch eine Reihe von Grundtatsachen aufzeigen, die die Voraussetzung für ihre Bildung sind.

Tropische Wirbelstürme entstehen nur über dem Meer und nur dort, wo die Wassertemperatur mindestens 27 °C beträgt. Außerdem bilden sie sich nicht zwischen 4°N und 4°S, also in unmittelbarer Nähe des Äquators.

Diese Tatsachen weisen auf folgende physikalische Zusammenhänge hin: Tropische Wirbelstürme entstehen nur dort, wo die Reibung und damit das Einströmen der bodennahen Luft in das Gebiet tiefen Luftdrucks gering ist; erst durch diesen Umstand vermag sich ein starker Luftdruckunterschied auf-

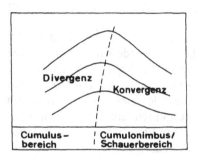

Abb. 7.23. Tropische Wellen

zubauen. Die hohen Wassertemperaturen verdeutlichen, daß sie ihre Energie aus dem Wärmespeicher Ozean beziehen, und zwar über die latente Energie des Wasserdampfs, d. h. über die Wärmeaufnahme beim Verdunstungsprozeß und die Wärmeabgabe an die Atmosphäre bei der Kondensation. Die mächtigen Wolkenkomplexe der tropischen Orkantiefs sind ein deutlicher Beleg dafür, welche ungeheuren Mengen latenter Wärmeenergie der Atmosphäre zugeführt werden (hot tower).

Der Einfluß der Coriolis-Kraft bei der Entwicklung von Wirbelstürmen wird schließlich daran sichtbar, daß sie nicht in Äquatornähe entstehen. Dort weht nämlich der Wind durch das Fehlen der ablenkenden Kraft der Erdrotation praktisch senkrecht vom höheren zum tieferen Luftdruck – man spricht vom sog. Euler-Wind –, so daß in der Äquatorregion entstehende Druckunterschiede rasch wieder abgebaut werden.

Tropische Wirbelstürme haben in der Regel nur einen Durchmesser von etwa 500 km und sind damit erheblich kleiner als die Tiefs unserer Breiten. In ihrem Zentrum weisen sie eine 10–30 km breite Zone auf, in der der Wind nur schwach ist, der Regen nachläßt oder aufhört und die Wolkendecke lichter wird oder aufreißt. Dieses ist das „Auge des Orkans".

In einer etwa 300 km breiten Zone um das Auge herum konzentriert sich die ungeheure Energie des Wirbelsturms. Verheerende Windgeschwindigkeiten von 150–300 km/h sind dort anzutreffen, sintflutartige Niederschläge treten auf; dabei kann die Jahresniederschlagsmenge z. B. von Berlin von 600 mm in wenigen Stunden fallen. An den Küsten drohen als zusätzliche Gefahr die meterhohen Flutwellen der aufgepeitschten See, die schon ganze Dörfer und Landstriche fortgeschwemmt haben.

Um eine Vorstellung zu bekommen, wie groß die Wucht des Windes bei senkrechtem Aufprall auf eine Fläche ist, kann man die vereinfachte Formel für den Staudruck p_{St} betrachten

$$p_{St} = \left(\frac{v}{4}\right)^2,$$

wobei die Windgeschwindigkeit v in m/s eingeht und der Staudruck als anschauliches Maß in kp/m^2 angegeben wird. Bei einem Wind von 20 m/s (Stärke 8) beträgt der Staudruck $25 \, kp/m^2$, bei 30 m/s (Stärke 11) erreicht er $56 \, kp/m^2$, bei 40 m/s (Stärke 12) sind es $100 \, kp/m^2$ und in einem tropischen Orkan mit 83 m/s, also rund 300 km/h, wirkt ein Staudruck von über $400 \, kp/m^2$ auf die angeströmten Flächen.

Gleichzeitig wird durch das Pulsieren der Windstöße jedes Hindernis in starke Schwingungen versetzt, so daß sich die zerstörende Kraft voll entfalten kann. Über die Katastrophensituation meldete am 18. August 1983 eine Nachrichtenagentur: „Galveston (AP). Der Hurrikan „Alicia" hat am Donnerstag mit Windgeschwindigkeiten bis zu 185 Stundenkilometern, Sturmfluten und heftigem Regen die Südküste der USA erreicht und schwere Schäden angerichtet. In Galveston an der texanischen Küste setzten Flutwellen von 3,6 m Höhe hunderte Häuser unter Wasser. Der Sturm riß Dachziegel und Hausverkleidun-

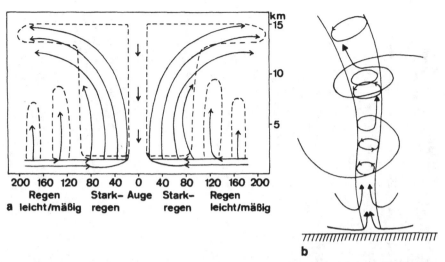

Abb. 7.24a, b. Strömungs- und Bewölkungsverhältnisse in einem tropischen Wirbelsturm (a), Strömungsverhältnisse in einem Tornado (b)

gen ab, warf Schilder, Bäume und Autos um und riß Boote los. Die Stromversorgung der 60000 Einwohner zählenden Stadt brach zusammen. Tausende von Einwohnern Galvestons, wo im Jahr 1900 die bisher schlimmste Hurrikankatastrophe der USA 6000 Todesopfer gefordert hat, sowie die Einwohner anderer Orte flüchteten ins Landesinnere, wo bereits zuvor Evakuierungszentren eingerichtet worden waren."

Der Sachschaden betrug in diesem Fall wie auch bei vielen anderen Wirbelstürmen hunderte von Millionen Dollar.

In Abb. 7.24a sind die Strömungs- und Bewölkungsverhältnisse in einem tropischen Wirbelsturm schematisch wiedergegeben. Dabei wird deutlich, daß es in den unteren Schichten zu einem starken Einströmen der Luft kommt, während in der Höhe ein antizyklonales Ausströmen erfolgt. Intensives Aufsteigen kennzeichnet die Gebiete mit hochreichenden Wolken, hingegen tritt im Auge des Orkans schwaches Absinken auf. Die höchste Windgeschwindigkeit tritt in einem Ring in etwa 30–60 km Entfernung vom Tiefzentrum auf, im Auge selber ist es dagegen relativ windschwach. Von den Wirbelstürmen betroffene Gebiete sind Japan und die Philippinen, der Golf von Bengalen, die westindischen Inseln und die südlichen Küstengebiete der USA, sowie Madagaskar und Australien. Hauptwirbelsturmzeit ist der Spätsommer, wenn die Meerestemperaturen ihre Höchstwerte erreichen.

Flugzeuge, Wettersatelliten und Radar werden eingesetzt, um die tropischen Wirbelstürme rechtzeitig zu erkennen, ihre Bahn zu verfolgen und Daten für den Computer zu sammeln, mit dem ihre voraussichtliche Zugbahn und Intensität berechnet wird. Nur über ein derartiges Frühwarnsystem lassen sich die Schäden in Grenzen halten, kann die Bevölkerung rechtzeitig gewarnt und evakuiert werden.

Abb. 7.24 c

Tropische Wirbelstürme ziehen in den nordhemisphärischen Tropen an der Südflanke des Subtropenhochs von Osten nach Westen und biegen z. B. vor der nordamerikanischen Ostküste nach Norden um. Dabei gelangen sie über kältere Meeresgebiete und beginnen sich abzuschwächen, da ihre Energiezufuhr nachläßt. Treten sie auf das Festland über, so kommt dazu noch die hohe Reibung, und der Wirbelsturm löst sich innerhalb weniger Stunden auf. Einige bleiben über dem Meer und gelangen in die Westwindzone, wo sie in stark abgeschwächter Form wie die Tiefs mittlerer Breiten nach Osten ziehen.

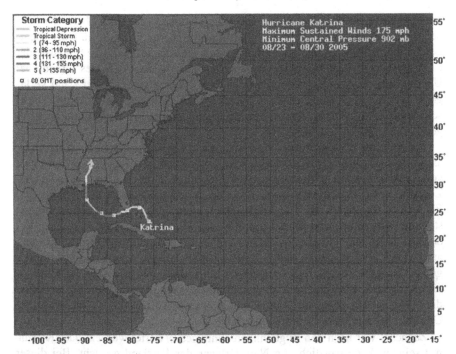

Storm Category
- Tropical Depression
- Tropical Storm
- 1 (74 - 95 mph)
- 2 (96 - 110 mph)
- 3 (111 - 130 mph)
- 4 (131 - 155 mph)
- 5 (> 155 mph)

□ 00 GMT positions

Hurricane Katrina
Maximum Sustained Winds 175 mph
Minimum Central Pressure 902 mb
08/23 - 08/30 2005

Katrina

-100° -95° -90° -85° -80° -75° -70° -65° -60° -55° -50° -45° -40° -35° -30° -25° -20° -15°

Abb. 7.24 d

Der Hurrikan Katrina

Der tropische Wirbelsturm Katrina wird als New-Orleans-Hurrikan in die Annalen eingehen. Nie zuvor war die Stadt von einem Hurrikan derart katastrophal in Mitleidenschaft gezogen und zu rund 80% überflutet worden.

Katrina bildete sich am 23.8.2005 als tropisches Tief (tropical depression) über dem Atlantik bei den östlichen Bahamas. Bereits bis zum 24.8. verstärkte sich die Zyklone zum tropischen Sturmtief (tropical storm). Dieser zog am 25.8. unter weiterer Intensivierung zunächst nach Nordwesten, dann nach Westen und erreichte Südflorida als Hurrikan der Kategorie 1 (119–153 km/h), also nach der Terminologie unserer Breiten, bereits als voll entwickeltes Orkantief. Während der Landpassage schwächte er sich in der Nacht zum 26. August leicht ab.

Mit dem Erreichen des Golfs von Mexiko mit seiner hohen Wassertemperatur um 30 °C und infolge einer starken Divergenz der Höhenströmung setzte ein rapider Luftdruckfall und damit eine erhebliche Verstärkung ein, so dass der Wirbelsturm bereits am Morgen des 27.8. als „major hurrican" (Kategorie 3: 177–209 km/h) eingestuft wurde. Der Kerndruck war inzwischen auf 940 hPa gefallen und die Windgeschwindigkeit auf 185 km/h angewachsen.

Am Morgen des 28.8., also am 5. Tag nach seiner Entstehung, erreichte Katrina die Kategorie 4 (210–249 km/h) und noch am selben Tag die (höchste) Kategorie 5 (ab 250 km/h). Sein Kerndruck war auf 902 hPa gefallen und seine mittlere Windgeschwindigkeit auf 280 km/h angewachsen. Damit hatte der Wirbel seinen Höhepunkt erreicht. Durch interne turbulente Prozesse ging die Windgeschwindigkeit wieder etwas zurück, so dass Katrina am 29. 8. die Südküste der USA als Kategorie-4-Hurrikan erreichte. Dabei zog das Auge des Orkans bei Übertritt auf das Land knapp östlich an New Orleans vorbei. Über Land verlagerte sich Katrina zunächst nach Norden und dann nach Nordosten. Dabei schwächte er sich in der Nacht zum 30. 8. zum tropischen Sturm und nachfolgend zum tropischen Tief ab.

Der Ankunft von Katrina in New Orleans war eine dramatische Evakuierungsaktion der Bevölkerung vorausgegangen. Seit Tagen hatte der US-Wetterdienst vor Katrina gewarnt und laufend neue Modellrechnungen über Intensität und Zugbahn des Wirbelsturms sowie über die zu erwartenden Niederschläge und Flutwellen durchgeführt. Die Beobachtungsdaten für die Modellrechnungen stammten vor allem von Wettersatelliten und Hurrikan-Fliegern, die unter Lebensgefahr in die mittleren Höhenbereiche des Wirbelsturms einfliegen und auf ihrem Kurs Fallsonden (Drop-Sonden) aussetzen; die Messdaten über Windgeschwindigkeit, Luftdruck, Temperatur und Luftfeuchte gelangen per Funk direkt zu den Bodenstationen. Nach den Schilderungen der Hurrikan-Piloten muss die Turbulenz im „eye wall", dem Cumulonimbus-Wolkenwall um das Auge des Orkans, unvorstellbare Intensitäten erreichen.

Zunächst war nach den Zugbahnberechnungen erwartet worden, dass Katrina mit seinem Auge westlich von New Orleans das Festland erreicht. Bei dieser Konstellation hätte die Stadt auf der östlichen Seite des Wirbelsturms gelegen und der Orkanwind aus Süd hätte die Flutwelle von der Seeseite gegen die Deiche anrollen lassen, d. h. die Hauptüberflutungsgefahr wäre vom offenen Meer gekommen. Doch es kam anders. New Orleans lag auf der Westseite von Katrina, also in der ablandigen Nordströmung, und die Katastrophe kam von der Landseite, kam aus dem Hinterland.

An der Ostseite führte Katrina mit seiner Südstömung gewaltige Feuchtemassen vom warmen Golf von Mexiko ins Landesinnere. Die Folge waren anhaltende und extreme Niederschläge im Hinterland von New Orleans. Bis zu 600 mm Regen fiel in wenigen Stunden mit einer Regendichte, wie sie nur in den Tropen möglich ist. Kanäle und Flussläufe vermochten die Wassermassen nicht mehr geordnet ins Meer abzuführen. Die erste Überschwemmungsphase war erreicht. Zur endgültigen Katastrophe wurde die Situation für die Stadt, als Deiche des Riesensees Lake Pontchartrain brachen und sich die Wassermassen vom Hinterland in die Stadt ergossen. Da New Orleans z. T. sogar unter dem Meeresniveau liegt, stand das Wasser bis zu 7 m hoch in weiten Teilen der Stadt. Mehr als 10 000 Menschen verloren in dem Inferno aus Wassermassen und Orkanwindgeschwindigkeit ihr Leben; die Sachschäden erreichten dreistellige Milliardenbeträge.

Variabilität der Hurrikanhäufigkeit

Das Jahr 2005 wird als Rekordjahr in die amerikanische Hurrikanstatistik eingehen, und zwar sowohl hinsichtlich der Gesamtzahl nordatlantischer Wirbel-

Tabelle 7.1. Hurrikane im tropischen Nordatlantik (Karibik und Golf von Mexiko)

Jahre	Hurrikane	Kategorie-5-Hurrikan
1950er	69	Janett (1955)
1960er	61	Camille (1969)
1970er	49	–
1980er	52	Gilbert (1988), Allen (1989)
1990er	63	Mitch (1999)
2000–2005	52	Ivan (2004), Katrina, Rita, Wilma (2005)

stürme (15) als auch der Zahl der Kategorie-5-Hurrikane (≥ 250 km/h). Die langfristige Hurrikanentwicklung seit 1950 ist in Tab. 7.1 aufgeführt. Wie zu erkennen ist, hat die Zahl der tropischen Wirbelstürme von den 1950er bis zu den 1970er Jahren von 69 auf 49 pro Dekade abgenommen. Danach setzte zunächst eine langsame, dann eine starke Zunahme ein. Betrug in den 1970er Jahren der Jahresmittelwert 4,9 Hurrikane pro Saison, so stieg er in den 1990er Jahren auf 6,3 und im Zeitraum 2000–2005 auf rund 8,7 an. Noch deutlicher wird der Anstieg bei den Kategorie-5-Hurrikanen. Erreichte in den 1970er Jahren kein tropischer Wirbelsturm im tropischen Nordatlantik diese höchste Stufe, so waren es bereits 4 in dem sechsjährigen Zeitraum 2000–2005.

Versucht man eine Erklärung für die Variabilität der nordatlantischen Hurrikane insgesamt sowie der Kategorie-5-Hurrikane seit den 1950er Jahren zu finden, so gibt die Betrachtung der Meerestemperatur einen ersten Aufschluss. Nach einer Phase der Abkühlung in den 1950er/1960er Jahren (M. Rodewald, 1967) hat sich die Ozeantemperatur im tropischen und subtropischen Nordatlantik nach den 1970er Jahren wieder deutlich erhöht (Abb. 13.5). Untermauert wird dieser Sachverhalt durch die allgemeine Temperaturentwicklung der Nordhalbkugel seit 1860 (Abb. 13.14 b).

Da der Hurrikan seine gewaltige Energie aus der latenten Wärme des Wasserdampfs bezieht und die Verdunstung mit jedem Zehntel Ozeanerwärmung ansteigt, verbessern sich dadurch die Voraussetzungen für die die Weiterentwicklung tropischer Depressionen zum tropischen Sturmtief und zum Hurrikan. Zu seiner Intensivierung, d. h. zur Frage, welche Kategorie zwischen 1 und 5 der Hurrikan erreicht, bedarf es noch einer starken Divergenz der Höhenströmung, denn nur sie führt zu dem extremen Druckfall auf Werte um 900 hPa im Wirbelsturmzentrum bzw. zu den extremen Druckgradienten und damit den zerstörerischen Windgeschwindigkeiten.

Die Tatsache, dass die Hurrikansaison im Spätsommer und Frühherbst der jeweiligen Halbkugel liegt, erklärt sich zum einen daraus, dass die Ozeantemperaturen dann ihre höchsten Werte erreichen. Zum anderen hängt es mit der jahreszeitlichen Verlagerung der äquatorialen Tiefdruckzone zwischen der Nord- und Südhemisphäre zusammen, in deren Bereich die zyklonalen Entwicklungen von der tropischen Welle (easterly waves) bis zum tropischen Wirbelsturm stattfinden. Entsprechend liegt der Höhepunkt der tropischen Wirbelsturmtätigkeit auf der Südhalbkugel in den Monaten Januar und Februar.

Die Schäden, die ein Hurrikan im Einzelfall anrichtet, hängen von seiner Zugbahn ab. Setzt er seine Energie über dem Meer oder über dünn besiedelten Naturräumen frei, sind die Schäden wesentlich geringer als wenn er über landwirtschaftlich intensiv genutzte Flächen oder über dicht besiedelte Regionen zieht.

7.6 Tornados, Tromben und Staubteufelchen

Als Tornado bezeichnet man einen kleinräumigen Wirbelsturm, dessen Durchmesser nur wenige Zehner- oder Hektometer beträgt. Tornados entstehen im Westen der USA im Zusammenhang mit Kumulonimbuswolken, und zwar bevorzugt an Kaltfronten, an denen trockenkalte Luft von den Rocky Mountains mit feuchtwarmer Luft aus dem Golf von Mexiko zusammenströmt. Dabei entstehen außerordentlich große Temperatur- und Feuchtegegensätze auf engstem Raum.

Gekennzeichnet sind Tornados durch einen extremen Luftdruckfall mit Werten von 50–100 hPa und durch entsprechend hohe Windgeschwindigkeiten, die mehrere hundert Kilometer pro Stunde erreichen können. Ihr sichtbares Zeichen ist ein „Rüssel", der mit Wassertropfen als Folge der Kondensationsvorgänge bei starkem Druckfall und mit aufgewirbeltem Staub erfüllt ist und sich von der Gewitterwolke in Richtung Erdboden erstreckt. In seinem Bereich treten außerordentlich hohe Vertikal- und Rotationsgeschwindigkeiten auf (Abb. 7.24 b). Längs der Zugbahn von Tornados bleibt eine Schneise der Verwüstung zurück, da Häuser bersten, Bäume entwurzelt und Autos und sonstige Gegenstände durch die Luft gewirbelt werden.

Auch in Mitteleuropa treten gelegentlich derartige kleinräumige Wirbelstürme auf, so z. B. im August 1968 in Pforzheim. Bei uns werden sie als Tromben oder Windhosen bezeichnet und erreichen, von einigen Ausnahmen abgesehen, nicht die vernichtende Wucht amerikanischer Tornados.

Erwähnt seien in diesem Zusammenhang noch die sog. Staubteufelchen, die über großen Sandflächen, also v. a. über den Wüstengebieten, entstehen. Dabei ist zu beobachten, daß eine Staubsäule vom Boden bis zu einigen Metern emporwächst, unter rotierender Bewegung eine kurze Strecke „läuft", und dann wieder zusammenbricht. Diese Erscheinung ist darauf zurückzuführen, daß sich durch starke lokale Überhitzung plötzlich Konvektionsblasen vom Erdboden ablösen und stark beschleunigt aufsteigen. Die zum Ausgleich erforderliche Umgebungsluft strömt dabei so heftig in das entstandene kleine Druckfallgebiet, daß sie in Rotation gerät und Staub aufwirbelt. Staubteufelchen sind also Erscheinungen, die als Miniaturwirbel unter Hochdruckeinfluß auftreten.

7.7 Hochdruckgebiete

Als weiteres großräumiges Drucksystem findet man in der Atmosphäre die Gebiete hohen Luftdrucks, die Hochs oder Antizyklonen. Wie wir bereits gesehen haben, werden sie auf der Nordhalbkugel im Uhrzeigersinn umströmt, auf der

Südhalbkugel im Gegenuhrzeigersinn. In der Reibungsschicht kommt es zu einem allseitigen Ausströmen der Luft aus den Hochdruckgebieten. Diese zum tieferen Druck abströmende Luft kann nur durch absinkende Luft aus der Höhe ersetzt werden. Absinken führt aber zu einer adiabatischen Erwärmung, und die Temperaturerhöhung zu einer Abnahme der relativen Feuchte. Hochdruckgebiete weisen daher in ihrem vertikalen Aufbau eine grundsätzliche Tendenz zu warmer und trockener Luft im Vergleich zur Umgebung auf.

Warme Hochs

Aus den physikalischen Überlegungen über die Strömungsverhältnisse folgt somit, daß die Atmosphäre im Bereich der Hochs in der Regel warm ist. Dieser Sachverhalt wird besonders in den Höhenwetterkarten deutlich, denn nur in einer warmen Luftsäule nimmt der Luftdruck mit der Höhe so langsam ab, daß ein Hoch vom Boden bis in die obere Troposphäre ausgeprägt erscheint. Zu den warmen Hochs gehören v. a. die Subtropenhochs, z. B. das Azorenhoch. Sie zeichnen sich durch eine große Beständigkeit und ein großes Verharrungsvermögen aus, d. h. die hochreichenden, warmen Hochs sind quasistationäre Druckgebilde in der Atmosphäre.

Die mit ihnen verbundenen Wettererscheinungen hängen stark von der Jahreszeit und dem Untergrund ab. Über dem Festland herrscht im Sommer allgemein heiteres und sehr warmes Wetter. Tagsüber können sich als Folge der hohen Einstrahlung flache Kumuluswolken bilden, die sich abends wieder auflösen. Entsprechend ist der Tagesgang des Winds. Nachts, wenn nur der großräumige Druckgradient wirkt, ist er schwach; tagsüber führt die Konvektion zu einem lebhaften Böenspiel, so daß auch umlaufender Wind, d. h. ein ständiger Wechsel der Windrichtung auftreten kann. Erst gegen Ende einer solchen Schönwetterperiode, wenn die Luft durch die Verdunstung feuchtereicher geworden ist und der Hochdruckeinfluß sich abschwächt, kommt es zur Bildung von Wärmegewittern in der schwülwarmen Luft. Von besonderer Heftigkeit können die Gewitter sein, wenn sie mit einer Kaltfront auftreten, die rasch gegen die subtropische Luft vordringt.

Ganz anders ist das Wetter in sommerlichen Hochdruckgebieten über dem relativ kühlen Meer. Einerseits wird die Luft dort von der Unterlage abgekühlt, und andererseits kommt es durch die Turbulenz zu einem ständigen Wasserdampftransport aufwärts innerhalb der Reibungsschicht. Ausgedehnte Nebel-, Stratus- oder Stratokumulusfelder kennzeichnen daher die Hochs über kühlen Meeresgebieten bzw. zu Jahreszeiten, wenn die Wassertemperaturen noch recht niedrig sind, z. B. die Nord- und Ostsee im Frühjahr und Frühsommer. Über wärmeren Meeresgebieten ist dagegen die Konvektion stärker ausgeprägt. An die Stelle einer gleichförmigen Wolkendecke treten flache Kumuluswolken. Dieser Wettercharakter kennzeichnet z. B. die Passatregionen der Erde, wo das Himmelsbild von den zahlreichen „Passatkumuli" geprägt wird.

Während über See die Wettererscheinungen im Winter die gleichen sind wie im Sommer, sind sie in der kalten Jahreszeit über dem Festland in den warmen

Hochs gänzlich anders als im Sommer. Verlagert sich ein solches Hoch vom Kanal ostwärts, so gelangt auf seiner Ostflanke feuchte Luft von der Nord- und Ostsee über das ausgekühlte mitteleuropäische Festland. Die Abkühlung der Luft läßt ausgedehnte Nebel- und Hochnebelfelder entstehen; da sie in der Regel nur einige hundert Meter mächtig sind, herrscht dabei in den höheren Lagen der Mittelgebirge und der Alpen strahlender Sonnenschein, während es im Flachland neblig-trüb ist und vielfach Sprühregen auftritt. Diese Situation ist in den Satellitenaufnahmen sehr gut zu erkennen.

Erst wenn die Hochdruckachse durchgezogen ist und auf der Rückseite (Westflanke) des Hochs mit der östlichen Strömung trockenere Luft nach Mitteleuropa geführt wird, klart der Himmel im Flachland auf. Dabei gehen die Temperaturen nachts stark zurück, und es gibt starken, über einer Schneedecke sogar sehr starken Frost.

Blockierende Hochs und Steuerung

Dringt ein Keil der Subtropenhochs, z. B. des Azorenhochs, in die mittleren Breiten vor, und kommt es dort zur Entstehung eines eigenständigen Hochzentrums, so hat dieses die Eigenschaften aller warmen Hochs und ist somit auch quasistationär. Die über dem Atlantik von Westen heranziehenden Tiefausläufer finden ihren Weg nach Osten versperrt, durch das Hoch blockiert, und müssen nach Norden oder Süden ausweichen, oder anders ausgedrückt, sie werden um das blockierende Hoch „herumgesteuert". Ebenso ergeht es den Wellen, jungen Tiefs sowie den Fall- und Steiggebieten des Luftdrucks (Isallobaren). Sie alle verlagern sich in der Regel in Richtung der Höhenströmung in 500 hPa und werden, da die warmen Hochs auch in der Höhe vorhanden sind, um diese herumgeführt. Man spricht von einer Steuerung der obengenannten zyklonalen Gebilde durch die Höhenströmung, wobei die hochreichenden, quasiortsfesten Hochs die „Steuerungszentren" sind.

Da in den Bereich des Hochs die Tiefausläufer nicht eindringen können, und es selber sich nur langsam verlagert, tritt eine mehrtägige, meist 4 – 10tägige Schönwetterperiode auf, wenn es über Mitteleuropa zu einer Blockierung – der Westströmung – kommt.

In Abb. 7.25 a, b und 7.26 a, b sind die typischen Merkmale eines blockierenden Hochs in der Boden- und Höhenwetterkarte wiedergegeben. Am 9. Juli baut sich im Höhendruckfeld ein Hochkeil über Frankreich auf, in welchem sich am 10. Juli über Dänemark das blockierende, auf Tage wetterbestimmende Hochzentrum entwickelt. Ohne Blockierung würden die in der Bodenwetterkarte vom 9. Juli vorhandenen Tiefs P und Q mit ihren Fronten rasch nach Mitteleuropa vordringen. Statt dessen wird deutlich, daß das Tief P an den Folgetagen um den Block nach Norden gesteuert wird, während das Tief Q mit Annäherung an das blockierende Hoch immer langsamer und schließlich im Seegebiet vor Frankreich ortsfest wird. Da die Fronten der Tiefs ebenfalls kaum nach Osten vorankommen, bleibt das Wetter bei uns auf Tage ungestört.

In den zugehörigen Höhenkarten wird deutlich, daß blockierende Hochs zu beiden Seiten von tiefem Luftdruck flankiert sind. Aufgrund der Ähnlichkeit

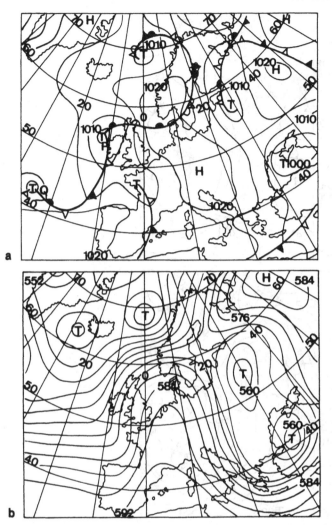

Abb. 7.25a, b. Entwicklung eines blockierenden Hochs (**a**) in der Bodenwetterkarte, (**b**) in der 500-hPa-Höhenkarte (9. Juli 1982)

des Höhenströmungsfelds mit dem griechischen Buchstaben Omega (Ω) sprechen wir von einer Omegasituation.

Außerdem wird in den Abbildungen der grundsätzliche Zusammenhang zwischen der Lage des Höhenhochzentrums und des Bodenhochzentrums deutlich. Bezogen auf das Höhenzentrum liegt der Kern des zugehörigen Bodenhochs nach Ost, also zur kälteren Seite verschoben. Bezogen auf das Bodenhochzentrum können wir daher sagen, daß sich das Höhenhoch dort befindet, wo die wärmere Luft anzutreffen ist, in der Regel folglich westlich des Bodenhochs. Die vertikale Achse in Antizyklonen weist somit mit der Höhe eine Neigung zur Warmluft auf, was nach dem früher Gesagten über die Druckabnahme mit der Höhe in warmer Luft im Vergleich zu kälterer leicht erklärlich ist.

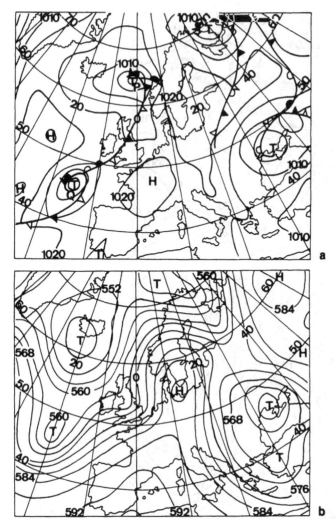

Abb. 7.26a, b. Blockierungssituation in der (a) Bodenwetterkarte; (b) 500-hPa-Höhenkarte (10. Juli 1982)

Kalte Hochs und Zwischenhochs

Eine kalte Luftsäule muß aufgrund ihrer großen Dichte an ihrer Untergrenze einen hohen Luftdruck erzeugen, d. h. kalte Hochs werden dort auftreten, wo die Kaltluft eine größere vertikale Mächtigkeit erreicht. Bei den kalten Hochs lassen sich 2 Typen unterscheiden, und zwar die rasch wandernden und die quasistationären.

Der Typ des rasch wandernden kalten Hochs entsteht bei kräftigen Polarluftausbrüchen hinter der Kaltfront. Infolge des geringen Wasserdampfgehalts und der starken Absinkbewegung in der Kaltluft tritt heiteres Wetter bei tiefblauem Himmel auf. Die Schönwetterphase ist jedoch von kurzer, meist nur 1- oder 2tägiger Dauer, da das kalte Hoch sich mit der Kaltluft rasch weiterverlagert, so daß der nächste Tiefausläufer bald nachfolgen kann. Kalte Hochs treten bevorzugt im Winter und im Frühjahr auf, im Sommer führt die hohe Einstrahlung, verbunden mit der Absinkbewegung, zu einer Erwärmung der Luft und damit zu einer baldigen Umwandlung in ein warmes Hoch. Über warmen Meeresgebieten, z. B. in den Subtropen, ist dieser Umwandlungsprozeß in allen Jahreszeiten zu beobachten.

Quasiortsfeste kalte Hochs entstehen im Winter durch die starke Auskühlung des Festlands. Auf diese Weise entsteht das kräftigste Hoch der Erde, das sibirische Hoch, dessen Kerndruck in der Regel zwischen 1040 und 1065 hPa, im Extremfall bei 1080 hPa liegt. In seinem Bereich werden mit Werten bis $-70\,°C$ außerhalb der Antarktis die tiefsten Lufttemperaturen der Erde in Bodennähe angetroffen. Auch über Kanada kommt es im Winter zur Bildung dieses kalten Hochtyps (vgl. Abb. 10.2a).

Da in einer kalten Luftsäule der Luftdruck mit der Höhe rasch abnimmt, wird verständlich, daß kalte Hochs mit der Höhe rasch an Intensität verlieren. Selbst das kräftige sibirische Festlandhoch ist bereits in wenigen Kilometern Höhe aus dem Bild der Wetterkarten vollständig verschwunden. So tritt in den Mittelkarten schon ab 700 hPa, also ab rund 3 km Höhe, an die Stelle des antizyklonalen Wirbels eine durchgehende westliche Luftströmung (vgl. Abb. 10.4a).

Als Zwischenhoch (geschlossene Isobaren) oder Zwischenhochkeil (offene Isobaren) bezeichnet man das Gebiet relativ höheren Luftdrucks zwischen 2 Zyklonen. Beide wandern mit der gleichen Zuggeschwindigkeit wie die korrespondierenden Tiefs und führen daher stets nur zu einer kurzzeitigen Wetterberuhigung. Quellwolken kennzeichnen ihren Bereich; die vorherige Schaueraktivität klingt ab und der u. U. sehr böige Wind läßt mit Annäherung des Hochzentrums bzw. der Hochkeilachse nach (Abb. 7.27a, b).

Entsprechend ihrer Lage zwischen der Rückseitenkaltluft der vorlaufenden Tiefs und der wärmeren Luft auf der Vorderseite des nachfolgenden Tiefs sind die Zwischenhochkeile bzw. Zwischenhochs eine Mischung von warmem und kaltem Hoch. Dieser Umstand kommt darin zum Ausdruck, daß sie am Boden im Bereich der kälteren, in der Höhe im Bereich der wärmeren Luft auftreten,

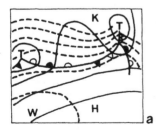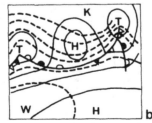

Abb. 7.27a, b. Hochkeil (a) und Zwischenhoch (b) am Boden sowie Mitteltemperatur der Luft bis 500 hPa (- - -)

d. h. sie weisen in der Regel mit der Höhe eine von Osten nach Westen geneigte vertikale Achse auf.

7.8 Inversionen

Wie Abb. 2.11/2.12 zeigen, nimmt in der Troposphäre die Temperatur mit der Höhe im Mittel ab. Betrachtet man aber die vertikalen Temperaturprofile von Tag zu Tag, so stellt man fest, daß besonders an Tagen mit Hochdruckeinfluß die Temperatur nicht durchgehend abnimmt, sondern in bestimmten Höhenbereichen gleichbleibt oder sogar zunimmt. Im ersten Fall spricht man von einer Isothermie, im Falle zunehmender Temperatur von einer Inversion; das Temperaturverhalten mit der Höhe ist dann invers zum Normalfall. Wie kommt es zur Entstehung von Inversionen? Entsprechend ihrer physikalischen Ursachen lassen sich unterscheiden: Absink-, Strahlungs- und Turbulenzinversionen; je nach Höhenlage der Inversionsuntergrenze spricht man von einer Boden- oder Höheninversion.

Absinkinversion

Hochdruckgebiete sind gekennzeichnet durch großräumiges Absinken der Luft. Betrachten wir einen Ausgangszustand mit einem vertikalen Temperaturgradienten von 0,7 K/100 m, wobei die Luft zunächst ruhen soll (Abb. 7.28).

Mit dem Einsetzen einer Absinkbewegung oberhalb der Höhe H, erwärmt sich die absinkende und in der Höhe H ausströmende Luft trockenadiabatisch um 1 K/100 m, d. h. nach einem Absinkvorgang von 1000 m kommt die Luft in der Höhe H um 3 K wärmer an als die dort angrenzende, vom Absinkvorgang nicht mehr erfaßte Luft. Der Absinkprozeß hat eine atmosphärische Struktur gebildet, eine Inversion.

Natürlich sind die Verhältnisse in der Atmosphäre nicht so einfach, denn in den unteren Schichten ruht die Luft ja keineswegs, sondern sinkt auch ab und strömt aus. Aber es läßt sich leicht klarmachen, daß eine Absinkinversion

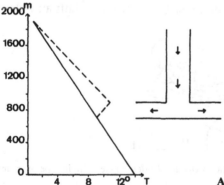

Abb. 7.28. Entstehung einer Absinkinversion

auch dann entsteht, wenn die Luft in einer Schicht stärker absinkt als in der darunterliegenden. Auf diese Weise wird verständlich, warum in Hochdruckgebieten mehrere Absinkinversionen übereinander auftreten können.

Strahlungsinversion

Die nächtliche Ausstrahlung führt zu einer Abkühlung des Erdbodens, wodurch wiederum die aufliegende Luft abgekühlt wird. Dieser Effekt ist besonders ausgeprägt bei wolkenarmen und windschwachen Situationen, also bei Hochdruckwetterlagen. Da aber die Luftsäule zuerst an ihrer Unterseite abgekühlt wird und sich die Abkühlung nur allmählich und nur bis zu einer bestimmten Höhe nach oben durchsetzt, nimmt die Temperatur vom Erdboden bis zur Höhe H zu.

In Abb. 7.29 ist die nächtliche Entstehung und vormittägliche Auflösung einer Strahlungsinversion schematisch dargestellt. Mittags hat sich das durchgezogene Temperaturprofil eingestellt. Durch die abendliche und nächtliche Ausstrahlung wird es dann in Bodennähe in die Profile zu den Zeiten $t_1 - t_4$ überführt (Abb. 7.29a).

Nach Sonnenaufgang wird der Erdboden durch die absorbierte Strahlung erwärmt. Diese Erwärmung wird an die aufliegende Luft rasch weitergegeben, während sie sich mit der Höhe nur langsam fortsetzt. Das nächtliche Temperaturprofil wird im Verlauf von Stunden über die Zustände zur Zeit $t_1 - t_3$ in den mittäglichen Zustand t_4 überführt. Die Inversionsuntergrenze, d.h. die Höhe, wo der Temperaturanstieg mit der Höhe beginnt, liegt somit zunächst am Erdboden und verlagert sich mit zunehmender Erwärmung aufwärts (Abb. 7.29b). Strahlungsinversionen sind in der Regel Bodeninversionen. Bei angehobener Inversionsuntergrenze spricht man von abgehobenen Bodeninversionen.

Wie Tabelle 7.1 zeigt, sind die besten Voraussetzungen für die Bildung von Bodeninversionen im Herbst vorhanden. Die starke bodennahe Abkühlung verbunden mit einem hohen Feuchtegehalt der Luft führen zu der großen Häufigkeit von Nebel, insbesondere von Frühnebel. In allen Jahreszeiten führt die Sonneneinstrahlung zu einer Auflösung von Bodeninversionen von den Früh-

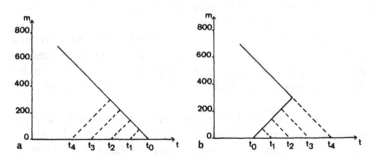

Abb. 7.29a, b. Entstehung (a) und Auflösung (b) einer Strahlungsinversion

Tabelle 7.1. Mittlere Eigenschaften von Bodeninversionen (in Berlin)

	Anzahl		Dicke [m]	Temperaturzunahme [K]
	7 h	12 h		
Frühjahr	23	1	250	2,7
Sommer	20	0	250	2,5
Herbst	37	3	300	3,8
Winter	21	12	360	3,9

zu den Mittagsstunden. Während dabei im Sommer alle aufgelöst werden, erweisen sich die winterlichen Bodeninversionen als zählebiger. Die Inversionsmächtigkeit ist mit $300-360$ m in der kalten Jahreszeit größer als in der warmen, auch die Temperaturzunahme ist dann mit fast 4 K größer als im Frühjar und Sommer.

Erwähnt sei noch, daß Strahlungsinversionen auch an der Obergrenze von Dunstschichten entstehen können, da dort die Abkühlungsrate infolge Ausstrahlung bis zu 0,5 K/h betragen kann. Auf diese Weise entwickelt sich dort analog zu den Bodeninversionen eine strahlungsbedingte Höheninversion.

Turbulenzinversion

Im Gegensatz zu den Strahlungsinversionen entstehen Turbulenzinversionen bei kräftiger Durchmischung der Reibungsschicht, also bei lebhaftem Wind. Gehen wir von einem Anfangszustand mit schwachem Wind und einem vertikalen Temperaturgradienten von 0,6 K/100 m aus. Frischt der Wind z. B. innerhalb der unteren 800 m auf, so kommt es zu einem turbulenten Auf- und Absteigen der Luftpakete, wobei sich ihre Temperatur trockenadiabatisch, um 1 K/100 m ändert.

Da sich der Gesamtwärmeinhalt der durchmischten Schicht durch diese Vorgänge nicht ändert, also ihre Mitteltemperatur gleich bleibt, ist mit dem sich einstellenden vertikalen Temperaturgradienten von 1 K/100 m an der Obergrenze der Durchmischungszone eine Abnahme, in Bodennähe eine Zunahme der Temperatur verbunden. Als Folge der turbulenten Durchmischung bildet sich in der Höhe eine Inversion (Abb. 7.30).

Turbulenzinversionen kennzeichnen v. a. die Hochdruckzonen über den Meeresgebieten; so gehört z. B. die Passatinversion zu diesem Inversionstyp. Häufig wirken aber auch Absinkvorgänge in der Höhe und Turbulenz in der Reibungsschicht gleichzeitig an der Bildung und Aufrechterhaltung der Höheninversionen.

Da mit der Durchmischung der Luft ein ständiger Wasserdampftransport nach oben verbunden ist, kommt es unterhalb der Inversion vielfach zu Wolkenbildung, und zwar zu Stratus- und Stratokumulusfeldern bei schwacher und zu Kumuluswolken, wie den Passatkumuli, bei stärkerer Turbulenz.

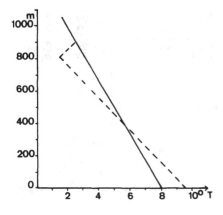

Abb. 7.30. Entstehung einer Turbulenzinversion

In den Großstädten und industriellen Ballungsgebieten macht sich die Tatsache, daß Inversionen infolge der durch sie hervorgerufenen großen atmosphärischen Stabilität als Sperrschichten wirken, negativ bemerkbar. Da sie den vertikalen Luftaustausch einschränken, kommt es unter ihnen zu einer Ansammlung von Luftbeimengungen (Abgase, Rauch, Staub) und die Luft wird immer schlechter. Durch die gleichzeitige Anreicherung von Wasserdampf und die Bildung kleiner Tröpfchen weisen die herbstlichen und winterlichen Inversionswetterlagen vielfach einen neblig-trüben Wettercharakter auf.

7.9 Strömungseigenschaften: Zirkulation, Vorticity, Divergenz

Der aus dem Englischen übernommene Begriff „Vorticity" bedeutet Wirbelgröße und ist eine Größe zur Beschreibung für die Art und Intensität von atmosphärischen Wirbeln. Bei zyklonalen Wirbeln, also bei Tiefs, ist das Vorzeichen positiv, bei antizyklonalen Wirbeln, also bei Hochs, ist es negativ.

Zur Ableitung dieser Größe betrachtet man eine geschlossene Stromlinie der Länge L, längs der die Luft um ein Hoch oder Tief mit der Geschwindigkeit v zirkuliert (Abb. 7.31 a). Als Zirkulation C folgt dann betragsmäßig

$$C = vL \; .$$

Betrachtet man nun der Einfachheit halber ein rechteckiges Flächenelement in einem Koordinatensystem, das die Seitenlängen δx, δy, $-\delta x$, $-\delta y$ hat und an dessen Eckpunkten die in Abb. 7.31 b angegebenen Geschwindigkeitswerte auftreten. Für die Zirkulation um diese Fläche ergibt sich dann, wenn für die Geschwindigkeit längs jeder Seite der Mittelwert aus den Eckpunktwerten gebildet wird

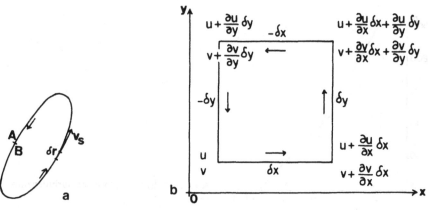

Abb. 7.31. a Zirkulation; **b** Ableitung der Vorticity

$$\delta C = \frac{1}{2}\left(u+u+\frac{\partial u}{\partial x}\,\delta x\right)\delta x+\frac{1}{2}\left(v+\frac{\partial v}{\partial x}\,\delta x+v+\frac{\partial v}{\partial x}\,\delta x+\frac{\partial v}{\partial y}\,\delta y\right)\delta y$$

$$+\frac{1}{2}\left(v+\frac{\partial v}{\partial y}\,\delta y+v\right)(-\delta y)+\frac{1}{2}\left(u+\frac{\partial u}{\partial x}\,\delta x+\frac{\partial u}{\partial y}\,\delta y+u+\frac{\partial u}{\partial y}\,\delta y\right)(-\delta x)$$

oder ausgerechnet

$$\delta C = \left(\frac{\partial v}{\partial x}-\frac{\partial u}{\partial y}\right)\delta x\,\delta y\ .$$

Der Ausdruck $\delta x\,\delta y$ ist gleich der Fläche A des betrachteten Rechtecks. Setzt man außerdem

$$\frac{\partial v}{\partial x}-\frac{\partial u}{\partial y}=\zeta\ ,$$

so folgt schließlich für die Zirkulation

$$C = \zeta A\ .$$

Dabei ist ζ die relative Vorticity, also die Wirbelgröße eines zyklonalen oder antizyklonalen Strömungssystems. Wie Abb. 7.32a, b veranschaulicht, ist $\partial v/\partial x$ die Änderung der Nord-Süd-Komponente des Winds in West-Ost-Richtung, $\partial u/\partial x$ die Änderung der West-Ost-Komponente des Winds in Nord-Süd-Richtung, also die seitliche Windscherung.

Zum Verständnis ist es wichtig, sich zu erinnern, daß der Wind ein Vektor ist und sich somit in seine Komponenten zerlegen läßt. In Abb. 7.32c wird am Ort P ein Südwestwind v_h in seine West-Ost- und Nord-Süd-Komponente, d.h. in u und v zerlegt. Ist α der Winkel zwischen dem Windvektor und der x-Achse, so gilt mathematisch

$$u = v_h\cdot\cos\alpha\qquad\text{und}\qquad v = v_h\cdot\sin\alpha\ .$$

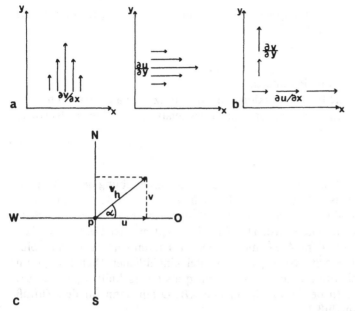

Abb. 7.32a, b. Windscherung (**a**) seitlich (Vorticity) und (**b**) in Strömungsrichtung (Divergenz); **c** Zerlegung des horizontalen Windvektors v_h in seine Komponenten

Bei reinem West- und Ostwind ist folglich die Nord-Süd-Komponente $v = 0$, bei reinem Süd- und Nordwind ist die West-Ost-Komponente $u = 0$. Ein positives Vorzeichen erhalten dabei West- und Süd-Komponente, ein negatives Ost- und Nord-Komponente.

Als Definition der relativen Vorticity einer zyklonalen oder antizyklonalen Strömung gilt somit

$$\zeta = \frac{C}{A},$$

d. h. die Wirbelgröße ist (für $A \rightarrow 0$) definiert als die Zirkulation pro Flächeneinheit. Je stärker ein Hoch oder Tief ist, um so größer ist seine Wirbelzirkulation, um so größer ist seine Vorticity. Physikalisch sehr anschaulich ist die Vorticity-Beziehung im Polarkoordinatensystem

$$\zeta = \frac{v_h}{r} + \frac{\partial v_h}{\partial r}.$$

Wie wir erkennen, setzt sich bei den Strömungssystemen der Wetterkarte ζ aus einem Krümmungs- und einem Scherungsterm zusammen, wobei r der Stromlinienradius ist und der 2. Term die radiale Windscherung im Punkt P angibt.

Da auch die Erde um ihre Achse rotiert, hat auch sie eine Vorticity. Dabei ist Bahngeschwindigkeit eines Punkts $v = \omega R$, der Umfang des Breitenkreises $L = 2\pi R$ und seine Fläche $A = R^2 \pi$. Folglich wird

$$\zeta = \frac{C}{A} = \frac{vL}{A} = 2\omega$$

bzw., da nur die Vertikalkomponente f der Winkelgeschwindigkeit ω der Erde zu betrachten ist (Abb. 4.6),

$$f = 2\omega \sin \varphi \ .$$

Dabei ist f der Coriolis-Parameter.

Die Gesamtvorticity einer zyklonalen oder antizyklonalen Strömung, die absolute Vorticity ζ_a, setzt sich somit aus ihrer relativen und ihrer Erdvorticity zusammen

$$\zeta_a = \zeta + f \ .$$

Eine weitere wichtige kinematische Größe zur Beschreibung der atmosphärischen Strömung ist die Divergenz. Betrachten wir in Abb. 7.33 die von 2 Stromlinien eingerahmte Fläche A = ABCD, deren Abstand auf der einen Seite H_1, auf der anderen Seite H_2 ist. Der Zufluß erfolgt mit der Geschwindigkeit v_1, der Ausfluß aus dem Areal mit v_2. Für das räumliche Strömungsvolumen/Zeit gilt allgemein $V/t = qs/t = qv$. Bei einheitlicher Dichte folgt im Gleichgewichtsfall von Zu- und Abfluß (mit q als Querschnitt): $q \cdot v = $ const. bzw. $q_1 v_1 = q_2 v_2$. In bezug auf die Fläche ABCD gilt dann für den Zufluß $H_1 v_1$, für den Ausfluß $H_2 v_2$.

Als horizontale Divergenz bezeichnet man die Differenz von flächenhaftem Abfluß und Zufluß pro Zeiteinheit dividiert durch die gesamte betrachtete Fläche A = ABCD, also pro Flächeneinheit.

$$\operatorname{div} \vec{v}_h = \frac{H_2 v_2 - H_1 v_1}{A} = \frac{H_2 (s_2 / \Delta t) - H_1 (s_1 / \Delta t)}{A} = \frac{A_2 - A_1}{A \, \Delta t} = \frac{1}{A} \frac{\Delta A}{\Delta t} \ .$$

Dabei ist $A_2 - A_1$ die Differenz der beim Zufluß und Abfluß überstrichenen Flächen.

Ist die relative Flächenänderung, d.h. der Ausdruck $\operatorname{div} v_h$ größer Null, also positiv, so spricht man von Divergenz, ist er negativ, spricht man von Konvergenz.

Bei Divergenz überwiegt folglich der Abfluß, bei Konvergenz der Zufluß. Im Falle $H_1 = H_2$ muß bei der Divergenz die Geschwindigkeit in Strömungsrichtung zunehmen, bei Konvergenz abnehmen, d.h. man kann die horizontale Divergenz gemäß $H(v_2 - v_1)/A = (v_2 - v_1)/l$ allein durch die Horizontalkomponenten des Winds beschreiben. Dann ist

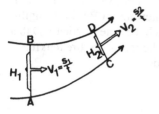

Abb. 7.33. Zur Ableitung der Divergenz des Windfelds

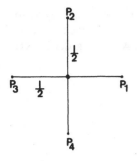

Abb. 7.34. Gitterverfahren zur Bestimmung von Vorticity und Divergenz

$$\vec{\nabla}_h \cdot \vec{v}_h = \text{div } \vec{v}_h = \frac{\partial u}{\partial x} + \frac{\partial v}{\partial y} \ ,$$

wobei mathematisch das Skalarprodukt aus dem Nabla-Operator $\vec{\nabla}_h$ und dem Windvektor $\vec{v}_h$ der (horizontalen) Divergenz des Windfeldes entspricht.

$\partial u/\partial x$ ist dabei die Änderung des zonalen Winds (u-Komponente) in West-Ost-Richtung (x-Richtung), $\partial v/\partial y$ die Änderung des meridionalen Winds (v-Komponente) in Nord-Süd-Richtung (y-Richtung). Diese Scherung des Winds in Windrichtung ist in Abb. 7.32 b veranschaulicht.

Betrachten wir als Sonderfälle reinen West- bzw. reinen Ostwind. Dann entfällt die Meridionalkomponente v, und es ist $\partial v/\partial y = 0$. Nimmt die Windkomponente u in Strömungsrichtung zu, so herrscht folglich Divergenz, nimmt sie ab, so herrscht Konvergenz, denn im 1. Fall fließt bei dem Areal mehr Masse heraus als hinein, im 2. mehr herein als hinaus. Analoges gilt bei reinem Süd- bzw. Nordwind, also wenn die u-Komponente des Winds null ist.

In der Praxis lassen sich Divergenz und Vorticity auf einfache Weise aus den Windmessungen an den 4 Eckpunkten eines Gitters bestimmen. Bei Zerlegung der gemessenen Winde in ihre u- und v-Komponente gilt dann nach Abb. 7.34, wenn l der Gitterabstand der Punkte P_n ist:

$$\text{div } \vec{v}_h = \frac{u_1 - u_3}{l} + \frac{v_2 - v_4}{l} \quad \text{bzw.} \quad \zeta = \frac{v_1 - v_3}{l} - \frac{u_2 - u_4}{l} \ .$$

7.10 Ursache von Druckänderungen

Um die Ursache von Druckänderungen zu verstehen, müssen wir uns näher mit der sog. Drucktendenzgleichung beschäftigen. Ausgehend von der Definition des Luftdrucks p als das Gewicht der Luftsäule pro Flächeneinheit über einem Niveau

$$p = \int_h^\infty g\varrho\,dz \ ,$$

folgt für die lokale Druckänderung mit g = const.

$$\frac{\partial p}{\partial t} = g \int_h^\infty \frac{\partial \varrho}{\partial t}\,dz \ .$$

Für die lokale Änderung der Luftdichte gilt es, die Kontinuitätsgleichung, also den Satz von der Massenerhaltung in der Atmosphäre, zu betrachten. Aus $\int_v \delta m = \int_v \varrho \, \delta x \delta y \delta z = \text{const.}$ folgt, daß die individuelle Änderung der Masse null sein muß, d.h.

$$\frac{d}{dt}(\varrho \, \delta V) = 0 \ .$$

Damit wird

$$\frac{1}{\delta V}\frac{d(\delta V)}{dt} = -\frac{1}{\varrho}\frac{d\varrho}{dt} = \vec{\nabla}\cdot\vec{v} = \frac{\partial u}{\partial x}+\frac{\partial v}{\partial y}+\frac{\partial w}{\partial z} \ .$$

Da $\varrho = \varrho(x, y, z, t)$ ist, gilt für das totale Differential von ϱ, wenn u, v und w die Windgeschwindigkeitskomponenten in x-, y- und z-Richtung sind,

$$\frac{d\varrho}{dt} = \frac{\partial\varrho}{\partial t}+\vec{v}\cdot\vec{\nabla}\varrho = \frac{\partial\varrho}{\partial t}+u\frac{\partial\varrho}{\partial x}+v\frac{\partial\varrho}{\partial y}+w\frac{\partial\varrho}{\partial z} \ .$$

Allgemein besagt dieser Ausdruck, daß die individuelle Änderung einer Größe, in unserem Fall $d\varrho/dt$ sich zusammensetzt aus der lokalen Änderung dieser Größe, hier $\partial\varrho/\partial t$, und der Advektion der Größe, hier $-\vec{v}\cdot\vec{\nabla}\varrho$. Diese Aussage wird leicht verständlich, wenn man z.B. die lokale Änderung der Temperatur betrachtet:

$$\frac{\partial T}{\partial t} = \frac{dT}{dt}-\vec{v}\cdot\vec{\nabla}T \ .$$

Dabei sind im Term der individuellen Änderung dT/dt die Ein- und Austrahlungsvorgänge erfaßt, im Advektionsterm $\vec{v}\cdot\vec{\nabla}T$ der Herantransport von warmer oder kalter Luft.

Kehren wir zur Dichteänderung zurück. Da $\vec{\nabla}\cdot(\varrho\vec{v}) = \varrho\vec{\nabla}\cdot\vec{v}+\vec{v}\cdot\vec{\nabla}\varrho$ ist, folgt schließlich

$$-\frac{\partial\varrho}{\partial t} = \frac{\partial(\varrho u)}{\partial x}+\frac{\partial(\varrho v)}{\partial y}+\frac{\partial(\varrho w)}{\partial z} = \vec{\nabla}\cdot(\varrho\vec{v}) \ .$$

In dieser Form besagt somit die Kontinuitätsgleichung, daß die lokale Massenänderung eines Einheitsvolumens gleich der Divergenz des Massentransports $\vec{\nabla}\cdot(\varrho\vec{v})$ durch die Grenzflächen des Volumens ist, d.h. sich aus dem Verhältnis der pro Zeiteinheit hinein- und herausfließenden Masse erklärt.

Für die lokale Druckänderung folgt dann mit der Kontinuitätsgleichung

$$\frac{\partial p}{\partial t} = -g\int\limits_h^\infty \vec{\nabla}_h\cdot(\varrho\vec{v}_h)\,dz - g\int\limits_h^\infty \frac{\partial(\varrho w)}{\partial z}\,dz$$

und da die Vertikalgeschwindigkeit an der Obergrenze der Atmosphäre gegen 0 geht

$$\frac{\partial p}{\partial t} = -g\int\limits_h^\infty \vec{\nabla}\cdot(\varrho\vec{v}_h)\,dz + g(\varrho w)_h \ .$$

Die Druckänderung in einer Höhe h setzt sich somit zusammen aus der Divergenz des horizontalen Massentransports über dem Niveau (1. Term) und dem vertikalen Massentransport durch das Niveau (2. Term).

An der Erdoberfläche ist aber die Vertikalbewegung null (w = 0), so daß schließlich für die Bodendruckänderung folgt

$$\frac{\partial p_0}{\partial t} = -g \int_0^\infty \vec{\nabla}_h \cdot (\varrho \vec{v}_h)\,dz$$

bzw., wenn wir die Divergenz des Massentransports in 2 Terme aufspalten,

$$\frac{\partial p_0}{\partial t} = -g \int_0^\infty \left(u\frac{\partial \varrho}{\partial x} + v\frac{\partial \varrho}{\partial y} \right) dz - g \int_0^\infty \varrho \left(\frac{\partial u}{\partial x} + \frac{\partial v}{\partial y} \right) dz \;.$$

Physikalisch bedeutet das: Die lokale Bodendruckänderung resultiert zum einen aus der Advektion unterschiedlich dichter Luft, also von Warm- und Kaltluft (1. Term), und zum anderen aus der horizontalen Divergenz des Geschwindigkeitsfelds (2. Term) über einem Ort.

In der Wetterkarte bezeichnet man die Linien gleicher Luftdruckänderung als Isallobaren. Nach ihrem Vorzeichen unterscheidet man daher Steiggebiete (+) und Fallgebiete (−) des Luftdrucks, und zwar für 3 h- bzw. 24 h-Intervalle.

7.11 Strömungsschema in Zyklonen und Antizyklonen

Um sich eine Vorstellung von der relativen Vorticity und der Divergenz sowie den Strömungsvorgängen in Hoch- und Tiefdruckgebieten zu machen, soll die Wetterlage vom 17. und 18. Oktober 1969 über Osteuropa betrachtet werden. Am 17. liegt das Gebiet im Einflußbereich eines Hochkeils, am 18. bestimmt ein Tief das Wettergeschehen (Abb. 7.35 a, b).

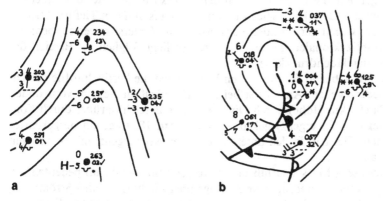

Abb. 7.35. Wetterlage vom 17. Oktober 1969 (a) und 18. Oktober 1969 (b) über Osteuropa

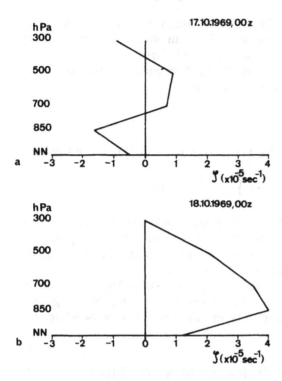

Abb. 7.36. Vertikale Vorticity-profile für die Wetterlage vom 17. Oktober (a) und 18. Oktober (b)

Die vertikalen Vorticity-Profile vom Boden bis in 300 hPa, also in rund 9 km Höhe, sind in Abb. 7.36 a, b dargestellt. Wie man erkennt, ist die anti-zyklonale Wirbeleigenschaft am 17. nur vom Boden bis etwa 800 hPa und oberhalb 400 hPa vorhanden, dazwischen weist die Strömung eine zyklonale (positive) Vorticity auf. Am Folgetag beschreibt positive Vorticity bis 300 hPa den wetterbestimmenden Tiefdruckwirbel. Ein Wechsel von zyklonaler und antizyklonaler Vorticity (Größenordnung $10^{-5}\,\mathrm{s}^{-1}$) in der Vertikalen deutet auf die Achsenneigung der Systeme mit der Höhe hin.

Übertragen auf die Boden- und Höhenwetterkarte bedeutet das Ergebnis: Das Maximum zyklonaler Vorticity tritt in den Tiefs und den Tiefdrucktrögen auf, und zwar wegen der Fronten meist etwas zur Vorderseite verschoben; das Maximum antizyklonaler (negativer) Vorticity liegt folglich im Bereich der Hochs und der Hochdruckkeile.

In Abb. 7.37 a, b sind für die beiden Wetterlagen die Vertikalprofile der Di-vergenz wiedergegeben. Am 17. ist bei dem Hochkeil die Schicht vom Boden bis 500 hPa (5,5 km Höhe) durch Divergenz, der Bereich darüber durch Kon-vergenz (negative Divergenz) gekennzeichnet. Am 18. folgt ein umgekehrtes Bild; mit dem Tief tritt in den unteren Schichten Konvergenz, in den höheren Divergenz auf.

Da Konvergenz Massenzufluß und Divergenz Massenabfluß bedeuten, er-halten wir folgende grundsätzliche Aussage über die horizontalen Strömungs-verhältnisse: Hochdruckgebiete weisen in den unteren Schichten Divergenz

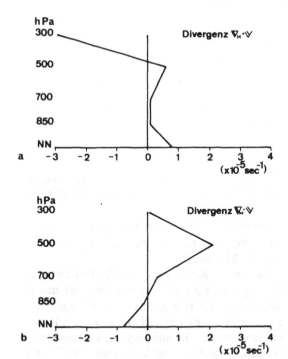

Abb. 7.37. Vertikale Divergenzprofile für die Wetterlage vom 17. Oktober (a) und 18. Oktober (b)

und damit ein Ausströmen auf, in den oberen Schichten sind sie dagegen von Konvergenz und damit von einem Zuströmen der Luft gekennzeichnet.

Dieses Ergebnis steht in Übereinstimmung mit den Berechnungen von Shaw (1931), wonach die Luft in Antizyklonen täglich um 80 m absinkt und der entsprechende Betrag ausströmt. Dieses würde einer täglichen Druckabnahme von 10 hPa entsprechen, so daß selbst die kräftigsten Hochs bereits nach wenigen Tagen abgebaut wären, wenn sie nicht ein ageostrophischer Luftmassenzustrom in der Höhe regenerierte.

Analoges gilt für die Tiefdruckgebiete. In ihnen kommt es in den unteren Schichten zu einer Konvergenz der Strömung und somit zu einem Einströmen; in der Höhe weisen Zyklonen dagegen Divergenz und damit einen Luftmassenabfluß, ein ageostrophisches Ausströmen, auf.

Wie sind nun die vertikalen Strömungsverhältnisse in Hoch- und Tiefdruckgebieten? Dazu betrachten wir die Kontinuitätsgleichung im p-System

$$\operatorname{div} \vec{v}_h + \frac{\partial \omega}{\partial p} = 0 \quad \text{bzw.} \quad \Delta \omega = \int_{P_u}^{P_h} - \operatorname{div} \vec{v}_h \, dp \;,$$

die die horizontale Divergenz mit der generalisierten Vertikalbewegung $\omega = dp/dt$ verknüpft, wobei $\partial\omega/\partial p$ also die Änderung der Vertikalbewegung mit der Höhe ist. Bei (positiver) Divergenz muß der Vertikalgeschwindigkeitsterm ein negatives Vorzeichen aufweisen, d.h. Divergenz ist mit Absinken verbunden. Bei Konvergenz muß dagegen der Vertikalbewegungsterm ein positives

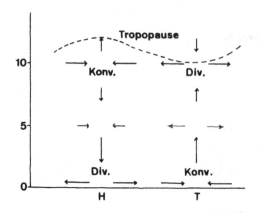

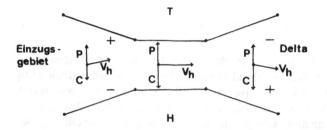

Abb. 7.38. Strömungsschema in Hoch- und Tiefdruckgebieten

Vorzeichen aufweisen, d. h. Konvergenz ist mit einem Aufsteigen der Luft verbunden. Dort, wo in der Höhe die Divergenz null ist, im sog. divergenzfreien Niveau, hat die Vertikalbewegung ihr Maximum.

Mit den Ergebnissen über die Divergenz/Konvergenz und die Vertikalbewegung ergibt sich das in Abb. 7.38 dargestellte allgemeine Strömungsschema in Hoch- und Tiefdruckgebieten. Dabei liegt die Tropopause im Hoch am höchsten und ist (wie auch die untere Stratosphäre) vergleichsweise kalt, während sie im Tief niedriger liegt und relativ warm ist. Die aufsteigende Luftbewegung im Tropopausenniveau von Hochdruckgebieten wird häufig an der Bildung von Zirren sichtbar.

Erwähnt sei noch, daß das Ausströmen und Zuströmen von Luft bei den Druckgebilden keineswegs senkrecht erfolgt. Wie wir wissen, führt am Boden die Reibung zu einer Ablenkung des Winds von der geostrophischen Strömung. In der Höhe herrscht zwar grundsätzlich geostrophischer, also isohypsenparalleler Wind, doch kommt es dort aus strömungsdynamischen Gründen gebietsweise zu kleinen ageostrophischen Abweichungen von einigen Grad von der geostrophischen Windrichtung, wodurch, bedenkt man die großen Strömungsräume, ein insgesamt recht großer Fluß quer zu den Isogeopotentiallinien auftritt.

Diese Vorgänge lassen sich anhand des Ryd-Scherhag-Effekts veranschaulichen. In Abb. 7.39 nimmt im linken Teil der Frontalzone, im Einzugsgebiet, der Druckgradient zu. Dort wird die Strömung beschleunigt. Da die Coriolis-Kraft eine geschwindigkeitsabhängige Kraft ist und die träge Masse einige Zeit braucht, um sich der geänderten Situation anzupassen, überwiegt bei der Be-

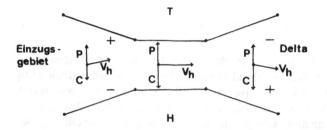

Abb. 7.39. Ryd-Effekt

schleunigung der Luft die Druckkraft zeitweise die Coriolis-Kraft, und es erfolgt ein Massenfluß quer zu den Isohypsen zum tiefen Druck.

Im Mittelteil der Frontalzone herrschen geostrophische Windverhältnisse, Druck- und Coriolis-Kraft balancieren sich aus.

Im Vorderteil der Frontalzone, dem Delta, verringert sich der Druckgradient, und die Strömung wird verlangsamt (negative Beschleunigung). Infolge der träge reagierenden Massen überwiegt dort die Coriolis-Kraft die Druckkraft, und die Luft wird nach rechts abgelenkt; es erfolgt ein Massenfluß zum höheren Druck.

Mit dieser Rechtsablenkung ist im rechten Teil des Deltas der Frontalzone Druckanstieg am Boden verbunden, während es im linken Teil des Deltas zu kräftigem Druckfall kommen kann. Nach Scherhag (1948) kommt es daher im Delta von Frontalzonen bevorzugt zur Entwicklung von Sturm- und Orkantiefs.

Wie in Kap. 8 beschrieben wird, enthält jede synoptische Wetterbeobachtung (Obs) die Angabe der 3-stündigen Luftdruckänderung. Sie gibt an, ob und wie stark der Luftdruck in den letzten 3 Stunden vor dem Beobachtungstermin gefallen oder gestiegen ist, bzw. ob er gleich geblieben ist. Der Betrag dieser 3-stündigen Luftdrucktendenz erfolgt in Zehntel Hektopascal (hPa). Diese Angabe versetzt den Meteorologen in die Lage, die aktuelle Intensität der zyklonalen bzw. antizyklonalen Entwicklung sowie die Verlagerungsgeschwindigkeit des Tiefs und Hochs abzuschätzen. Ein Druckfall von 10 hPa (sprich: 100 fallend) oder mehr in 3 Stunden deutet unmissverständlich auf die Entwicklung eines Sturm- bzw. Orkantiefs hin.

Beim Weihnachtsorkan „Lothar", der am 26.12.1999 über Frankreich, der Schweiz und dem Südwesten Deutschlands wütete, kündigte sich die explosionsartige Entwicklung zum verheerenden Orkan mit einem Druckfall von mehr als 20 hPa (200 fallend) in 3 Stunden an.

Starker Luftdruckfall vor einem Tief und gleichzeitig starker Druckanstieg auf seiner Rückseite sind ein deutliches Zeichen für eine rasche Verlagerung der (jungen) Zyklone. Gealterte Zyklonen weisen nur noch geringe Drucktendenzen in ihrem Bereich auf, woran sichtbar wird, dass sie sich kaum noch verlagern oder intensivieren. Steigender Luftdruck in ihrem Gesamtbereich weist auf die Auffüllung und damit Auflösung eines Tiefs hin.

Hochs, die mit kräftigem Luftdruckanstieg verbunden sind, kommen und gehen sehr rasch. Bei ihnen handelt es sich in der Regel um Zwischenhochs zwischen rasch wandernden Tiefs. Kommen Hochs dagegen mit allmählichem Druckanstieg, so zeigt das ihre langsame Verlagerung an, so dass diese Hochs tagelang wetterbestimmend sind. Im Sommerhalbjahr ist auf ihrer Vorderseite infolge der nördlichen Windrichtung die Luft nur mäßig warm; in ihrem windschwachen Zentrum und auf ihrer Westseite können dagegen die Temperaturen infolge Strahlung bzw. Warmluftadvektion kräftig ansteigen. Anders ist die Situation im Winter. An der Ostseite des Hochs gelangt dann relativ milde Meeresluft von Nord- und Ostsee zu uns, während der Südost- bis Ostwind auf der Westseite des Hochs Kaltluft von Osteuropa zu uns bringt.

Aber noch einen weiteren Hinweis auf die Wetterentwicklung vermag die 3-stündige lokale Luftdrucktendenz $\partial p / \partial t$ zu geben. Die generalisierte Vertikalbewegung ω ist gegeben durch $\omega=dp/dt$. Da sich die individuelle Druckänderung dp/dt ergibt aus der lokalen Druckänderung und der Advektion des Luftdrucks, so folgt

$$\omega = dp/dt = \partial p/\partial t + \vec{v} \cdot \vec{\nabla}p.$$

Wie diese Beziehung zeigt, besteht ein direkter Zusammenhang zwischen der 3-stündigen Drucktendenz $\partial p/\partial t$ und der Vertikalbewegung ω, also dem großräumigen Auf- bzw. Absteigen der Luft. Auch wenn der Advektionsterm in der Regel den größeren Beitrag zu ω liefert, so deutet prinzipiell ein kräftiger 3-stündiger lokaler Druckanstieg auf wolkenauflösende und ein kräftiger Druckfall auf wolken- und niederschlagsbildende Prozesse hin.

7.12 Gebirgseinfluß auf die Luftströmung

Was passiert, wenn Luft gegen ein ausgedehntes Gebirge fließt? Zum einen wird sie versuchen, das Hindernis zu umströmen. Zum anderen wird sie gezwungen, am Hindernis emporzusteigen und es zu überströmen. Auf der Luvseite des Gebirges kommt es dabei als Folge der aufsteigenden Luftbewegung zur Bildung von Staubewölkung und zu anhaltendem Niederschlag, auf der Leeseite führt die absteigende Luft zu Wolkenauflösung und somit zu heiterem Wetter.

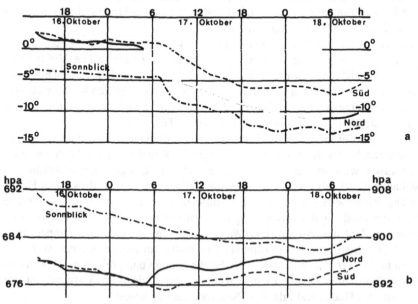

Abb. 7.40a, b. Temperatur- und Luftdruckgang bei einem Kaltluftvorstoß über die Alpen. (Nach v. Ficker)

Die dynamischen Vorgänge beim Überströmen des Gebirges sollen an einem Beispiel von v. Ficker veranschaulicht werden. In Abb. 7.40 sind für einen Kaltluftvorstoß der Temperatur- und Luftdruckgang dargestellt, und zwar für eine Station in 1000 m über NN auf der Alpennordseite und eine auf der Alpensüdseite, jeweils etwa 10 km vom Alpenkamm entfernt. Die Verhältnisse im Alpenkammniveau werden durch den 3106 m hohen Sonnblick wiedergegeben.

Der mit dem Kaltlufteinbruch verbundene Temperaturrückgang beginnt auf der Alpennordseite am 17. Oktober um 5 Uhr und setzt sich bis zum 18. Oktober fort. Auf dem Sonnblick, also 2000 m über Talniveau, setzt der Temperaturrückgang um 7 Uhr ein. In 2 Stunden ist somit die Kaltluft bis zum Zentralkamm aufgestiegen, also mit rund 1000 m pro Stunde. Auf der Alpensüdseite setzt der Temperaturrückgang praktisch zeitgleich mit dem Sonnblick ein, d. h. der Abstieg der Kaltluft in das 2000 m tiefer gelegene Tal erfolgt sehr rasch.

Welche Strömungsauswirkungen das Gebirge einerseits bzw. die spezifisch schwere Kaltluft auf den Luftdruckgang haben, folgt aus Abb. 7.40 b. Wie man erkennt, setzt auf der Alpennordseite ein Luftdruckanstieg am 17. Oktober um 5 Uhr, auf der Alpensüdseite dagegen erst nach 7 Uhr ein. Der Druckanstieg korrespondiert also zeitlich mit der thermischen Änderung in der Luftsäule. Während am 17. Oktober der Luftdruck nördlich und südlich des Alpenkamms gleich war, ist er um 7 Uhr im Lee des Gebirges rund 4 hPa niedriger als im Luv. Auch danach bleibt der Luftdruck auf der Alpensüdseite geringer. Auf dem Sonnblick fällt der Luftdruck ohne Reaktion auf den Kaltlufteinbruch weiter, d. h. hier wird primär ein strömungsdynamisch bedingter Effekt der mittleren und oberen Troposphäre sichtbar, der in den unteren Schichten dem Dichteeinfluß durch die Kaltluft auf die Luftdrucktendenz entgegenwirkt (vgl. Kap. 7.10).

Daß dieser Vorgang kein Einzelfall ist, zeigt eine eigene statistische Untersuchung über mehrere Jahre. Bei einer Abkühlung der Schicht 500/1000 hPa um 5 K in 24 h kommt es in München im Mittel zu einem Druckanstieg von 2 hPa, während in Mailand der Luftdruck trotz der Advektion spezifisch schwererer Kaltluft um 1 hPa fällt. Der Druckunterschied zwischen beiden Punkten vergrößert sich sogar von 3 hPa auf 5 hPa, wenn der Kaltlufteinbruch noch intensiver ist.

Die Folge dieses Luftdruckverhaltens ist die Bildung eines Hochkeils auf der Alpennordseite sowie eines Leetroges auf der Alpensüdseite. Eine physikalische Erklärung für die Erzeugung antizyklonaler Verhältnisse im Luv und zyklonaler Verhältnisse im Lee des Gebirges läßt sich mit Hilfe des Erhaltungssatzes der potentiellen Vorticity geben.

Wie in Abb. 7.41 a, b veranschaulicht, wird eine Luftsäule der Dicke δp zwischen 2 Flächen, deren Differenz in der potentiellen Temperatur $\delta\theta = \theta_2 - \theta_1$ beträgt, beim Überströmen des Gebirges gestaucht. Hinter dem Gebirge tritt dann wieder eine Streckung der Luftsäule ein. Nach dem Erhaltungssatz der potentiellen Vorticity, den wir in diesem Rahmen ohne Ableitung als gegeben betrachten wollen, gilt

$$(\zeta + f)\, \frac{\partial \theta}{\partial p} = \text{const}.$$

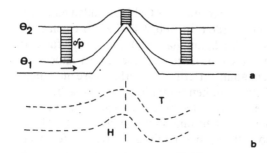

Abb. 7.41. Strömungsverhältnisse am Gebirge im Vertikalschnitt (a) und in der Aufsicht (b)

Dabei gibt der Klammerausdruck über die relative Vorticity und die Erdvorticity $f = 2\Omega \sin \varphi$ die Wirbeleigenschaft der Luftströmung an, während der Term $\delta\theta/\delta p$ die Stabilität der Luftsäule beschreibt.

Beim Schrumpfen der Luftsäule, d. h. beim Überströmen des Gebirges wird δp kleiner, d. h. die Stabilität wird größer und somit die Vorticity kleiner. Da sich die geographische Breite im Alpenbereich nur wenig ändert, ist die Erdvorticity f angenähert konstant, so daß sich die Vorticityänderung im wesentlichen auf die relative Vorticity auswirkt. Eine Abnahme an zyklonaler Vorticity bedeutet aber eine Zunahme an antizyklonaler Eigenschaft der Strömung.

Beim Strecken der Luftsäule hinter dem Gebirge nimmt dagegen δp zu, d. h. die Stabilität ab. Damit muß die Vorticity der Strömung nach dem Erhaltungssatz größer werden und somit die zyklonale Eigenschaft der Strömung zunehmen.

Zusammenfassend folgt somit: Als Folge des Gebirgseinflusses auf die Luftströmung bildet sich bei Nordwetterlagen im Luv der Alpen ein Hochkeil, im Lee dagegen ein Tiefdrucktrog bzw. unter besonders günstigen Bedingungen ein Tief, die Genua-Zyklone.

7.13 Orographisch induzierte Zyklonen

Eine orographisch ausgelöste Zyklogenese an der Polarfront stellt die Genua-Zyklone dar, die südlich der Alpen entsteht bei kräftigen Kaltluftvorstößen als Folge des geschilderten Gebirgseinflusses auf die Strömung. Daß sich das Tief über dem Golf von Genua entwickelt, ist einerseits auf die geringe Reibung über dem Meer und andererseits auf die Form des Alpenbogens zurückzuführen, wodurch die Kaltluft nur durch das Rhonetal ungehindert ins westliche Mittelmeer vorstoßen und die dortigen Strömungsverhältnisse umgestalten kann.

Die Grundzüge der Genua-Zyklone wurden schon von v. Ficker (1920) untersucht. Genauere Kenntnisse über die physikalischen Entstehungsprozesse hat ein 1982 durchgeführtes Alpenexperiment (ALPEX) gebracht. Wie die Ergebnisse zeigen, ist in der südwärts vordringenden Kaltluft eine ausgeprägte

Winddrehung mit der Höhe vorhanden; d. h. die nordwestliche Bodenströmung geht über Frankreich in die südwestliche Höhenströmung eines Höhentroges (500-hPa-Karte) über.

Simulationsrechnungen haben gezeigt, daß an der südwärts vordringenden Kaltfront auch ohne die Alpen ein Wellentief entstehen würde, allerdings erst 18–24 Stunden später und nicht im Genua-Golf, sondern viel weiter östlich über dem Balkan.

Die Existenz der Alpen bzw. ihr Einfluß auf die Luftströmung ist es, die zu einer „explosionsartigen" Tiefentwicklung über dem Golf von Genua innerhalb von nur 6 Stunden führt. Dabei wird in hohem Maße Scherungsvorticity der Strömung in Krümmungsvorticity umgewandelt.

In Abb. 7.42 ist die Entwicklung der Genua-Zyklone vom 4.–6. 3. 1982 anhand der Boden- und 500-hPa-Karte wiedergegeben. Am 4. 3, 06 z verläuft die Kaltfront des Nordseetiefs quer über Frankreich, wobei ihr bogenförmiger Verlauf schon den ersten Alpeneinfluß erkennbar macht. In der Höhe herrscht über Frankreich auf der Vorderseite eines Troges eine Südwestströmung. Am 5. 3, 06 z zeigt die Bodenwetterkarte über dem Golf von Genua bereits ein vollentwickeltes Tief. In 500 hPa stößt die Kaltluft bzw. der Höhentrog zungenförmig ins Mittelmeer. Intensive Aufgleitvorgänge mit Dauerniederschlag kennzeichnen das Wetter im südlichen Alpenvorland über Oberitalien. Schauer treten in der Kaltluft im westlichen Mittelmeer auf. 24 Stunden später am 6. 3., 06 z ist das Bodentief bereits im fortgeschrittenen Okklusionsstadium, während der korrespondierende Höhenwirbel mit seiner kalten Luft intensives Schauerwetter hervorruft.

In Abb. 7.42 sind ferner verschiedene Trajektorien (A–E), also die Bahnen von Luftteilchen während der Entwicklung der Genua-Zyklone vom 4.–6. 3. 82, wiedergegeben, und zwar auf den beiden Flächen gleicher potentieller Temperatur (isentrope Flächen) 290 K bzw. 295 K. Die längs der Trajektorien angegebenen Werte entsprechen den Druckniveaus, in denen sich die betrachteten Teilchen im Abstand von 12 Stunden befunden haben (nach U. Kirch, Diplomarbeit 1985).

Wie man sieht, sind die nördlichen Teilchenbahnen von dem von der Nordsee nordostwärts wandernden Haupttief bestimmt. Auf der 295-K-Fläche ist es die Trajektorie B, die die Entwicklung der Genua-Zyklone widerspiegelt. Dabei sinkt das Luftteilchen zunächst von 565 hPa bis 783 hPa in 36 Stunden ab und steigt danach bei stark zyklonaler Bahnkrümmung wieder über rund 740 hPa bis 592 hPa am 6. 3., 00 z empor.

Auf der isentropen Fläche 290 K zeigen die Trajektorien E und D den Alpeneinfluß und die Zyklogenese über dem Golf von Genua an. Das betrachtete Luftteilchen ist bis 842 hPa zunächst abgesunken und im Genua-Tief bis zum 6. 3., 00 z wieder bis 730 hPa gehoben worden.

Interessant ist auch die Tatsache, daß auf der 290-K-Fläche die Trajektorie D am Alpenrand entlang als Mistral ins Mittelmeer führt, während die Teilchenbahn E das Gebirge überquert und damit dem Föhnprozeß unterworfen ist. Die Trajektorie F sowie auf der 295-K-Fläche die Bahnen C und D zeigen, daß am Ende der Periode diese Teilchen eine antizyklonale Vorticity aufweisen,

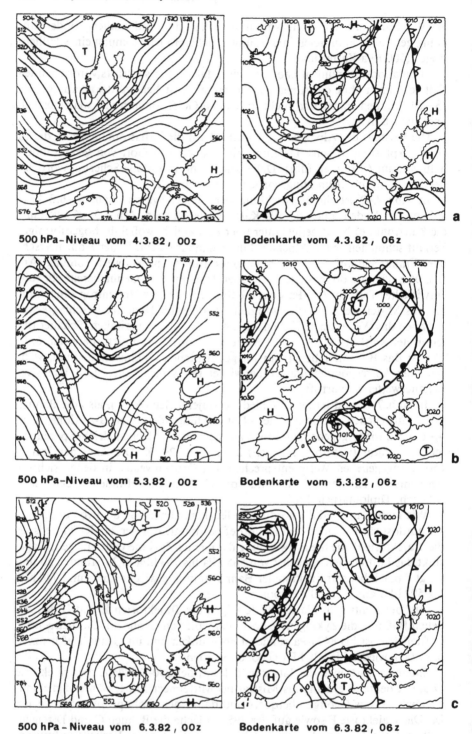

500 hPa-Niveau vom 4.3.82, 00z   Bodenkarte vom 4.3.82, 06z

500 hPa-Niveau vom 5.3.82, 00z   Bodenkarte vom 5.3.82, 06z

500 hPa-Niveau vom 6.3.82, 00z   Bodenkarte vom 6.3.82, 06z

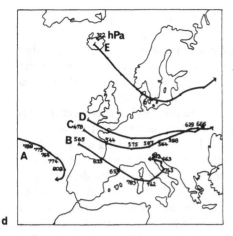
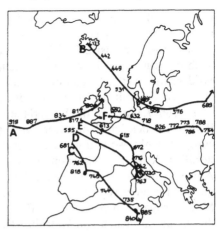

d

Trajektorien: 4.3.82 00z – 6.3.82 00z
295 K

Trajektorien: 4.3.82 00z – 6.3.82 00z
290 K

◄ **Abb. 7.42 a – d.** Entwicklung einer Genua-Zyklone am Boden und im 500-hPa-Niveau und Verlauf ausgewählter Luftteilchenbahnen

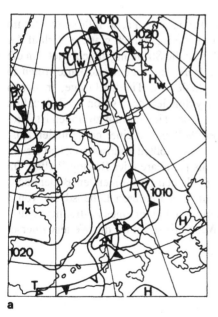
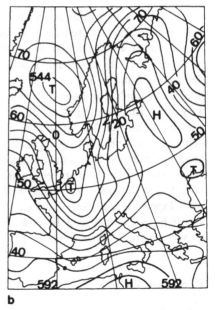

a   b

Abb. 7.43 a, b. Bodenwetterkarte (**a**) und 500-hPa-Höhenkarte (**b**) bei einer Vb-Wetterlage (3.8.1983)

was zur Bildung eines Hochs über dem Balkan führt. Von dort westwärts strömende Luft kann u. U. als Bora die Adriaküste erreichen.

Sehr wetterintensive Tiefdruckwellen als Folge des Alpeneinflusses sind auch die sog. Vb-Zyklonen im östlichen Mitteleuropa. Sie entstehen auf der Vorderseite eines quasistationären Höhentroges an der Bodenkaltfront und verlagern sich mit der südlichen Höhenströmung nordwärts.

In Abb. 7.43 a, b ist die Wetterlage vom 3. August 1983 wiedergegeben. Das Bodentief über dem Nordmeer hat auf seiner Rückseite Kaltluft nach Mitteleuropa gelenkt, wo es unter dem Gebirgseinfluß zur Entstehung des Hochkeils nördlich der Alpen und von tiefem Luftdruck und Wellentiefs südlich der Alpen gekommen ist. Vielfach ziehen, wie im vorliegenden Fall, diese orographisch erzeugten Wellentiefs vom Alpenraum über Österreich und das östliche Mitteleuropa nach Norden und führen dabei zu anhaltenden Niederschlägen durch das Aufgleiten von Warmluft aus dem Osten auf die nach Mitteleuropa eingedrungene Kaltluft. Im Berliner Raum sind bei der Wetterlage vom 3. August 1983 innerhalb von 3 Tagen rund 70 mm Niederschlag gefallen, im Mittelgebirgsraum sogar mehr als 100 mm. Da diese Tiefzugbahn vor 100 Jahren von v. Bebber als Vb-Zugbahn (fünf-B-Zugbahn) klassifiziert wurde, bezeichnet man diese vom Alpenraum auf der Vorderseite eines Höhentrogs nordwärts wandernden Wellenzyklonen als Vb-Tiefs.

7.14 Die langen Wellen

Betrachtet man eine Höhenwetterkarte, z. B. von 500 hPa, so fällt sofort der im Vergleich zu den Isobaren der Bodenwetterkarte wesentlich glattere Verlauf der Linien auf. In weiten, sinusförmigen Wellen ist die Strömung angeordnet. An die Stelle der Vielzahl regionaler Hochs und Tiefs der Bodenwetterkarte treten in der freien Atmosphäre ausgedehnte Hochkeile und Tiefdrucktröge, in denen nur gelegentlich eine abgeschlossene antizyklonale oder zyklonale Zirkulation ausgeprägt ist, also ein geschlossenes Hoch- oder Tiefzentrum zu finden ist. Dieses sind die in Tab. 4.1 aufgeführten langen Wellen. Mit einer horizontalen Ausdehnung von 3000 bis 10 000 km stellen sie die größten atmosphärischen Bewegungssysteme dar. Bezeichnet werden sie als planetare oder Rossby-Wellen. Im Gegensatz zu den das kurzzeitige Wettergeschehen bestimmenden Bodenhochs und Bodentiefs sind die langen Wellen mit ihrer mittleren Lebensdauer von 3 bis 8 Tagen für den übergeordneten Witterungscharakter eines Zeitraums verantwortlich. Die Verlagerung dieser langen Wellen ist somit für die Wettervorhersage von grundsätzlicher Bedeutung.

Barotrope Wellen

Bei der Lösung der allgemeinen Wellengleichung ging Rossby von folgenden Vereinfachungen aus:

1. $\partial s/\partial z = 0$: kein vertikaler Gradient einer atmosphärischen Größe s,
2. $d\rho/dt = 0$: die Dichte ρ ist konstant und somit $\nabla_h \rho = 0$ (Barotropie),
3. $u = \text{konst.} = \bar{u}$, d.h. $\partial u/\partial y = 0$: der Zonalwind wird durch den Mittelwert beschrieben,
4. $\partial u/\partial x + \partial v/\partial y = \vec{\nabla}_h \cdot \vec{v}_h = 0$: die Strömung wird als divergenzfrei angenommen,
5. $F = 0$: die Strömung ist reibungsfrei.

Unter diesen Voraussetzungen folgt aus der Lösung der allgemeinen Wellengleichung als Rossby-Gleichung für die Verlagerungsgeschwindigkeit c der langen Wellen

$$c = \bar{u} - \frac{\beta \cdot L^2}{4\pi^2}$$

Dabei ist $\bar{u}$ die mittlere Zonalkomponente der Strömungsgeschwindigkeit, $\beta = df/dy$ die meridionale Änderung des Coriolisparameters $f = 2\,\Omega \cdot \sin \varphi$ und L die Wellenlänge der langen Wellen, also der Abstand zwischen benachbarten Trögen bzw. Keilen.
Was sagt nun die Rossby-Gleichung im einzelnen aus?

1. Die langen Wellen verlagern sich um so rascher in zonaler (West-Ost-) Richtung, je größer die zonale Windgeschwindigkeit in ihrem Bereich ist, d.h. je flacher die Höhentröge und Höhenkeile ausgeprägt sind, also je geringer ihre Amplitude ist.
2. Lange Wellen mit einer größeren Wellenlänge L verlagern sich langsamer als Wellen mit kürzerer Wellenlänge.
3. Für $\bar{u} > (\beta \cdot L^2)/4\pi^2$ wird c positiv; die langen Wellen verlagern sich nach Osten (progressive Verlagerung).
   Für $\bar{u} < (\beta \cdot L^2)/4\pi^2$ wird c negativ; die langen Wellen wandern nach Westen (retrograde Verlagerung).
4. Für $\bar{u} = (\beta \cdot L^2)/4\pi^2$ wird c=0; die lange Welle bleibt stationär. Der betreffende Hochkeil bzw. Trog bestimmt dann anhaltend das regionale Wettergeschehen. Diese Situation tritt dann ein, wenn

$$L_S = 2\pi \sqrt{\bar{u}/\beta}$$

wird. Je größer die zonale Windgeschwindigkeit ist, um so größer muß folglich die Wellenlänge des Trogs oder Keils sein, damit die Welle stationär ist. In der synoptischen Realität sind die Wellen in der Regel quasi-stationär, was bedeutet, dass sie nur sehr langsam wandern.
5. Als Wellenzahl n bezeichnet man die Anzahl der langen Wellen längs eines Breitenkreises. Ist U der Umfang des Breitenkreises φ, so gilt

$$n = U/L = 2\pi\,r/L = 2\pi \cdot R \cdot \cos \varphi.$$

Dabei ist R der Erdradius, $r = R \cdot \cos \varphi$ der Breitenkreisabstand von der Erdachse.

Setzt man in die Beziehung für L den Ausdruck für L_S, also für stationäre Wellen, ein, so folgt, da $c = 0$ ist: Im stationären Fall ist die Wellenzahl n nur noch umgekehrt proportional zur mittleren zonalen Windgeschwindigkeit ω. In den mittleren Breiten werden bei den langen Wellen im allgemeinen Wellenzahlen von 2 bis 5 angetroffen. Bei der häufig anzutreffenden Wellenzahl 4 werden also in der Wetterkarte 4 Keile und 4 Tröge im Abstand von ca. 90° beobachtet.

Barokline Wellen

Rossby hat bei seiner Wellenbetrachtung eine barotrop geschichtete Atmosphäre mit einer divergenzfreien Strömung vorausgesetzt. Barotrope Verhältnisse finden sich aber nur im Inneren, im Kernbereich der großen Luftmassen. Im Grenzgebiet zwischen verschiedenen Luftmassen, wo die horizontalen Dichte-/Temperatur- bzw. Druckflächen nicht mehr parallel zueinander verlaufen, sondern sich schneiden, werden barokline Verhältnisse angetroffen.

Da Höhenkeile (gemäß der hydrostatischen Grundgleichung) eine höhere (Mittel-)Temperatur aufweisen als Höhentröge, d.h. Keile von Warmluft und Tröge von Kaltluft erfüllt sind, ist das Übergangsgebiet zwischen ihnen baroklin geschichtet. In der relativen Topographie, z.B. 500/1000 hPa, wird die barokline Zone an der Drängung der Isothermen sichtbar, in der absoluten Topographie, z.B. 500 hPa, durch die Drängung der Geopotentiallinien und damit durch die hohen Windgeschwindigkeiten. Dieses gilt insbesondere für die Trogvorderseite, wie ein Blick in die Höhenwetterkarten zeigt. In den 300-hPa-Karten ist dieses der Bereich, wo der Polarfrontstrahlstrom besonders deutlich ausgeprägt ist.

Eine Abschätzung für barokline, nicht-divergenzfreie lange Wellen haben Palmen und Newton vorgenommen. Da bei vorgegebenen Stromlinien die Höhenströmung im stationären Fall parallel zu ihnen erfolgt, können die Stromlinien als seitliche Begrenzung der zwischen ihnen strömenden Luft angesehen werden. Damit lässt sich die horizontale Divergenz gemäß der unter 7.9 dargestellten Beziehung div $v_h = (H_2 v_2 - H_1 v_1)/A$ durch den Massenfluß zwischen den Stromlinien bestimmen. Ist das Ausströmen $H_2 v_2$ aus dem Areal A größer als der Zufluss $H_1 v_1$ herrscht Divergenz, ist der Zufluss dagegen größer als das Ausströmen ist die Divergenz negativ, d.h. es herrscht Konvergenz.

Diese Betrachtung haben Palmen und Newton mit der Rossby-Formel verknüpft. Ist v_R die Strömungsgeschwindigkeit im Hochkeil an der Keilachse und v_T jene im Trog an der Trogachse, so folgt für die Divergenz auf der Trogvorderseite langer Wellen

$$\text{div } \vec{v}_h = \vec{\nabla}_h \cdot \vec{v}_h = \frac{4\bar{u} \cdot A_S}{f_m \cdot L} \frac{[(\bar{u} - c)(4\pi^2) - \beta]}{L^2}.$$

$\bar{u}$ ist die mittlere Zonalkomponente der Strömungsgeschwindigkeit, A_S die Stromlinienamplitude, f_m der mittlere Coriolisparameter des Areals, β seine meridionale Änderung und L die Wellenlänge.

Für das divergenzfreie Niveau, das im allgemeinen bei 600 hPa angetroffen wird, gilt also div $v_h = 0$. Für diesen Fall muss in der Gleichung der letzte Ausdruck null werden; damit folgt

$$\bar{u}_o - c = \frac{\beta \cdot L^2}{4\pi^2}.$$

Dabei ist $\bar{u}_o$ die zonale Windgeschwindigkeit im divergenzfreien Niveau. Setzt man diesen Ausdruck in die obige Gleichung ein, so folgt für die Divergenz auf der Trogvorderseite

$$\text{div } \vec{v}_h = \vec{\nabla}_h \cdot \vec{v}_h = \frac{4 \cdot \bar{u} \cdot A_S \cdot \beta}{f_m \cdot L} \frac{(\bar{u} - c)}{\bar{u}_o - c} - 1.$$

Da die Verlagerungsgeschwindigkeit c bei den langen Wellen in allen Höhen nahezu gleich ist, wird die Divergenz in jedem Niveau vom Verhältnis der dort auftretenden Zonalgeschwindigkeit $\bar{u}$ zur Zonalgeschwindigkeit $\bar{u}_o$ im divergenzfreien Niveau bestimmt.

Das bedeutet:
– $\bar{u} = \bar{u}_o$: die Divergenz ist null; die Strömung ist divergenzfrei;
– $\bar{u} < \bar{u}_o$: die Divergenz ist negativ; die Strömung ist konvergent;
– $\bar{u} > \bar{u}_o$: die Divergenz ist positiv; die Strömung ist divergent.

Da die Trogvorderseite zwischen der Kaltluft des Trogs und der Warmluft des benachbarten Hochkeils liegt, nimmt dort infolge des Temperaturgegensatzes die Windgeschwindigkeit mit der Höhe zu (s. Kap. 4.5). Dieses gilt in der Regel auch für die Zonalkomponente.

Unterhalb des divergenzfreien Niveaus ist somit $\bar{u} < \bar{u}_o$; folglich tritt auf der Trogvorderseite in den unteren Schichten Konvergenz auf. Oberhalb des divergenzfreien Niveaus ist dann $\bar{u} > \bar{u}_o$, so daß in den höheren Schichten Divergenz herrscht.

Nach der Kontinuitätsgleichung im p-System gilt

$$\vec{\nabla}_h \cdot \vec{v}_h + \frac{\partial \omega}{\partial p} = 0 \quad \text{bzw.} \quad \omega = \int_{p/u}^{p/h} \vec{\nabla}_h \cdot \vec{v}_h \, dp,$$

wobei bei der Integration am Rand der Atmosphäre bei $p_h = 0$ auch $\omega_h = 0$ gesetzt wird.

Diese Beziehung verknüpft somit die horizontale Divergenz der Strömung mit der generalisierten Vertikalbewegung $\omega = dp/dt$. Konvergenz ist folglich mit Aufsteigen ($\omega < 0$) verbunden, Divergenz mit Absinken ($\omega > 0$).

Auf der Trogvorderseite steigt folglich in der unteren bis mittleren Troposphäre die Luft grundsätzlich auf, in der oberen Trospäre sinkt sie ab.

Die umgekehrten Verhältnisse sind auf der Vorderseite des Hochkeils anzutreffen. Dort herrscht in den unteren Schichten Divergenz und in den hohen Schichten Konvergenz. Folglich tritt in Hochkeilen in der unteren bis mittleren Troposphäre Absinken und in den höheren Schichten Aufsteigen auf.

Entsprechend den Divergenzverhältnissen und den Vertikalbewegungen sind die mit den langen Wellen verbundenen Wettererscheinungen. Konvergenz und Aufsteigen der Luft führen auf der Trogvorderseite zur Entstehung von starker Bewölkung und Niederschlägen. Im Bereich des Hochkeils führen Divergenz und absinkende Luftbewegung grundsätzlich zu wolkenarmem, niederschlagsfreiem Wetter.

Eine Ausnahme sind die Hochnebeldecken in der kalten Jahreszeit, doch geht deren Entstehung auf die bodennahen turbulenten Verhältnisse unterhalb einer Inversion zurück und nicht auf die großräumigen Luftbewegungen im Hochkeil.

Die aufsteigende Komponente in der oberen Troposphäre im Hochkeil wird vielfach am Auftreten von Cirren sichtbar.

Um die Größenordnung der Divergenz/Konvergenz auf der Trogvorderseite und damit die Intensität des Wettergeschehens abzuschätzen, wird in der Divergenzgleichung $(\bar{u}_o - c)$ substituiert. Dann folgt

$$\vec{\nabla}_h \cdot \vec{v}_h \approx \frac{16\pi^2 \cdot A_S}{f_m \cdot L^3} (\bar{u} - \bar{u}_o) \cdot \bar{u}.$$

Diese Beziehung ist auf die kurzen, mit den einzelnen Bodenzyklonen verbundenen Wellen ebenso anwendbar wie auf die langen Wellen. In den Höhenwetterkarten sind die kurzen Wellen in die Trogvorderseite der langen Wellen eingelagert und an einer zyklonalen Ausbuchtung der Geopotentiallinien zu erkennen. Nach der Erfahrung ist bei voll entwickelten Bodenzyklonen im allgemeinen:

1. $A_S \approx L/4$, also die Amplitude der Welle angenähert ein Viertel der Wellenlänge,
2. $\bar{u}$ und $\bar{u}_o$ ist für lange wie für kurze Wellen angenähert von der gleichen Größenordnung.

Damit folgt für die Divergenz

$$\vec{\nabla}_h \cdot \vec{v}_h \approx \frac{4\pi^2 u}{f_m \cdot L^2} (u - u_o).$$

Somit wird die Wellenlänge zum entscheidenden Faktor für die Größe der Divergenz. In mittleren Breiten liegt bei langen Wellen die Wellenlänge in der Regel zwischen 6000 km und 8000 km, bei den kurzen Wellen zwischen 2000 km und 3000 km. Setzt man diese Werte in die Gleichung ein, so folgt:

Bei den kurzen Wellen ist die Divergenz/Konvergenz auf der Trogvorderseite ca. 10 mal größer als im Bereich der langen Wellen. Entsprechend stärker sind somit auch die Vertikalbewegungen und die Wetterwirksamkeit der kurzen Wellen im Vergleich zu den langen Wellen.

8 Wetter- und Klimabeobachtung

In seinen Anfängen geht das Interesse des Menschen an einer regelmäßigen Wetterbeobachtung bis ins Altertum zurück. Bereits im 4. Jahrhundert v. Chr. wurden in Indien im Hinblick auf die Ernte Regenmessungen durchgeführt, bereits im 1. Jahrhundert v. Chr. wird von Windmessungen in Griechenland berichtet. In Athen entstand sogar auf dem Marktplatz, was die Bedeutung des Winds für die Segelschiffahrt und damit für den Handel unterstreicht, ein „Turm der Winde".

Die ältesten tagebuchartigen Aufzeichnungen des Wetterablaufs sind aus den Jahren 1337–1344 von dem Engländer W. Merle bekannt. Von besonderer Bedeutung wurden die Wetterbeobachtungen des Bamberger Abts M. Knauer aus den Jahren 1652–1658. Anhand dieser Beobachtungsreihe wollte er eine Hilfe für die Landwirtschaft erarbeiten, wobei er davon ausging, daß die Wetterabläufe in den einzelnen Jahren von der Planetenkonstellation abhängen und sich damit periodisch wiederholen. Ohne sein Wissen wurden seine Beobachtungen später von geschäftstüchtigen Leuten als „Hundertjähriger Kalender" vermarktet, mit dem eine Wettervorhersage für das ganze Jahr im voraus möglich sein sollte.

Das Zeitalter der instrumentellen Beobachtung begann mit der Erfindung des Barometers durch Torricelli (1643) und des Thermometers durch Galilei und Drebbel (1592). In Deutschland stammt die älteste Meßreihe von dem Kieler Professor S. Reyher, der von 1679–1714 4mal täglich Luftdruck, Temperatur, Feuchte, Wind und Himmelsansicht bestimmte. In Berlin läßt sich die Temperatur- und Niederschlagsreihe von heute bis ins Jahrzehnt 1720–1730 zurückverfolgen, so daß dort die Klimaentwicklung Mitteleuropas in den vergangenen 250 Jahren detailliert nachvollzogen werden kann.

Klima und Wetter sind orts- und landesübergreifende Erscheinungen, so daß eine internationale Zusammenarbeit unumgänglich ist. 1780 organisierte die Societas Meteorologica Palatina in Mannheim ein Beobachtungsnetz, das Teile Europas, Asiens, Nordamerikas und Grönlands umfaßte. Einheitliche Beobachtungsvorschriften, einheitliche Beobachtungstermine und verglichene Instrumente (s. Abb. 8.1) sind die Voraussetzung für eine sinnvolle Klimaforschung. Die von der Societas festgelegten Beobachtungszeiten 7 h, 14 h und 21 h Ortszeit, die sog. Mannheimer Stunden, sind die traditionellen Klimatermine.

Während die Klimaforschung die Beobachtungsdaten auch später auswerten kann, setzt die Wetterdiagnose und Wettervorhersage einen unmittelbaren Datenaustausch voraus. Ein Meilenstein für die synoptische Meteorologie, die sich mit den aktuellen räumlichen Wettervorgängen befaßt, war daher die Erfindung des Telegraphen. So hingen die ersten aktuellen Wetterkarten, die anhand der Meldungen von 22 Wetterstationen gezeichnet wurden, auf der Weltausstellung in London im Jahre 1851.

Anläßlich der Weltausstellung 1873 in Wien wurde von 17 Staaten die Internationale Meteorologische Organisation (IMO) ins Leben gerufen. Ihre Aufgabe war es, durch Entschließungen und Empfehlungen die meteorologischen Beobachtungen zu vereinheitlichen und ihren Austausch zu koordinieren. 1950 wurde diese Organisation durch die Weltorganisation für Meteorologie (WMO), einer Unterorganisation der UN, ersetzt, der praktisch alle Staaten der Erde angehören.

8.1 Bodenbeobachtungen

Lufttemperatur

Zur Messung der Lufttemperatur wird im normalen Beobachtungsdienst ein Quecksilberthermometer benutzt, das in einer Wetterhütte rund 2 m über dem Erdboden angebracht ist. Die Höhe ist so gewählt, daß sich der unmittelbare Untergrund (Gras, Sand, Stein) nicht wesentlich auf die Messung auswirkt, so daß sie für einen größeren Bereich als repräsentativ angesehen werden kann.

Die Wetterhütte ist weiß gestrichen und hat ihre Tür nach Norden, um den Strahlungseinfluß auf die Messung der Lufttemperatur auszuschalten bzw. so gering wie möglich zu halten, sie weist Schlitze auf, um ein Stagnieren der Luft zu verhindern.

Das Quecksilberthermometer arbeitet nach dem Prinzip der Volumenänderung der Stoffe bei einer Änderung der Temperatur. Bei Erwärmung dehnt sich das Quecksilber des Vorratsgefäßes aus, bei Abkühlung zieht es sich zusammen. Die Ablesung erfolgt auf 0,1 K genau.

Zur Messung der Höchst- und Tiefsttemperatur werden Thermometer besonderer Konstruktion benutzt. Das Maximumthermometer ist ein Quecksilberthermometer, das nach dem Prinzip des Fieberthermometers funktioniert. Bei Erwärmung dehnt sich das Quecksilber ungehindert aus, bei Abkühlung sorgt eine Verengung im Glasröhrchen dafür, daß sich die Quecksilbersäule nicht zurückziehen kann, sondern abreißt. So zeigt ihre Oberkante die höchste Temperatur des Tags an. Um das Maximumthermometer neu einzustellen, muß der Quecksilberfaden durch Schleudern des Thermometers mit einem Ruck durch die Verengung bis auf die herrschende Temperatur gebracht werden.

Als Minimumthermometer wird dagegen ein liegendes Alkoholthermometer benutzt, in dessen Flüssigkeit sich ein kleines, verschiebbares Metallstäbchen befindet. Bei Abkühlung zieht sich der Alkoholfaden zusammen und nimmt dabei infolge der Oberflächenspannung mit seiner Kuppe das Stäbchen mit bis zum niedrigsten Temperaturwert. Bei Erwärmung strömt der Alkohol am Stäbchen vorbei, d.h. läßt es in seiner Lage, so daß die Obergrenze des Stäbchens die Tiefsttemperatur anzeigt. Nach der Ablesung wird das Thermometer neu eingestellt. Dazu wird es so geneigt, daß das Stäbchen sich bis zur Alkoholkuppe bewegt, also die herrschende Temperatur anzeigt.

Neben der Messung zu festen Zeitpunkten wird eine fortlaufende Temperaturregistrierung mit Thermographen durchgeführt. Dazu verwendet man sog. Bimetallthermometer, die aus 2 aufeinandergeschweißten Metallplättchen mit verschiedenen Ausdehnungskoeffizienten (z.B. Kupfer und Konstantan) bestehen. Dadurch krümmt sich der Streifen bei Temperaturänderung. Über ein Hebelsystem wird die Krümmung auf die Registriertrommel, die durch ein Uhrwerk gedreht wird, übertragen.

Für Messungen außerhalb der Wetterhütte ist stets ein Aspirationsthermometer zu benutzen. Dabei handelt es sich um ein Quecksilberthermometer, das in einem doppelwandigen, hochglanzpolierten Nickelrohr steckt, um so den Einfluß der Sonnenstrahlung auszuschalten. Durch einen Ventilator wird das Thermometer aspiriert, d.h. wird ein ständiger Luftstrom bei der Messung an ihm vorbeigesaugt. In diesem Zusammenhang sei betont, daß nur Temperaturmessungen ohne Strahlungseinfluß, also im Schatten, einen Sinn haben. Ein Thermometer „in der Sonne" zeigt in keinem Fall die Lufttemperatur an. Dieses läßt sich leicht feststellen, indem man ein weißes und ein schwarzes Thermometer „in die Sonne" hängt. Das schwarze wird eine erheblich höhere Temperatur anzeigen als das weiße, denn Temperaturmessungen „in der Sonne" hängen von Farbe und Material des Thermometers ab, ihr Aussagewert für die tatsächliche Lufttemperatur ist gleich null.

Für Untersuchungen, bei denen die Lufttemperatur auf hundertstel °C genau oder kurzzeitige Temperaturfluktuationen erfaßt werden sollen, verwendet man Widerstandsthermometer. Dabei macht man von der physikalischen Eigenschaft Gebrauch, daß stromdurchflossene Leiter ihren Widerstand mit der Temperatur ändern. Die damit verbundenen Änderungen der Stromstärke lassen sich auf einer entsprechend geeichten Skala als Temperaturwerte ablesen.

Luftfeuchtigkeit

Der Wasserdampfgehalt der Luft wird mit einem doppelten Aspirationsthermometer, einem sog. Aspirationspsychrometer, bestimmt. Dabei wird das Quecksilbergefäß des 2. Thermometers mit einem Tuch umwickelt, das vor der Messung angefeuchtet wird. Bei der Aspiration wird dem „feuchten Thermometer" infolge der Verdunstung Wärme entzogen, und es kühlt sich ab, und zwar um so mehr, je ungesättigter die Luft ist. Abgelesen werden somit die Lufttemperatur t und die sog. Feuchttemperatur t_F. Über eine Beziehung der Form

$$e = E_F - A p (t - t_F)$$

läßt sich dann leicht der Dampfdruck und mit ihm alle anderen Feuchtemaße, wie Taupunkt, spezifische, absolute und relative Feuchte, berechnen. In der

Gleichung ist E_F der Sättigungsdampfdruck bei der Feuchttemperatur, p der Luftdruck und A die Aspirationskonstante, die so lange konstant ist, solange der Ventilationsstrom eine bestimmte, vom Hersteller angegebene Mindestgeschwindigkeit, z. B. 2 m/s, nicht unterschreitet.

In der Praxis verwendet man Tabellen, sog. Psychrometertafeln, um aus der Luft- und Feuchtetemperatur die Feuchtemaße zu ermitteln. Ist $t = t_F$, so ist die Luft gesättigt, in der Beziehung wird $e = E_F$.

Die relative Feuchte wird direkt mit einem Haarhygrometer gemessen. Dabei benutzt man die Eigenschaft dünner, flachgewalzter Haare oder Kunststoffäden, sich mit zunehmender Luftfeuchte auszudehnen. Über ein Hebelsystem wird die Ausdehnung oder Verkürzung auf eine entsprechend geeichte Skala übertragen. Wichtig ist dabei, daß die Haare vor Verschmutzung bewahrt werden, da dadurch die Meßgenauigkeit beeinträchtigt wird. Auch sollten sie regelmäßig gesättigter Luft ausgesetzt werden, um ihre Elastizitätseigenschaften zu regenerieren.

Bei Hygrographen zur fortlaufenden Aufzeichnung der relativen Feuchte wird der Zeigerausschlag auf eine Registriertrommel übertragen. Diese wird von einem Uhrwerk angetrieben, das die Trommel – wie beim Thermographen – in 24 h oder 7 Tagen einmal dreht und damit eine Aufzeichnung bis zu 1 Woche ermöglicht. Welche Zeitspanne man wählt, hängt davon ab, ob man an jeder Detailänderung oder mehr am generellen Gang der Meßgröße interessiert ist.

Luftdruck

Die Luftdruckmessung erfolgt i. allg. mit einem Quecksilber- oder einem Dosenbarometer. Wie bereits früher erwähnt wurde, übt die Atmosphäre infolge ihres Gewichts eine Kraft pro Flächeneinheit, also einen Druck, aus. Diesen Druck vergleicht man mit dem Druck, den eine Quecksilbersäule durch ihr Gewicht pro Flächeneinheit ausübt. Früher wurde daher der Luftdruck in mm-Quecksilbersäule, also durch ein Längenmaß, angegeben. Danach wurde als Meßgröße das Millibar (mbar) eingeführt.

Seit dem 1. Januar 1984 wird für den Luftdruck die Einheit Pascal (Pa) = Newton/m^2 benutzt. Dabei ist 1 mbar = 100 Pa = 1 hPa (Hektopascal). Für die Umrechnung gilt

1 mmHg = 1,33 mbar = 1,33 hPa,
1 mbar = 1 hPa = 0,75 mmHg.

Das vom Prinzip her sehr einfache Barometer nach Torricelli hat die Form eines U-Rohrs, dessen einer Schenkel offen, also dem Luftdruck ausgesetzt ist, während der andere Schenkel geschlossen und der Raum oberhalb des Quecksilbers (chemisches Zeichen: Hg) evakuiert ist. Beim Stationsbarometer ragt dagegen das im Oberteil ebenfalls luftleere Rohr in ein mit Quecksilber gefülltes offenes Gefäß. Erhöht sich der Luftdruck, also die Kraft auf die offene Quecksilberfläche, so steigt nach dem Gleichgewichtsprinzip einer Waage die

Quecksilbersäule im geschlossenen Rohr. Ihre Länge entspricht dem herrschenden Luftdruck.

Einige wichtige Einflußfaktoren sind bei der Druckmessung mit Quecksilberbarometern zu beachten: 1. dehnt sich die Quecksilbersäule mit zunehmender Temperatur wie jeder Stoff aus, d. h. die Messung muß auf eine Temperatur von 0 °C „reduziert" werden. 2. ist das Gewicht der Quecksilber-Säule gemäß $F_g = m g$ von der Erdbeschleunigung g und damit von der geographischen Breite abhängig. Um vergleichbare Werte zu bekommen, wird daher die Messung p_φ in der geographischen Breite φ gemäß

$$p_{45} = p_\varphi \frac{g_\varphi}{g_{45}}$$

auf 45° geographischer Breite (Normalbreite) reduziert. 3. gibt die Messung den Luftdruck in Stationshöhe an. Da aber die Stationen unterschiedlich hoch über dem Meeresniveau (NN) liegen, z. B. Berlin 50 m und München 530 m, und der Luftdruck mit der Höhe abnimmt, lassen sich die Druckwerte in der abgelesenen Form nicht miteinander vergleichen. Dazu müssen alle Druckbeobachtungen auf ein einheitliches Niveau bezogen werden; die Stationswerte werden auf Meeresniveau reduziert. Der Druckzuschlag hängt dabei von der Höhe und der Mitteltemperatur, die aus der Stationstemperatur ermittelt wird, der „fiktiven" Luftsäule ab. Er liegt z. B. für Berlin je nach Temperatur um 6,5 hPa.

Ein Dosenbarometer besteht im Grundsatz aus einer weitgehend luftleeren metallischen Dose, die vor dem Zusammenklappen unter dem Gewicht der Luftsäule durch eine Feder bewahrt wird. Erhöht sich der Luftdruck, so wird die Feder etwas zusammengedrückt, fällt er, so entspannt sich die Feder. Dieses Zusammendrücken und Ausdehnen der Druckdose wird über ein Hebelsystem auf eine geeichte Skala übertragen.

Präzisionsdosenbarometer bestehen aus mehreren solchen hochempfindlichen Druckdosen. Auch die Geräte zur fortlaufenden Druckaufzeichnung, die Barographen, arbeiten nach dem Mehrdosenprinzip. Dabei wird der Hebelausschlag auf eine rotierende Registriertrommel übertragen, die sich in 24 h oder in 7 Tagen einmal um ihre Achse dreht.

Dosenbarometer sind Relativinstrumente und müssen an einem Quecksilberbarometer geeicht werden. Dafür entfällt bei ihnen eine Reduktion des Meßwerts auf Normaltemperatur und Normalschwere. Die Reduktion auf NN läßt sich bei vorgegebener Stationshöhe bei der Skaleneichung mitberücksichtigen. Dieses erfolgt bei den normalen Dosenbarometern dadurch, daß mittels einer Regulierschraube ein mittlerer Reduktionswert entsprechend der Stationshöhe zum Stationsdruck addiert wird.

In bestimmten Fällen wird zur Druckmessung auch ein Hypsometer benutzt. Dieses beruht auf der physikalischen Tatsache, daß der Siedepunkt des Wassers vom Luftdruck abhängt. So siedet Wasser nur bei einem Luftdruck von 1013 hPa bei 100 °C. Bei einem Druck von 700 hPa, z. B. auf der Zugspitze, siedet Wasser schon bei 90 °C, bei einem Druck von 600 hPa (4200 m Höhe) bei 86 °C usw. Mit Hilfe eines hochempfindlichen, auf tausendstel °C genau messenden (Widerstands-)Thermometers läßt sich somit aus der Siedepunktänderung auf die Druckänderung bzw. auf den Luftdruck schließen.

Wind

Im Gegensatz zu allen anderen meteorologischen Größen, die nur durch ihren Betrag gekennzeichnet sind, ist der Wind ein Vektor, d. h. der Wind besitzt einen Betrag und eine Richtung. Für die Angaben der Windgeschwindigkeit werden verschiedene, teils historisch geprägte Einheiten verwendet.

Bei der „Windstärke" nach der Beaufort-Skala, die von Windstärke 0 (Windstille) bis Windstärke 12 (Orkan) reicht, wird die Windgeschwindigkeit anhand der Windwirkung auf die Umgebung, d. h. auf Blätter, Zweige, Äste, Flaggen bzw. über See auf die Wasseroberfläche geschätzt. Die Geschwindigkeitsangabe „Knoten" (kn) geht auf die Seefahrt zurück, wobei

1 Knoten = 1 Seemeile/h = 1,852 km/h

ist. Die Seemeile wiederum ist definiert als eine Bogenminute auf einem geographischen Großkreis, also als 1/60 von 111,1 km.

Die Angabe „Meter pro Sekunde" (m/s) entspricht den Vorschriften in der Physik und wird bei allen meteorologischen Berechnungen zugrunde gelegt. Für die Praxis ist diese Geschwindigkeitsangabe jedoch unanschaulich, und es wäre zu überlegen, ob bei der Wettervorhersage nicht die Einheit „Kilometer pro Stunde" (km/h) am sinnvollsten ist, da wir den Umgang mit dieser Einheit im täglichen Leben gewöhnt sind. Über den Zusammenhang von Windstärke, m/s, kn und km/h gibt Tabelle 8.1 Aufschluß.

Die Windrichtung wird in der Meteorologie durch die Himmelsrichtung angegeben, aus der die Luft kommt; ein Nordwind weht aus Norden, ein Westwind aus Westen usw. Die Angabe der Windrichtung erfolgt dabei entweder nach einer 360°-Skala, wobei Ostwind 90°, Südwind 180°, Westwind 270° und Nordwind 360° bzw. 0° entspricht oder nach einer 8teiligen Skala als Nordwind, Nordostwind, Ostwind, Südostwind, Südwind, Südwestwind, Westwind und Nordwestwind. Der Zusammenhang von 360°-Einteilung und der Angabe der 8 Himmelsrichtungen im Abstand von 45° ist in Form einer „Windrose" in Abb. 8.2 dargestellt.

Zur Messung der Windrichtung dient eine Windfahne, deren Stellung über ein Hebelsystem übertragen und auf einer Skala abgelesen oder einem Windschreiber registriert werden kann. Die Windgeschwindigkeit wird in der Regel durch ein Schalenkreuzanemometer gemessen. Dabei werden 3 Halbkugelschalen vom Wind in Bewegung gesetzt und drehen sich um so schneller, je stärker der Wind weht. Über ein elektromagnetisches System wird die Rotationsbewegung in eine Spannung umgesetzt und aufgezeichnet. Dabei werden sowohl die Einzelböen wie das 10-min-Mittel des Winds, dem eine größere räumliche Repräsentativität als den Böen zukommt, registriert. Da die Windmessung durch Bäume, Häuser und andere Hindernisse „verfälscht" wird, wer-

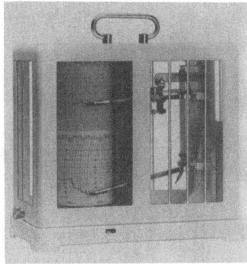

Thermohygrograph

Thermometerhütte

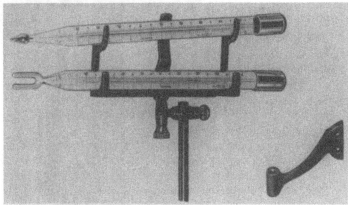

Maximum- und Minimumthermometer

Hygrometer

Aspirations-Psychrometer
(nach Aßmann)

Abb. 8.1. Legende s. Seite 197

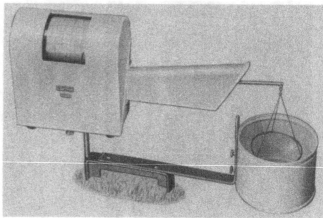

Tauwaage

Registrierender Regenmesser
(nach Hellmann)

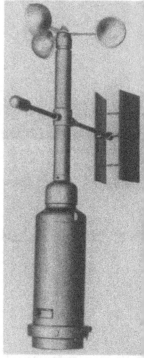

Stationsbarometer

Schalenkreuzanemometer
und Windfahne

Barograph

Sonnenscheinautograph
(nach Campbell-Stokes)

Pyranometer mit Abblendring zur Messung der diffusen Himmelsstrahlung

Sternpyranometer zur Messung der sichtbaren Sonnen-, Himmels- und Reflexionsstrahlung (nach Dirmhirn)

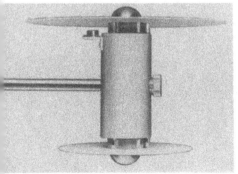

Strahlungsbilanzmesser zur Differenzmessung zwischen einfallender und reflektierter Sonnenstrahlung

Radiosonde mit Ballon unmittelbar vor dem Start

Abb. 8.1. Meteorologische Instrumente. Die Abbildungen wurden (bis auf die oberen beiden) freundlicherweise von der Fa. Wilh. Lambrecht GmbH – Göttingen zur Verfügung gestellt

Tabelle 8.1. Windstärke und ihre Wirkung

Bezeichnung	Bft	m/s	kn	km/h	Wirkung Land	Wirkung See
Windstille	0	0 – 0,2	< 1	1	Rauch steigt senkrecht empor	Glattes Wasser
Leichter Zug	1	0,3 – 1,5	1 – 3	1 – 5	Rauch steigt fast senkrecht empor	Gekräuseltes Wasser
Leichte Brise	2	1,6 – 3,3	4 – 6	6 – 11	Bewegt Blätter und Wimpel	Aufgerauhtes Wasser
Schwacher Wind	3	3,5 – 5,4	7 – 10	12 – 19	Bewegt kleine Zweige und Fahnen	Mäßige Wellen ohne Schaumkronen
Mäßiger Wind	4	5,5 – 7,9	11 – 15	20 – 28	Bewegt dünne Äste	Erste Schaumkronen
Frischer Wind	5	8,0 – 11,7	16 – 21	29 – 38	Bewegt mittlere Äste, streckt Fahnen	Voll entwickelte Schaumkronen
Starker Wind	6	11,8 – 13,8	22 – 27	39 – 49	Bewegt dicke Äste, läßt Fahnen knattern	Wellenkämme brechen
Steifer Wind	7	13,9 – 17,1	28 – 33	50 – 61	Schüttelt Bäume, peitscht Fahnen	Schaumstreifen in Windrichtung
Stürmischer Wind	8	17,2 – 20,7	34 – 40	62 – 74	Bricht Zweige	Fliegendes Wasser beginnt
Sturm	9	20,8 – 24,4	41 – 47	75 – 88	Bricht Äste, hebt Dachziegel ab	Lange Wellenkämme, fliegendes Wasser
Schwerer Sturm	10	24,5 – 28,4	48 – 55	89 – 102	Bricht Bäume, beschädigt Häuser	Hoher Seegang, weiße Gischt
Orkanartiger Sturm	11	28,5 – 32,6	56 – 63	103 – 117	Entwurzelt Bäume, beschädigt Häuser schwer	Hohe Wogen, fliegendes Wasser
Orkan	12	≥ 32,7	≥ 64	≥ 118	Verwüstung bei Häusern und Wäldern	Hohe, brechende Wogen, kaum Sicht

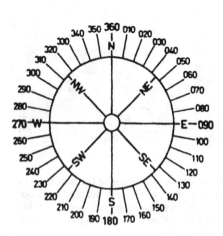

Abb. 8.2. Windrose

den die Instrumente in 10 m Höhe über freiem Gelände oder 10 m über den Dächern und Bäumen der Umgebung, der sog. Normalhöhe, angebracht.

Niederschlag

Zur Messung des Niederschlags dienen vielfach Regenmesser mit einer Auffangfläche von 200 cm^2, die 1 m hoch über dem Erdboden angebracht sind, damit kein Spritzwasser in das Meßgerät gelangt. Der Niederschlag gelangt in ein Sammelgefäß, dessen schmaler Hals einer Verdunstung weitgehend entgegenwirkt. Im Winter tragen viele Regenmesser ein Schneekreuz, das verhindern soll, daß der Wind den Schnee von der Auffangfläche wieder fortbläst. Fester Niederschlag wird vor der Messung aufgeschmolzen, und zwar bei Temperaturen wenig über 0 °C, damit der Verdunstungseffekt gering bleibt.

Die Angabe des gefallenen Niederschlags erfolgt in mm, wobei einer Wassersäule von 1 mm eine Niederschlagsmenge von 1 l/m^2 entspricht.

Will man die Regenmenge fortlaufend aufzeichnen, so kann man sich z. B. der Horn-Wippe bedienen. Diese trägt 2 Sammelgefäße mit einem Fassungsvermögen von je 0,1 mm. Ist ein Gefäß voll, so bekommt es Übergewicht und kippt seinen Inhalt aus. Dabei wird ein Stromimpuls ausgelöst, der über eine Schreibvorrichtung auf einer Registrierung eine Zacke hinterläßt. Eine verbreitete Möglichkeit der Registrierung ist ferner, einen Schwimmer im Sammelgefäß anzubringen; seine Stellung wird über ein Hebelsystem auf einem Registrierstreifen fortlaufend aufgezeichnet.

Sicht

Die Angabe der Sichtweite ist eine wichtige Größe für den Verkehr, und zwar auch für den Flugverkehr und die Schiffahrt. Die Sicht wird in der Regel geschätzt, wobei feste Zielmarken wie Hochhäuser, Türme, Kirchen, Gebirgszüge zur Festlegung der Entfernung dienen, bis zu der man sehen kann. Während der Nacht bedient man sich beleuchteter Ziele und spricht daher von der „Feuersichtweite".

Die Messung der Sichtweite erfolgt mit einem Gerät, das in kurzen Abständen Lichtimpulse ausschickt. Das Licht wird an den trübenden Teilchen in der Luft, d. h. an Staub und Wassertröpfchen zurückgestreut, und zwar um so mehr, je getrübter die Luft, also je schlechter die Sicht ist. Die Intensität des Rückstreulichts wird von einer Empfangszelle gemessen. Auf einer geeichten Skala läßt sich auf diese Weise die Sichtweite ablesen bzw. registrieren.

Bewölkung und Sonnenscheindauer

Die Menge der am Himmel befindlichen Wolken wird geschätzt, wobei die Angabe in Achteln erfolgt: 0/8 ist wolkenlos, 8/8 ist bedeckt. Bei aufgelockerter

Beobachtungen vom ....ten .... 19...... Station ....

	Barometer (Luftdruck in hPa)				Trock. Thermometer °C		Feucht. Thermometer °C (unter 0° Angabe e oder w)		Dampf-druck hPa	Relative Feuchtig-keit %	1) Haar-hygrometer / Hygro-graph %
	Therm. a. Barom. °C	Ablesung	um-gerechnet auf 0°C	korrigiert	Ablesung	korrigiert	Ablesung	korrigiert			
I											
II											
III											
Summe		I + II + III			I + II + 2×III		I + II + III				×
Mittel		1/3 Summe			1/4 Summe		1/3 Summe				×

		Ablesung °C	korrigiert °C		Niederschlaghöhe von heute 7 Uhr bis morgen 7 Uhr (Summe der Messungen II und III von heute und I von morgen)	Schneedeckenbeobachtung zum Morgentermin	Gesamt-schneedecke	Neuschnee
Beobachtungen der Extremthermometer zum Abendtermin								
Maximum-Thermometer						Höhe insgesamt (cm)		
Minimum-Thermometer						Höhe a. Schneeausstecher (cm)		
Tagesschwankung (Max. – Min.)		×				Wasser-äquivalent (mm)	des ausgestochenen Schnees insgesamt / von 1 cm im Durchschnitt	
Min.-Thermometer am Erdboden (Ablesung zum Morgentermin)			*²⁾		= .... mm			

Als Beobachter hat immer derjenige seinen Namen einzutragen, der die Ablesung an dem betreffenden Termin tatsächlich gemacht hat.

¹) Nichtzutreffendes streichen.
²) Höhe des Schnees über Min.-Thermometer am Erdboden in cm.

Beobachtungen vom ......$\overline{\text{ten}}$...... ......19...... Station ......

	Wind Richtung	Stärke	Bewölkung Menge in Achtel	Dichte	Wolkengattung	Sicht-weite unter km	Feuer-sicht-weite unter km	Zustand des Erdbodens	Niederschlags-höhe mm	Wetter zum Termin	Wind-spitze des Tages	Sonnenschein-dauer in Std.
I												⊙
II							X					
III												
Summe	I + II + III			X								
Mittel	⅓ Summe			X								

Bemerkungen über die zwischen den Terminen auftretenden Wettererscheinungen aller Art mit Stärke und möglichst genauer Zeitangabe, besonders über Anfang und Ende. – Einzelheiten zu den Gewitterbeobachtungen am Schluß des Buches anbringen.

Alle Angaben nach gesetzlicher Zeit.

Beobachter: I ...... II ...... III ......

Abb. 8.3. Klimatagebuch

Bewölkung denkt man sich die Wolken zusammengeschoben, um auf diese Weise den Bedeckungsgrad zu ermitteln. Außerdem werden die Wolkenarten festgestellt.

Die Höhe der Wolkenuntergrenze der tiefsten Wolken wird entweder geschätzt, wozu es einiger Erfahrung bedarf, oder gemessen. Ein Wolkenhöhenmesser arbeitet dabei nach dem Reflexionsprinzip der Echolotung. Ausgesandte Lichtimpulse werden von den Wassertropfen oder Eiskristallen an der Wolkenuntergrenze reflektiert. Aus der (halben) Laufzeit des Lichtsignals zwischen Beobachter und Wolke läßt sich die Höhe der Wolkenbasis bestimmen.

Zur Messung der Sonnenscheindauer verwendet man eine ca. 10 cm starke Glaskugel, die das auffallende Sonnenlicht so im Brennpunkt konzentriert, daß dort auf einem Spezialpapier eine Brennspur entsteht. Scheint dagegen die Sonne nicht, weil sie von einer Wolkenschicht oder einer isolierten Wolke verdeckt wird, weist der Registrierstreifen keine Brennspur auf. Auf diese Weise läßt sich aus den Aufzeichnungen dieser Sonnenscheinautographen bestimmen, wieviel Minuten und Stunden und zu welcher Zeit die Sonne geschienen hat. Setzt man den gemessenen Wert zu der an diesem Tag maximal möglichen astronomischen Sonnenscheindauer in Relation, so erhält man die relative Sonnenscheindauer.

8.2 Klimabeobachtung

Klimabeobachtungen werden täglich i. allg. an 3 Terminen durchgeführt, und zwar um 7, 14 und 21 Uhr Ortszeit. Die Festlegung auf die Ortszeit eines Orts ist außerordentlich wichtig, da sie genau dem Sonnenstand entspricht. So wird z. B. in Berlin nicht um 14 Uhr MEZ (Mitteleuropäische Zeit) oder gar um 14 Uhr MESZ (Mitteleuropäische Sommerzeit) die Beobachtung durchgeführt, sondern um 14.07 MEZ bzw. um 15.07 MESZ, da die MEZ anhand des Sonnendurchgangs am 15.° östlicher Länge definiert ist und sich je nach geographischer Lage des Orts eine davon abweichende Ortszeit von 4 min/Längengrad ergibt.

Bei der synoptischen Wetterbeobachtung wird dagegen gleichzeitig auf der ganzen Erde die Beobachtung durchgeführt, d. h. wenn es z. B. in Mitteleuropa Tagbeobachtungen sind, sind es im Pazifik Nachtbeobachtungen und umgekehrt. Bei den Klimabeobachtungen werden nur längs des gleichen Längengrads gleichzeitige Beobachtungen gemacht, in Ost-West-Richtung erfolgen die Beobachtungen im zeitlichen Nacheinander.

Eine vollständige Klimabeobachtung umfaßt zu allen 3 Terminen: Luftdruck, Temperatur, Feuchte, Windrichtung (in den 8 Hauptwindrichtungen), Windgeschwindigkeit (in Beaufort), Bedeckungsgrad (in Achteln), Wolkenarten (nur die 10 Hauptgattungen), Sichtweite, Erdbodenzustand und Niederschlagsmenge. Außerdem werden Höchst- und Tiefsttemperatur, das Erdbodentemperaturminimum, die 24stündige Niederschlagsmenge und Angaben zur Schneehöhe erfaßt. Stationen, an denen alle diese Klimaelemente gemessen bzw. beobachtet werden, heißen Klimahauptstationen. Fehlen einige Messungen oder Beobachtungen, z. B. Angaben über den Wind, die Sichtweite, das Erdbodenminimum, so handelt es sich um Klimanebenstationen. An Klimahauptstationen sind in der Regel ausgebildete Wetterdienstfachkräfte tätig, an Klimanebenstationen dagegen vielfach wetterbegeisterte Laienbeobachter. Außerdem gibt es noch eine große Anzahl von Niederschlagsmeßstellen, an denen die 24stündige Niederschlagsmenge gemessen wird.

In Abb. 8.3 ist ein sog. Klimatagebuch wiedergegeben. In ihm wird deutlich, daß aus den 3 Terminbeobachtungen von Luftdruck, Temperatur, Feuchte, Wind und Bewölkungsmenge Tagesmittelwerte gebildet werden. Diese werden zu Monatsmitteln und Jahresmitteln zusammengefaßt. Auf diese Weise entstehen die langen Klimareihen, die sowohl die Grundlage für die Aussage über das Klima eines Orts oder einer Region sind als auch zur Abschätzung von Klimatrends und Klimaänderung dienen.

Auffällig bei der Mittelbildung ist, daß bei der Temperatur im Gegensatz zu den anderen Elementen die Formel

$$T_M = \frac{T_7 + T_{14} + 2 \times T_{21}}{4}$$

benutzt wird. Auf diese Weise lassen sich die Nachttemperaturen, für die es ja keine Klimamessung gibt, besser berücksichtigen. Vergleiche haben gezeigt, daß diese Klimatagesmitteltemperatur dem wahren, aus 24-Stunden-Werten gebildeten Temperaturmittel nahezu entspricht.

8.3 Von der synoptischen Beobachtung zur Wetterkarte

Synoptische Wetterbeobachtungen finden weltweit alle 3 h statt, und zwar gleichzeitig um 00, 03, 06, 09, 12, 15, 18 und 21 Uhr GMT (Greenwich Mean Time), wobei die Termine 00, 06, 12 und 18 GMT als Haupttermine, die übrigen als Zwischentermine bezeichnet werden. Die Gleichzeitigkeit der Beobachtung und der unmittelbare Austausch der Daten über Fernschreibsysteme ermöglicht erst, die aktuellen atmosphärischen Strukturen mit ihren Bewegungsvorgängen und Wetterabläufen zu einem festen Zeitpunkt zu diagnostizieren, d. h. synoptisch zu arbeiten.

Die Standardbeobachtung für Landstationen umfaßt: Windrichtung und Windgeschwindigkeit (10-min-Mittel), Sichtweite, Art, Menge und Untergrenze der Wolken, Luftdruck und Luftdruckänderung während der letzten 3 h, Temperatur und Feuchtigkeit (Taupunkt) sowie die aktuellen Wettererscheinungen wie Regen, Nebel, Schneefall, Gewitter usw. Dazu kommen zu bestimmten Terminen Höchsttemperatur (18 GMT) und Tiefsttemperatur (06 GMT), Niederschlagsmenge, Sonnenscheindauer, Erdbodenzustand und Erdbodentemperaturminimum, Angaben über Schneehöhe und Neuschnee sowie ggf. über Starkwindböen.

Um diese Vielzahl von Beobachtungsdaten so schnell wie möglich austauschen zu können, wurde ein „Wetterschlüssel" entwickelt, eine Kodeform für den Fernschreiber. Dieser hat seit dem 1. Januar 1982 folgende computergerechte Form für die synoptische Standardbeobachtung:

$$IIiii \quad i_R i_x hVV \quad Nddff \quad 1sTTT \quad 2sT_d T_d T_d$$
$$4pppp \quad 5appp \quad 7wwW_1 W_2 \quad 8N_h C_L C_M C_H$$

Dabei ist:

II:	Land, iii = Beobachtungsstation
$i_R i_x$:	Computerkennung, ob Gruppe 6RRRt$_R$ (Niederschlag) bzw. Gruppe 7wwW$_1$W$_2$ (besondere Wettererscheinungen) vorhanden oder nicht
h:	Höhe der Wolkenuntergrenze, VV: Sicht
N:	Gesamtbedeckung, dd: Windrichtung, ff: Windgeschwindigkeit
1,2...:	Kennung der einzelnen Gruppen
s:	Vorzeichen für Temperatur und Taupunkt (0 = positiv, 1 = negativ)
TTT:	Temperatur in zehntel °C
$T_d T_d T_d$:	Taupunkt in zehntel °C
pppp:	Luftdruck in Meeresniveau auf zehntel hPa (bei Werten über 1000 hPa wird die 1. Ziffer fortgelassen)
a:	3stündige Drucktendenz (fallend, steigend, gleichbleibend)
ppp:	Druckänderungsbetrag in zehntel hPa
ww:	Besondere Wettererscheinungen zum Beobachtungstermin bzw.
$W_1 W_2$	in den Stunden bis zum letzten Haupttermin
N_h:	Menge der tiefen Wolken
C_L, C_M, C_H	Art der tiefen, der mittelhohen bzw. der hohen Wolken.

Ein Beispiel soll diesen kompliziert erscheinenden Wetterschlüssel veranschaulichen. Es zeigt, in welcher Form der tägliche Beobachtungsdatenaustausch über den Fernschreiber erfolgt:

10381   41560   62715   10154   20111   40158   52010   72586   83231

An der Station Berlin-Dahlem (10381) wurden beobachtet: Wolkenuntergrenze 600–1000 m (h = 5), Sicht 10 km (VV = 60), Bedeckungsgrad 6/8 (N = 6), Windrichtung 270° (dd = 27), Windgeschwindigkeit 15 kn (ff = 15), Temperatur 15,4° (TTT = 154), Taupunkt 11,1° ($T_d T_d T_d$ = 111), Luftdruck 1015,8 hPa (pppp = 0158), Tendenz steigend (a = 2) um 1,0 hPa (ppp = 010), Wetter zum Beobachtungstermin: nach Regenschauer (ww = 25), Wetter in den letzten Stunden: Schauer (W_1 = 8) und Regen (W_2 = 6), Menge der tiefen Wolken 3/8, Wolkenarten: Kumulus (C_L = 2), Altokumulus (C_M = 3) und Zirrus (C_H = 1).

In Mitteleuropa gibt es weit über 100 synoptische Beobachtungsstationen, auf der ganzen Erde sind es rund 7000. Diese befinden sich überwiegend auf

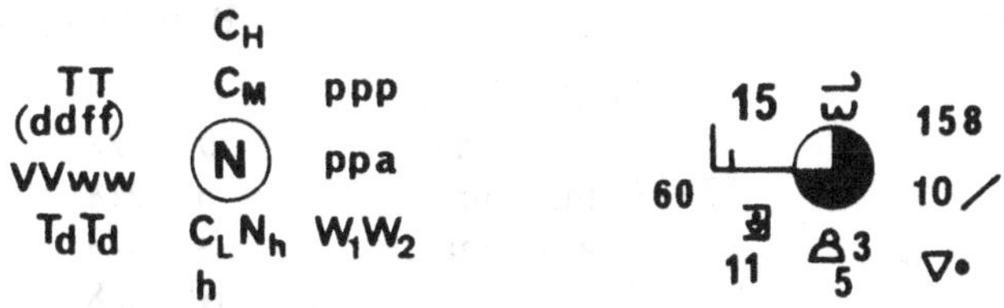

$$
\begin{array}{ccc}
 & C_H & \\
TT & C_M & ppp \\
(ddff) & & \\
VVww & \boxed{N} & ppa \\
T_dT_d & C_L\,N_h & W_1W_2 \\
 & h &
\end{array}
$$

IIiii $i_R i_X$ hVV Nddff 1s$\overline{\text{TTT}}$ 2s$T_dT_dT_d$ 4pppp 5appp 7wwW_1W_2 8$N_h C_L C_M C_H$

10381   4 1 560   6 2715   1 0154   20 1 1 1   40158   52010   72 5 8 6   8 3 2 3 1

Abb. 8.4. Stations- und Verschlüsselungsschema mit Beispiel

dem Festland. Bedenkt man, daß die Erdoberfläche aber nur zu 29% von Festland und zu 71% von Ozeanen bedeckt ist, so wird verständlich, wie wichtig Wetterbeobachtungen von den Meeresgebieten sind. Da auch die Seefahrt ein unmittelbares Interesse an Wetterbeobachtungen und Wettervorhersagen hat, werden auch auf rund 5000 ausgewählten Handelsschiffen zu den Hauptterminen Wetterbeobachtungen durchgeführt. Außerdem gibt es einige spezielle, ortsfeste Wetterschiffe, die mit meteorologischem Fachpersonal besetzt sind und die neben den Bodenbeobachtungen auch Messungen mittels Ballonen bis in große Höhen durchführen. (Einzelheiten darüber werden in Kap. 8.4 behandelt). Da der Unterhalt der Wetterschiffe äußerst kostspielig ist, hat ihre Zahl leider in den letzten Jahren abgenommen, z.B. über dem Atlantik von 9 auf 4. Bedenkt man, daß die Handelsschiffe nur festen Routen folgen, wird verständlich, daß über den Meeren große Beobachtungslücken bestehen. Entgegen den Erwartungen konnten sie auch durch den Einsatz von Wettersatelliten noch nicht im erforderlichen Maße geschlossen werden.

Alle in einem Land durchgeführten synoptischen Wetterbeobachtungen gehen zuerst per Fernschreiber an die nationale Zentralstelle, z.B. in Deutschland zum Zentralamt des Deutschen Wetterdienstes in Offenbach. Von dort werden sie in das internationale, von der Weltorganisation für Meteorologie aufgebaute Netz eingespeist und weltweit verbreitet. Hochleistungsrechner steuern dabei den Datenaustausch, steuern Abgabe und Empfang der verschlüsselten Wetterbeobachtungen. Die an einem Standort für die wissenschaftliche Arbeit der dort tätigen Meteorologen benötigten Informationen werden aus dem Gesamtprogramm ausgewählt und in der Regel in Wetterkarten eingetragen. Dabei muß die Fülle von Zahlen in eine solche Form gebracht werden, daß ein Höchstmaß an Übersichtlichkeit und Deutlichkeit über das großräumige Wettergeschehen gegeben ist.

Aus diesem Grunde wurde ein „Stationsschema" entwickelt, nach dem einheitlich für jede Station die übermittelten Beobachtungen teils als Zahlenwerte, teils als Symbole in die Wetterkarte eingetragen werden. Die Abb. 8.4 zeigt links die allgemeine, rechts die auf die obige Beobachtung angewandte Form.

Zum besseren Verständnis von Wetterkarten, die bei den meteorologischen Institutionen abonniert werden können, seien die wichtigsten Symbole kurz dargestellt:

Wettererscheinungen		Wolken		Bedeckungsgrad	
≡	Nebel	⌒	Flacher bzw.	○ : 0/8	
		△	hoher Kumulus	◑ : 1/8	
'	Sprühregen	⊟	Kumulonimbus	◔ : 2/8	
•	Regen	⌄	Stratokumulus	◔ : 3/8	
✳	Schnee	—	Stratus	◑ : 4/8	
~	Glatteis	∠	Altostratus	◕ : 5/8	
⁂	Schneeregen	∠	Nimbostratus	◕ : 6/8	
▽	Schauer	---	Stratusfetzen	◕ : 7/8	
⟨	Gewitter	ω	Altokumulus	● : 8/8	
⨼	nach ≡, „ usw.	⌐	Zirrus		
⊡	z. B. nach Regen	∠	Zirrostratus		

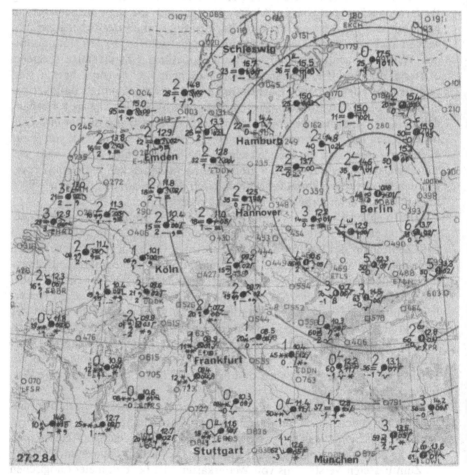

Abb. 8.5. Eingetragene (a) und analysierte Bodenwetterkarte (b) vom 27. Februar 1984, 13 h (MEZ)

Beim Wind zeigt die symbolische Windfahne die Richtung auf 10° genau an, aus der der Wind weht. Ein langer Querstrich bedeutet eine Geschwindigkeit von 10 kn, ein kurzer von 5 kn; bei 50 kn wird anstelle von 5 langen Querstrichen ein Dreieck auf den Windrichtungspfeil gezeichnet. Auch die Intensität der Wettererscheinungen läßt sich zum Ausdruck bringen. So wird z. B. starker Regen durch mehr Punkte, starker Schneefall durch mehr Sternchen dargestellt als leichter Niederschlag.

In Abb. 8.5a ist als Beispiel die eingetragene Bodenwetterkarte vom 27. Februar 1984 wiedergegeben.

In diese Beobachtungsdatenfülle bringt der Meteorologe eine Systematik hinein, indem er die räumliche Wettersituation analysiert. Am gebräuchlichsten ist dabei die Analyse des Druckfelds, und zwar bei regionalen Wetterkar-

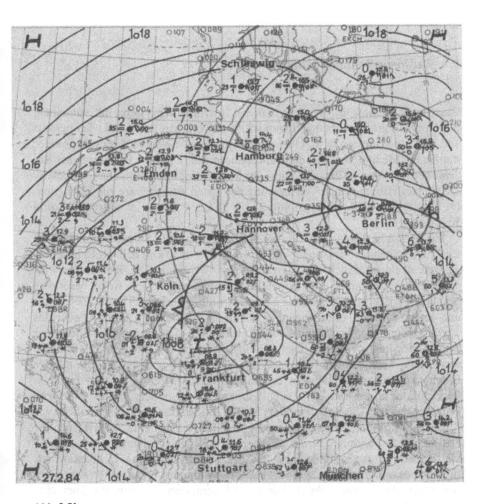

Abb. 8.5b

ten von 1 hPa zu 1 hPa, wie z. B. bei der „Deutschlandkarte", oder von 5 hPa zu 5 hPa, wie z. B. bei der „Europa- und der Nordhemisphärenkarte". Aus dem Isobarenbild folgen die Aussagen über die Lage und Intensität der Hoch- und Tiefdruckzentren, von Hochkeilen und Tiefdrucktrögen sowie über die großräumigen Windverhältnisse. Zur Analyse der Fronten, also von Kalt- und Warmfronten sowie von Okklusionen dient primär das Temperatur-, Feuchte- und Windfeld, aber auch die Berücksichtigung der Bewölkungs-, Niederschlags-, Sicht- und Drucktendenzverhältnisse ist wichtig. Wettererscheinungen wie Niederschlagsgebiete, Schauer, Gewitter und Nebel werden gesondert, meist farbig gekennzeichnet.

Die Abb. 8.5 b zeigt die analysierte Bodenwetterkarte vom 27. Februar 1984. Mit den Höhenwetterkarten stellt sie die Grundinformation des Meteorologen über die ablaufenden physikalischen Prozesse in der Atmosphäre dar.

8.4 Radiosondenbeobachtung

Unter einer Radiosonde versteht man ein Instrumentensystem, das von einem Ballon bis in große Höhen getragen wird und von dem Luftdruck, Temperatur und Feuchte gemessen wird. Über einen eingebauten kleinen Kurzwellensender werden die Meßdaten zur Bodenstation übermittelt. Seit der Erfindung der Radiosonde im Jahre 1929 steht damit der Meteorologie ein einfaches und relativ preiswertes Hilfsmittel zur Vermessung der freien Atmosphäre zur Verfügung. Im Normalfall werden Höhen von 25 bis 30 km erreicht, im Extremfall rund 50 km Höhe.

Die Messung des Luftdrucks erfolgt in der Regel mit einem Dosenbarometer. Für sehr genaue Messungen in Höhen oberhalb 30 km, d. h. ab 10 hPa, findet vereinzelt zusätzlich das Hypsometer Anwendung. Die Temperatur wird mit einem Widerstands- oder Bimetallthermometer gemessen, wobei besonders beachtet werden muß, daß keine Sonnenstrahlung auf das Thermometer fällt und so die Lufttemperaturmessung verfälscht. Aus diesem Grund steckt das Thermometer in einer glänzenden, strahlungsreflektierenden Röhre. Zur Feuchtemessung werden je nach Radiosondentyp verschiedene Instrumente verwendet. Viele Länder benutzen Haarhygrometer und messen die relative Feuchte, manche umgeben ein 2. Bimetallthermometer mit einem feuchten Läppchen und messen die Feuchttemperatur. Besonders genau sind jene Feuchteelemente, die auf dem elektrischen Widerstandsprinzip beruhen, wie z. B. das Lithiumchloridelement oder das Karbonelement. Ändert sich die Luftfeuchte, so ändert sich der Widerstand des Feuchteelements, das an eine kleine Batterie angeschlossen ist. Da die Batteriespannung U konstant ist, führt nach dem Ohm-Gesetz $U = RJ$ die Änderung des Widerstands R zu einer Änderung der Stromstärke J. Diese wird gemessen und aus ihr über eine Eichung die Feuchteänderung bestimmt.

Der Ballon wird aus Sicherheitsgründen mit Helium (nicht brennbar) gefüllt und hat einen Durchmesser von einigen Metern. Für besonders hochreichende Forschungsaufstiege werden Ballone von 5 bis 10 m Größe verwendet. Die ganze Meß- und Sendeanordnung ist an einer 15 m langen Leine unter dem Ballon befestigt, der mit einer konstanten Geschwindigkeit von etwa 300 m/min aufsteigt. Bei den meisten Radiosonden ist an der Leine noch ein Reflektor aus einer dünnen Metallfolie befestigt. Diese wird während des Aufstiegs von einem Radargerät angepeilt; aus der Abdrift des Ballons lassen sich Windrichtung und Windgeschwindigkeit fortlaufend bestimmen, während die zugeordneten Höhen aus der Druckmessung über die barometrische Höhenformel folgen. Mit zunehmender Höhe dehnt sich der Gummiballon infolge des abnehmenden Außendrucks immer mehr aus und platzt schließlich. Instrumente und Sender gelangen an einem kleinen Fallschirm zu Boden, sind aber in der Regel nicht wiederverwendbar. Radiosondenaufstiege werden auf der Nordhalbkugel an etwa 700 Stationen in der Regel 2mal am Tag durchgeführt, und zwar um 00 GMT und 12 GMT. Eine große Bedeutung kommt den Messungen für den Flugverkehr und bei der numerischen Wettervorhersage zu. In der Höhenwetterkarte werden Wind ddff, Temperatur T, Taupunktdifferenz $\Delta T_d = T - T_d$ und Höhe hhh nach folgendem Schema dargestellt:

$$\text{ddff} \quad \bullet \quad \begin{matrix} \text{T} \\ \text{hhh} \\ \Delta T_d \end{matrix}$$

wobei sich die Anordnung der Zahlenkolonne nach links vom Stationspunkt verschiebt, wenn Ostwind weht.

8.5 Radar und Sodar

Das Radar („radio detection and ranging") hat sich in der Meteorologie zur Erfassung und Kurzfristvorhersage von Niederschlagsgebieten ausgezeichnet bewährt. Es beruht auf dem Prinzip, daß ein vom Gerät ausgesandter elektromagnetischer Impuls von den fallenden Niederschlagsteilchen, also von Regentropfen, Schneeflocken, Graupel- oder Hagelkörnern zurückgestreut wird und ein Teil der abgestrahlten Energie vom Empfangsteil des Radars wieder aufgenommen und gemessen wird (s. Abb. 8.7a). Die Theorie zeigt, daß die Echointensität P_E mit der Niederschlagsintensität J (mm/h) und der Entfernung der Niederschlagsgebiete R in folgender Form verknüpft ist

$$P_E = k \frac{J^n}{R^2} .$$

Dabei ist k eine Gerätekonstante, in der z. B. die Stärke des ausgeschickten Impulses P_A und die verwendete Wellenlänge λ (zwischen 3 und 10 cm) eingeht, und n ein Wert, der von der mittleren Rückstreueigenschaft der Regentropfen, Schneekristalle, Eiskörner in der Klimaregion abhängt. Da sich die Entfernung R aus der (halben) Laufzeit der Impulse zwischen Aussendung und Empfang ergibt und die Echointensität P_E vom Gerät gemessen wird, läßt sich somit die Niederschlagsintensität mit der Radargleichung abschätzen. Außerdem kann die Zugbahn der Regengebiete und Schauerzellen auf dem Radarschirm laufend verfolgt und aus ihr die weitere Verlagerungsrichtung und Verlagerungsgeschwindigkeit, d. h. ihr Bewegungsvektor, bestimmt und für die Kurzfristprognose verwendet werden.

In Abb. 8.6a ist das ausgedehnte Regenband einer Kaltfront auf dem Radarbildschirm, in Abb. 8.6b eine Vielzahl isolierter, kleinräumiger Niederschläge einer Schauerwetterlage zu sehen.

Das Sodar („sounding radar") ist ein im akustischen Bereich arbeitendes Radar, ein sog. Schallradar. Es besteht aus einer Schallantenne, die die gebündelten Schallimpulse eines Lautsprechers ausstrahlt, und einem Empfangsteil, das den von der Luft zurückgestreuten Teil des Schallimpulses mißt (Abb. 8.7b).

Je nachdem, welcher physikalische Vorgang gemessen wird, sind 2 Typen von Sodargeräten zu unterscheiden. Mit Hilfe des 1. Sodartyps wird die Energie des Rückstreusignals gemessen. Ihr Betrag hängt von den Unterschieden in der Dichte und damit der Temperatur der benachbarten Luftelemente ab. Fehlen solche Temperaturunterschiede, so fehlt auch das Rückstreusignal; sind die Temperaturunterschiede zwischen den Turbulenzelementen dagegen groß, so ist auch die rückgestreute Energie groß. Dieser Sodartyp dient somit zur Erfassung der bodennahen Temperaturstrukturen, insbesondere von Inversionen sowie von konvektiven und turbulenten Vorgängen.

Der 2. Sodartyp basiert auf der Tatsache, daß von bewegter Luft die Wellenlänge des auftreffenden Schallimpulses verändert wird, so daß die Wellenlänge des vom Empfangsteil aufgenommenen Rückstreusignals gegenüber dem ausgesandten Impuls verschoben erscheint. Dieser Effekt der Wellenlängenverschiebung durch bewegte Objekte wird in der Physik als Doppler-Effekt bezeichnet und findet z. B. auch bei den Radargeschwindigkeitskontrollen der Polizei Anwendung. Da die Größe der Doppler-Verschiebung von der Geschwindigkeit bestimmt wird, dient das sog. Doppler-Sodar zur Windmessung in der atmosphärischen Reibungsschicht.

8.6 Wettersatellitenbeobachtung

Grundlagen

Mit dem Start des 1. Wettersatelliten TIROS I („Television and Infrared Observational Satellite") am 1. April 1960 begann eine neue Ära der globalen Wetter-

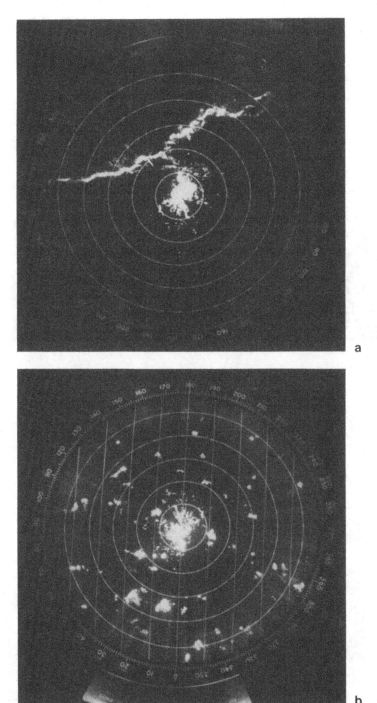

Abb. 8.6. Radarbilder vom Niederschlagsband einer Kaltfront (**a**) und von einer Schauer-wetterlage (**b**)

Abb. 8.7a

Abb. 8.7c

Abb. 8.7 b

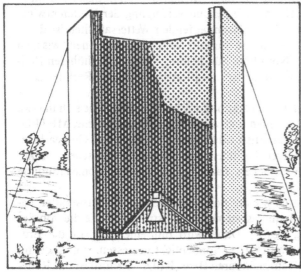

Abb. 8.7 b

Abb. 8.7 a – c. Moderne meteorologische Beobachtungs-/Empfangssysteme; **a** Radarkuppel (mit Parabolspiegel im Inneren); **b** Sodaranordnung (schematisch) sowie Schallgeber/Empfänger und Parabolspiegel; **c** Empfangsantennen für Wettersatellitendaten

beobachtung. Bedenkt man, daß sich die konventionellen Boden- und Radiosondenbeobachtungen überwiegend auf die Festländer beschränken, daß 71% der Erdoberfläche von Wasser bedeckt sind und daß die Stationsdichte auf tropischem wie auf polarem Festland sehr gering ist, so wird deutlich, wie wichtig dieses globale Beobachtungssystem ist.

Von ihrer Umlaufbahn her sind 2 verschiedene Typen von Wettersatelliten zu unterscheiden. Die „polarumlaufenden" Wettersatelliten bewegen sich auf nahezu kreisförmigen Flugbahnen in etwa 800 – 1500 km Höhe, die nahe am

Nord- und Südpol vorbeiführen. Unter dieser Bahn dreht sich unser Planet um seine Achse, so daß im zeitlichen Nacheinander die Wetterbeobachtungen von der ganzen Erde verfügbar sind. Jedes einzelne Gebiet wird innerhalb von 24 h vom Satelliten 2mal erfaßt: einmal am Tag und einmal bei Nacht. Mit 2, entsprechend zeitverschobenen Satelliten kann somit erreicht werden, daß in einem Gebiet Wettersatelliteninformationen alle 6 h verfügbar sind.

Bei dem 2. Typ handelt es sich um „geostationäre" Satelliten. Wie es ihr Name schon besagt, stehen sie ortsfest über einem Erdpunkt, d. h. sie bewegen sich auf ihrer Umlaufbahn mit der gleichen Winkelgeschwindigkeit und in die gleiche Richtung wie der Erdpunkt unter ihnen. Ihre Flughöhe beträgt 36 000 km, und ihre Umlaufbahn befindet sich über dem Äquator.

Die geostationären Satelliten, die neben der meteorologischen Beobachtung vielfach noch zahlreiche andere Aufgaben durchführen, wie z. B. die der interkontinentalen Nachrichten- und Fernsehübermittlung, liefern Informationen über das unter ihnen ablaufende Wettergeschehen in 30minütigem Abstand. Die dichte zeitliche Folge erlaubt eine genaue Verfolgung der Wetterentwicklung. Ihr Nachteil gegenüber den polarumlaufenden Wettersatelliten ist dagegen, daß sie infolge der Erdkrümmung nur gute Wetterinformationen zwischen dem Äquator und rund 50° Nord bzw. Süd liefern, während die höheren Breiten stark verzerrt erscheinen und die Informationen erst mittels Rechner „entzerrt" werden müssen.

Bei voller Besetzung sind es 5 geostationäre Wettersatelliten, die sich in etwa 70° Abstand um die Erde anordnen und von denen der europäische, METEOSAT genannt, nahe der afrikanischen Küste über dem Golf von Guinea beim Nullmeridian steht. Die anderen befinden sich über dem Indischen Ozean, bei Neuguinea, über dem östlichen Pazifik und der Amazonasmündung (Abb. 8.8).

An Bord der geostationären wie der polarumlaufenden Wettersatelliten befinden sich radiometrische Kamerasysteme, also Instrumente, die die von der Erde ausgehende Strahlung messen. Dabei wird zum einen das von der Erdoberfläche oder den Wolken reflektierte Sonnenlicht gemessen. Entscheidend für die ankommende Energie im sichtbaren Bereich (0,4–0,8 µm) ist das Reflexionsvermögen der Stoffe, das für Wolken und Schnee mit etwa 0,75 am höchsten, für Wasserflächen mit 0,05 am geringsten ist; bei Grasland beträgt es 0,10, bei Sandflächen 0,30.

Entsprechend ihrem Reflexionsvermögen treten die Erscheinungen im Satellitenbild im Durchschnitt in folgenden Grautönungen auf:

Schwarz:	Ozeane, Seen
Dunkelgrau:	Große Waldgebiete, Basalregionen
Mittelgrau:	Landwirtschaftlich genutztes Land
Hellgrau:	Wüstengebiete, dünne und lockere Wolken
Weiß:	Wolken mittlerer Mächtigkeit, Schnee und Eis
Leuchtendweiß:	Mächtige Wolkenkomplexe aus Kumulonimben.

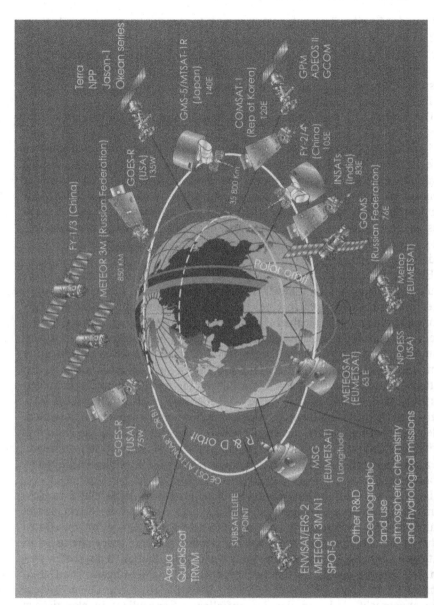

Abb. 8.8. Wettersatelliten auf ihrer Umlaufbahn

Die von der Erdoberfläche, den Wolken und der Atmosphäre ausgehende langwellige Strahlung wird von Infrarotradiometern in verschiedenen Spektralbereichen erfaßt. Diese Wärmestrahlung hängt, wie in Kap. 3 beschrieben, von der Temperatur der strahlenden Körper ab, so daß aus der vom Satelliten gemessenen Strahlungsenergie auf die Temperatur der Erdoberfläche und der Wolkenobergrenze geschlossen werden kann.

Die Temperatur von Festland, Ozeanwasser und Wolkenobergrenze wird durch Messung der Strahlungsenergie im IR-Bereich zwischen 10,5 und 12,5 μm erfaßt, also im großen atmosphärischen Fenster. In mehreren Kanälen (Spektralbereiche) zwischen 14 und 15 μm, in der sog. CO_2-Bande, werden Strahlungsmessungen vorgenommen, die verschiedenen Höhenschichten der Atmosphäre zugeordnet werden können. Auf diese Weise lassen sich vertikale Temperaturprofile bis in große Höhen (über 50 km) ableiten. Zusätzliche IR-Messungen in anderen Spektralbereichen, den sog. Wasserdampfkanälen, lassen schließlich noch die Bestimmung der großräumigen atmosphärischen Wasserdampfverteilung zu.

Ein wichtiger Punkt für die Güte der Satellitenaufnahmen ist das sog. Auflösungsvermögen der Radiometer. Darunter versteht man die Fähigkeit optischer Instrumente (z. B. auch eines Fernglases), 2 getrennte Punkte auch getrennt abzubilden. Je schlechter das Auflösungsvermögen ist, um so schneller erscheinen benachbarte Gegenstände, z. B. 2 Sterne im Teleskop, zu einem verschmolzen. Das Auflösungsvermögen der Wettersatelliten ist senkrecht unter dem Satelliten am besten (bis zu 1 km) und wächst auf Zehnerkilometer zu den Seiten der Satellitenaufnahme an. Am Bildrand treten dadurch erhebliche Verzerrungen auf, so daß dort isolierte Wolkenkomplexe als geschlossenes Wolkenfeld erscheinen. Erhöhen läßt sich das Auflösungsvermögen im Satelliten, indem z. B. ein Radiometer verwendet wird, das bei der Messung die unter ihm befindliche Erdoberfläche in feineren, engeren Rasterlinien abtastet, was dann allerdings eine größere Abtastgeschwindigkeit des sog. Scanning-Radiometers voraussetzt.

Die von den Radiometern gemessene Strahlung wird im Satelliten in elektromagnetische Impulse umgesetzt und über ein Sendesystem direkt ausgestrahlt, so daß jede entsprechend ausgerüstete Empfangsstation die Daten während des Satellitenüberflugs aufnehmen kann. An Bord gespeicherte Informationen können dagegen nur von ganz bestimmten Stationen abgerufen werden. Die Energie für die Aufnahme und Ausstrahlung der ungeheuren Datenmengen werden dem Satelliten von Solarzellen geliefert, die an seiner Außenseite angebracht sind und die das auffallende Sonnenlicht in elektrischen Strom umzuwandeln vermögen (s. Abb. 8.8).

Zwei Arten von Satellitendaten stehen somit grundsätzlich zur Verfügung, nämlich die im sichtbaren Bereich (VIS = „visible") und die im Infrarotbereich (IR). Während dabei die VIS-Aufnahmen nur tagsüber zur Verfügung stehen und im Winter aus den Gebieten mit Polarnacht ganz fehlen, haben die IR-Messungen den Vorteil, daß sie auch bei Dunkelheit der Erdregion verfügbar sind, da ja die Wärmestrahlung unabhängig von der Helligkeit gemessen werden kann. Die Grautönung in den Satellitenbildern ist dabei für die Erscheinungen in den IR-Aufnahmen die gleiche, wie sie für die VIS-Aufnahmen (in Abhängigkeit vom Reflexionsvermögen) geschildert worden sind.

8.7 Meteorologische Erscheinungen im Satellitenbild

Die augenfälligsten Erscheinungen bei der Betrachtung von Satellitenbildern sind ganz bestimmte, häufig sich wiederholende Wolkenanordnungen. Sie sind charakteristisch für die sie erzeugenden atmosphärischen Prozesse, d. h. für die Bewegungs-, Temperatur- und Feuchtevorgänge in der Troposphäre. Anhand einzelner Beispiele soll daher eine Einführung in die Interpretation der Satellitenaufnahmen, wie sie z. B. im Rahmen der Fernsehwettervorhersage täglich zu sehen sind, gegeben werden. Über den Zusammenhang von sichtbaren Phänomenen im Satellitenbild und den Erscheinungen in der Wetterkarte soll außerdem das physikalische Verständnis von den atmosphärischen Strukturen vertieft werden.

Polarfrontzyklonen

Entsprechend den verschiedenen Stadien, die die Polarfronttiefs der mittleren und nördlichen Breiten in ihrer Entwicklung durchlaufen, werden sie durch eine große Variationsbreite in ihrem Aussehen im Satellitenbild charakterisiert.
Einen sehr eindrucksvollen Fall stellt die Tiefentwicklung vom 9.– 14. April 1968 über dem europäischen Festland dar, die in den täglichen Wetterkarten (Abb. 8.9a–f) und Satellitenaufnahmen (Abb. 8.10a–f) belegt ist.
Am 9. April erkennt man ein kompaktes Wolkenband, das quer über Rußland von Nordost nach Südwest verläuft und dessen einheitliches geschlossenes Aussehen auf stratiforme Bewölkung hinweist. Dieses Wolkenband gehört, wie die Bodenwetterkarte zeigt, zu einem Frontenzug, der die kältere Luft im Westen von wärmerer im Osten trennt. In seinem südlichen Teil wird im Satellitenbild eine Verdickung des Wolkenbands sichtbar; sie gehört zu der Welle, die sich an der Polarfront im Gebiet zwischen Alpen und Schwarzem Meer gebildet hat, d. h. im Satellitenbild vom 9. April ist die Entstehung eines Tiefs erfaßt (s. Abb. 8.10a).
Außerdem erkennt man in Abb. 8.10a ein kleines Tief mit spiralförmiger Wolkenanordnung über Norddeutschland. Solche kommaförmigen Gebilde mit nur einer Front, der Kaltfront, entstehen im zentralen Kaltluftbereich des Trogs. Sie gehören nicht zu den Polarfrontzyklonen, die, wie geschildert, als Wellen auf der Vorderseite der Höhentröge entstehen, und sind selten.
Eine grundsätzliche Schwierigkeit bei der Satellitenbildinterpretation ist die große Ähnlichkeit von Wolken und Schneebedeckung, da bei beiden das Reflexionsvermögen in der gleichen Größe liegt. So handelt es sich bei den Alpen, dem norwegischen Bergland, über Finnland und dem Bottnischen Meerbusen

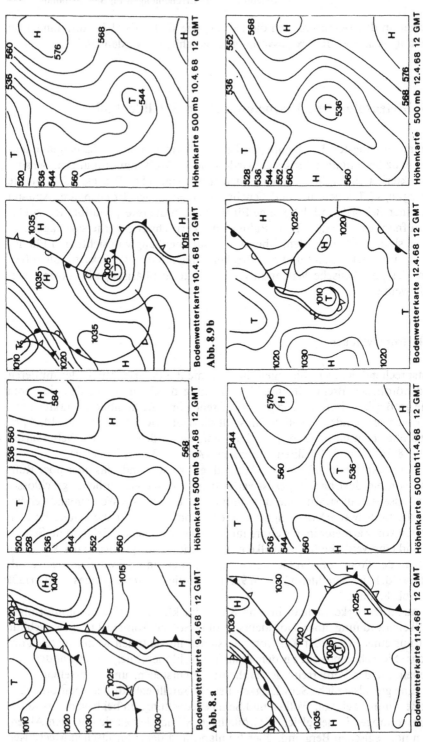

Höhenkarte 500mb 10.4.68 12 GMT

Bodenwetterkarte 10.4.68 12 GMT

Abb. 8.9 b

Höhenkarte 500 mb 12.4.68 12 GMT

Bodenwetterkarte 12.4.68 12 GMT

Abb. 8.9 d

Höhenkarte 500mb 9.4.68 12 GMT

Bodenwetterkarte 9.4.68   12 GMT

Abb. 8.9 a

Höhenkarte 500mb11.4.68 12 GMT

Bodenwetterkarte 11.4.68 12 GMT

Abb. 8.9 c

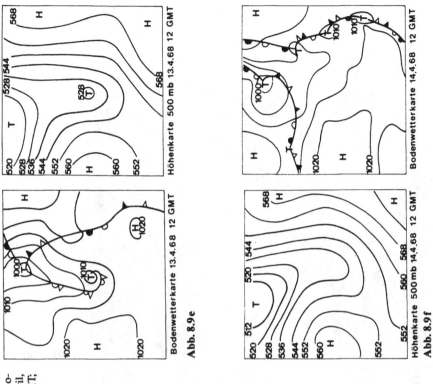

Höhenkarte 500 mb 13.4.68 12 GMT

Bodenwetterkarte 13.4.68 12 GMT

Abb. 8.9 e

Bodenwetterkarte 14.4.68 12 GMT

Höhenkarte 500 mb 14.4.68 12 GMT

Abb. 8.9 f

Abb. 8.9 a – f. Bodenwetterkarten und 500-hPa-Höhenkarten der Zyklonenentwicklung vom 9.–14. April 1968. **a** 9. April, 12 GMT; **b** 10. April, 12 GMT; **c** 11. April, 12 GMT; **d** 12. April, 12 GMT; **e** 13. April, 12 GMT; **f** 14. April, 12 GMT

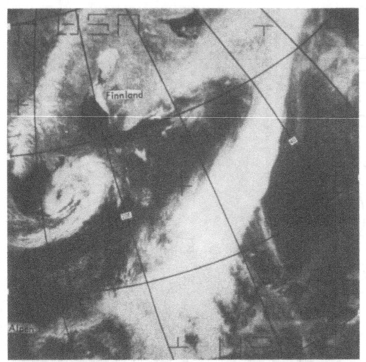

Abb. 8.10a

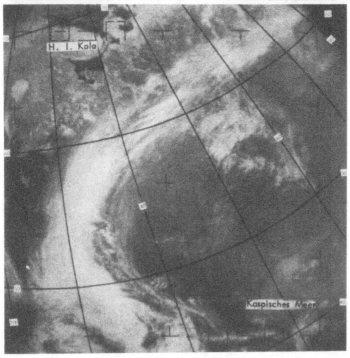

Abb. 8.10b

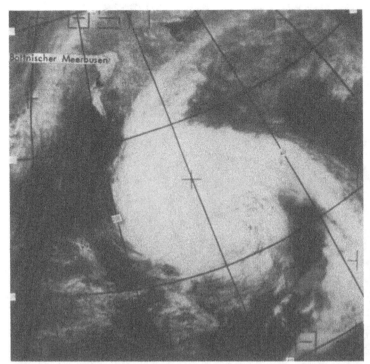

Abb. 8.10 c

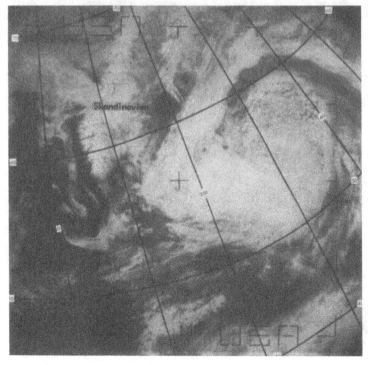

Abb. 8.10 d

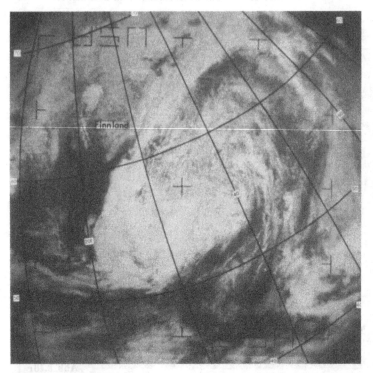

Abb. 8.10e

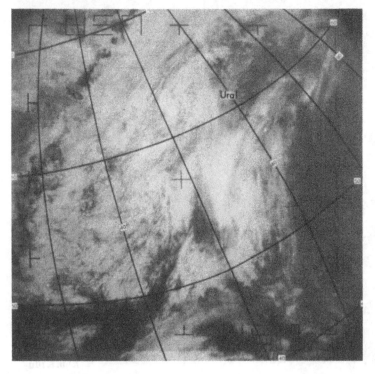

Abb. 8.10f

nicht um Wolken, sondern um eine Schneedecke. Ein Kriterium dafür ist zum Beispiel, daß man die Täler und Fjorde als dunkle Linien erkennt, weil dort der Schnee fehlt, ein anderes, wie z. B. über Finnland, der Wechsel von dunklen zu helleren Grautönen, da die Wälder von oben dunkler erscheinen als eine geschlossene Schneedecke über freiem Land. Erwähnt sei noch, daß die wolkenarmen oder wolkenfreien Gebiete unter Hochdruckeinfluß stehen.

Am 10. April, also 24 h später, hat sich nach der Bodenwetterkarte (s. Abb. 8.9 b) die Welle zu einem jungen Tief mit einem deutlich ausgeprägten Warmsektor und einem Kerndruck von 1005 hPa weiterentwickelt. Im Satellitenbild (s. Abb. 8.10 b) ist es an der Wolkenverdickung bei etwa 50 °N zu erkennen. Warm- und Kaltfront sind durch ein gleichmäßiges Wolkenband gekennzeichnet. Bei etwa 60 °N wird die Warmfrontbewölkung diffus. Die Ursache dafür ist, daß dort die Front unter Hochdruckeinfluß gerät. Dort, wie in weiten anderen Teilen des Bildes, sieht man einen dünnen Grauschleier, unter dem z. T. die Erdoberflächenstrukturen noch erkennbar sind. In diesen Fällen handelt es sich um die wenig kompakte Zirrusbewölkung.

Am 11. April zeigt die Satallitenaufnahme (s. Abb. 8.10 c) einen ausgedehnten, angenähert kreisrunden Wolkenkomplex. Während seine zentralen Teile deutlich stratiforme Wolken aufweisen, ist in seinem Südostsektor eine granulatartige Wolkenstruktur zu erkennen; in der kalten Luft kommt es zu lebhafter Konvektion und damit zur Bildung kumuliformer Bewölkung mit den korrespondierenden Wolkenlücken, die sich als dunkle Linien ausprägen. Wie die Wetterkarte vom gleichen Tag zeigt (s. Abb. 8.9 c), hat der Okklusionsprozeß soeben eingesetzt; der Wirbel befindet sich im frühen Okklusionsstadium. Kalt- und Warmfront sind wieder an ihren Wolkenbändern zu erkennen.

Am 12. April zeigt das Satellitenbild, daß sich die Zone kumuliformer Bewölkung weiter ausgedehnt hat, d. h. daß weitere Teile des Tiefs durch das rasche Vordringen der Kaltfront von Kaltluft eingenommen werden. Wie schon am Vortag findet man unmittelbar hinter der Kaltfront eine wolkenarme Zone, die postfrontale Aufheiterungszone. In der Bodenwetterkarte (s. Abb. 8.9 d) wird deutlich, wie weit der Okklusionsprozeß bereits fortgeschritten ist; auch im Satellitenbild ist der Okklusionspunkt zu finden, und zwar dort am oberen Bildrand, wo Kalt- und Warmfrontbewölkung auseinanderlaufen (s. Abb. 8.10 d).

Das Auflösungsstadium des Tiefs ist in Abb. 8.10 e sichtbar. Der Wolkenkomplex erscheint elliptisch auseinandergezogen. Seine überwiegend kumuli-

---

Abb. 8.10 a – f. Lebenslauf einer Polarfrontzyklone im Satellitenbild. **a** Wellenstadium (9. April 1968); **b** Warmsektorstadium (10. April 1968); **c** frühes Okklusionsstadium (11. April 1968); **d** fortgeschrittenes Okklusionsstadium (12. April 1968); **e** Auflösungsstadium (13. April 1968); **f** Trogstadium (14. April 1968)

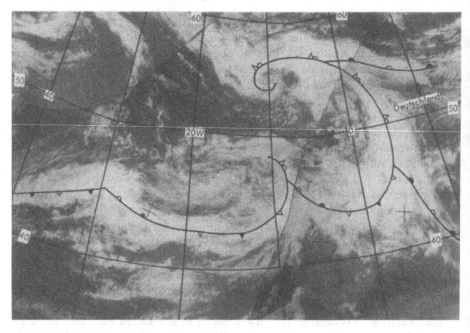

Abb. 8.11. Zyklonenfamilie im Satellitenbild

forme Struktur zeigt an, daß er fast vollständig von Kaltluft erfüllt ist. Nur die stratiforme Okklusionsbewölkung an seinem Westrand deutet noch auf die Reste der Warmluft, auf die Warmluftschale in der Höhe hin. Wie aus der Wetterkarte vom 13. April hervorgeht (s. Abb. 8.9e), ist das Tief nur noch schwach entwickelt, während sich am Okklusionspunkt ein Teiltief gebildet hat.

Am 14. April (s. Abb. 8.10f) ist keinerlei Wirbelstruktur im Satellitenbild mehr zu erkennen. Der Wolkenkomplex weist eine langgestreckte elliptische Form und eine vollständig kumuliforme Struktur auf. Im Osten, nahe dem Ural, findet man stratiforme Wolken. Dort hat sich, wie die Bodenwetterkarte (s. Abb. 8.9f) zeigt, der Frontenzug hin verlagert. Neue Wellen und junge Tiefs weisen auf neue Tiefentwicklungen an der Polarfront hin.

Die geschilderte Wirbelentwicklung vom 9.–14. April dokumentiert in eindrucksvoller Weise den Lebenslauf der Polarfrontzyklonen. Daß dabei jedes Stadium durch eine Satellitenaufnahme belegt werden konnte, erklärt sich aus der langsamen Entwicklung dieser Zyklone.

In Abb. 8.11 ist eine Zyklonenfamilie längs der Polarfront über dem Atlantik wiedergegeben, wobei das nördliche System am weitesten okkludiert ist, während sich das westliche System noch im Wellenstadium befindet. Deutlich sind die Wirbelzentren, die frontalen stratiformen Wolkenbänder, die kumuliformen Wolkenfelder und die unter Hochdruckeinfluß stehenden wolkenarmen Gebiete zu erkennen.

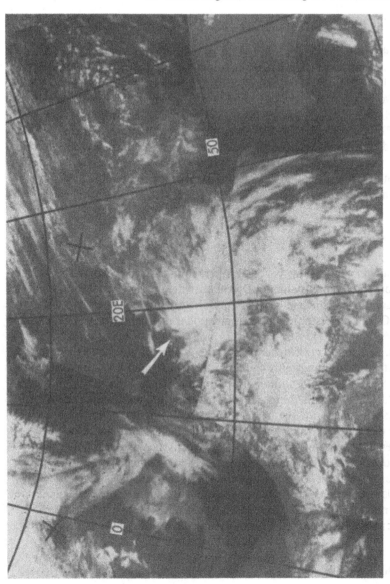

Abb. 8.12. Kaltlufttropfen im Satellitenbild (7. Juni 1973)

Kaltlufttropfen

In Kap. 7.4 wurde das Erscheinungsbild eines Kaltlufttropfens in der Boden- und Höhenwetterkarte gezeigt, der innerhalb von 7 Tagen vom Seegebiet um Schottland über Deutschland zum Schwarzen Meer gezogen ist. In Abb. 8.12 ist seine Wolkenanordnung vom 7. Juni über Mitteleuropa im Satellitenbild zu sehen und zwar als kompakter Wolkenkomplex mit Schwerpunkt bei etwa 50°N/20°E. Zu erkennen ist teils stratiforme Bewölkung in seinem Bereich, die durch das Aufgleiten der wärmeren Umgebungsluft auf die Kaltluft erzeugt wird, teils aufgelockerte kumuliforme Wolkenfelder infolge der Konvektionsprozesse in der Polarluft. Wie die Satellitenaufnahme zeigt, fehlt dem Kaltlufttropfen ein frontales Wolkenband.

Tropische Wirbelstürme

Von besonderer Bedeutung ist die Früherkennung tropischer Wirbelstürme anhand von Satellitenaufnahmen. Da sie über dem Meer entstehen, dort aber die Beobachtungsdichte am geringsten ist, wurden sie früher erst erkannt, wenn der Orkan die erste Insel heimgesucht oder das erste Schiff SOS gefunkt hatte.

In Abb. 8.13 sind 4 verschiedene tropische Wirbelstürme wiedergegeben, die anhand ihres Erscheinungsbilds 4 unterschiedlichen Intensitätsstufen zuzuordnen sind. Wirbelstürme der Kategorie 1 weisen ein nur schwach organisiertes Wolkenfeld, die der Stufe 2 ein stärker organisiertes, aber immer noch wenig kompaktes Aussehen auf. Bei beiden Stufen fehlt das Auge des Orkans. Wirbelstürme der Kategorie 3 lassen ihre vernichtende Gewalt bereits aus dem geschlossenen Erscheinungsbild mit den konzentrischen Wolkenbanden ahnen; das Auge des Orkans ist vorhanden, doch ist es noch unregelmäßig ausgeprägt. Die größte Gefahr geht von den tropischen Wirbelstürmen der Kategorie 4 aus, der sich als kompakter, fast kreisrunder Rotor im Satellitenbild darstellt. Seine Wolkenbanden, in denen der Energietransport nach oben stattfindet, erscheinen konzentrisch angeordnet, und das Auge des Orkans hat eine Kreisform.

Weitere charakteristische Erscheinungen

Hochdruckgebiete sind i. allg. durch Wolkenarmut gekennzeichnet, so daß in diesen Regionen im Satellitenbild die Erdoberfläche sichtbar wird (Abb. 8.14). In der warmen Jahreszeit können sich jedoch am Rande von Hochdruckzonen Wärmegewitter entwickeln, in der kalten Jahreszeit treten in ihrem windschwachen Bereich bevorzugt Nebelfelder auf.

In Abb. 8.15 sind weite Teile der Satellitenaufnahme wolkenlos oder nur locker bewölkt. Am 10. Längenkreis erkennt man jedoch über Mitteleuropa mehrere kompakte, teils kleinere, teils größere, leuchtendweiße, isolierte Wolkenkomplexe. Bei ihnen handelt es sich um intensive Wärmegewitter.

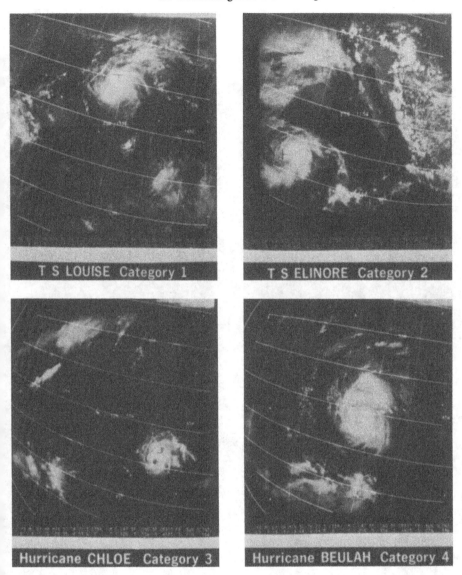

Abb. 8.13. Tropische Wirbelstürme in 4 Intensitätsstufen

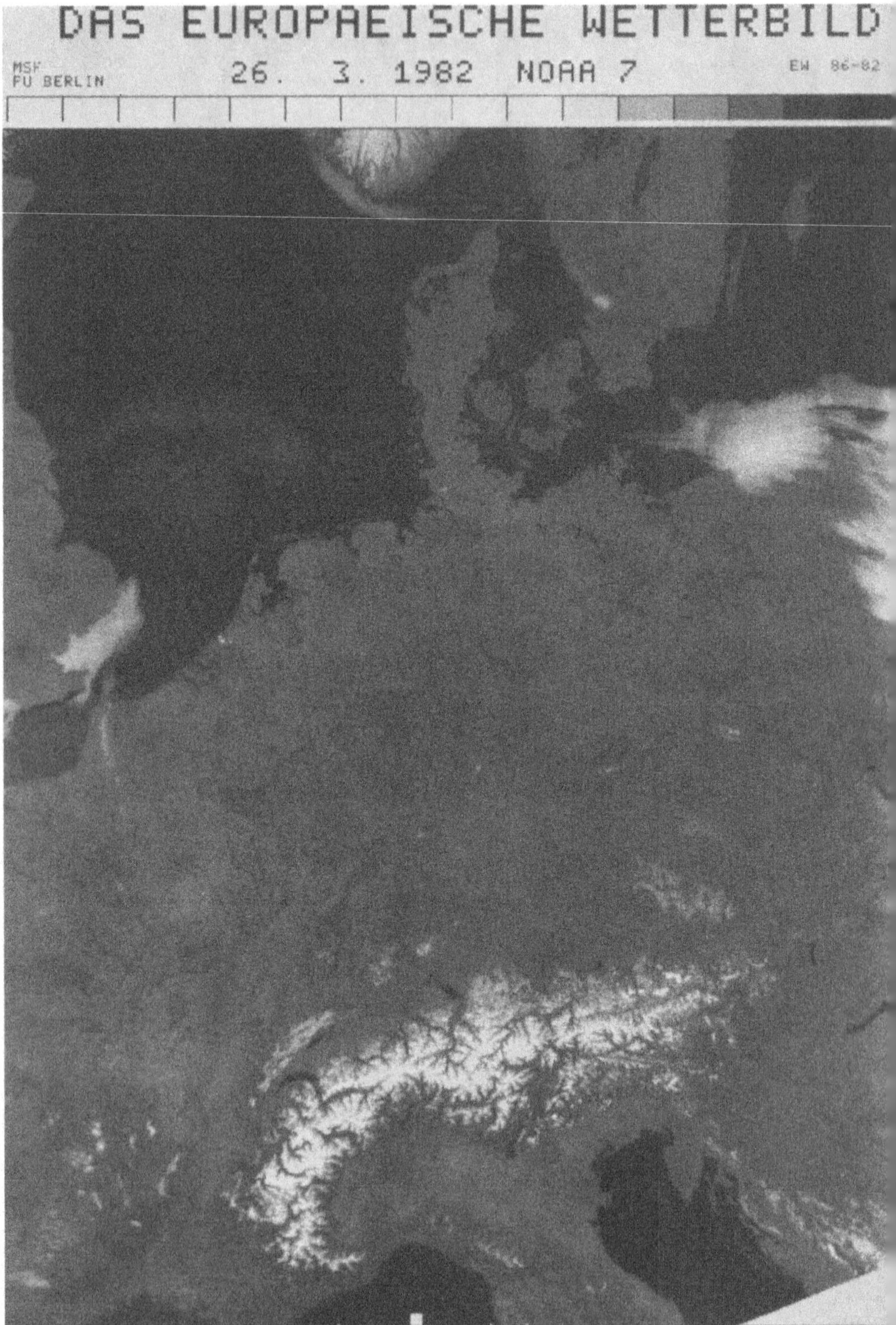

DAS EUROPAEISCHE WETTERBILD

MSF
FU BERLIN   26. 3. 1982 NOAA 7   EW 86-82

U 3897 (13:36:33 / 229.09°W)   13:49 - 13:55 MEZ   VIS   725 - 1.10 µm
STEREOGRAPHISCHE PROJEKTION 1 : 7 500 000   AVHRR-DATEN

Abb. 8.14. Hochdruckeinfluß über Mitteleuropa (26. März 1982)

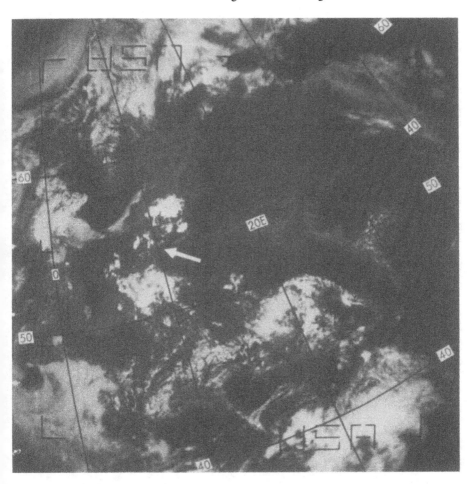

Abb. 8.15. Kumulonimbuskomplexe mit Wärmegewittern über dem westlichen Deutschland (17. Juli 1969)

In Abb. 8.16 ist Dänemark und das Norddeutsche Tiefland wolkenfrei, und man erkennt den schneebedeckten Untergrund. Das mittlere und südliche Deutschland wird dagegen von einer geschlossenen Nebel- und Hochnebeldecke eingenommen, aus der die Hochlagen der Gebirge, z. B. von Alpen und Bayrischem Wald, deutlich herausragen.

Die Ausprägung unterschiedlich intensiver Konvektionsprozesse in Abhängigkeit von der jeweiligen atmosphärischen Stabilität zeigt sich an der Entwicklung kleinzelliger Kumuluswolken in Abb. 8.17a bzw. größerer Kumuluskomplexe in Abb. 8.17b. Im 1. Fall ist das Wetter freundlich, während im 2. typisches Aprilwetter mit einem raschen Wechsel von starker Bewölkung und einzelnen Aufheiterungen auftritt, wobei es wiederholt zu Schauern kommt.

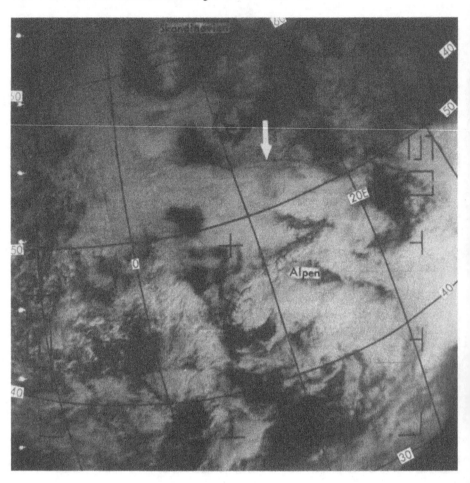

Abb. 8.16. Nebel und Hochnebel über Mitteleuropa (1. März 1969)

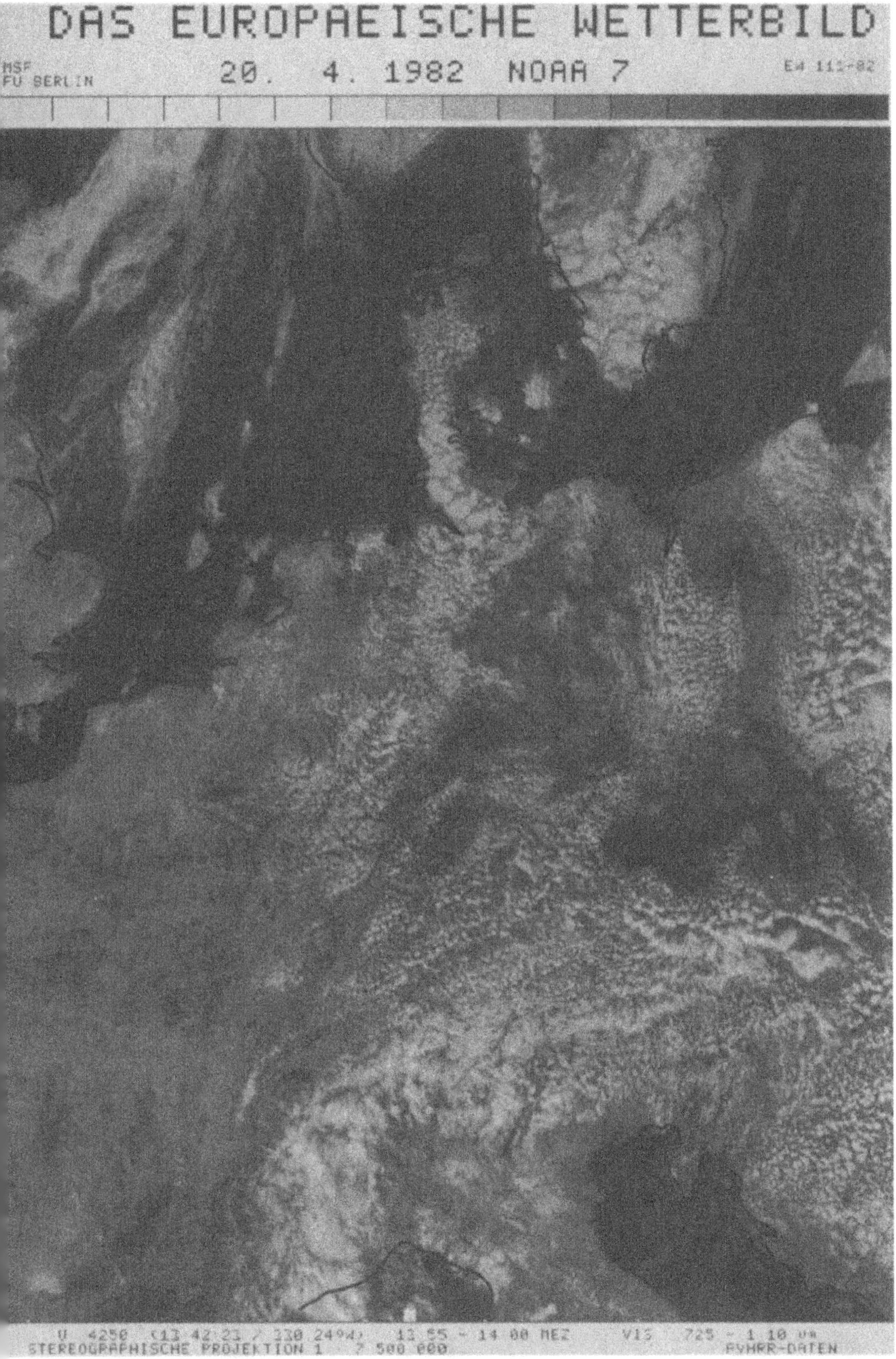

Abb. 8.17a. Kleinzellige Kumulusbewölkung (20. April 1982)

Abb. 8.17 b. Aprilwetter im Satellitenbild (12. April 1982)

9 Wettervorhersage

Die Grundlage jeder Aussage über die Wetterentwicklung in den nächsten Stunden oder Tagen ist die Diagnose des dreidimensionalen atmosphärischen Zustands zum Ausgangszeitpunkt. Dazu dienen Boden- und Höhenwetterkarten, Diagramme über die vertikalen Verhältnisse an einem Punkt oder längs eines räumlichen Vertikalschnitts sowie Zusatzinformationen, wie z. B. Radar- oder Satellitendaten. Aus diesen Unterlagen entnimmt der Vorhersagemeteorologe die Verteilung der Druckzentren, die großräumige Strömung, die Lage der Fronten, die Anordnung von Kaltluft- und Warmluftgebieten sowie von Starkwindbändern, die mit den Systemen verbundenen Wettererscheinungen und durch den Vergleich zeitlich aufeinanderfolgender Wetterkarten die Wetterentwicklung im zurückliegenden Zeitraum. Der Diagnose des aktuellen atmosphärischen Zustands folgt dann die Prognose über den zukünftigen Zustand, über die Weiterentwicklung des Wettergeschehens. Dazu bedient sich die Meteorologie ihrer Kenntnis von den physikalischen Gesetzen, die die Abläufe in der Atmosphäre bestimmen. Schon in der Philosophie des alten Griechenlands finden wir den Satz "die Natur würfelt nicht". Nicht der Zufall, sondern Gesetzmäßigkeiten sind es, die die Natur beherrschen, nach denen auch die Vorgänge in unserer Lufthülle ablaufen.

Grundsätzlich hat man nach dem gegenwärtigen Sprachgebrauch 2 Formen der Wettervorhersage zu unterscheiden. Im 1. Fall handelt es sich um die Vorhersage der großräumigen Verteilung der atmosphärischen Zustandsgrößen wie Luftdruck, Wind, Temperatur, Feuchte usw., und zwar am Boden wie in der Höhe. Die Ergebnisse werden als Boden- und Höhenwetterkarten dargestellt. Diese Vorhersageart, die die feldmäßige Verteilung der obengenannten meteorologischen Parameter liefert, bezeichnet man als „numerische Wettervorhersage". Der Begriff ist allerdings etwas irreführend, da das Wetter in unserem Sinn von dieser Methode nicht vorhergesagt wird, sondern nur die atmosphärischen Grundzustände, die das lokale Wetter mitverursachen.

Unter dem Begriff „Wetter" verstehen wir bekanntlich die Erscheinungen in den unteren Luftschichten, die an einem Ort oder in einer Region auftreten, d. h. die Bildung von Wolken, Niederschlag, Nebel, Gewitter und Glatteis, die Höchst- und Tiefsttemperatur, die örtlichen Windverhältnisse. Die Aufgabe, diese Phänomene vorherzusagen, obliegt der „lokalen und regionalen Wettervorhersage". Hierbei sind neben den numerischen Vorhersagekarten über den zu erwartenden atmosphärischen Grundzustand die Einflüsse örtlicher und regionaler Gegebenheiten zu berücksichtigen, wie z. B. der Einfluß von Bergen,

Seen, Tälern, der Küste, ja sogar den der Städte auf das Wetter. Auch die Jahreszeit ist miteinzubeziehen. So kann bei gleicher Wetterlage das Wetter an verschiedenen Orten bzw. am selben Ort in den einzelnen Jahreszeiten sehr verschieden sein. Als Beispiel seien die Hochdruckwetterlagen genannt, die im Sommer i. allg. mit strahlendem Sonnenschein verbunden sind, bei denen es aber am Gebirge auch zu orographischen Gewittern kommen kann und die im Herbst vielfach durch dichte Nebel- oder Hochnebelfelder in den tieferen Lagen gekennzeichnet sind, während es in den höheren Lagen sonnig ist.

9.1 Numerische Wettervorhersage

Die Anfänge der numerischen Wettervorhersage reichen bis ins Jahr 1868 zurück, als Helmholtz die hydrodynamischen Gleichungen aus der Physik als mögliches Mittel zur Behandlung meteorologischer Probleme aufzeigte. 1904 formulierte V. Bjerknes, daß für eine numerische Prognose eine genaue Kenntnis vom atmosphärischen Anfangszustand und von den physikalischen Gesetzmäßigkeiten in der Atmosphäre erforderlich ist. Eine erste Prognosenberechnung wurde um 1920 von dem englischen Meteorologen Richardson versucht. Von Hand führte er Tausende von Rechenoperationen aus, um die Druckänderung der nächsten Stunden physikalisch-mathematisch zu bestimmen. Das erforderte einen Zeitaufwand von 5 Jahren und endete mit einem Fehlschlag, denn die errechnete Druckänderung war um mehr als 100 hPa falsch. Nach diesem Mißerfolg ließ das Interesse an der mathematischen Vorhersage für mehrere Jahrzehnte nach.

Erst 1950 konnten Charney, Fjortoft und v. Neumann, begünstigt durch die ersten Schnellrechner, zeigen, daß es möglich ist, eine numerische Wettervorhersage zu erstellen. Die erste Prognose auf der Basis eines physikalisch-mathematischen Modells (von der Atmosphäre) war die 24stündige Vorhersage der 500-hPa-Fläche. Zwar dauerten die Berechnungen für die 24-h-Prognose noch 24 h, doch bildeten sie die Grundlage für die weitere Entwicklung, für die heutigen täglichen Vorausberechnungen des großräumigen Atmosphärenzustands.

Im wesentlichen beschreiben 6 Größen den Zustand der Atmosphäre. Es sind die 3 Windkomponenten u, v, w, die Dichte ϱ, die Temperatur T sowie der Luftdruck p. Als 7. Größe kommt bei feuchter Luft die spezifische Feuchte q dazu. Um somit für jeden Ort und für jeden Zeitpunkt diese Zustandsgrößen zu bestimmen, braucht man folglich bei trockener Luft 6 und bei feuchter Luft 7 Gleichungen (Tabelle 9.1).

Dabei handelt es sich um 6 Bilanzgleichungen, und zwar für die Komponenten des Impulses pro Masseneinheit u, v, w (Bewegungsgleichung), für die Masse (Kontinuitätsgleichung), für die innere Energie (1. Hauptsatz) und für den Wasserdampf pro Masseneinheit sowie um eine Zustandsgleichung.

Die 7 Grundgleichungen gelten grundsätzlich für die Momentanwerte von u, v, w, p, T, ϱ und q. Ferner müßten zum Anfangszeitpunkt eigentlich die tur-

Tabelle 9.1. Prognostische und diagnostische Ausgangsgleichungen für u, v, w, ϱ, p, T und q

$$\frac{d\vec{v}}{dt} = \underbrace{-\frac{1}{\varrho}\vec{\nabla}p}_{(A)} \underbrace{- 2\,\vec{\omega}\times\vec{v}}_{(B)} \underbrace{- \vec{\nabla}\phi}_{(C)} + \underbrace{\frac{1}{\varrho}\vec{F}_R}_{(D)} \qquad \text{(Bewegungsgleichung)}$$

$$\frac{\partial\varrho}{\partial t} = -\vec{\nabla}\cdot(\varrho\,\vec{v}) \qquad \text{(Kontinuitätsgleichung)}$$

$$c_p\frac{d\ln T}{dt} - R\frac{d\ln p}{dt} = \frac{1}{T}\frac{\delta Q^*}{\delta t} \qquad \text{(1. Hauptsatz der Wärmelehre)}$$

$$T = \frac{p}{R\varrho} \qquad \text{(Zustandsgleichung für Gase)}$$

$$\frac{dq}{dt} = Z \qquad \text{(Wasserdampfbilanzgleichung)}$$

In der Bewegungsgleichung entspricht Term A der Druckkraft, B der Coriolis-Kraft, C der Schwerkraft, D der Reibungskraft. $Q^* = Q/m$ ist die Wärmeenergie, R die Gaskonstante und Z die Quellen des Wasserdampfs pro Masseneinheit

bulenten Flüsse vom Impuls, Wärme und Wasserdampf bekannt sein. Synopti-sche wie aerologische Messungen liefern jedoch infolge instrumenteller Träg-heit, d.h. zu geringer zeitlicher Auflösung nur eine Mittelung der Momentan-werte. Deshalb sind die Grundgleichungen für die numerische Wettervorhersa-ge gemittelte Gleichungen. Hierbei hat man es infolge der Nichtlinearität der Beziehungen nicht nur mit den 7 gemittelten Feldgrößen $\bar{u}$, $\bar{v}$, $\bar{w}$, $\bar{p}$, $\bar{T}$, $\bar{\varrho}$, $\bar{q}$ zu tun, sondern mit weiteren 18 gemittelten Produkten aus den Fluktuationen (′) wie $\overline{(u')^2}$, $\overline{u'v'}$, $\overline{u'w'}$, $\overline{u'p'}$, $\overline{uT'}$, $\overline{u'\varrho}$, $\overline{u'q'}$ oder $\overline{(w')^2}$, $\overline{wT'}$, $\overline{w'q'}$ usw.

Genau genommen hat man es also bei nur 7 bekannten Gleichungen mit 25 Unbekannten zu tun. Diese Schwierigkeiten lassen sich dadurch umgehen, daß man durch möglichst einfache, aber realistische Annahmen in der Form 18 weiterer Gleichungen das System schließt, d.h. indem man Ansätze entwickelt, welche die nicht meßbaren Fluktuationsgrößen mit den gemessenen Mittelwer-ten der Feldgrößen verbindet. Als einfachstes Beispiel sei der Gradientansatz genannt, bei dem die vertikalturbulenten Transporte der Größe S (Impuls, Wärme, Feuchte) über das vertikale Gefälle dieser Größe mit Hilfe eines Aus-tauschkoeffizienten bestimmt wird.

Im einfachen Fall mit hydrostatischer Approximation, wenn man auch noch den Einfluß der Wärmequellen, den Wasserdampfgehalt und die turbulenten Flüsse vernachlässigt, nehmen die Grundgleichungen die Form an:

$$\frac{d\vec{v}_h}{dt} = -\frac{1}{\varrho}\vec{\nabla}_h p - f\vec{k}\times\vec{v}_h \qquad \text{Horizontalbewegung}$$

$$\frac{dw}{dt} = -\frac{1}{\varrho}\frac{\partial p}{\partial z} - g = 0 \qquad \text{Vertikalbewegung (hydrostatische Approximation)}$$

$$\frac{d\varrho}{dt} + \varrho \left(\vec{\nabla}_h \cdot \vec{v}_h + \frac{\partial w}{\partial z} \right) = 0 \quad \text{Kontinuitätsgleichung}$$

$$\frac{d\theta}{dt} = 0 \qquad \qquad 1. \text{ Hauptsatz } (\theta: \text{ potentielle Temperatur})$$

$$T = \frac{p}{R_L \varrho} \qquad \qquad \text{Gasgleichung}$$

Eine derartige Vereinfachung ist jedoch nur bei Kurzfristvorhersagen von 1 – 2 Tagen, und auch dort nur mit Einschränkungen, möglich. Bei den Mittelfristvorhersagen von 3 – 10 Tagen sind dagegen physikalisch aufwendigere Modelle erforderlich. Auch wird zur Stabilisierung der numerischen Integrationsverfahren stets eine Horizontalreibung eingeführt.

Sind die geschilderten Voraussetzungen über den Anfangszustand der meteorologischen Größen bekannt, so wird eine numerische Integration der Grundgleichungen vorgenommen. Dabei wird die zeitliche Änderung der Größen an jedem Gitterpunkt für ein kurzes Zeitintervall direkt aus den Gleichungen berechnet. Mit den sich so ergebenden neuen Feldverteilungen wird dann die Änderung für einen weiteren Zeitschritt berechnet. Dieses Verfahren für kleine Zeitschritte wird so oft wiederholt, bis der vorgegebene Prognosezeitraum, z. B. $t_0 + 72$ h erreicht ist. Dazu ist eine so ungeheure Zahl von Rechenoperationen erforderlich, daß die Aufgabe nur von einem Großrechner gelöst werden kann.

So bedarf es z. B. 7 Mrd. Multiplikationen, Divisionen, Additionen und Subtraktionen, um eine Kurzfristvorhersage für nur 24 h zu berechnen.

Die numerische Integration beinhaltet eine Reihe von Fehlermöglichkeiten, die das Vorhersageergebnis unter Umständen verfälschen können. Zum einen müssen die in den Gleichungen auftretenden Differentialquotienten (z. B. $\partial T/\partial t$ oder $\partial v/\partial x$) mittels endlicher Differenzen durch Differenzquotienten (z. B. $\Delta T/\Delta t$ oder $\Delta v/\Delta x$) ersetzt werden, was, wie die Mathematik lehrt, nur eine Näherung liefert (Diskretisationsfehler).

Die Lösung des Gleichungssystems von Tabelle 19 mit dem Ziel einer numerischen Wettervorhersage ist jedoch prinzipiell möglich, sofern einerseits die Randbedingungen an der Erdoberfläche und am oberen Atmosphärenrand definiert sind und sofern anderseits die Anfangsbedingungen, d. h. die Feldverteilungen der abhängigen Größen zum Ausgangszeitpunkt bekannt sind. Wird nicht für die ganze Erde, sondern nur für einen Teilbereich davon gerechnet, so müssen ferner die seitlichen Randbedingungen für das betrachtete Areal festgelegt werden.

Bei der Erfüllung dieser Forderungen ergeben sich eine Reihe von Problemen. So gilt zum einen, so wichtige Faktoren wie die Orographie – z. B. die Alpen – oder den Wärmeaustausch Ozean-Atmosphäre so gut wie möglich zu berücksichtigen. Sodann zeigt sich, daß das weltweite Beobachtungsnetz nur über Teilen der Kontinente, vor allem in Europa, sehr dicht ist, auf den tropischen und polaren Landflächen sowie auf den Ozeanen außerhalb der vielbefahrenen Schiffsrouten dagegen eine sehr geringe Dichte aufweist. Dieses gilt für die Boden- und insbesondere für die Höhenbeobachtungen. Da auch die Satellitenmessungen noch nicht die erforderliche Genauigkeit erreichen, kann daher nur mit Einschränkungen von einer befriedigenden Kenntnis des jeweiligen Anfangszustandes gesprochen werden.

Dazu kommt, daß die Beobachtungen im allgemeinen örtlich nicht mit den Gitterpunkten der numerischen Modelle zusammenfallen, so daß die Meßwerte erst über ein mathematisches Verfahren auf die Gitterpunkte interpoliert werden müssen. Außerdem müssen die zeitlich abweichenden Satellitenmessungen auf die synoptischen Termine umgerechnet werden (zeitliche Interpolation).

Sehr wesentlich ist ferner, daß nicht alle in den Gleichungen enthaltenen Größen gemessen werden. Dieses ist bei der Dichte und der potentiellen Temperatur unproblematisch, da sie direkt mittels der Meßwerte von Druck und Temperatur berechenbar sind. Schwieriger ist es mit der vertikalen Windkomponente w; ihr Anfangsfeld muß erst mittels einer geeigneten diagnostischen Beziehung, z. B. der Kontinuitätsgleichung, berechnet werden. Dieses kann erleichtert werden, wenn eine hydrostatische Approximation der Atmosphäre vorausgesetzt wird, d. h. wenn man die Bewegungsgleichung in eine horizontale und eine vertikale Form aufspaltet und die letztere durch die hydrostatische Beziehung ersetzt, was für großräumige Strömungsvorgänge erlaubt ist.

Ein weiteres Problem ist die numerische Instabilität. Darunter versteht man, daß in einem bestimmten Wellenlängenbereich physikalisch vollständig unrealistische Amplitudenvergrößerungen auftreten. Die Ursache für diesen allein durch das Rechenverfahren bedingten Fehler liegt im Verhältnis von Gitterdistanz Δx zu Zeitschritt Δt. Im allgemeinen läßt er sich vermeiden, wenn gemäß dem Kriterium von Courat, Friedrichs und Lewy

$$\frac{c \cdot \Delta t}{\Delta x} < 1 \;,$$

wobei c die Ausbreitungsgeschwindigkeit von atmosphärischen Prozessen charakterisiert. Es kann sich dabei um die Windgeschwindigkeit handeln oder aber auch um die Phasengeschwindigkeit von Wellen. Bei der bereits erwähnten hydrostatischen Approximation, also der Verwendung der statischen Grundgleichung als 3. Bewegungsgleichung, sind vertikal laufende Schallwellen nicht möglich (Vertikalfilter). Schwerewellen, die sich in der Horizontalen ausbreiten, wirken sich dann nicht auf die numerische Stabilität aus, wenn man den Gitterdistanzen der Modelle von einigen hundert Kilometern Zeitschritte in der Größenordnung einiger Minuten zuordnet. Zusammenfassend ist daher zu sagen, daß es von größter Wichtigkeit ist, die unerwünschten Schall- und Schwerewellen, sog. meteorologischen Lärm, aus den troposphärischen Modellen herauszufiltern. Optimale räumliche und zeitliche Glättung der Felder der berechneten Größen hat sich dabei als sehr wirksam erwiesen.

Grundsätzlich läßt sich unterscheiden zwischen barotropen und baroklinen Modellen. In einer barotrop geschichteten Atmosphäre, wie sie für die ausgedehnten Kernbereiche von Luftmassen angenähert angenommen werden kann, ist die Luftdichte nur noch eine Funktion des Luftdrucks, d.h. es gilt $\varrho = \varrho$ (p). Das bedeutet, daß die Flächen gleichen Druckes und gleicher Temperatur (Dichte) parallel zueinander verlaufen und daß keine horizontalen Temperaturunterschiede auftreten. Die Folge ist, daß in einem barotropen, divergenzfreien Feld – im Gegensatz zum baroklinen – keine zeitliche Änderung der absoluten Vorticity auftritt und daß ein barotropes Modell für Bodenvorhersagen ungeeignet ist. Entwickelt wurden daher Modelle, die die vertikalen Änderungen der Größen, horizontale Temperaturunterschiede und die Thermodynamik berücksichtigen.

Die baroklinen Modelle erfassen daher den Sachverhalt, daß sich in der Atmosphäre die Flächen gleichen Druckes und gleicher Dichte/Temperatur in der Regel schneiden. Durch die Schnittlinien wird ein Netz von rhombischen Flächen, von sog. Solenoiden, gebildet, wobei die Baroklinität der Atmosphäre mit steigender Solenoidzahl zunimmt. Barokline Modelle bestehen aus mehreren Schichten übereinander, wobei es mindestens zwei sein müssen. Heute werden im allgemeinen die Gleichungen für zehn Flächen gerechnet. Die Gitternetze wurden im Laufe der Zeit von 400 km auf 250 km bzw. 125 km Maschenweite verfeinert. In „Nestern", d.h. in nestartig in das größermaschige Modell eingelagerten Arealen, wird die Maschenweite sogar auf 15–50 km verringert.

Wie sehen nun die numerischen Vorhersagekarten in der täglichen Praxis aus? In Abb. 9.1 sind 500-hPa-Höhenkarten für den europäisch atlantischen Raum wiedergegeben, und zwar zum einen die auf den aktuellen Beobachtungen basierende Ausgangskarte t_0, zum anderen 3 berechnete Vorhersagekarten für die Zeiträume $t_0 + 24$ h, $t_0 + 48$ h und $t_0 + 72$ h; die Vorhersagekarten erfassen die atmosphärischen Veränderungen in 500 hPa bis zu 3 Tagen im voraus.

Wie wir erkennen, ist über Finnland am 3. Tag die Entwicklung einer Höhenzyklone zu erwarten. Ein weiteres Höhentief verlagert sich vom 2. zum 3. Tag von Grönland nach Island. Mitteleuropa liegt am Ausgangstag t_0 noch in einem schwachen Höhentrog. Ihm wird ein schwacher Hochkeil und am 3. Tag ein weiterer Höhentrog folgen, so daß insgesamt ein leicht unbeständiger Wettercharakter zu erwarten ist. Am Ausgangstag lag dieser Trog noch nahe 30°W über dem Atlantik, von wo er ebenso wie der nachfolgende Hochkeil nach Osten gezogen ist.

Der erste Ansatz, derartige Verlagerungen der „langen Wellen" in der freien Atmosphäre mathemathisch-physikalisch zu erfassen, geht auf Rossby zurück (vgl. Kap. 7.14). Auch wenn er seinen Betrachtungen ein stark vereinfachtes Modell der Atmosphäre zugrunde legte, so zeigen seine Ergebnisse doch schon wesentliche Grundzüge der Verlagerung atmosphärischer Wellen, d.h. über Zugrichtung und Zuggeschwindigkeit der Höhenkeile und Höhentröge. Die Rossby-Phasengeschwindigkeitsgleichung hat die Form

$$c = \bar{u} - \frac{\beta \cdot L^2}{4\pi^2} \; .$$

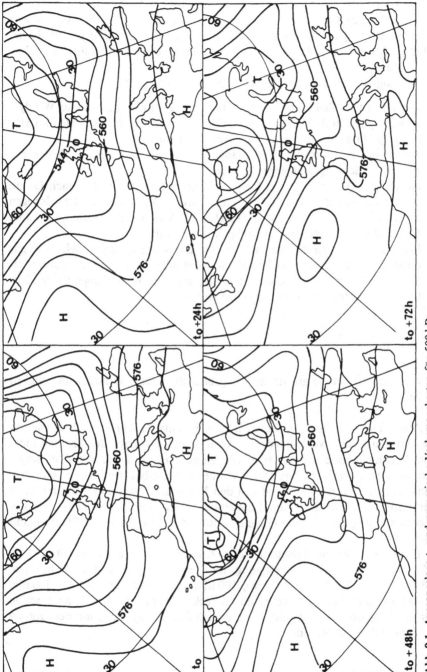

Abb. 9.1. Ausgangslage t_0 und numerische Vorhersagekarten für 500 hPa

Sie verknüpft die Verlagerungsgeschwindigkeit c der Wellen mit ihrer zonalen Windgeschwindigkeit in ihrem Bereich ū, also mit ihrer Windkomponente in West-Ost-Richtung, sowie mit der Wellenlänge L. Die Größe β = df/dy beschreibt dabei die Änderung des Coriolis-Parameters f = 2ω sin φ in Nord-Süd-Richtung.

Was sagt nun die Wellengleichung im einzelnen aus?

1. Die oberen Wellen ziehen um so rascher, je größer die zonale Windgeschwindigkeit in ihrem Bereich ist, also je flacher die Höhenkeile und Höhentröge sind und je größer ihr Druckgradient ist.
2. Wellen mit einer großen Wellenlänge verlagern sich langsam, Wellen mit kurzen Wellenlängen dagegen rascher.
3. Ist $\bar{u} > (\beta \cdot L^2)/4\pi^2$, d.h. wird c positiv, so ziehen die Wellen nach Osten, und man spricht von einer progressiven Verlagerung. Ist dagegen $\bar{u} < (\beta \cdot L^2)/4\pi^2$, also c negativ, so ziehen die Wellen nach Westen, und man hat es mit einer retrograden Verlagerung zu tun.
4. Für den Fall $\bar{u} = (\beta \cdot L^2)/4\pi^2$ wird c = 0. Die Welle verlagert sich dann gar nicht, sie ist stationär. Der betreffende Keil oder Trog bestimmt dann tagelang das Wetter eines Orts oder einer Region. Die Wellenlänge, für die Stationarität eintritt, ist somit gegeben durch

$$L_s = 2\pi \sqrt{\frac{\bar{u}}{\beta}} \, ,$$

d.h. sie muß um so größer sein, je größer die zonale Windgeschwindigkeit ist.

In Abb. 9.2a−c ist die vorausberechnete Weiterentwicklung einer Bodenwetterlage im Ausschnitt wiedergegeben, wobei jedoch die Lage der Fronten nicht vom Rechner, sondern vom Meteorologen abgeschätzt wird. Von dem Seegebiet vor Irland wird sich das Tief „A" über die Nordsee zur Ostsee verlagern; analog dazu zieht der Hochkeil von den Britischen Inseln aus ostwärts. Zum Zeitpunkt $t_0 + 24$ wird im Kanal die Entwicklung eines neuen Tiefs „B" prognostiziert, das sich bis zum Folgetag unter Vertiefung nach Norddeutschland verlagert.

Numerische Vorhersagekarten stehen dem Meteorologen täglich für die verschiedensten Niveaus zur Verfügung, und zwar in der Regel für 850 hPa (ca. 1,5 km Höhe), 700 hPa (ca. 3 km), 500 hPa (ca. 5−5,5 km) und für 300 hPa (8−9 km). Der Vorhersagezeitraum erstreckt sich bis 168 h, z.T. auch schon bis zu 240 h, wobei jedoch die Termine nach dem 5. Tag i. allg. mit der größten Unsicherheit behaftet sind.

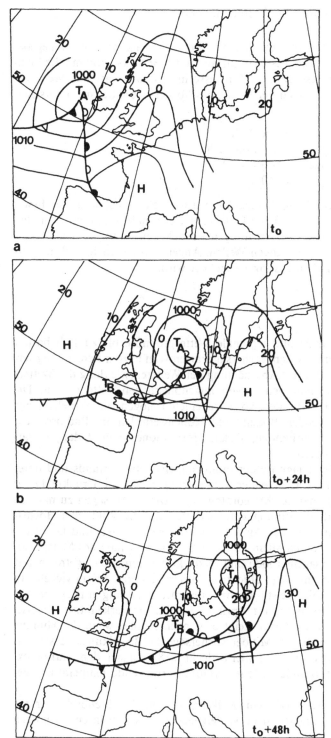

Abb. 9.2 a – c. Ausgangswetterlage t_0 und Bodenvorhersagekarten: **a** t_0, **b** $t_0 + 24$ h, **c** $t_0 + 48$ h

9.2 Lokale und regionale Wettervorhersage

Die Aufgabe der lokalen und regionalen Wettervorhersage ist es, einen gegebenen großräumigen atmosphärischen Zustand unter Berücksichtigung der lokalen und regionalen (mesoskaligen) Einflüsse in das zu erwartende Wettergeschehen umzusetzen. Je nach der Größe des Vorhersagezeitraums unterscheidet man die

- Kürzestfristvorhersage: bis zu 12 h
- Kurzfristvorhersage: von 12 bis 72 h
- Mittelfristvorhersage: von 3 bis 10 d
- Langfristvorhersage: ab 10 d.

Diese Vorhersageintervalle sind eng gekoppelt mit den atmosphärischen Bewegungsstrukturen, die wir in Tabelle 4.1 kennengelernt haben, also mit den physikalisch-atmosphärischen Erscheinungen Konvektion, Antizyklonen, Zyklonen und Fronten sowie den langen Wellen. Angemerkt sei noch, daß die Vorhersage bis zu 2 h als Nowcasting bezeichnet wird.

Kürzestfristvorhersage

Die kürzestfristige lokale und regionale Wetterprognose bis zu 12 h basiert einerseits auf den numerischen Vorhersagekarten vom letzten Berechnungstermin und andererseits auf der Abschätzung der Weiterentwicklung des Wetters in den nächsten Stunden ausgehend vom augenblicklichen Wetterzustand. Die Grundlagen sind dabei für den Vorhersagemeteorologen die aktuellen, auf Beobachtungen basierenden Boden- und Höhenwetterkarten, Radiosondenaufstiege und, sofern vorhanden, Zusatzinformationen von Radar-, Sodar- oder Wettersatellitendaten.

Aufbauend auf der Diagnose des momentanen Wetterzustands und unter Berücksichtigung der zu erkennenden Veränderungen, z. B. im Druckfeld oder durch den Tagesgang, hat der Meteorologe vom Dienst Aussagen zu machen über die zu erwartende Bewölkung, den Niederschlag, den Wind, über Höchst- und Tiefsttemperatur, über das Auftreten von Nebel, Glatteis und Gewitter.

Neben dieser subjektiven allein auf dem Erfahrungsschatz des Meteorologen basierende Vorhersagemethode sind verstärkt Anstrengungen getreten, auf physikalisch-statistischem Wege objektive Vorhersagehilfen zu entwickeln. In Abb. 9.3 a ist z. B. die mittlere stündliche Temperaturänderung in Berlin in Abhängigkeit von der Bewölkung für April dargestellt. Man erkennt, um wieviel die Temperatur am Tage weniger steigt bzw. nachts sinkt, wenn der Himmel stärker bewölkt statt heiter ist. Mit der Vorhersage der Bewölkungsklassen heiter (0/8 – 4/8), wolkig (5/8 – 7/8) oder bedeckt (8/8) läßt sich dann auf objektive Weise die zu jeder Stunde im Tagesverlauf zu erwartende Temperatur angeben (Abb. 9.3 b).

In Abb. 9.4 ist schematisch ein Wolkengebiet im Satellitenbild oder ein Regengebiet auf dem Radarschirm wiedergegeben, das sich in einem kurzen

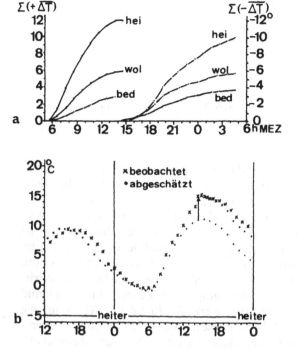

Abb. 9.3a, b. Mittlere stündliche Temperaturänderung im April (a) und Anwendung bei der Prognose (b)

Zeitintervall (1 – 3 h) von A nach B verlagert hat. Daraus lassen sich mittlere Zugrichtung und Zuggeschwindigkeit bestimmen und angeben, wann der Komplex am Vorhersageort P ankommen wird. Die Frage, ob und wieviel Niederschlag mit dem Wolkenfeld verbunden ist, läßt sich aus Informationen über die Helligkeit des Wolkenkomplexes auf dem Empfangsschirm und über seine vertikale Mächtigkeit abschätzen, wenn auch bisher nur angenähert. Viele Fragen sind noch offen und müssen von der Forschung unter Einsatz von Großrechnern geklärt werden.

Kurzfristvorhersage

Sie umfaßt den Wetterablauf in dem Zeitraum zwischen 12 und 72 h an einem Ort bzw. in einer Region. Die wichtigste Grundlage stellen dabei für den Vorhersagemeteorologen die numerischen Vorhersagekarten der Kurzfristmodelle für den Boden und für verschiedene Höhen dar. Seine wissenschaftliche Aufgabe besteht darin, aus den großräumigen Feldern, z.B. des Luftdrucks, der Windverteilung und der Temperatur das zu erwartende lokale und regionale Wettergeschehen zu erkennen, d.h. die großräumigen atmosphärischen Vorgänge in lokales und regionales Wetter umzusetzen. Ein wichtiger Punkt bei dieser „Modellinterpretation" ist wiederum die Erfahrung des Meteorologen, die ihn befähigt, die physikalischen Grundzustände mit den besonderen Ein-

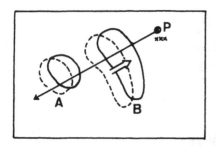

Abb. 9.4. Verlagerungsvektor von Niederschlags- und Wolkenfeldern

flüssen von Topographie, Land-Meer-Gegensatz, Großstädten usw. in Verbindung zu bringen. Jeder dieser regionalen (mesoskaligen) Faktoren hat seine Auswirkungen auf das Strömungs-, Temperatur- und Feuchtefeld.

Ein einfaches Beispiel soll veranschaulichen, was dieses für das lokale Wettergeschehen bedeutet. Bei einem Kaltlufteinbruch von Nord bis Nordwest ist es in der Regel im norddeutschen Flachland wechselnd heiter und wolkig, im Alpenvorland hingegen anhaltend trübe; unter bestimmten Bedingungen kann dabei im Berliner Raum der Himmel sogar wolkenlos sein, da dann die Leewirkung des norwegischen Berglands bis nordöstliche Deutschland reicht und dort einen schmalen wolkenarmen Streifen erzeugt. Erst dieses Wissen um die vielfältigen Besonderheiten, erst die Synthese aus Grundsätzlichem und erworbenem Erfahrungsschatz versetzt den Meteorologen in die Lage, wissenschaftlich vertretbare Aussagen über die zukünftige Wetterentwicklung zu machen.

Auch bei der Kurzfristprognose ist in den letzten Jahren verstärkt nach Wegen gesucht worden, die eine objektive Beziehung auf physikalisch-statistischer Basis zwischen den großräumigen numerischen Vorhersagekarten und dem lokalen bzw. regionalen Wetter ermöglicht. Am verbreitetsten ist heute eine Methode, die unter der Abkürzung MOS („model output statistics") bekannt ist. Wie der Name es schon besagt, dienen die vorausberechneten großräumigen Modelldaten als Grundlage für statistische Beziehungen, mit der die Wetterelemente wie Höchst- und Tiefsttemperatur, Wind, Niederschlag usw. vorhergesagt werden können.

Nehmen wir als Beispiel die Höchsttemperatur und bezeichnen sie mit Y. Sie hängt von einer Reihe von Einflußfaktoren X_n ab; um nur einige zu nennen: Windrichtung (X_1), Windstärke (X_2), Bewölkung (X_3), Stabilität (X_4), Jahreszeit (X_5). Die sog. Regressionsgleichung zwischen der Höchsttemperatur an einem Ort und ihren Einflußfaktoren hat dann im einfachen Fall die Form

$$Y = A_0 + A_1 X_1 + A_2 X_2 + A_3 X_3 + A_4 X_4 + A_5 X_5 \ ,$$

wobei A_0 ein konstanter Wert ist, und die Größen $A_1 - A_5$ das Gewicht des einzelnen Einflußfaktors auf das vorherzusagende Wetterelement angeben.

In Abb. 9.5 a, b ist die Anwendung dieser MOS-Methode für zahlreiche Orte der USA wiedergegeben, wobei es sich um 24stündige Vorhersagen der Höchsttemperatur (in °C), sowie der Bewölkungs- und Windverhältnisse handelt.

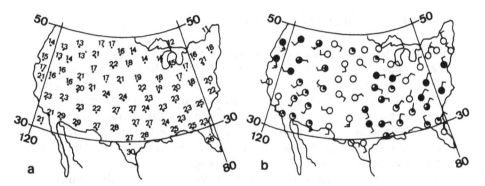

Abb. 9.5 a, b. Temperatur- (a), Bewölkungs- und Windvorhersage (b) mittels MOS in den USA

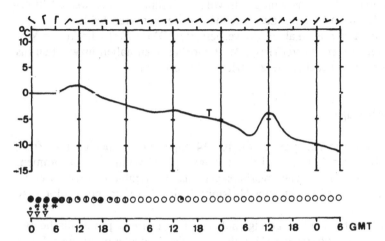

Abb. 9.6. DMO-Gitterpunktvorhersage des Deutschlandmodells des Deutschen Wetterdienstes

Mit der erwähnten Verringerung des Gitterabstands in den numerischen Modellen, z. B. auf 5 km, stellen die für jeden Gitterpunkt vorausberechneten Werte von Wind, Temperatur, Niederschlag, Bedeckung einen zunehmend zuverlässigen Beitrag zur lokalen Wettervorhersage dar. Man spricht von „Direct Model Output" (DMO).

In Abb. 9.6 ist eine solche DMO-Vorhersage des Deutschlandmodells des Deutschen Wetterdienstes vom 19. 12. 1996 für den Gitterpunkt Berlin wiedergegeben. Das sog. Meteogram enthält eine Prognose von Wind, Temperatur, Bewölkung und Niederschlag bis zum 22. 12. Man erkennt den mit der Winddrehung auf Ost und dem Bewölkungsrückgang verbundenen vorweihnachtlichen Kälteeinbruch des Winters 1996/97. Nicht aufgetreten sind der prognostizierte Schneeregen und Schneefall beim Durchgang der Kaltfront.

Mittelfrist- oder Witterungsvorhersage

Der mittelfristigen lokalen und regionalen Wettervorhersage von 72 h bis 10 Tagen liegen als wichtigste Information die numerischen Vorhersagekarten der Zirkulationsmodelle zugrunde. In gleicher Weise wie bei der Kurzfristprognose ist es bei der Mittelfristvorhersage die Aufgabe des Wetterdienstmeteorologen, über die Methode der Modellinterpretation aus dem großräumig vorhergesagten physikalischen Grundzustand die zu erwartenden lokalen und regionalen Wettererscheinungen bis zu maximal 10 Tagen im voraus abzuleiten. Dazu bedarf es wiederum eines großen Erfahrungsschatzes.

Vom Prinzip her ist auch hierbei das MOS-Verfahren anwendbar, um zu objektiven Prognosen zu kommen. In der Praxis haben sich jedoch erhebliche Schwierigkeiten ergeben, da diese statistische Methode zu sensibel reagiert auf Unzulänglichkeiten der Rechenmodelle. Ungenauigkeiten bei der Vorhersage des großräumigen Zustands schlagen in vollem Umfang auf die lokale Wettervorhersage durch und führen zu nicht mehr akzeptierbaren Fehlern.

Außerdem ist es praktikabler, die verbesserten DMO-Werte direkt zur Vorhersage zu verwenden. Mittelfristige Wettervorhersagen haben inzwischen bis zu 5–6 Tagen eine beachtliche Zuverlässigkeit erreicht.

Langfristvorhersage

Prognosen über eine Zeitspanne von 10–14 Tagen hinaus heißen Langfristprognosen. In vielen Ländern wird seit längerem der Versuch unternommen, Monats- oder gar Jahreszeitenvorhersagen des Wetterablaufs bzw. Wettercharakters zu machen. Wichtigstes Hilfsmittel wird dabei die meteorologische Statistik.

Wie theoretische Studien gezeigt haben, ist eine streng physikalische Berechnung der atmosphärischen Verhältnisse, wie sie den numerischen Kurz- und Mittelfristvorhersagen zugrunde liegt, höchstens für 3–4 Wochen möglich, d. h. längerfristige Wettervorhersagen werden niemals den Genauigkeitsgrad erreichen, wie er für Prognosen bis zu 4 Wochen denkbar ist. Die Ursache dafür ist, daß die Atmosphäre mitunter auf der „Kippe" zwischen 2 Entwicklungsmöglichkeiten steht, wo, überspitzt formuliert, der „Flügelschlag einer Libelle" ausreicht, um die Entscheidung in die eine oder andere Richtung herbeizuführen. Das bedeutet, daß an die Stelle strenger physikalischer Kausalität, also anstelle des Ursache-Wirkungs-Prinzips der Zufall tritt. So kann z. B. eine einzelne Kumuluswolke, deren Lebensdauer nur wenige Stunden beträgt und deren Entstehung Tage im voraus völlig „unberechenbar" ist, eine entscheidende Auswirkung auf die weitere Bewegung der Atmosphäre haben, wenn sie genau dort auftritt, wo ein atmosphärischer Verzweigungspunkt entstanden ist. Die Wirkung dieser unscheinbaren Störung breitet sich wie die Ringe von einem ins Wasser geworfenen Stein aus, so daß großräumig ein vollständig anderes Verhalten der Atmosphäre die Folge ist. Der gleiche Effekt tritt auf, wenn der Anfangszustand, z. B. im Windfeld nur um 0,1 m/s falsch bestimmt wird oder Abrundungen der Meß- und Rechenwerte, und seien sie noch so klein, vorgenommen werden.

Langfristprognosen basieren daher grundsätzlich auf statistischen Zusammenhängen zwischen der großräumigen Zirkulation einerseits und den lokalen bzw. regionalen Witterungserscheinungen andererseits. Seit einigen Jahren wird an der Freien Universität Berlin an der Entwicklung statistisch abgesicherter Verfahren zur 3-monatigen Wettervorhersage gearbeitet. Die Grundidee ist dabei, daß z. B. einem kalten Januar eine andere Zirkulation, d. h. Luftdruckverteilung im atlantisch-europäischen Bereich vorausgehen muß als vor einem milden Januar. Folglich werden die statistisch signifikanten „Signale" in der mittleren monatlichen Luftdruckverteilung zwischen Nordamerika und Sibirien in den Vormonaten Oktober bis Dezember herangezogen, um zu einer Drei-, Zwei- und schließlich Ein-Monatsprognose für den nächsten Januar zu kommen. Analoges gilt für alle anderen Monate des Jahres.

Auf der Basis der o. g. Methode konnten u. a. der sehr kalte Winter 1995/96 und der mäßig kalte Winter 1996/97 sowie der durchschnittliche Sommer 1996 grundsätzlich befriedigend vorhergesagt werden. Allerdings gibt es auf diesem Gebiet noch viel zu tun. Auch werden die Langfristprognosen niemals die Form einer Tag-für-Tag-Vorhersage annehmen können. Dennoch werden Aussagen über die zu erwartende Abweichung von der Monatsmitteltemperatur, über die monatliche Zahl an Frost- und Eistagen im Winter oder an Tagen mit Temperaturen über 25 °C im Sommer (Sommertage) für die Öffentlichkeit im allgemeinen und viele wirtschaftliche Bereiche im speziellen (z. B. Tourismus, Heizkraftwerke, Bau- und Bekleidungsindustrie) von großem Interesse sein.

9.3 Güte der Wettervorhersage

Über die Güte der täglichen Wettervorhersage gehen die Meinungen oft auseinander. Richtige Vorhersagen werden, wie es scheint, zur Kenntnis genommen und bald wieder vergessen. Fehlvorhersagen bleiben dagegen offensichtlich im Gedächtnis haften, besonders wenn sie an solchen Tagen eingetreten sind, wenn der einzelne sich etwas vorgenommen hatte, wie z. B. eine Wanderung, einen Badeausflug, eine Gartenparty, was wetterabhängig ist.

Um die Frage zu beantworten, welchen Stand die lokale und regionale Wettervorhersage erreicht hat, wurden objektive Prüfverfahren entwickelt. Dabei wird berücksichtigt, daß jede Wettervorhersage mehrere Elemente (Temperatur, Bewölkung, Niederschlag, Wind, Nebel usw.) umfaßt. Nicht unproblematisch ist die Bedeutung, die jedem Vorhersageelement beizumessen ist, denn sie wird in den Augen eines Seglers z. B. anders sein als bei einem Gärtner, Wanderer, Autofahrer usw. Im Institut für Meteorologie in Berlin wurden die täglichen 24- und 42-stündigen Prognosen seit Mitte 1971 nach einem Verfahren geprüft, das der Deutsche Wetterdienst entwickelt hat. Die Prüfung umfaßt alle Größen einer Wettervorhersage. Dabei erhalten die regulären Vorhersagegrößen, wenn sie richtig vorhergesagt werden, folgende maximale Prozentpunkte: Niederschlag 40, Höchst-/Tiefsttemperatur 30, Bewölkung 20 und Wind 10. Eine in allen Punkten richtige Prognose kann somit 100 Prozentpunkte erreichen.

Treten Unterschiede zwischen vorhergesagtem und eingetroffenem Betrag auf, erfolgt ein Punktabzug. Dieser ist um so größer, je größer die Differenz ist. Punktabzüge gibt es auch, wenn außergewöhnliche Wettererscheinungen wie Nebel, Gewitter, Glatteis usw. falsch vorhergesagt worden sind.

Zwei Beispiele sollen das tägliche Prüfverfahren veranschaulichen. Im 1. Fall (Abb. 9.7 a) war die 30-h-Prognose in allen Einzelheiten richtig und erhielt 100 Punkte. Im 2. Fall (Abb. 9.7 b) traten dagegen deutliche Abweichungen zwischen vorhergesagtem und eingetroffenem Wetter ein, was einen erheblichen Abzug von Punkten zur Folge hatte.

Die durchschnittliche Eintreffgenauigkeit der 30-h-Wettervorhersage liegt heute bei 86 – 87%, die der 42-h-Prognose nahe 85%. Im Jahresverlauf ist die Prognosengüte nicht in allen Monaten gleich. Bei der Temperatur zeigt die Eintreffgenauigkeit ein deutliches Frühjahrsminimum und beim Niederschlag ein ausgeprägtes „Sommerloch".

Wie sich die Prognosengüte in den 20 Jahren 1972 – 91 entwickelt hat, veranschaulicht Abb. 9.8. Trotz der Schwankungen von Jahr zu Jahr wird die Verbesserung der Kurzfristprognose deutlich. Auch erkennt man, daß die Schwankungen in den letzten Jahren kleiner geworden sind. Mit einer Eintreffgenauigkeit von fast 90% werden die besten Vorhersagen für die Höchst- und Tiefsttemperatur gemacht, während die Bewölkungsvorhersage mit nur rund 73% am unteren Ende der Güteskala liegt. Damit wird offensichtlich, daß weitere Impulse notwendig sind, um v. a. bei den problematischen Elementen und in den schwierigeren Jahreszeiten die Eintreffgenauigkeit zu erhöhen. So ist zum einen die Forschung aufgerufen, objektive Vorhersageverfahren zur Unterstützung des Meteorologen bei der Modellinterpretation zu entwickeln.

Aber auch bei den numerischen Kurz- wie Mittelfristmodellen gibt es noch grundsätzliche Probleme. Je weiter wir vom Anfangszeitpunkt entfernt sind, um so mehr wirken sich die Anfangsfehler in den numerischen Modellen aus, die dadurch hineinkommen, daß über weiten Teilen der Erde bzw. einer Halbkugel nicht genügend bzw. nicht genügend genaue Beobachtungsdaten zur Verfügung stehen. So wird z. B. bei den Berechnungen eine Temperaturgenauigkeit der Beobachtungsdaten auch in der freien Atmosphäre von 1 °C verlangt, doch sind die Wettersatelliten, von denen ja dichte globale Beobachtungen vorliegen, derzeit noch keineswegs in der Lage, eine derartige Meßgenauigkeit zu erreichen. Dazu kommt, daß die polarumlaufenden Satelliten ihre Messungen in verschiedenen Gebieten zu verschiedenen Zeiten durchführen. Die synoptische Meteorologie verlangt aber, streng genommen, zeitsynchrone Messungen.

Auch stellen wir immer wieder fest, daß unsere Kenntnisse von den physikalischen Vorgängen in der Atmosphäre nur im allgemeinen gut sind, im Detail sind noch viele Fragen offen. Aus diesem Grund hat die Weltmeteorologie im Rahmen des weltweiten Forschungsprogramms GARP („*G*lobal *A*tmospheric *R*esearch *P*rogram") spezielle Untersuchungen durchgeführt. Bei dem Projekt

Prüfung der 36-std. Vorhersagen für Berlin-Dahlem vom: N – W   4.6.93, Vo

Datum	Termin	Bedeckungsgrad			12-std. Niederschlag			Min. und Max. Temperatur			Mittlere Windgeschwind.			Punkte
		v	e	P	v	e	P	v	e	P	v	e	P	Σ
I 5.6.	01	a	a	20							a	a	10	
	07	a	a	20	a	a	40	9	8	30	a	a	10	
	13	a	a	20							a	a	10	
	19	a	a	20	a	a	40	25	25	30	a	a	10	
Mittel I				20,0			40,0			30,0			10,0	100,0
II 6.6.	01	a ·	a	20							a	a	10	
	07	a	b	10	a	a	40	12	11	30	a	a	10	
Mittel I und II				18,3			40,0			30,0			10,0	98,3
a Punktabzüge							·							

Prüfung der 36-std. Vorhersagen für Berlin-Dahlem vom: E   14.4.93, Wy

Datum	Termin	Bedeckungsgrad			12-std. Niederschlag			Min und Max. Temperatur			Mittlere Windgeschwind.			Punkte
		v	e	P	v	e	P	v	e	P	v	e	P	Σ
I 15.4.	01	b	c	10							a	a	10	
	07	a	b	10	a	c/e	0	3	6	20	a	a	10	
	13	b	a	10							a	a	10	
	19	b	a	10	a	a	40	15	16	30	a	a	10	
Mittel I				10,0			20,0			25,0			10,0	65,0
II 16.4.	01	b	a	10							a	a	10	
	07	a	c	0	a	a	40	4	1	20	a	a	10	
Mittel I und II				8,3			26,7			23,3			10,0	68,3
b Punktabzüge														

Abb. 9.7. Tägliche Prognosenprüfung für eine gute (a) und eine weniger gute Wettervorhersage (b)

GATE („*GA*RP *T*ropical *E*xperiment") wurden großangelegte Meßserien von Landstationen, Schiffen, Flugzeugen, Wettersatelliten durchgeführt, um die physikalischen Wechselwirkungen zwischen der tropischen und der außertropischen Atmosphäre besser zu verstehen; beim Projekt ALPEX (Alpenexperiment) ging es um den Einfluß der Gebirge auf die Troposphäre.

Als letzter Punkt sei noch erwähnt, daß gemessen an der ungeheuren Datenflut und den Rechenanforderungen in der Meteorologie die heutigen elek-

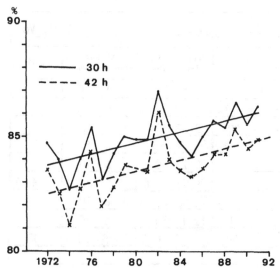

Abb. 9.8. Mittlere Eintreffgenauigkeit der 30-h- und 42-h-Prognose in Berlin

tronischen Großrechner noch zu langsam sind. So können z. B. dem Rechner für seine großräumigen Rechnungen nur Daten in einem Abstand von 40 km oder mehr eingegeben werden, damit seine Vorausberechnungen noch in einer sinnvollen Zeit abgeschlossen werden. Eine Prognosenrechnung nützt wenig, wenn sie zu spät fertig ist.

Aus diesem Grund kann man kein globales oder hemisphärisches Routinemodell mit Gitterweiten von 15–30 km laufen lassen. Viel mehr werden hochauflösende Gitternetze in besonders interessierende Gebiete, z. B. Mitteleuropa, in das Modell mit großer Maschenweite eingebettet. Das aber führt zu Randproblemen, d. h. zu Fehlern an den Übergängen vom einen zum anderen Modellgebiet.

Alle diese Faktoren führen dazu, daß die Sicherheit der numerischen Prognosen mit zunehmendem Vorhersagezeitraum abnimmt. Sie wirken sich z. T. schon bei den Kurzfristmodellen aus, führen aber verstärkt zu Abweichungen bei den Mittelfristvorhersagen vom 5. oder 6. Tag an.

Die Verbesserung der numerischen wie der lokalen und regionalen Wettervorhersage ist eine permanente Herausforderung an die Meteorologie. In vielen Zentren der Erde hat man sich dieser Aufgabe gestellt. So haben sich z. B. zahlreiche europäische Länder zu einem „Europäischen Zentrum für Mittelfristvorhersagen" zusammengeschlossen, das die Vorhersageforschungen mit dem schnellsten Rechner der Erde vorantreibt. Der Sitz dieses Instituts ist in Reading bei London.

Ein weiterer wichtiger Punkt ist die Verbesserung der Satellitenmeßsysteme. Auch wenn die Aufgabenstellung noch so schwierig erscheint, aus Höhen zwischen 800 und 36000 km hinreichend genaue Temperatur- und Feuchtemessungen in den unteren 10 – 15 km durchzuführen, sie wird technisch gelöst werden.

Eine perfekte Prognose wird es jedoch in absehbarer Zeit, vielleicht sogar niemals, geben, dazu ist die Atmosphäre viel zu kompliziert. Die Berechnung der Planetenbahnen, von Sonnen- und Mondfinsternissen, die sich für Jahrtausende exakt im voraus bestimmen lassen, ist dagegen ein Kinderspiel. Die Atmosphäre hat die für uns unangenehme Eigenschaft, immer wieder „auf der Kippe" zu stehen, wobei es kleinste, nicht vorausberechenbare Einflüsse sind, die darüber entscheiden, wie sie sich weiter verhalten wird. Diese Eigenschaft bestimmt die natürliche Grenze der Wettervorhersage.

9.4 Statistische Verifikationsmaße

Zur objektiven Güteprüfung der lokalen wie der numerischen Wettervorhersagegrößen werden verschiedene statistische Gütemaße verwendet.

Der „mittlere absolute Fehler" wird bestimmt, indem man für die zu untersuchenden N Fälle zunächst die Differenzen Δx_i = eingetroffene minus vorhergesagte Werte bildet, also die Abweichungen zwischen Beobachtung und Prognose berechnet. Die Absolutbeträge der Differenzwerte werden dann aufsummiert und durch die Anzahl N der Fälle dividiert.

$$\text{mittl. abs. Fehler} = \frac{\Sigma I\Delta x_i I}{N}$$

Der „systematische Fehler" (engl. Bias) zeigt an, ob die Vorhersagen im Mittel zu hohe oder zu niedrige Werte im Vergleich zu den eingetroffenen liefert. Die berechneten Differenzen Δx_i = Beobachtung minus Vorhersage werden dabei unter Berücksichtigung der Vorzeichen aufsummiert.

$$\text{systematischer Fehler} = \frac{\Sigma \Delta x_i}{N}$$

Stellt man auf diese Weise fest, dass die vorhergesagten Werte ständig zu hoch oder zu niedrig sind, so kann dieser systematische Fehler durch einen Korrekturfaktor bei den Prognosen berücksichtigt werden, wenn die Abweichungen nicht zu stark streuen. In Bezug auf die Temperaturvorhersage würde das z. B. bedeuten: Die Vorhersagen sind im Mittel zu warm, wenn der systematische Fehler negativ ist bzw. zu kalt, wenn er positiv ist.

Beim „mittleren quadratischen Fehler" (engl. mse = mean square error) spielen infolge der Quadrierung der Differenzen Δx_i die Vorzeichen der Abweichungen keine Rolle, jedoch werden die großen Prognosefehler stärker gewichtet („bestraft") als die kleinen. So genannte Ausreißer beeinflussen daher das Ergebnis wesentlich stärker als beim mittleren absoluten Fehler.

Die „Wurzel aus dem mittleren quadratischen Fehler" (engl. rmse = root mean square error) ist daher ein stärkeres Gütemaß als der mittlere absolute Fehler.

$$\text{rmse} = \sqrt{\frac{\Sigma (\Delta x_i)^2}{N}}$$

Bei der Frage nach der Vorhersageleistung des Meteorologen oder des Modells wird die Güte der Vorhersage in Bezug gesetzt zur Güte einer simplen Referenzvorhersage R. Als Referenzprognose wird in der Regel bei Vorhersagen bis zu 24 Stunden die Persistenz, also die Erhaltungsneigung, genommen, bei Mittelfristvorhersagen die täglichen Klimamittelwerte. Das Ergebnis ist die „Reduktion der Varianz", der RV-Wert.

$$RV = 1 - \frac{(rmse)^2}{(rmse_R)^2}$$

Damit folgt: $RV = 1$: perfekte Vorhersage, da $(rmse)^2 = 0$. $RV = 0$: Vorhersage nicht besser als die simple Referenzprognose, da $(rmse)^2 = (rmse_R)^2$. $RV < 0$: Vorhersage schlechter als einfache Referenzprognose.

9.5 Vorhersagemodelle des DWD

Zum Abschluss der Ausführungen über die Methoden und Probleme der Wettervorhersage seien die derzeitigen grundlegenden numerischen Wettervorhersagemodelle des Deutschen Wetterdienstes (DWD) in tabellarischer Form gegenübergestellt. Beim GME handelt es sich um ein globales Modell zur mittelfristigen Wettervorhersage. Das LME ist ein Lokal-/Regionalmodell, das im Nesting-Verfahren in das Globalmodell eingebettet ist und an seinen Außenrändern jede Stunde die berechneten Werte des globalen Modells übernimmt.

Zur Modellkette des Deutschen Wetterdienstes gehören u.a. zur Vorhersage von Wellenhöhe und Wellenrichtung auf den Meeren ein globales Seegangsmodell (GSM) sowie ein regionales/lokales Seegangsmodell (LSM). Das LSM liefert u.a. Prognosen für Nord- und Ostsee sowie das Mittelmeer. Für die Unwetterwarnung bei intensiven konvektiven Prozessen wird das hochaufgelöste Modell KONRAD eingesetzt.

Tabelle 9.2. Die DWD-Wettervorhersagemodelle GME und LME

	GME	LME
Vorhersagezeitraum	174 h	78 h
Rechenzeit	ca. 2 h	ca. 1,5 h
Modellart	Gitterpunktmodell	Gitterpunktmodell
Modellgebiet	global	regional, z.B. Mitteleuropa
Modellphysik	hydrostatisch	nicht-hydrostatisch
Auflösung horizontal	40 km	7 km
Gitterpunktbereich	ca. 1400 km^2	ca. 50 km^2
Modellhöhe der Alpen	max. 2300 m	max. 3426 m
Auflösung vertikal	40 Schichten	40 Schichten
Vorhersagegrößen (direkt)	Luftdruck, Wind, Temperatur, Feuchte, Wolkenwasser/-eis	wie GME plus Vertikalbewegung, turbulente kin. Energie
Konvektionsberechnung	alle 1000 s	alle 400 s

10 Allgemeine atmosphärische Zirkulation

Alle Wettersysteme vom Kumulonimbus bis zum tropischen Wirbelsturm, von den Fronten der Polarfrontzyklonen bis zu den langen Wellen in der freien Atmosphäre sind Einzelformen der planetarischen Zirkulation, d.h. der Grundströmung, die der Erdatmosphäre aufgrund der Bedingungen unseres Planeten im Sonnensystem eigen ist. Um diese planetarische Zirkulation besser zu verstehen, wollen wir uns zunächst mit einem Gedankenexperiment beschäftigen.

Stellen wir uns eine ganz mit Wasser bedeckte Erde vor, so daß wir es mit einfachsten thermischen Verhältnissen zu tun haben. Angetrieben werden die atmosphärischen Bewegungsvorgänge durch die Sonnenstrahlung bzw. durch das Verhältnis von Ein- zur Ausstrahlung. Dieses weist, wie geschildert (s. Abb. 3.11), zwischen dem Äquator und 40° geographischer Breite eine positive Bilanz, polwärts von 40° dagegen eine negative auf. Damit es nicht in niedrigen Breiten immer heißer und in hohen immer kälter wird, sorgt die Erde für einen meridionalen Temperaturausgleich, indem der Wärmeüberschuß von niedrigen zu hohen Breiten transportiert wird. Dieses geschieht bei einer homogenen, ganz mit Wasser bedeckten, nicht rotierenden Erde nach folgendem Schema: Die in Äquatornähe erwärmte Luft steigt auf, wodurch in den unteren Schichten Luft nachströmt, und zwar aus höheren Breiten. Dieser Vorgang setzt sich bis zu den Polen fort, wo die horizontal abströmende Luft nur aus der Höhe ersetzt werden kann. Über dem Äquator baut sich dagegen in der Höhe hoher Luftdruck auf, so daß es in den höheren Schichten zu einem polwärtigen Abströmen der Luft kommt.

Bei ruhender Erde mit homogener Oberfläche entstünde somit auf jeder Halbkugel ein großes Zirkulationsrad mit Aufsteigen am Äquator und Absinken am Pol sowie einem polwärtigen Transport warmer Luft in der Höhe und einem äquatorwärtigen Kaltlufttransport in den unteren Schichten. Diese thermisch direkte Zirkulation würde auf der nördlichen Halbkugel eine Südströmung in der Höhe und wegen der Reibung eine Nord- bis Nordwestströmung am Boden bedeuten.

Nähert man sich den realen Verhältnissen, indem man die planetarische Grundströmung auf einer homogenen, aber rotierenden Erde betrachtet, so würde sich unter dem Einfluß der Coriolis-Kraft auf der Nordhalbkugel eine Ablenkung nach rechts ergeben. In der Höhe hätte dieses eine Westströmung zwischen Äquator und Pol, also einen westlichen Ringstrom zur Folge. In Bodennähe sorgte die Reibung dafür, daß aus dem unter dem Einfluß der Coriolis-Kraft entstandenen Ostwind eine Nordostströmung zwischen Pol und Äquator würde.

Die allgemeine atmosphärische Zirkulation, wie man sie auf der realen, nichthomogenen Erde mit ihrer unterschiedlichen Land-Meer-Verteilung, Topographie und Oberflächenbeschaffenheit vorfindet, ist wesentlich komplexer. Dennoch lassen sich in einzelnen Zirkulationszweigen die geschilderten Grundprinzipien deutlich wiederfinden. Hauptanforderung an die atmosphärische Zirkulation bleibt es, einen Wärmeausgleich zwischen äquatorialen und polaren Breiten herbeizuführen. Diesem Ziel dienen dabei nicht nur die großräumigen Luftmassentransporte, also die Warmluftvorstöße zu höheren und die Kaltluftvorstöße zu niedrigeren Breiten. Durch die Schubkraft des Winds werden auch die großräumigen Meeresströmungen in Gang gesetzt. Erst durch die gleichzeitige Wirkung der warmen, polwärts gerichteten und kalten, äquatorwärts gerichteten Ströme in Atmosphäre und Ozean ergibt sich ein vollständiges Wärmetransportsystem.

10.1 Druck- und Strömungsverhältnisse im Meeresniveau

Die großräumigen hemisphärischen oder globalen Strömungssysteme werden durch Mittelkarten der horizontalen Druckverteilung wiedergegeben, wobei bei der Interpretation zu berücksichtigen ist, daß in Bodennähe infolge der Reibung die Winde die Isobaren vom höheren zum tieferen Luftdruck schneiden, während in der freien Atmosphäre sich die Luft grundsätzlich parallel zu den Isogeopotentiallinien bewegt. Im einzelnen sollen die durchschnittlichen Strömungsverhältnisse im Meeresniveau, in der mittleren und oberen Troposphäre sowie in der mittleren Stratosphäre in rund 30 km Höhe gezeigt werden, also für einen Bereich, in welchem sich 99% der Masse der Atmosphäre befindet und zirkuliert. Dabei soll die Betrachtung der Bedingungen im Sommer und Winter gleichzeitig einen Einblick in die jahreszeitlichen Unterschiede vermitteln.

Mittlere Druck- und Strömungsverhältnisse im Meeresniveau

Wie die schematische Darstellung der Druck- und Windverteilung in Abb. 10.1 zeigt, weist die mittlere Druckverteilung auf der Nord- wie auf der Südhalbkugel die gleichen Grundzüge zwischen dem Äquator und dem Pol auf. Im einzelnen sind es: die äquatoriale Tiefdruckrinne der Tropen, der Hochdruckgürtel der Subtropen (bei etwa 30°), die subpolare Tiefdruckzone (bei etwa 60°) und das polare Hoch.
Dieser grundsätzlichen Anordnung der Luftdruckgürtel entsprechen folgende Windsysteme im Meeresniveau: teils östliche, teils westliche schwache Winde in der äuqatorialen Tiefdruckrinne, der beständige Nordostpassat auf der Nordhalbkugel sowie der Südostpassat auf der Südhalbkugel als großräumige Ausgleichsströmung zwischen dem subtropischen Hochdruckgürtel und der äquatorialen Tiefdruckrinne, die Westwinde der mittleren Breiten als Aus-

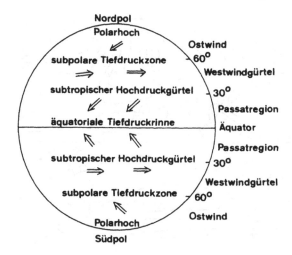

Abb. 10.1. Schema der Luftdruck- und Windgürtel auf der Erde

gleichsströmung zwischen Subtropenhochs und subpolarer Tiefdruckzone sowie die polaren Ostwinde in hohen Breiten.

Jahreszeitliche Strahlungseinflüsse führen einerseits zu einer meridionalen Verlagerung der Druckgürtel und andererseits zur Entstehung besonderer regionaler Druck- und Strömungssysteme.

Im Winter (Abb. 10.2 a) verläuft die äquatoriale Tiefdruckrinne, deren zentraler Bereich die sog. innertropische Konvergenzzone (ITCZ) bildet, vom Ostpazifik über Südamerika und dem Atlantik nahe dem Äquator und trennt den Nordost- vom Südostpassat. Über Afrika springt die ITCZ bis etwa 20 °S und verläuft über Madagaskar nach Nordaustralien. Dadurch muß über dem Indischen Ozean der Nordostpassat auf die Südhalbkugel übertreten, wo er durch die Coriolis-Kraft zum Nord- bis Nordwestwind abgelenkt wird.

Der subtropische Hockdruckgürtel zerfällt auf der Nordhalbkugel in ein atlantisches Zentrum, das Azorenhoch, und in ein pazifisches, während auf der Südhalbkugel auch über dem Indik eine subtropische Hochdruckzelle zu finden ist. Das vom Kerndruck dominierende Hoch findet man jedoch im Winter über Sibirien. Im Gegensatz zu den warmen Subtropenhochs handelt es sich bei dem sibirischen Hoch, wie bei dem über Kanada, um ein kaltes Hoch, dessen Ursache die Ansammlung der durch Ausstrahlung stark abgekühlten kontinentalen Luft ist.

Starke Luftdruckgradienten im Winter kennzeichnen auf beiden Hemisphären die mittleren und subpolaren Breiten der Ozeane. Die Ursache dafür ist der starke winterliche Temperaturgegensatz zwischen niedrigen und polaren Breiten. Auf der Südhalbkugel wird die Zone starker bis stürmischer Westwinde bereits in den 40er Breiten angetroffen, so daß man dort von den „roaring forties", den „Brüllenden Vierzigern", spricht. Auf der Nordhalbkugel prägen 2 Tiefzentren die subpolare Tiefdruckrinne, das Islandtief und das Aleutentief.

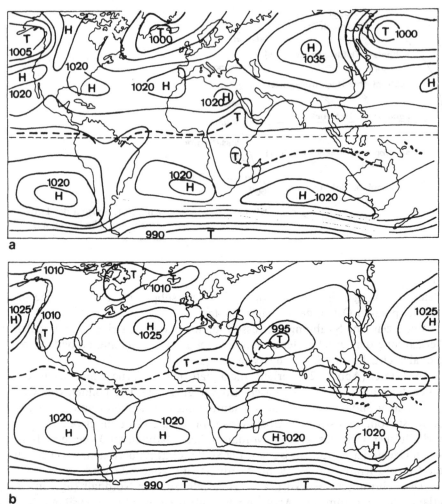

Abb. 10.2. Mittlere Luftdruckverteilung am Boden **a** im Winter (Januar), **b** im Sommer (Juli)

Im Sommer (Abb. 10.2b) verschieben sich auf der Nordhalbkugel infolge der Einstrahlungsverhältnisse alle Druckgürtel nordwärts. Die ITCZ liegt in ihrem gesamten Verlauf auf der Nordhalbkugel, wodurch der Südostpassat gezwungen ist, von der Süd- auf die Nordhemisphäre überzutreten, wo er zum Süd- bis Südwestwind umgelenkt wird. Dadurch entsteht z. B. über Afrika eine deutlich ausgeprägte ITCZ zwischen dem trockenen Nordostpassat aus der Sahara und der feuchten Süd- bis Südwestströmung vom Äquator her.

Während der subtropische Hochdruckgürtel auf der Südhalbkugel 4 Zentren aufweist, und zwar über jedem Ozean eines sowie über Australien, beherrschen das Azorenhoch und das pazifische Hoch weite Teile der Nordhalbkugel. Im Vergleich zum Winter ist das Islandtief nur schwach ausgeprägt, wobei der geringere nordhemisphärische Druckgegensatz in mittleren und höheren Breiten auf den geringeren sommerlichen Temperaturunterschied zwischen Subtropen und Polargebiet zurückzuführen ist. Hohe Temperaturen sowie durch die Rocky Mountains hervorgerufene Effekte auf die Luftströmung führen zur Bildung des Hitzetiefs über den südwestlichen USA.

Monsun

Am markantesten ist die jahreszeitliche Änderung des Luftdrucks über dem asiatischen Festland ausgeprägt, wo an die Stelle des winterlichen Kältehochs über Sibirien ein ausgedehntes Tief mit Kern über Nordindien tritt. Diese Änderung hat eine vollständige Umgestaltung der Zirkulation zur Folge. Besondere Bedeutung kommt dabei der Strömungsumstellung von 180° über Indien und den angrenzenden Gebieten zu. Im Winter weht die Luft aus dem sibirischen Hoch in Richtung äquatoriale Tiefdruckrinne, so daß sich über Indien eine trockene nördliche Luftströmung einstellt; der indische Bereich wird Teil des Nordostpassats. In Bombay z.B. wehen dann rund 90% aller Winde aus dem Nordsektor.

Im Sommer führt das Tief über Indien dagegen dazu, daß sich über dem Subkontinent eine feuchte Südwest- bis Südströmung einstellt; somit gelangt das Gebiet in den Einflußbereich des nach Übertritt über den Äquator auf Südwest abgelenkten Südostpassats. Bombay weist dann in rund 90% aller Tage Winde aus dem Sektor von West über Süd bis Südost auf.

Diese vom Meer her kommende, feuchte sommerliche Südwestströmung bezeichnet man als Monsun, die mit ihr verbundenen intensiven Regenfälle als Monsunregen. Der Monsun setzt in der Regel im Mai/Juni ein und hält bis September/Oktober an. Seine Ursache ist grundsätzlich auf das Nebeneinander von indischem Subkontinent und Pazifischem Ozean zurückzuführen, und zwar auf die unterschiedlichen thermischen Eigenschaften von Land und Wasser. Im Sommer erhitzt sich das asiatische Festland kräftig, während sich der Ozean vergleichsweise wenig erwärmt, so daß ein starker Temperaturgegensatz entsteht, der physikalisch eine thermisch direkte Zirkulation zur Folge haben muß, d.h. Aufsteigen über dem wärmeren Gebiet und Absinken über dem kühleren sowie eine Ausgleichsströmung in den unteren Schichten vom kühleren Ozean zum wärmeren Land.

Die Tatsache, daß das Monsuntief über Nordindien entsteht und nicht an einer anderen Stelle Süd- oder Südostasiens, läßt auf den zusätzlichen Einfluß des Gebirgsmassivs auf die Entstehung der Monsunzirkulation schließen. Die hohe sommerliche Einstrahlung, die nach Abb. 10.3 am Erdboden am 21. Juni in 30°N mit $5,2\,KWh/m^2$ rund 30% größer ist als am Äquator, und die dadurch bedingte Erwärmung der hochgelegenen Gebirgsflächen führt zu einem derart starken Druckfall am Fuße des Himalayas, daß sich die ITCZ bis nach Nordindien verlagert; dort entsteht in ihrem Bereich im Mittel der niedrigste sommerliche Luftdruck der gesamten Nordhalbkugel, das Monsuntief.

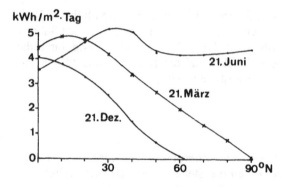

Abb. 10.3. Jahreszeitliche Einstrahlung an der Erdoberfläche auf der Nordhalbkugel

Die Auswirkungen des Monsuntiefs, d. h. des sommerlichen Druckfalls über Asien, sind außerordentlich großräumig. In Südostasien ebenso wie in China dreht der mittlere Windvektor, so daß feuchte Luft vom Ozean zum Festland strömt. Im Mittelmeergebiet, das auf der Rückseite des Monsuntiefs liegt, dreht der Wind auf Nord. In Griechenland werden diese sommerlichen Nordwinde als „Etesien" bezeichnet. Selbst in Mitteleuropa ist noch die Auswirkung des asiatischen Druckfalls festzustellen, wenn der mittlere Windvektor im Juni um etwa 30°–40° von Westsüdwest auf West mit einer kleinen Nordkomponente dreht. Hierbei wäre es jedoch falsch, von einem mitteleuropäischen Monsun zu sprechen; es handelt sich lediglich um eine monsunale Drehung des Windvektors.

10.2 Druck- und Strömungsverhältnisse in der freien Atmosphäre auf der Nordhalbkugel

Die mittlere Troposphäre (500 hPa) wird auf der Nordhalbkugel im Winter (Abb. 10.4a) zwischen dem polaren Tiefdrucksystem und dem tropischen Hochdruckgürtel von einer großräumigen Weströmung beherrscht. Östliche Winde treten in der Regel nur südlich der Hochzellen in Äquatornähe auf. Das Polartief hat sich infolge der Ausstrahlungs- und Abkühlungsvorgänge über dem Festland in 2 Zellen aufgespalten. Während sie eine mittlere Temperatur von etwa −40 °C aufweisen, werden in den warmen tropischen Hochs Werte um −5 °C gemessen. Bemerkenswert sind die Verhältnisse über Sibirien. Dort wird eine durchgehende Weströmung beobachtet, d. h. das kräftige sibirische Bodenhoch ist in 5 km Höhe nicht mehr ausgeprägt, wodurch es als kaltes Hoch charakterisiert ist.

Im Sommer (Abb. 10.4b) haben sich die tropischen Hochs in 500 hPa nach Norden verlagert, und auch das Polartief ist näher zum Pol gerückt. Über Indien hat sich korrespondierend zum Monsuntief am Boden ein Höhentief entwickelt. Aufgrund der geringeren Temperaturdifferenz zwischen Tropen (−5 °) und Polarregion (−25 °C) erscheint die Weströmung gegenüber dem Winter deutlich abgeschwächt.

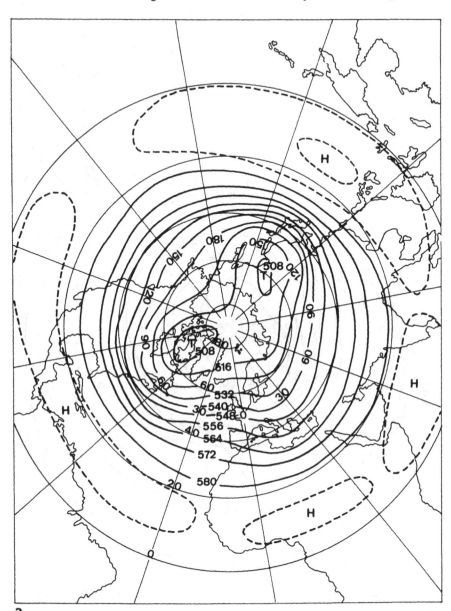

a

Abb. 10.4. Mittlere Druck- und Strömungsverteilung in 500 hPa **a** im Winter, **b** im Sommer. (Nach Scherhag und Mitarbeitern 1969)

In der oberen Troposphäre (300 hPa) ähnelt die mittlere winterliche Druckverteilung (Abb. 10.5 a) der in der mittleren Troposphäre; mit Ausnahme der äquatornahen Breiten herrscht auf der Nordhalbkugel eine Westströmung. Die Temperaturen liegen in den tropischen Hochs bei $-30\,°C$, im polaren Tiefdrucksystem nahe $-60\,°C$.

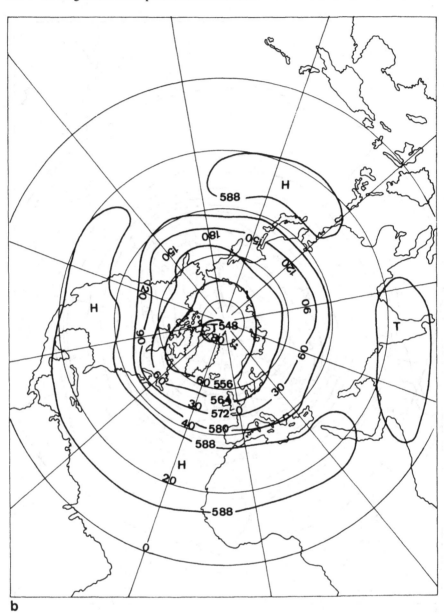

b

Auch im Sommer weist die obere Troposphäre teilweise ähnliche Grundzüge auf wie die mittlere. Die Temperaturen liegen um −25 °C in den Tropen und um −45 °C im Polargebiet. Ein auffälliger Unterschied wird über Indien und dem Himalaya deutlich, wo in 300 hPa (Abb. 10.5 b), also in fast 10 km Höhe, ein Hochdruckgebiet zu finden ist. Dieses Höhenhoch ist als korrespondierendes Hoch zum Monsuntief der unteren und mittleren Troposphäre zu verstehen.

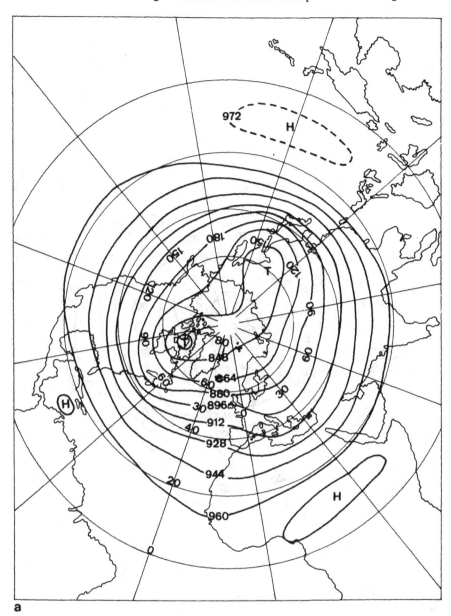

a

Abb. 10.5. Mittlere Druck- und Strömungsverteilung in 300 hPa **a** im Winter, **b** im Sommer. (Nach Scherhag und Mitarbeitern 1969)

Eine erwärmte Luftsäule dehnt sich bekanntlich aus, so daß die Druckfläche an ihrer Obergrenze im Vergleich zur kühleren Umgebung höher liegt. Dadurch kommt es in der Höhe zu einem Massenabfluß, was zur Folge hat, daß der Luftdruck am Boden der Luftsäule fällt.

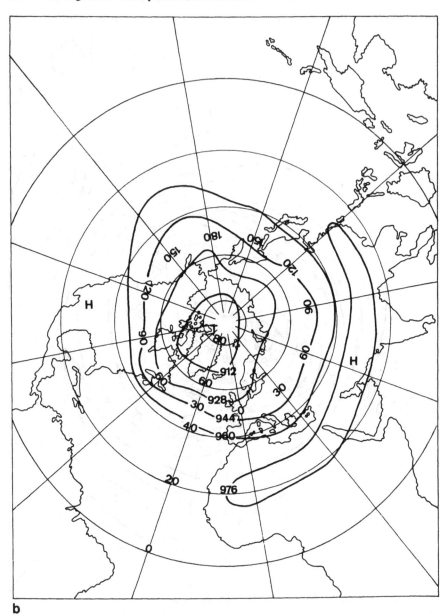

b

Dieser grundsätzliche Effekt zwischen stärker erwärmtem Land und kühlerem Ozean erscheint durch das Gebirgsmassiv, d. h. durch die hochliegende Heizfläche des Himalayas, so verstärkt, daß es am Boden zur Entstehung des Monsuntiefs bei gleichzeitiger Bildung des Höhenhochs kommt.

Im Bereich der mittleren Stratosphäre, in rund 30 km Höhe (10 hPa) wird die winterliche Zirkulation auf der Nordhalbkugel durch das Polartief, das Aleuten-Hoch und hohen Luftdruck in den Tropen beherrscht (Abb. 10.6a).

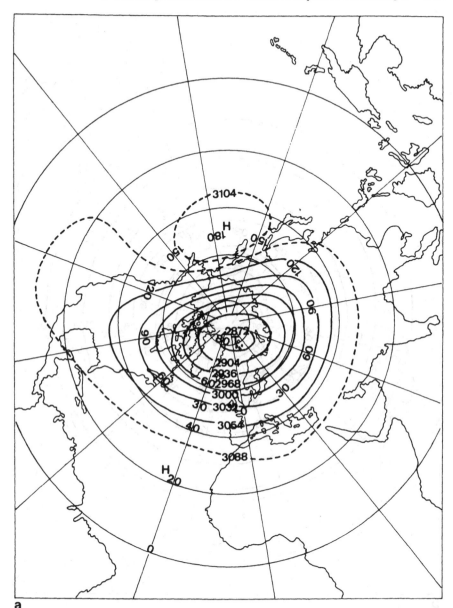

a

Abb. 10.6. Mittlere Druck- und Strömungsverteilung in 10 hPa **a** im Winter, **b** im Sommer. (Nach Scherhag und Mitarbeitern 1969)

Im Sommer (Abb. 10.6 b) findet man ein gänzlich verändertes Bild. Über dem Pol befindet sich ein kräftiges Hoch und an die Stelle der winterlichen Westwinde tritt eine sommerliche Ostströmung.

Die Ursache für diesen jahreszeitlichen Zirkulationswechsel ist in den unterschiedlichen Einstrahlungsverhältnissen im Sommer und Winter in der Stra-

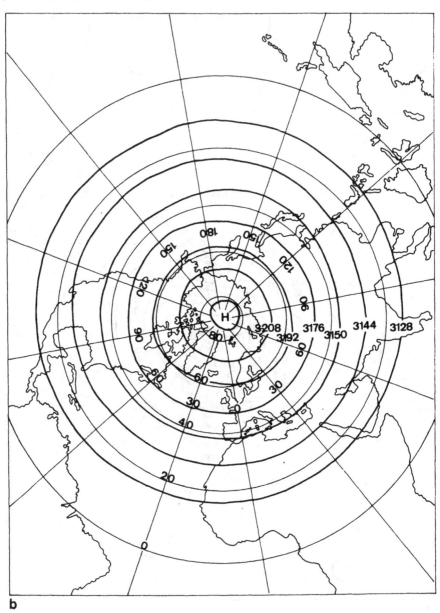

b

tosphäre zu suchen. Am 21. Dezember fehlt nach Abb. 10.7 in den polaren Breiten an der Obergrenze der Atmosphäre die Einstrahlung völlig, am 21. Juni wird
dort dagegen mit rund 12,9 KWh/m^2 wegen der 24 Stunden täglich andauern-
den Einstrahlung hinsichtlich der Tagessumme das Einstrahlungsmaximum der
Erde angetroffen. Die Folge der sommerlichen Erwärmung der polaren stratosphärischen Luftschichten ist das sommerliche Stratosphärenhoch, die Folge der
winterlichen Abkühlung das stratosphärisch-winterliche Tief über dem Pol.

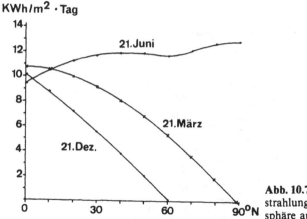

Abb. 10.7. Jahreszeitliche Einstrahlung am Rande der Atmosphäre auf der Nordhalbkugel

10.3 Vertikale Temperatur- und Zirkulationsverhältnisse

Um die vertikalen hemisphärischen Temperatur- und Strömungsverhältnisse möglichst einfach darzustellen, wird die betrachtete Größe längs der einzelnen Breitenkreise für die verschiedenen Höhen- bzw. Druckflächen gemittelt und als „Breitenkreismittel" in die Vertikalschnitte zwischen Äquator und Pol eingetragen. Auf diese Art und Weise lassen sich sowohl die mittleren vertikalen wie meridionalen atmosphärischen Bedingungen anschaulich erfassen.

In Abb. 10.8 sind mittlere meridionale Temperaturschnitte für die Nordhalbkugel wiedergegeben, und zwar für den Winter (Januar) wie für den Sommer (Juli). Im Winter übersteigt der Temperaturgegensatz (Abb. 10.8a) zwischen äquatorialen und polaren Breiten am Boden 50 K, in 500 hPa erreicht er etwa 40 K und in 300 hPa etwa 25–30 K. An der meridionalen Neigung der Temperaturflächen von niedrigen zu hohen Breiten wird deutlich, daß in der gesamten Troposphäre die höhere Temperatur am Äquator liegt, wobei die stärkste meridionale Temperaturänderung in den mittleren Breiten im Bereich der Frontalzonen stattfindet. Die untere Stratosphäre ist mit −80 °C über dem Äquator am kältesten, die mittlere Stratosphäre mit −75 °C zwischen 20–25 km Höhe über dem Pol. Darüber (10 hPa) ist es dagegen im Winter über dem Äquator wieder erheblich wärmer als über dem Pol.

Im Sommer schwächt sich durch die geänderten Einstrahlungsverhältnisse (Abb. 10.8b) der Temperaturgegensatz zwischen Tropen und Pol in der gesamten Troposphäre ab; so beträgt er am Boden nur noch etwa 25 K, in 500 hPa rund 20 K und in 300 hPa rund 15 K. Die untere Stratosphäre ist wiederum am Äquator am kältesten. Dieses hat seinen Grund darin, daß dort die Tropopause am höchsten liegt, d. h. daß die durch Temperaturabnahme mit der Höhe gekennzeichnete Troposphäre in äquatorialen Breiten rund 16 km hoch reicht, während sie in unseren Breiten nur 11 km und am Pol nur 8–9 km mächtig ist.

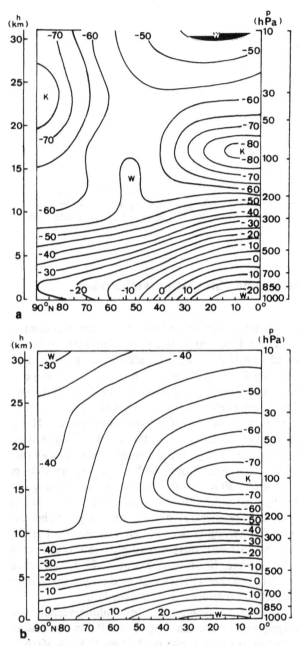

Abb. 10.8. Mittlere Temperaturverhältnisse auf der Nordhalbkugel **a** im Winter, **b** im Sommer

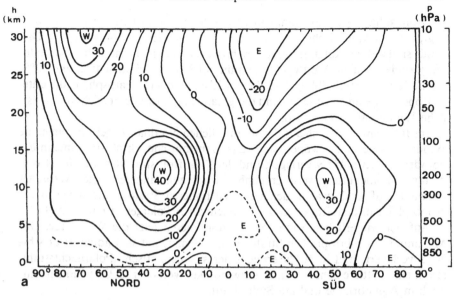

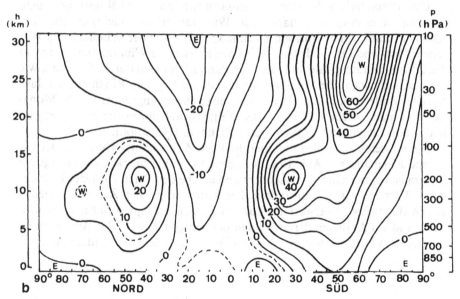

Abb. 10.9. Zonale Windverhältnisse auf der Erde **a** im Winter; **b** im Sommer

Eine völlige Umgestaltung im Vergleich zum Winter zeigt die obere Stratosphäre, wo das Wärmezentrum über dem Pol zu finden ist (vgl. Abb. 10.7).

Die zonalen Strömungsverhältnisse, d. h. die Unterscheidung in Westwind- und Ostwindregime sind für beide Hemisphären in Abb. 10.9 dargestellt. Im Januar dominieren auf der winterlichen Nordhalbkugel die Westwinde, wobei das troposphärische Maximum von 40 m/s des Subtropenstrahlstroms in 30°N liegt, das stratosphärische Maximum des Polarnachtstrahlstroms in 65°N. Ostwinde sind auf die Äquatorregion beschränkt. Auf der sommerlichen Südhalbkugel findet man das Westwindmaximum mit 30 m/s zwischen 45°S und 50°S. Große Teile der Südhalbkugel, so die mittlere und obere Stratosphäre, die untere Troposphäre im Polargebiet und der gesamte äquatoriale Bereich weisen östliche Winde auf (Abb. 10.9a).

Im Juli schwächen sich auf der sommerlichen Nordhalbkugel zum einen die Winde deutlich ab, wobei sich das subtropische Strahlstrommaximum polwärts bis etwa 45°N verlagert und der Polarfrontstrahlstrom in 70°N wiederum nur andeutungsweise erkennbar wird; zum anderen treten verbreitet Ostwinde auf, und zwar in der gesamten höheren Stratosphäre sowie in der Troposphäre in den Tropen und im bodennahen Polargebiet (Abb. 10.9b).

Auf der winterlichen Südhalbkugel dominieren jetzt die Westwinde. Das Maximum des subtropischen Strahlstroms (40 m/s) hat sich äquatorwärts bis 30°S verlagert, und in 60°N erreicht der stratosphärische Polarnachtstrahlstrom eine mittlere zonale Windgeschwindigkeit von 65 m/s. Ostwind tritt nur noch in Äquatornähe und am Südpol auf.

Eine Besonderheit der stratosphärischen Strömungsverhältnisse über dem Äquator ist in Abb. 10.10 dargestellt. Wie man an dem mehrjährigen Zeitschnitt erkennt, findet dort ein regelmäßiger Wechsel der Windrichtung zwischen West- und Ostwind statt. Dabei ändert sich die Windrichtung zuerst in der höheren Stratosphäre und setzt sich dann nach unten durch. Während, wie wir gesehen haben, die Windsysteme sich in der Regel im Rhythmus der Jahreszeiten ändern, hat dieses Phänomen eine Schwingungsdauer von 26 Monaten, und man spricht von einer quasizweijährigen Schwingung der äquatorialen Stratosphärenwinde (QBO: Quasi Biannual Oscillation).

Die mittleren vertikalen und meridionalen Zirkulationsverhältnisse der Erde sind schematisch in Abb. 10.11 wiedergegeben. Wie zu erkennen, erfolgt der Lufttransport zwischen dem Äquator und den beiden Polen auf jeder Halbkugel in 3 großen Zirkulationsrädern. Die beiden tropischen Zirkulationszellen zeigen ein Aufsteigen erwärmter Luft im Bereich der äquatorialen Tiefdruckrinne und ein Absinken der auf ihrem polwärtigen Weg infolge Ausstrahlung abgekühlten Luft in den subtropischen Hochdruckgürteln. Die in den unteren

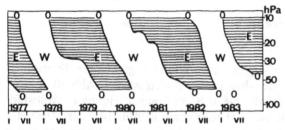

Abb. 10.10. Quasizweijährige Windschwingung in den Tropen. (Nach Labitzke 1984)

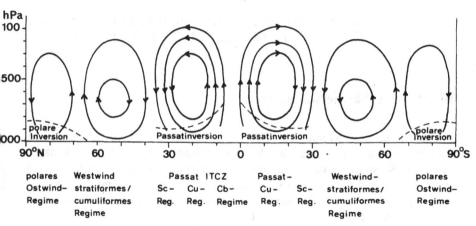

polares	Westwind	Passat	ITCZ	Passat–	Westwind–	polares
Ostwind–	stratiformes/	Sc –	Cu –	Cb–	Cu–	Sc–	stratiformes/	Ostwind–
Regime	cumuliformes	Reg.	Reg.	Regime	Reg.	Reg.	cumuliformes	Regime
	Regime						Regime	

Abb. 10.11. Schema der mittleren meridionalen Zirkulationszellen

Schichten zwischen Subtropenhochs und ITCZ auftretende Ausgleichsströmung ist der Passat. Diese thermisch direkte Zirkulation zwischen dem Äquator und etwa 30°N bzw. 30°S wird Hadley-Zirkulation genannt, die beiden Zirkulationsräder werden als Hadley-Zellen bezeichnet.

Die mittleren Breiten werden von einem Zirkulationsrad beherrscht, bei dem die Luft in der subpolaren Tiefdruckrinne aufsteigt, in den oberen Schichten eine zu niedrigeren Breiten gerichtete Komponente aufweist und in den Hochs der Subtropen absteigt. In den unteren Schichten ist folglich im Mittel eine Ausgleichsströmung von den Subtropen zu den Tiefs der subpolaren Tiefdruckrinne, z.B. vom Azorenhoch zum Islandtief, vorhanden. Diese Zirkulation der mittleren Breiten wird als Ferrel-Zirkulation bezeichnet. Da das Aufsteigen der Luft in der kühleren, das Absinken dagegen in der wärmeren Region erfolgt, spricht man bei der Ferrel-Zelle von einer thermisch indirekten, oder anders ausgedrückt, von einer rein dynamischen Zirkulation. Auch wenn diese Strömungsanordnung im Gegensatz zu der großen Beständigkeit der Passatwindzone durch die Veränderlichkeit des Winds in den mittleren Breiten häufig verdeckt ist, kommt sie in den mittleren Verhältnissen doch deutlich zum Ausdruck.

In den hohen Breiten weist die Zirkulationszelle ein Aufsteigen der Luft in der subpolaren Tiefdruckrinne und ein Absinken in der polaren Hochdruckzone auf, wobei die polaren Ostwinde die Ausgleichsströmung am Boden darstellen. Dieses am schwächsten entwickelte Zirkulationsrad wird als Rossby-Zelle bezeichnet und weist wie das tropische System eine thermisch direkte Zirkulation auf.

Ihre große Bedeutung haben die Zirkulationsräder im großräumigen meridionalen Wärmeausgleich. Sie transportieren erwärmte Luft polwärts, die sich dabei abkühlt, und kalte bzw. kühlere Luft äquatorwärts, die dabei erwärmt wird. Auf diese Weise wirken sie mit den Ozeanströmungen dem Strahlungsungleichgewicht der Erde entgegen und verhindern, daß es in niedrigeren Breiten immer wärmer und in polaren immer kälter wird. Insgesamt gesehen, ist es somit die allgemeine Zirkulation, die für ein stabiles Klima auf der Erde sorgt.

10.4 Stratosphärenerwärmungen

Betrachtet man die Monatsmittel der Temperatur von Berlin im Januar, so können sie je nach Intensität des Winters am Boden bis zu 14 °C schwanken. Die totale Schwankungsbreite nimmt dann gleichmäßig mit der Höhe ab und erreicht mit nur 4,5 °C in 300 hPa ihr Minimum. Darüber nimmt sie zunächst langsam, ab 30 hPa (23 – 24 km) aber drastisch zu und erreicht in 3 hPa, d. h. in 40 km Höhe einen Wert von 37 °C.

Diese große Temperaturvariation in der nordhemisphärischen Stratosphäre zwischen den verschiedenen Wintern ist ein Ausdruck der „Stratosphärenerwärmungen". Sie treten als kräftige Erwärmungen praktisch jeden Winter in den hohen und mittleren Breiten auf und führen dann dazu, daß sich die obere Stratosphäre innerhalb weniger Tage um mehrere Zehnergrade erwärmen kann, wobei im zentralen Erwärmungsbereich Temperaturanstiege von rund 80 °C bis auf Werte bis +40 °C auftreten können, die damit weit über den Sommertemperaturen in diesen Höhen liegen. Diese Stratosphärenerwärmungen wurden von Scherhag (1952) über Berlin entdeckt, als die Temperatur in wenigen Tagen von – 50 °C auf – 12 °C in 10 hPa (30 km) angestiegen war.

Die ursprüngliche Annahme, daß Stratosphärenerwärmungen auf die Wirkung des stratosphärischen Ozons nach kräftigen Sonnenausbrüchen zurückzuführen sind, konnte nicht aufrechterhalten werden. Vielmehr sind sie die Folge dynamischer, aus der Troposphäre angeregter, stratosphärischer Prozesse, die mit großräumigen Absinkvorgängen und adiabatischer Erwärmung verbunden sind.

Bei den etwa jeden 2. Winter auftretenden sog. „major warmings" ist eine durchgreifende Umstellung der hochstratosphärischen Zirkulation zu beobachten. Der, wie Abb. 10.6a zeigt, im Mittel dort im Winter herrschende Polarwirbel bricht zusammen und zerfällt dabei unter Abschwächung in 2 Teile. An seine Stelle tritt nach den Untersuchungen von Labitzke u. a. für die Zeit der Stratosphärenerwärmung über dem Polargebiet als zirkulationsbestimmendes Druckgebilde ein kräftiges Stratosphärenhoch.

Bei den in den Zwischenjahren auftretenden „minor warmings" kommt es dagegen nicht zu der oben geschilderten Zirkulationsumstellung, obwohl die stratosphärische Temperaturänderung die gleichen Ausmaße erreichen kann. Die „minor warmings" treten auf beiden Halbkugeln auf, die durch den Zirkulationszusammenbruch gekennzeichneten „major warmings" dagegen nur auf der Nordhalbkugel.

11 Klima und Klimaklassifikation

Das Klima eines Orts oder einer Region steht in unmittelbarem Zusammenhang mit den meteorologischen Auswirkungen der allgemeinen atmosphärischen Zirkulation auf diesen Raum. Wie die synoptischen Einzelerscheinungen, d. h. die Hochs und Tiefs, die Fronten, Keile und Tröge durch ihre Lebensdauer, Verlagerungsgeschwindigkeit und Intensität das tägliche Wettergeschehen an einem Ort bestimmen, so prägt die allgemeine atmosphärische Zirkulation grundsätzlich das Klima eines Gebiets.

Sie entscheidet darüber, in welchem Ausmaß trockene oder feuchte, kalte oder warme, stabil oder instabil geschichtete Luft in eine Region gelangt, bis zu welchem Grad die breitenkreisabhängigen Strahlungs- oder regionalen Feuchteverhältnisse eines Raums durch die Advektion von Luftmassen aus anderen Gebieten überformt werden; sie entscheidet auch darüber, ob hinsichtlich der vertikalen Luftbewegung Auf- oder Absteigen und damit wolkenbildende oder wolkenauflösende Prozesse dominieren.

Auf diese Weise entstehen in jedem Gebiet der Erde durch das Zusammenspiel von allgemeiner atmosphärischer Zirkulation mit der breitenkreisabhängigen Einstrahlung charakteristische Verhältnisse von Temperatur und Feuchte, von Bewölkung und Niederschlag.

11.1 Definition

Das Wort „Klima", das aus dem Griechischen stammt, bedeutet soviel wie „sich neigen" und meint in seiner ursprünglichen Form (Hippokrates, Aristoteles) die Neigung der Erdachse gegen die Sonne, d. h. die Abhängigkeit des durchschnittlichen Wettergeschehens vom Einfallswinkel der Sonnenstrahlung. Während die Griechen darunter die jahreszeitlichen Änderungen in einem Gebiet verstanden, läßt sich die Definition auch auf die mittleren Einstrahlungsverhältnisse in den einzelnen geographischen Breiten anwenden. In diesem Sinne hätten wir es dann folglich mit einer reinen Nord-Süd-Gliederung in Klimazonen zu tun.

Zwar ist diese meridionale Abfolge auch grundsätzlich vorhanden, doch lehrt ein Blick auf eine Klimakarte der Erde, daß die Anordnungen keineswegs gleichmäßig auf den einzelnen Kontinenten sind und daß auch in Ost-

West-Richtung deutliche klimatische Unterschiede auftreten. Die Ursache dafür ist in dem bereits angesprochenen Wirken der allgemeinen atmosphärischen Zirkulation und in der unterschiedlichen Land-Meer-Verteilung zu sehen.

Eine Definition des Begriffs „Klima" hat aus heutiger Sicht 2 Grundtatbestände zu berücksichtigen, nämlich zum einen die durchschnittlichen Zirkulationsverhältnisse, also ein statisches Moment, und zum anderen als dynamisches Moment die Tatsache, daß sich die allgemeine Zirkulation aus der Summe aller Wetter- und Witterungsabläufe zusammensetzt. W. Köppen, der das statistische Moment betonte, definierte im Jahr 1923: „Unter Klima verstehen wir den mittleren Zustand und gewöhnlichen Verlauf der Witterung an einem Ort."

Diese Definition geht somit von den Mittelwerten der gemessenen und beobachteten Größen an einem Ort aus und ist auf einfache Weise realisierbar, läßt jedoch die Variationsbreite der Größen unberücksichtigt. Unter Berücksichtigung der Tatsache, daß das Klima physikalisch als zeitliches Integral aller Wetter- und Witterungserscheinungen an einem Ort zu verstehen ist, gelangt man zu folgender Definition:

Unter dem Klima eines Orts verstehen wir die Gesamtheit der atmosphärischen Zustände und Vorgänge in einem hinreichend langen Zeitraum, beschrieben durch den mittleren Zustand (Mittelwerte) sowie durch die auftretenden Schwankungen (Streuung, Häufigkeitsverteilung, Extremwerte usw.).

Diese Definition schließt auch die atmosphärischen Verhältnisse über einem Ort ein. Als hinreichend langer Zeitraum wird in der Regel eine 30jährige Periode angesehen. Sie ist einerseits lang genug, daß alle wesentlichen Zustände und Vorgänge erfaßt werden, andererseits ist sie nicht zu lang, um durch die Mittelung signifikante Trends derart zu glätten, daß sie nicht mehr sichtbar werden. Die Klimaperiode, auf die sich unsere gegenwärtigen Klimavergleiche beziehen, ist der Zeitraum 1961–1990 bzw. 1931–1960.

Fasst man die vorherigen Aussagen zusammen, so folgt: Das Klima ist eine Funktion von Raum und Zeit. Bei der Differenzierung nach dem Raum lässt sich unterscheiden:

– Das Mikroklima – es findet sich z. B. im Wald oder in landwirtschaftlichen Anbaubeständen aufgrund der spezifischen Strahlungs-, Temperatur-, und Feuchteverhältnisse.
– Das Stadtklima – es entsteht als Folge der speziellen physikalischen und lufthygienischen Besonderheiten urbaner Räume, d. h. infolge der Ansammlung von Stein, Glas, Beton, der hohen Bodenversiegelung und damit geringen Wasserspeicherung sowie der Emission von Luftbeimengungen durch Industrie, Haushalte, Gewerbe und Verkehr (s. Kap. 15).
– Das Regionalklima – hierbei wird das übergeordnete, großräumige Klimasystem durch regionale orographische Besonderheiten modifiziert, z. B. das Klima des Oberrheingrabens, das Küsten- oder Gebirgsklima.
– Das Makroklima – in ihm kommen die übergeordneten Grundzüge der großräumigen Klimafaktoren zum Ausdruck, z. B. die meridionalen Strahlungs-

verhältnisse, Maritimität und Kontinentalität sowie der Einfluss der allgemeinen Zirkulation.

- Das hemisphärische Klima – in ihm spiegeln sich in erster Linie die unterschiedlichen Land-Meer-Anteile der beiden Halbkugeln wider. So ist z. B. der Jahresgang der Temperatur auf der Nordhalbkugel wesentlich ausgeprägter als auf der Südhalbkugel (s. Abb. 11.5).

- Das globale Klima – es stellt eine planetare Größe dar und ist das Integral über alle Unterklimate; besonderes Interesse kommt ihm bei der Frage des langfristigen Klimawandels zu, und zwar als Folge global wirkender externer wie interner Antriebe im Klimasystem Erde, z. B. durch Veränderungen der Solarkonstanten oder des Treibhauseffekts.

In Bezug auf die Zeitskala ist eine Differenzierung des Klimaverhaltens wichtig. Die Zeiträume reichen von Jahrzehnten über Jahrhunderte bis zu zehntausenden bzw. hunderttausenden von Jahren. So spielte sich die Kleine Eiszeit des Mittelalters auf einer völlig anderen Zeitskala ab als der Wechsel der großen Kalt-/Eis- und Warmzeiten der letzten rund 1,6 Mio. Jahre. Kurzzeitige Klimatrends von Jahren oder Jahrzehnten können einerseits der Teil einer Klimaschwankung sein, sie könnten aber auch der Beginn einer irreversiblen Klimaänderung sein. Aus diesem Grund sind lange Reihen von Klimabeobachtungen eine unerlässliche Voraussetzung für eine richtige Einordnung und Beurteilung klimatischer Veränderungen.

Im allgemeinen wird unter dem Begriff Klima das bodennahe Klima verstanden, weil dort die Auswirkungen auf Mensch, Tier und Vegetation am unmittelbarsten sichtbar werden. Die Meteorologie untersucht jedoch in gleichem Maß die Veränderungen in den höheren Luftschichten, da atmosphärische Prozesse immer dreidimensional miteinander gekoppelt sind. So werden Klima und Klimaveränderungen im Bereich der gesamten Troposphäre ebenso untersucht wie in der Stratosphäre und Mesosphäre.

11.2 Klimaklassifikation

Entsprechend ihrer geographischen Breite und ihrer Lage innerhalb der allgemeinen atmosphärischen Zirkulation weisen große Teilgebiete der Erde hinsichtlich ihrer Klimaelemente, d. h. hinsichtlich ihrer Temperatur, Verdunstung, Feuchte, Bewölkung und Niederschlag ein gleiches oder ähnliches Verhalten auf. Das Ziel einer jeden Klimaklassifikation muß es daher sein, diese quasihomogenen Gebiete als eigenständige Klimaregionen durch objektive Maßzahlen so zu beschreibe, daß sich verschiedene Klimate auch eindeutig voneinander unterscheiden.

Je nach den Kriterien, die hinsichtlich der herangezogenen Klimaelemente oder deren Schwellenwerte zugrundegelegt werden, erhält man eine andere Klimaklassifikation. So ist es nicht verwunderlich, daß inzwischen eine Vielzahl von Klassifikationen existieren, die alle ihre Stärken und Schwächen haben. Die Unterschiede zwischen ihnen treten v. a. in den Rand- und Übergangsbereichen der Klimazonen auf, also dort, wo die Quasihomogenität mehr oder weniger verlorengeht, während sie in den Kerngebieten eine grundsätzliche Übereinstimmung zeigen.

Es würde den Rahmen dieses Buchs sprengen, sich mit dem Für und Wider der vielen Klimaklassifikationen auseinanderzusetzen. Wir müssen uns daher darauf beschränken, einige Grundzüge anhand ausgewählter Klimaklassifikationen kennenzulernen.

Mathematische Klimaklassifikation

Sie entspricht der einstrahlungsbezogenen Definition des Begriffs „Klima" und ist durch die Breitenkreiseinteilung der Erde gegeben. Dabei werden 5 mathematische Klimazonen unterschieden: die Tropenzone beiderseits des Äquators bis zu den Wendekreisen (23,5°N/S), die beiden Übergangszonen der mittleren Breiten bis zu den Polarkreisen (66,5°N/S) sowie die beiden Polarzonen.

Diese, allein auf dem Einfallswinkel der Sonnenstrahlung basierende Klassifikation läßt den Einfluß der allgemeinen atmosphärischen Zirkulation und der Land-Meer-Verteilung völlig außer acht. Dadurch schließt sie stark voneinander abweichende Klimaregionen in ihre mathematischen Zonen ein.

Hydrologische Klimaklassifikation

Ein gutes Beispiel für eine Klimaeinteilung nach hydrologischen Gesichtspunkten stellt die Klimaklassifikation von A. Penck (1910) dar. Dabei dient das Verhältnis von Niederschlag zur Verdunstung bzw. von Niederschlag zur Ablation zur Definition von 3 Klimabereichen:

1. Von einem *humiden Klima* spricht man dort, wo der gefallene Jahresniederschlag N größer ist als die Verdunstung V. Da somit die Flüsse F das überschüssige Wasser fortführen, gilt die Beziehung:

$$N - V = F > 0 \ .$$

2. Überall dort, wo aufgrund der Strahlungs-/Temperaturverhältnisse aber die potentielle, also die mögliche Verdunstung größer ist als die auftretende Niederschlagsmenge, herrscht ein *arides Klima*. In diesen Zonen gilt somit:

$$N < V_{pot}, \quad \text{d. h.} \quad N - V_{pot} < 0 \ .$$

3. Von einem *nivalen Klima* sprechen wir dort, wo der als Schnee fallende Niederschlag S größer ist als die Ablation A, d. h. als der Schneeschwund infolge Verdunstung, Schneeschmelze und Schneetreiben. In diesen Gebieten, in denen Gletscher den Schneetransport G übernehmen, gilt dann:

$$S - A = G > 0 \ .$$

Als Grenze zwischen den 3 Hauptklimaten ergibt sich somit N = V bzw. S = A, d.h. die Trockengrenze zwischen aridem und humidem Klima ist durch das Gleichgewicht von Niederschlag und Verdunstung gegeben, während die Schneegrenze zwischen humidem und nivalem Klima durch das Gleichgewicht von Niederschlag und Ablation definiert ist.

In den wechselfeuchten Übergangszonen zwischen aridem und humidem Klima läßt sich nach Penck noch eine Klimaabstufung durch die Betrachtung der monatlichen Verhältnisse vornehmen. Überwiegt dort die Anzahl der humiden Monate (N > V), so sprechen wir vom semihumiden Klima, überwiegen dagegen die ariden Monate im Jahr (N < V_{pot}), handelt es sich um ein semiarides Klima.

Klimaklassifikation aufgrund von Temperaturschwellenwerten

Als einfachste Form einer Gliederung in Klimazonen kann die Fortentwicklung der mathematischen Klimaklassifikation durch A. Supan angesehen werden, der die Tropenzone von den Übergangszonen der mittleren Breiten durch die 20°C-Jahresisotherme (Palmengrenze) abgrenzte und die Grenze zur Polarzone durch die 10°C-Isotherme des wärmsten Monats (Baumgrenze) definierte.

Grundlegende Bedeutung hat die von Köppen 1918 entwickelte und heute noch weit verbreitete Klimaklassifikation erlangt. Sie basiert hauptsächlich auf den Temperaturverhältnissen, doch wird auch der Niederschlag als weiteres klimabestimmendes Element erkannt und bestimmt durch seinen jahreszeitlichen Verlauf wesentlich die Untergliederung der Hauptklimazonen. Sieht man vom Erdboden ab, so sind Temperatur und Niederschlag die vegetationsbestimmenden Faktoren, so daß Köppen folgerichtig die Wirkung des Klimas auf die Pflanzenwelt in die Betrachtungen einbezog und die verschiedenen Klimate sehr anschaulich durch die charakteristische Pflanzenart beschreiben konnte.

Nach Köppen unterscheidet man 5 Hauptklimate, die als A-, B-, C-, D- und E-Klima bezeichnet werden. Im einzelnen sind es die:

A) Tropische Regenklimate (A-Klimate)
   Das charakteristische Merkmal ist, daß in ihrem Bereich die Monatsmitteltemperatur in keinem Monat unter 18 °C liegt.

B) Trockenklimate (B-Klimate)
   Sie werden charakterisiert durch das Verhältnis von Temperatur und Jahresniederschlag, wobei ihre Grenze gegenüber dem A-, C- und D-Klima definiert ist durch die (empirischen) Beziehungen:

$$RR = 2(T+14) \quad \text{bei Sommerregen}$$

$$RR = 2(T+7) \quad \text{bei Regen ohne Periode}$$

$$RR = 2T \quad \text{bei Winterregen,}$$

wobei der Niederschlag RR in cm einzusetzen ist.

C) Warmgemäßigte Regenklimate (C-Klimate)
   Sie sind dadurch definiert, daß die Mitteltemperatur des kältesten Monats zwischen 18 und $-3\,°C$ liegt.

D) Schnee-Wald-Klimate (D-Klimate)
   Ihr Kennzeichen ist, daß die Mitteltemperatur mindestens in 1 Monat über $10\,°C$ liegt (Baumgrenze) und im kältesten Monat unter $-3\,°C$ sinkt.

E) Schnee-Eis-Klimate (E-Klimate)
   In ihrem Bereich liegt auch die Mitteltemperatur des wärmsten Monats unter $10\,°C$.

Die Untergliederung dieser Hauptklimate erfolgt nach dem Niederschlag in wintertrocken (w), sommertrocken (s) und immerfeucht (f); hinsichtlich der Temperatur wird noch unterschieden beim C-Klima in Maisklima (a): wärmster Monat über $22\,°C$, und Buchenklima (b): wärmster Monat unter $22\,°C$ und beim D-Klima in Eichenklima (b): mindestens 4 Monate über $10\,°C$ sowie Birkenklima (c): $1-3$ Monate mit einer Mitteltemperatur über $10\,°C$. In Mitteleuropa z. B. wird danach ein Cfb-Klima, also das Buchenklima, angetroffen. Die geographische Verteilung der Klimate nach Köppen ist in ihren Grundzügen in Abb. 11.1 wiedergegeben.

Klimaklassifikation aufgrund eines Index

Ansätze zu einer Klimaklassifikation aufgrund eines Index sind bereits Anfang dieses Jahrhunderts zu finden, als Lang (1915) den Regenfaktor r definierte, und zwar durch die Beziehung

$$r = \frac{\text{Jahressumme des Niederschlags}}{\text{Jahresmittel der Temperatur}} \ .$$

Das Ziel war, den Humiditäts- oder Aridätsgrad eines Gebiets zu bestimmen, wobei die Temperatur stellvertretend für die Verdunstung steht. Da der Ausdruck bei Temperaturen unter $0\,°C$ nur wenig sinnvoll ist, wurde er nur bei positiven Jahresmitteltemperaturen benutzt.

In den zwanziger Jahren definierte daher de Martonne (1926) den Trockenheitsindex TI als

$$TI = \frac{\text{Niederschlagssumme}}{\text{Mitteltemperatur} + 10} \ .$$

Thornthwaite (1931) entwickelte eine Klimaklassifikation auf der Basis von mehreren Klimafaktoren (Indizes). Als Niederschlagswirksamkeit oder PE-Index („potential evaporation") definierte er

$$J = 114 \sum_{1}^{12} \frac{P}{T-10} \ ,$$

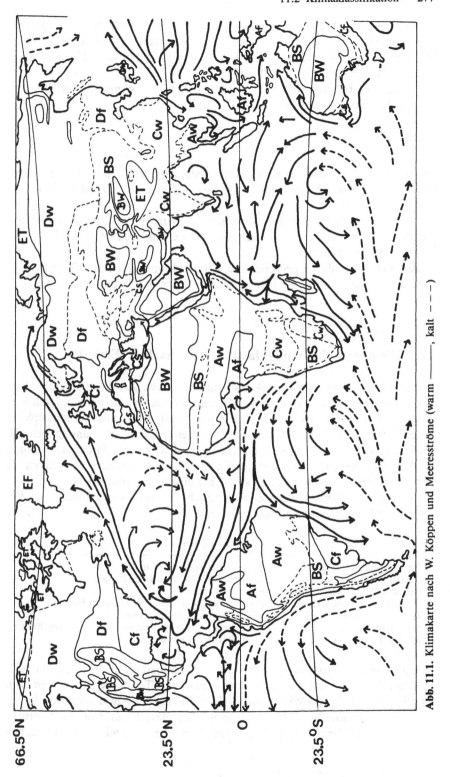

Abb. 11.1. Klimakarte nach W. Köppen und Meeresströme (warm ———, kalt – – –)

wobei P der mittlere Monatsniederschlag und T die Monatsmitteltemperatur (in °Fahrenheit) ist. Je nach Größe dieses Feuchtefaktors unterscheidet er die 5 Feuchtigkeitsprovinzen: naß (J > 128), humid (J: 64–128), subhumid (J: 32–64), semiarid (J: 16–32) und arid (J: 0–16).

Als Temperaturleistung oder TE-Index („thermal efficiency") bezeichnete er mit der Monatsmitteltemperatur T (in °F)

$$J' = \sum_{1}^{12} \frac{T-32}{4} \; .$$

Die 6 Temperaturprovinzen sind definiert als: tropisch (J' ≥ 128), mesotherm (J': 64–127), mikrotherm (J': 32–63), Taiga (J': 16–31), Tundra (J': 1–15) und Frost (J' = 0).

Nach dem Jahresgang des Niederschlags wurden die Provinzen immerfeucht, Feuchtemangel im Sommer bzw. Winter und Feuchtemangel in allen Jahreszeiten eingeführt.

Auf der Basis der 3 geschilderten Klimafaktoren kartierte Thornthwaite 1931 die Klimate von Nordamerika und 1933 die der Erde.

11.3 Die genetische Klimaklassifikation (nach H. Flohn)

Die bisher beschriebenen Klimaklassifikationen verwenden zwar objektive Kriterien zur Abgrenzung der einzelen Klimate, stellen aber keinen unmittelbaren Bezug zu den planetarischen Luftdruck- und Windgürteln, also zur atmosphärischen Zirkulation, her. In seinem genetischen Klassifikationsansatz geht H. Flohn (1950) von der im Mittel vorherrschenden zonalen Strömungsrichtung als klimabestimmendem Faktor aus. Entsprechend der im Jahr dominierenden Ost- bzw. Westwindkomponente oder – bei einem periodischen Wechsel – der jahreszeitlich vorherrschenden Zonalwindrichtung werden vier stetige und drei alternierende Zonenklimate unterschieden.

Zonenklima		Windsystem
1. Innertropisches Klima	TT	Äquatoriale Westwinde
2. Randtropisches Klima	TP	Äquatoriale Westwinde/Passate
3. Subtropisches Trockenklima	PP	Passatwinde
4. Subtropisches Winterregenklima	PW	Passate/Westwinde der mittleren Breiten
5. Feucht-gemäßigtes Klima	WW	Westwinde der mittleren Breiten
6. Subpolares Klima	EW	Polare Ostwinde/Westwinde der mittleren Breiten
7. Hochpolares Klima	EF	Polare Ostwinde

Von den beiden Buchstaben gibt der erste die sommerlichen, der zweite die winterlichen Windverhältnisse an. Im innertropischen TT-Zonenklima müssen nach FLOHN die westlichen Winde mindestens 8 Monate im Jahr dominieren. In Bezug auf die Nordhalbkugel bedeutet das folglich, dass die äquatoriale Tiefdruckzone mit der ITC im TT-Klima ganzjährig bzw. überwiegend auf der nördlichen

Halbkugel liegen muss. Nur unter dieser Voraussetzung kommt es zu einem Übertritt des Südostpassats von der Süd- auf die Nordhalbkugel, wodurch die Luftströmung nach Überqueren des Äquators infolge der nordhemisphärischen Corioliskraft nach rechts abgelenkt wird und aus dem Südostpassat ein Südwestwind wird.

Im TP-Klima werden die Windverhältnisse durch die jahreszeitliche Wanderung der ITC zwischen der Nord- und Südhalbkugel bestimmt. Befindet sich die äquatoriale Tiefdruckrinne auf der Nordhalbkugel, so dominieren durch den o.g. Prozess südlich der ITC die westlichen Winde, während nördlich von ihr der Nordostpassat weht; dieses ist im Nordsommer der Fall. Wandert die ITC im Nordwinter bzw. Südsommer auf die Südhalbkugel, so setzt sich der Nordostpassat bis zum Äquator durch.

Dieser interannuale Vorgang ist sehr gut über dem nördlichen Afrika zu beobachten, wo die ITC zwei markante Luftmassen voneinander trennt. Nördlich der ITC befindet sich die extrem trockene Saharaluft des Nordostpassats; südlich der ITC wird feuchte, aus dem Golf von Guinea stammende Luft mit der südwestlichen Strömung herangeführt. Die ITC ist somit dort sowohl durch die Konvergenz im Windfeld als auch durch einen markanten Feuchtesprung deutlich ausgeprägt.

Auch der Südwestmonsun Indiens hat seine Ursache in der Verlagerung der ITC, die im Sommer bis an den Fuß des Himalaya nordwärts vordringt. In weiten Teilen des Monsunbereichs werden durch die zyklonale Zirkulation um das Monsuntief jedoch nicht südwestliche, sondern südöstliche Winde angetroffen. Im Winter liegt der indische Raum dagegen im Bereich des Nordostpassats, da sich die ITC zu dieser Zeit auf die Südhalbkugel verlagert hat. Der äquatoriale TT-Klimagürtel erfährt somit eine großräumige Unterbrechung im Monsunbereich.

Eine weitere Schwierigkeit bei der Definition des innertropischen Westwindgürtels ergibt sich aus meteorologischer Sicht für den Bereich zwischen Äquator und etwa 5°N bzw. 5°S. In diesem rund 1000 km breiten Streifen ist die Corioliskraft (Horizontalkomponente) praktisch null, so dass ihre ablenkende Wirkung auf die Luftströmungen entfällt. Die Folge ist, dass in dieser Zone die Luft jedem entstehenden Druckgefälle direkt folgt (Euler-Wind) und es ausgleicht. Die schwachen Winde werden dabei aus allen Richtungen wehen, d.h. weisen unsystematisch Ost- wie Westkomponenten auf. Aufgrund der Massenträgheit ist sogar anzunehmen, dass die Winde vielfach ihre ursprüngliche östliche Passatkomponente auch in dieser Zone noch beibehalten.

Insgesamt weist also der äquatoriale Westwindgürtel der TT-Klimazone nicht nur große Unterbrechungen auf, vor allem über den Ozeanen, sondern auch Bereiche mit unsystematischen Winden. Da auch die anderen Klimazonen in der Realität die Erde nicht gürtelartig umspannen, wurde von Flohn die genetische Klimaklassifikation für einen idealen Kontinent definiert. Das bedeutet aber auch, dass sie keine Klimatypen kennt.

Die alternierenden Klimazonen spiegeln unmittelbar die jahreszeitliche Verlagerung der planetaren Luftdruck- und Windsysteme wider, mittelbar auch die meridionalen Verlagerungen der vertikalen Zirkulationszellen, insbesondere

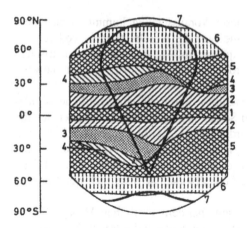

Abb. 11.2. Zonenklima auf einem Ideal-
kontinent nach H. Flohn (1950)

die der tropischen Hadley-Zelle. So kommt dem Bereich aufsteigender bzw. absteigender Luft die grundsätzliche Bedeutung für das jahreszeitliche Niederschlagsverhalten zu.

Während das PP-Klima den Passatbereich zwischen der Achse des subtropischen Hochdruckgürtels und der ITC umfasst, entspricht das mediterrane Win-
terregenklima PW dem jahreszeitlichen Wechsel von antizyklonalem Einfluss
im Sommer und zyklonaler Dominanz der Westwindzone im Winter.

Das WW-Klima ist durch die rege zyklonale Aktivität im Westwindgürtel der
Erde geprägt, wobei polwärts im EW- und EE-Klima die polaren Ostwinde (E)
an Häufigkeit zunehmen.

In Abb. 11.2 ist schematisch die zonale Klimagliederung für den Idealkonti-
nent (nach Flohn) dargestellt. Wie deutlich wird, fehlt als eigenständiges gene-
tisches Klima das Monsunklima. Die Monsunklimagebiete werden auf andere
Klimazonen aufgeteilt. So zählt z.B. Indien im Sommer zur tropischen Westwindzone und im Winter zum Bereich des Nordostpassats.

Erkennen lässt dagegen die Klimaklassifikation das asymmetrische Klimaverhalten zwischen West- und Ostküste der Kontinente. Dabei findet sich die vollständige Abfolge der 7 Zonenklimate nur an der Westseite des Kontinents; an
der Ostseite erscheinen die Gürtel 3 (Trockenklima) und 4 (Mittelmeerklima)
„abgequetscht" durch den außertropischen Westwindgürtel (5) einerseits sowie
den Randtropengürtel (2) anderseits.

11.4 Übersicht über die Klimagebiete (nach Köppen 1918)

A: Tropische Regenklimate

Die tropischen Regenklimate (A-Klimate), deren Kennzeichen Monatsmitteltemperaturen von mehr als 18 °C sind, lassen sich nach dem Jahresgang des

Niederschlags untergliedern in das immerfeuchte tropische Regenklima (Af) und das wechselfeuchte tropische Regenklima (Aw).

Immerfeuchtes tropisches Regenklima

Das immerfeuchte tropische Regenklima (Af) ist mit der äquatorialen Tiefdruckrinne verbunden. Nicht extrem hohe, sondern die gleichmäßig hohen Temperaturen sind charakteristisch für diesen Klimatyp. So liegt die Jahresmitteltemperatur bei 25 °C; die Jahresamplitude ist mit nur 1 – 6 K kleiner als die Tagesamplitude.

Die jährlichen Niederschläge betragen in der Regel mehr als 1500 mm und weisen im Jahresverlauf 2 Maxima und 2 Minima auf. Die Ursache für diesen Jahresgang ist die mit der Deklinationsänderung der Sonne gekoppelte jahreszeitliche Verlagerung der äquatorialen Tiefdruckrinne mit der ITCZ (innertropische Konvergenzzone). Zweimal im Jahr liegt ein äquatornahes Gebiet in ihrem unmittelbaren Einflußbereich, was zu einer Verstärkung der Niederschläge führt.

Das Wetter verläuft während des ganzen Jahres sehr einheitlich. Nach klarer Nacht führt die starke Einstrahlung zur Bildung von Quellwolken, die sich bis zum Mittag zu mächtigen Kumulonimbuswolken verstärken. Nachmittags treten heftige Schauer, z. T. mit Gewittern auf.

Die gleichmäßig hohen Temperaturen und die ganzjährigen Niederschläge lassen die Vegetationsperiode das ganze Jahr über andauern. Die Folge dieses Treibhausklimas ist daher der immergrüne, üppig wuchernde tropische Regenwald. Äußerst intensiv ist unter diesen Verhältnissen die chemische Verwitterung entwickelt, die Verwitterungsböden bis zu 30 m und mehr schafft. Jedoch fehlen den tropischen Böden die dunklen Farben, da der Humus rasch abgebaut wird; statt dessen bestimmen Roterden das Bild.

Kerngebiete dieses „tropischen Regenwaldklimas" sind das Kongo- und Amazonasbecken sowie die Inselwelt von Indonesien. Als Beispiel für das immerfeuchte tropische Regenklima seien die Verhältnisse von *Stanleyville* (0°26′N, 25°14′E) angeführt, und zwar für die Mitteltemperatur T_M, die tägliche Temperaturschwankung $T_S = T_{Max} - T_{Min}$ und die Niederschlagsmenge RR:

	Jan	Feb	Mär	Apr	Mai	Jun	Jul	Aug	Sep	Okt	Nov	Dez
T_M [°C]	25,9	25,9	25,9	26,1	25,6	25,3	24,2	24,2	24,7	25,0	24,7	25,0
T_S [K]	10,5	10,5	10,0	10,0	9,4	9,5	8,3	9,4	10,0	9,4	10,0	
RR [mm]	53	84	178	158	137	114	132	165	183	218	198	84

Wechselfeuchtes tropisches Regenklima

Auch das wechselfeuchte tropische Regenklima (Aw-Klima) ist mit dem Einfluß der äquatorialen Tiefdruckrinne verbunden, doch folgen die Zenitabstände der Sonne und damit die Wirkungen der ITCZ um so rascher aufeinander, je weiter die tropische Region vom Äquator entfernt bzw. je näher sie den Wendekreisen ist. Die Folge davon ist, daß eine zusammenhängende Regenzeit entsteht. Außerdem stellt sich eine Trockenzeit ein, wenn sich die Sonne über der anderen Halbkugel befindet, d. h. die ITCZ am weitesten von der Region entfernt ist.

Die Temperatur ist im Aw-Klima zwar noch tropisch hoch, doch nimmt der Unterschied zwischen den Monaten zu; die Jahresamplitude wird größer. Auch die Tagesamplitude wird größer. Angenehm ist das Wetter in der Savanne in der Mitte der Trockenzeit, wenn die Temperaturen am Tage bis 35 °C ansteigen und nachts auf 20 – 15 °C zurückgehen. Die Wochen vor dem Regen werden immer schwüler.

Für die Pflanzenwelt führen die jährlichen Niederschlagsbedingungen zu einer periodischen Trockenruhe. An die Stelle des immergrünen Regenwalds tritt die Savanne, tritt die offene Grasflur mit laubabwerfenden Gehölzen. Nur entlang der Flüsse werden Wälder, die sog. Galeriewälder, angetroffen. Erscheint vor der Regenzeit die Savanne ausgedörrt und braungefärbt, verwandelt sie sich durch die Regengüsse in einen grünen, blühenden Landstrich, der jedoch schon bald von den schnellwachsenden, hochwuchernden Gräsern (2 – 4 m hoch) beherrscht wird.

Bei diesem Klimatyp sind die chemische Verwitterung während der Regenzeit und die mechanische Verwitterung in der Trockenzeit stark ausgeprägt. Die charakteristische Bodenart ist der rote, eisenreiche, feinkörnige Lateritboden.

Zum Bereich dieses „Savannenklimas" gehören u. a. der Sudan, die Trockenwälder Ostafrikas, Teile Indiens, die Llanos des Orinoco und die Campos Brasiliens. Als Beispiel für das wechselfeuchte tropische Regenklima sei *Raga* (8°28′N, 25°41′E) aufgeführt:

	Jan	Feb	Mär	Apr	Mai	Jun	Jul	Aug	Sep	Okt	Nov	Dez
T_M [°C]	24,2	26,1	27,5	28,9	28,4	26,4	25,6	25,3	25,9	26,7	25,6	24,5
T_S [K]	23	22	21	17	15	12	11	11	12	15	20	22
RR [mm]	<3	<3	15	56	150	165	224	254	193	79	10	<3

B: Trockenklimate

Die Trocken- oder B-Klimate, die durch das Verhältnis von hoher Temperatur zu geringem Niederschlag gekennzeichnet sind, lassen sich untergliedern in Steppenklima (BSw) und Wüstenklima (BW).

Wintertrockenes Steppenklima

Mit zunehmender Entfernung vom Äquator verkürzt sich die sommerliche Regenzeit mehr und mehr, da die äquatoriale Tiefdruckrinne mit der ITCZ nur noch vergleichsweise kurzfristig diese Gebiete beeinflußt. Die Regenzeit schrumpft auf 3 – 5 Monate, die jährliche Niederschlagsmenge auf weniger als

500 mm bei gleichzeitig sehr hoher Verdunstung. In manchen Jahren fällt so wenig Regen, daß Mißernten, Viehsterben und Hungersnot die Folge sind. Die Jahres- sowie die Tagesamplitude der Temperatur sind groß. In den Wintermonaten werden recht niedrige Temperaturwerte angetroffen, auch wenn Fröste nicht auftreten.

Die Pflanzenwelt hat sich der langen Trockenperiode angepaßt. Endloses Grasbüschelland mit laubarmen Sträuchern kennzeichnet die Steppe. In der Trockenzeit verdorrt das Gras am Halm, in der Regenzeit dagegen ergrünt und erblüht das Land. Nur an den Flußläufen, die jedoch in der Trockenzeit kein Wasser führen, können Bäume wachsen, sofern sie mit ihren langen Wurzeln das Grundwasser erreichen.

Infolge der Insolation ist die mechanische Verwitterung und damit die Schuttbildung groß. Jedoch fehlt durch die Niederschläge die chemische Verwitterung keineswegs, so daß auch feinkörniger Boden entsteht.

Das wintertrockene Steppenklima (BSw-Klima) wird u. a. in der Sahelzone, der Kalahari, der Prärie Nordamerikas, der Pampa Südamerikas und Teilen Indiens und Australiens angetroffen. Als Beispiel für diesen Klimatyp seien die Verhältnisse von *Timbuktu* (16°46′N, 3°01′E) aufgeführt:

	Jan	Feb	Mär	Apr	Mai	Jun	Jul	Aug	Sep	Okt	Nov	Dez
T_M[°C]	21,7	24,2	28,4	32,0	34,5	34,8	32,2	30,0	31,9	31,4	27,5	22,5
T_s (K)	18	20	19	20	18	16	14	12	15	17	18	18
RR [mm]	<3	<3	<	3	5	23	79	81	38	3	<3	<3

Wüstenklima

Das Wüstenklima (BW-Klima) ist eine Folge der subtropischen Hochdruckgürtel, in deren Bereich das Absinken der Luft zu einer geringen relativen Feuchte führt. Trotz der hohen Einstrahlung und der damit verbundenen konvektiven Luftbewegung kommt es kaum zur Wolkenbildung, da einerseits der Sättigungsgrad der Luft infolge der hohen Temperaturen zu gering ist und andererseits das konvektive Aufsteigen durch überlagertes großräumiges Absinken gebremst wird. Blauer, meist wolkenloser Himmel und eine ungeheure Lichtfülle mit Spiegelungserscheinungen in der flimmernden Luft (Fata Morgana) kennzeichnen die Wüsten. Die sommerlichen Mittagstemperaturen liegen zwischen 40 und 45 °C, gebietsweise auch um 50 °C. Nachts gehen die Werte in der Regel um 15 – 20 K zurück. Auch die Jahresamplitude liegt in dieser Größenordnung.

Die jährliche Niederschlagsmenge liegt in den Kernwüsten im vieljährigen Durchschnitt unter 25 mm. Die Regenfälle sind nur sporadische Erscheinungen und treten oft nur in mehrjährigem Abstand auf. Kommt es jedoch zu Schauern, so sind sie so intensiv, daß die trockenen Flußläufe, die Wadis, kurzfristig zu reißenden Strömen anschwellen können, so daß man in der Wüste nicht nur verdursten, sondern in der Tat auch ertrinken kann.

Die permanente Pflanzenwelt in den Wüsten besteht nur aus vereinzelten Dauergewächsen wie z. B. den Kakteen mit ihren Wasserspeichern. Daneben gibt es aber noch eine latente Flora, die nur nach den Regenfällen zum Vorschein kommt und die Wüste für wenige Wochen in ein Blütenmeer verwandelt.

Die starke Erhitzung des Erdbodens am Tage und seine kräftige nächtliche Abkühlung führen zu einer starken mechanischen Verwitterung, der gegenüber die chemische weit zurücktritt. Blockschutt kennzeichnet daher die Wüstengebiete. Aus dieser Tatsache wird verständlich, daß Sandwüsten nur Ausnahmeerscheinungen sind und daß Schutt- und Felswüsten dominieren.

Da die subtropischen Hochdruckgürtel in der Höhe der Wendekreise auftreten, sind dort auch zahlreiche Wüsten, die sog. Wendekreiswüsten, anzutreffen. Zu ihnen zählen u. a. die Sahara, die arabischen Wüsten, die Tharr (auf der Rückseite des Monsuntiefs), das kalifornische Todestal und die australischen Wüsten.

Daneben gibt es noch einen anderen Wüstentyp, die Feuchtluftwüste. Zu ihm gehört die südamerikanische Atacama und die südafrikanische Namib. Beide sind Küstenwüsten an der Westseite des Kontinents. Die Ursache für ihre Bildung sind die kalten Meeresströme vor der Küste, also der Peru- bzw. der Benguelastrom. Gelangt die Luft vom Ozean auf ihrem Weg zum Festland über diese kühle Unterlage, so wird sie stabilisiert, d. h. es kommt in den unteren Schichten zu einer Abkühlung und zur Inversionsbildung. Der vertikale Wasserdampftransport bleibt auf die bodennahen Schichten beschränkt, so daß sich statt hochreichender Regenwolken nur flache Stratus- und Stratokumuluswolken entwickeln können.

Statt kräftiger Regenfälle tritt nässender Nebel oder Hochnebel, tritt Sprühregen auf. Er vermag nur eine dünne Bodenschicht zu durchfeuchten, die in der Regel von der Sonne umgehend wieder ausgetrocknet wird. Auf diese Weise verhärtet, verkrustet die Erdoberfläche.

Als Beispiel für das Wüstenklima seien die Temperatur- und Niederschlagsverhältnisse von *Assuan* (24°02′N, 32°53′E) angeführt:

	Jan	Feb	Mär	Apr	Mai	Jun	Jul	Aug	Sep	Okt	Nov	Dez
T_M [°C]	16,6	18,4	22,5	27,3	31,3	33,7	33,6	33,6	31,7	29,2	23,7	18,4
T_s [K]	13	14	16	17	16	16	15	15	15	15	14	13
RR [mm]	<3	0	0	0	0	0	0	0	0	<3	0	0

Sommertrockenes Steppenklima

Auch an ihrer polwärtigen Seite gehen die Wüsten allmählich in Steppen über. Hier fallen jedoch die geringen Niederschläge ausschließlich in der kalten Jahreszeit. Während nämlich die Bereiche im Sommer unter dem Einfluß der Subtropenhochs liegen, können durch die äquatorwärtige Verlagerung des Hochdruckgürtels im Winterhalbjahr vereinzelt Tiefausläufer der Westwindzone bis dorthin vordringen.

Die Tages- wie die Jahresschwankung der Temperatur ist recht groß und bedingt eine starke mechanische Verwitterung. Im Sommer erreichen im Landesinneren die Mittagstemperaturen 40 °C, im Winter treten bei Kaltluftvorstößen verbreitet Fröste auf; in Küstennähe erscheint das Temperaturverhalten um 5 – 10 K gedämpfter.

Ein solcher Streifen sommertrockenen Steppenklimas zieht sich nördlich der Sahara quer durch den afrikanischen Kontinent. Auch im Iran, in Afghanistan, Kalifornien und Australien wird das BSs-Klima angetroffen. Als Beispiel für diesen Klimatyp seien die Verhältnisse von El Agheila (30°16'N, 19°13'E) aufgeführt:

	Jan	Feb	Mär	Apr	Mai	Jun	Jul	Aug	Sep	Okt	Nov	Dez
T_M [°C]	12,5	13,6	16,2	18,9	22,0	24,2	25,3	26,4	25,6	23,1	18,9	14,2
T_S [K]	9	10	11	11	11	10	6	7	9	10	10	10
RR [mm]	33	15	3	3	<3	<3	0	<3	3	5	15	28

C: Warmgemäßigte Regenklimate

An die Trockenklimate bzw. dort, wo sie fehlen, an die tropischen Regenklimate schließen sich polwärts die warmgemäßigten Regenklimate (C-Klimate) an. Ihr charakteristisches Merkmal sind die gemäßigten Temperaturen. So liegt mindestens 1 Monat unter 18 °C, nicht aber unter − 3 °C, d. h. die warmgemäßigten Klimate sind anhand des kältesten Monats definiert. Nach dem Jahresgang des Niederschlags läßt sich eine Untergliederung vornehmen in: das warmgemäßigte, sommertrockene Regenklima (Cs), das warmgemäßigte, wintertrockene Regenklima (Cw) und das warmgemäßigte, immerfeuchte Regenklima (Cf).

Warmgemäßigtes, sommertrockenes Regenklima

Dieser Klimatyp mit heißen und trockenen Sommern sowie mit kühlen und feuchten Wintern wird dort angetroffen, wo durch die jahreszeitliche Verlagerung der Luftdruck- und Windgürtel im Sommer die Subtropenhochs wetterbestimmend sind und im Winter die Tiefs der Westwindzone. Dieses ist der Bereich des Mittelmeer- oder Etesienklimas.

Wolkenarmer Himmel und Mittagstemperaturen von 30 – 35 °C sind im Sommer die Regel. Im Herbst, wenn die Wassertemperaturen des Mittelmeers auf Werte nahe 25 °C angestiegen sind, setzen die Niederschläge ein, und zwar als heftige Schauer und Gewitter bei Kaltluftvorstößen. Im Winter und Frühjahr treten dagegen vielfach mit Warmsektorzyklonen verbundene Dauerniederschläge auf.

Die Pflanzenwelt hat sich den beiden Jahreszeiten angepaßt. Immergrüne Hartlaubgewächse wie Ölbäume, Korkeichen und Zypressen sowie in höheren

Lagen das Dorngestrüpp der Macchie kennzeichnen die Landschaft. Die sommerliche, gebietsweise fast wüstenhafte Regenarmut verzögert die chemische Verwitterung und damit die Bodenbildung. Rote und gelbe Böden dominieren. Vor allem die Niederschläge haben von den Hängen den Boden abgetragen, so daß dort der nackte Fels zutage tritt und sich die fruchtbaren Feinerdeböden auf die tieferen Lagen beschränken. Erwähnt werden muß, daß der Mensch diesen Abtragungsprozeß dadurch vielfach erst ermöglicht hat, daß er die Bergwälder abholzte, die dem Boden Halt verliehen.

Angetroffen wird das Cs-Klima außer im Mittelmeergebiet noch in Kalifornien sowie auf der Südhalbkugel an der chilenischen Küste (31°–37°S), um Kapstadt und in Südaustralien. Die Verhältnisse von *Valetta* auf Malta (35°54′N, 14°31′E) sollen das Mittelmeerklima veranschaulichen:

	Jan	Feb	Mär	Apr	Mai	Jun	Jul	Aug	Sep	Okt	Nov	Dez
T_M [°C]	12,3	13,5	13,7	15,7	18,8	22,7	25,5	26,1	24,4	21,4	17,7	14,0
T_S [K]	4	4	5	5	6	7	7	6	6	5	4	4
RR [mm]	90	60	39	15	12	2	0	8	29	63	91	110

Warmgemäßigtes, wintertrockenes Regenklima

Das Klima Nordindiens und Südchinas wird wie das der ganzen südostasiatischen Region von der Monsunzirkulation bestimmt. Während dabei Hinterindien und das mittlere und südliche Indien dem tropischen Klimabereich zuzurechnen sind, treten in Nordindien und Südchina zwar auch sehr warme bis heiße Sommer auf, doch sinkt im Winter die Monatsmitteltemperatur unter 18 °C. Dadurch zählen diese Gebiete zum warmgemäßigten Klima.

Im Winter ist die gesamte Monsunregion Teil des Nordostpassats. Die vom asiatischen Kontinent südwärts strömende Luft ist trocken und führt zur winterlichen Regenarmut. Mit dem Wechsel der Windrichtung in den Monaten Mai, Juni auf Südwest, d. h. mit dem Eintritt des Monsuns, setzt eine schwülheiße Zeit ein. Intensive Niederschläge, vielfach mit Gewittern, treten auf. Die jährlichen Niederschlagsmengen überschreiten vielfach 1000 mm und erreichen im nordindischen Vorgebirgsort Cherrapunchi rund 12 000 mm, also die 20fache Niederschlagsmenge Mitteleuropas. In den Monaten September, Oktober endet die Monsunzeit, wenn der Windvektor durch den Aufbau des asiatischen Hochs und die Südverlagerung der äquatorialen Tiefdruckrinne wieder auf Nordost dreht. Die Klimaverhältnisse von *Patna* (25°37′N, 85°10′E) sind hinsichtlich des Jahresgangs des Niederschlags charakteristisch für die gesamte Mosunregion und kennzeichnen in bezug auf die Temperatur den warmgemäßigten wintertrockenen Klimatyp Cw:

	Jan	Feb	Mär	Apr	Mai	Jun	Jul	Aug	Sep	Okt	Nov	Dez
T_M [°C]	16,7	19,5	25,3	30,3	32,2	31,4	29,8	29,2	29,2	27,3	22,2	17,8
T_S [K]	12	12	14	14	12	9	6	5	6	9	12	12
RR [mm]	15	18	10	8	35	180	295	333	218	58	8	5

Wie der Jahresgang der Temperatur (T_M) verdeutlicht, werden die höchsten Temperaturen unmittelbar vor dem Einsetzen des Monsuns erreicht. Danach verhindert die starke Bewölkung trotz jahreszeitlich zunehmender Einstrahlung einen weiteren Temperaturanstieg. Hinsichtlich der mittleren Tagesschwankung T_S zeigt sich, daß die Amplituden in der Monsunzeit erheblich geringer sind als in der kühleren Jahreszeit. Beide Erscheinungen sind auch charakteristisch für die tropischen Klimaregionen des Monsunbereichs.

Warmgemäßigtes, immerfeuchtes Regenklima

Die Gebiete mit warmgemäßigtem Klima und Niederschlägen zu allen Jahreszeiten liegen im Bereich der Westwindzone der mittleren Breiten; sie sind von dem wechselnden Einfluß von Tief- und Hochdruckgebieten geprägt. Überwiegend ozeanische Luft führt zu einem jahreszeitlichen Temperaturgang ohne Extreme (kältester Monat nicht unter $-3\,°C$) und zu ganzjährig auftretenden Niederschlägen. Sommergrüne Laubwälder geben der Landschaft das Gepräge.

Die Böden dieser Klimaregion werden durch das absickernde Regenwasser ausgelaugt; ihre Farbe ist braun. Die chemische Verwitterung wird besonders durch die Feuchtigkeit und Wärme des Sommers sowie durch die Vegetation begünstigt, die mechanische v. a. durch die Frostsprengung und die Insolation.

Liegt in diesem Cf-Klima die Mitteltemperatur des wärmsten Monats über 22 °C, so spricht man vom Cfa-Klima, dem sog. Maisklima. Zu ihm gehören u. a. die Po-Ebene, die Ungarische Tiefebene, die südöstlichen USA, Südbrasilien und Nordargentinien sowie Südjapan, Ostchina und die Ostküste Australiens.

Liegt die Mitteltemperatur des wärmsten Monats dagegen unter 22 °C, so spricht man vom Cfb- oder Buchenklima. In diesem Klimabereich liegt Deutschland sowie das übrige Mitteleuropa, zu ihm gehört Südskandinavien und ganz Westeuropa, Neuseeland und Südostaustralien, Südafrika zwischen Durban und Port Elizabeth sowie Südchile. Als Beispiel für diesen Klimatyp seien die Verhältnisse von *Köln* (50°58'N, 6°58'E) gewählt:

	Jan	Feb	Mär	Apr	Mai	Jun	Jul	Aug	Sep	Okt	Nov	Dez
T_M [°C]	1,8	2,7	6,0	9,7	13,5	17,0	18,8	18,7	15,4	10,4	6,4	2,5
T_S[K]	5	6	9	9	10	10	10	10	9	7	5	5
RR [mm]	60	44	42	60	51	75	69	73	55	53	65	52

D: Schnee-Wald-Klimate

Die Gebiete des Schnee-Wald-Klimas sind winterkalt mit einer Mitteltemperatur im kältesten Monat unter $-3\,°C$ und weisen regelmäßig eine Schneedecke auf. Im Sommer wird jedoch mindestens in einem Monatsmittel die 10°C-Marke überschritten. Da die 10°-Isotherme des wärmsten Monats nahezu mit der Baumgrenze zusammenfällt – die Abweichung beträgt etwa 2 °C –, ist die polwärtige Grenze dieser Klimaregion mit der Baumgrenze identisch.

Auch die Gebiete des D- oder Schnee-Wald-Klimas liegen im Rahmen der allgemeinen Zirkulation im Bereich des Westwindgürtels, jedoch gegenüber dem warmgemäßigten Klima zu den höheren Breiten verschoben. Die Niederschläge fallen in der Regel ganzjährig, jedoch führt das winterliche Hoch über Sibirien dazu, daß dann gebietsweise die Niederschlagsaktivität stark eingeschränkt wird.

Überschreitet die Mitteltemperatur in mindestens 4 Monaten die 10.°C-Isotherme, kann die Eiche noch gut gedeihen, und wir sprechen von Dfb- oder Eichenklima. Angetroffen wird es u. a. im östlichen Mitteleuropa und in Osteuropa, in Nordamerika um die Großen Seen und in Südkanada.

Die anspruchslosen Nadelhölzer und die Birke wachsen auch noch, wenn die Mitteltemperatur nur in 1 – 3 Monaten über 10 °C liegt. So trifft man nördlich der Linie Stockholm-Leningrad-Südural nur noch ausgedehnte Nadelwälder mit Birken, Weiden und Erlen an den Flußläufen an. Angetroffen wird dieses Dfc- oder Birkenklima somit in Fennoskandien, dem nördlichen Rußland und in Kanada. Da auf der Südhalbkugel die Kontinente nicht so weit polwärts reichen, fehlen dort die Schnee-Wald-Klimate.

Der braune Boden in den wärmeren Teilen des Schnee-Wald-Klimas ist mäßig fruchtbar, in den kälteren Gebieten nehmen die sauren, nährstoffarmen Bleicherdeböden zu.

Die klimatischen Verhältnisse von *Helsinki* (60° 12′N, 24° 55′E) sollen zur Veranschaulichung dieses Klimatyps dienen:

	Jan	Feb	Mär	Apr	Mai	Jun	Jul	Aug	Sep	Okt	Nov	Dez
T_M [°C]	−6,0	−6,6	−3,4	2,8	8,9	13,9	17,0	15,9	11,2	5,4	1,4	−2,7
T_S [K]	5	5	7	7	9	9	9		8	5	4	5
RR [mm]	56	42	36	44	41	51	68	72	71	73	68	66

E: Schnee-Eis-Klimate

Die E- oder Schnee-Eis-Klimate sind dort anzutreffen, wo auch die Mitteltemperatur des wärmsten Monats oder allgemeiner, der wärmsten 30tägigen Periode, unter 10 °C bleibt. Diese Klimaregion liegt folglich polwärts von der Baumgrenze und wird unterteilt in das Tundrenklima (ET) und das Frostklima (EF).

Tundrenklima

Im Bereich des Tundrenklimas erreicht zwar die Temperatur des wärmsten Monats nicht mehr 10 °C, doch treten im Gegensatz zum Frostklima noch frostfreie Monate auf, so daß Pflanzenwuchs möglich ist. Infolge der kurzen Vegetationszeit können jedoch nur Flechten, Moose und Zwergsträucher gedeihen, wobei die Vegetationsdecke verhältnismäßig dicht erscheint. Dort, wo es zu einer Ansammlung von Tauwasser über gefrorenem Boden kommt, treten ausgedehnte Moore und Sümpfe auf.

Für die Verwitterungsvorgänge in der Tundra spielt der Frost eine entscheidende Rolle. Aber auch der chemischen Verwitterung kommt durch die Wirkung von Pflanzen und Wasser noch eine gewisse Bedeutung zu.

Angetroffen wird das Tundrenklima im hohen Norden Asiens, Kanadas und Europas sowie auf Island, Spitzbergen, an der Küste Grönlands und in der Südspitze Südamerikas. Besonders groß war die Verbreitung dieses winterkalten Klimatyps mit seinen typischen Moos- und Zwergstrauchheiden in den jüngsten Eiszeiten. Weite Teile der heute warmgemäßigten, immerfeuchten Klimaregion hatten damals diesen subnivalen Charakter. Als Beispiel für das Tundrenklima seien die Verhältnisse von *Spitzbergen* (78°02′N, 14°15′E) aufgeführt:

	Jan	Feb	Mär	Apr	Mai	Jun	Jul	Aug	Sep	Okt	Nov	Dez
T_M [°C]	−16,1	−17,5	−19,7	−14,4	−5,3	1,9	5,6	4,8	0,0	−6,1	−11,4	−13,6
T_S [K]	8	8	9	10	8	5	4	4	4	4	6	7
RR [mm]	36	33	28	23	13	10	15	23	25	31	23	38

Frostklima

Das EF- oder Frostklima wird in den Gebieten des ewigen Frosts angetroffen. Die Niederschläge sind wegen der geringen Feuchteaufnahme der Luft infolge der tiefen Temperaturen relativ gering und fallen als Schnee. Überall ist die Erdoberfläche von Schnee, Firn oder Eis bedeckt, und die Pflanzenwelt hat in dem tiefgefrorenen Boden keine Entwicklungsmöglichkeit.

Anzutreffen ist dieser nivale Klimatyp v. a. auf Grönland und in der Antarktis. Infolge der großen Albedo von Schnee und Eis (0,75) wird die während des Polartags auffallende Sonnenstrahlung in einem solchen Maße reflektiert, daß auch im wärmsten Monat die Mitteltemperatur weit unter dem Gefrierpunkt, verbreitet unter −10 °C bleibt. Die Jahresmitteltemperaturen liegen in der Regel zwischen −25 °C und −50 °C, und das absolute Temperaturminimum wurde 1982 mit −89,2 °C an der sowjetischen Antarktisstation Vostock (78,5 °S, 107 °E) gemessen. Dieser Klimatyp des ewigen Frosts sei anhand der Messungen an der Station *Grönland-Eismitte* (70°53′N, 40°42′W) verdeutlicht:

	Jan	Feb	Mär	Apr	Mai	Jun	Jul	Aug	Sep	Okt	Nov	Dez
T_M [°C]	−41,7	−47,2	−40,0	−32,0	−21,1	−16,7	−12,2	−18,4	−22,3	−35,9	−42,8	−38,3
T_S [K]	11	12	12	13	13	12	10	13	13	12	13	10
RR [mm]	15	5	8	5	3	3	3	10	8	13	13	25

11.5 Vertikale Klimagliederung der Gebirge

Hohe Gebirge weisen grundsätzlich die gleichen Klimate auf, wie sie großräumig auf der Erde angetroffen werden. Während jedoch in der Horizontalen die Klimazonen Ausdehnungen von Tausenden von Kilometern haben, erfolgen die Klimaübergänge in der Vertikalen im Kilometermaßstab, so daß die Gebirge durch eine rasche Änderung der Klimatypen mit der Höhe gekennzeichnet sind.

Schreitet man z. B. von Norden oder Westen gegen die Alpen fort, so beobachtet man eine verhältnismäßig rasche Umwandlung des mittel- und westeuropäischen Cfb- oder Buchenklimas in das Dfc- oder Birkenklima, da die Mitteltemperatur des kältesten Monats in einiger Höhe unter −3 °C sinkt. Der geschlossene Wald, d. h. der Bereich der Nadelhölzer und Birken, reicht am Alpennordrand etwa 1800 m, auf der Alpensüdseite etwa 2000 m hinauf.

In der Region darüber sinkt die Monatsmitteltemperatur auch des wärmsten Monats unter 10 °C, und wir treffen dort jenseits der Baumgrenze das dem Tundrenklima verwandte Almenklima an. Es reicht auf der Nordseite bis etwa 2600 m, auf der Südseite bis etwa 2800 m hinauf.

In den höheren Lagen folgt schließlich das Klima des ewigen Frosts. Sämtliche Monatsmitteltemperaturen liegen unter dem Gefrierpunkt, und der größte Teil der Niederschläge wird, sofern das Relief nicht zu steil ist, in fester Form als Schnee oder Eis gespeichert.

In hohen Lagen ist das Frostklima sogar in den Tropen anzutreffen. Es beginnt in den Anden bei Quito z. B. in 5100 m Höhe, und erwähnt sei in diesem Zusammenhang auch der „Schnee am Kilimandjaro". Als Beispiel für das Hochgebirgsklima seien die Verhältnisse auf der *Zugspitze* (47°23′N, 10°59′E) in 2960 m Höhe aufgeführt:

	Jan	Feb	Mär	Apr	Mai	Jun	Jul	Aug	Sep	Okt	Nov	Dez
T_M [°C]	−11,7	−11,7	−9,4	−6,7	−2,4	0,7	2,7	2,8	0,7	−3,1	−7,0	−10,0
T_S [K]	5	5	5	5	5	5	5	5	5	4	5	
RR [mm]	161	143	129	150	151	171	186	160	127	119	119	123

Im Gebirge ist ein besonderes klimatisches Element die Schneegrenze. Als Schneegrenze bezeichnet man allgemein die Trennlinie zwischen schneefreiem und schneebedecktem Untergrund. Sie rückt im Winter am weitesten gegen das Meeresniveau vor und nimmt im Sommer ihre höchste Lage ein. Ihre jeweilige jahreszeitliche Position wird als „temporäre Schneegrenze" bezeichnet. Unterhalb der Fläche des ewigen Schnees bleiben auch im Sommer immer noch einzelne Schneeflecken erhalten. Sie sind eine Folge der besonderen örtlichen Gegebenheiten, wie z. B. Hangneigung, Beschattung, Niederschlagsverhältnisse, Stellung zur Sonneneinstrahlung oder zur vorherrschenden Windrichtung. Diese Grenze, die auch die isoliert angeordneten Schneeflecken noch einbezieht, heißt „orographische Schneegrenze".

Um eine allgemein vergleichbare, von den orographischen Verhältnissen unabhängige Angabe zu erhalten, wird als „klimatische Schneegrenze" die Linie definiert, oberhalb der auch im Sommer auf horizontaler, nichtbeschatteter Fläche die Schneebedeckung erhalten bleibt. In den Alpen hat sie ihre niedrigste Lage bei 2400 m (Schweizer Kalkalpen) und ihre höchste Lage über 3000 m (Walliser Alpen, Gran Paradiso).

Allgemein lassen sich für die Höhenlage der klimatischen Schneegrenze folgende Abhängigkeiten feststellen:

- sie steigt mit abnehmender geographischer Breite an (Breitenabhängigkeit),
- sie steigt mit zunehmender Kontinentalität an,
- sie verhält sich invers zur Niederschlagsmenge.

11.6 Maritimer und kontinentaler Klimatyp

Ausgedehnte Landflächen weisen hinsichtlich der Strahlungseigenschaften erheblich andere Verhältnisse auf als Ozeane. So ist zum einen die spezifische Wärme, also die Wärmemenge, die zur Erwärmung von 1 kg um 1 K notwendig ist, von festem Boden nur etwa halb so groß wie von Wasser. Zum anderen ist die Eindringtiefe der Strahlung beim Land auf die oberste Bodenhaut beschränkt, während im Meer die mehrere Dekameter tief eindringende Strahlung ein erheblich größeres Volumen erwärmen muß. Außerdem sorgt die Konvektion im Wasser bei Abkühlung der Oberfläche dafür, daß ein großes Wasservolumen in den Wärmeabgabeprozeß einbezogen wird.

Die Folge dieser physikalischen Effekte ist, daß sich das Land sehr rasch, das Meer aber nur langsam erwärmt. Im Winter dagegen kühlt sich das Land rasch ab, während das Meer seine Wärme nur langsam abgibt. In seiner Funktion als Wärmespeicher übt daher das Meer eine ausgleichende Wirkung auf das Klima aus, während über Land die Temperatur unmittelbarer den Strahlungsverhältnissen folgt, und zwar sowohl hinsichtlich der Amplitude als auch der Eintrittszeiten.

In Abb. 11.3a ist der Jahresgang der Temperatur wiedergegeben für Valentia/Irland (51°56'N, 10°15'W), für Berlin (52°27'N, 13°18'E) und für Irkutsk in Sibirien (52°16'N, 104°19'E), d.h. für 3 Orte, die alle am gleichen Breitengrad liegen und somit astronomisch die gleichen Einstrahlungsverhältnisse aufweisen.

In Valentia/Irland liegen die Mitteltemperaturen aller Monate weit über dem Gefrierpunkt. Auffällig ist die geringe Amplitude von nur rund 8 K zwischen Winter und Sommer sowie die Tatsache, daß die niedrigste Temperatur im Februar und die höchste im August erreicht wird.

Völlig entgegengesetzt ist das Temperaturverhalten im sibirischen Irkutsk. Dort geht die Monatsmitteltemperatur im kältesten Wintermonat auf $-21\,°C$ zurück, während im wärmsten Sommermonat fast $16\,°C$ erreicht werden; die Temperaturamplitude beträgt rund 37 K. Außerdem wird das Temperaturminimum im Januar, das Maximum im Juli angetroffen. Sieben Monatsmittel der Temperatur liegen unter, 5 über dem Gefrierpunkt.

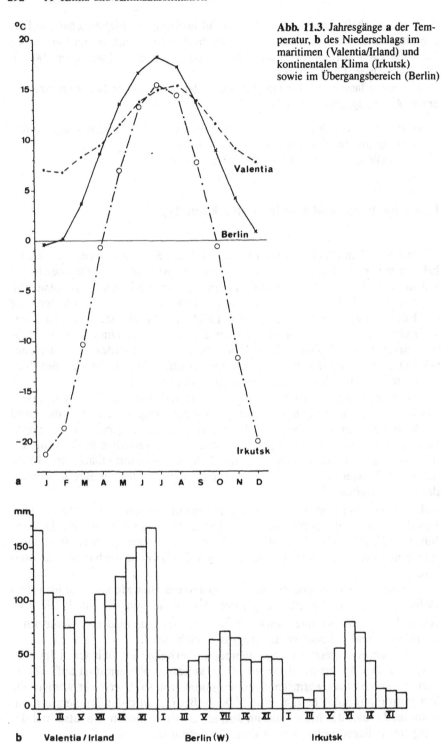

Abb. 11.3. Jahresgänge **a** der Temperatur, **b** des Niederschlags im maritimen (Valentia/Irland) und kontinentalen Klima (Irkutsk) sowie im Übergangsbereich (Berlin)

In Berlin liegt nur die Januarmitteltemperatur mit −0,4 °C unter dem Gefrierpunkt, im wärmsten Monat, dem Juli, werden 18,3 °C erreicht. Die Temperaturamplitude ist mit etwa 19 K somit etwa doppelt so groß wie jene in Irland und nur halb so groß wie jene in Sibirien. Während daher Valentia dem maritimen Klimatyp zuzuordnen ist und Irkutsk dem kontinentalen, liegt Berlin deutlich im Übergangsbereich zwischen ozeanischem und kontinentalem Klima.

Eine extreme Kontinentalität ist in Abb. 11.3c für Werchojansk, dem sibirischen Kältepol der Nordhemisphäre, wiedergegeben. Während im Juli die Monatsmitteltemperatur +16 °C erreicht, liegt die Januarmitteltemperatur bei −50 °C, in einzelnen Wintern sogar bei −55 °C. Um die Relationen zum Klima Mitteleuropas deutlich zu machen, ist der Jahresgang von Berlin mit aufgeführt.

Auch anhand der Niederschlagsverhältnisse kommt diese Zuordnung zum Ausdruck. Wie Abb. 11.3b zeigt, weist der maritime Klimabereich hohe Niederschlagsmengen in allen Monaten auf, wobei das Maximum im Winter liegt, wenn der meridionale Temperaturgegensatz und damit die Tiefentwicklung ihre größte Intensität haben.

Im kontinentalen Klimabereich ist die kalte Jahreszeit dagegen durch geringe Niederschläge, die warme durch wesentlich höhere charakterisiert. So wird in dem Säulendiagramm von Irkutsk der Einfluß sommerlicher Konvektionsregen deutlich.

Für Berlin weist auch der Jahresgang des Niederschlags die Lage im Übergangsbereich zwischen ozeanischem und kontinentalem Klimatyp aus. Einerseits weist das sommerliche Maximum auf die konvektiven Prozesse hin, andererseits zeigen die breiten Flügel in dem Diagramm, d. h. die relativ hohen Mengen in den anderen Monaten, den ozeanischen Einfluß an.

Hinsichtlich der mittleren täglichen Temperaturschwankung läßt sich anmerken: In Valentia/Irland beträgt sie in allen Monaten 5−6 K, während sie

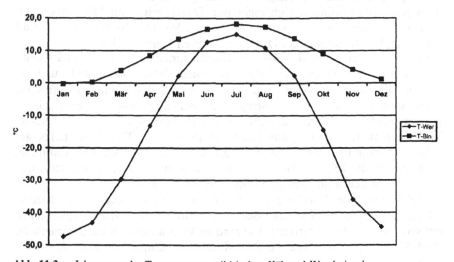

Abb. 11.3c. Jahresgang der Temperatur am sibirischen Kältepol Werchojansk

im sibirischen Irkutsk zwischen 10 K im Januar und 13 K im Frühjahr und Sommer liegt; Berlin ähnelt auch hierbei mit Werten von 5 – 8 K dem maritimen Klimatyp in der kalten Jahreszeit, mit 10 – 11 K hingegen dem kontinentalen Klimatyp in der warmen Jahreszeit.

11.7 Klimadiagramme

Die zusammenfassende Darstellung klimatologischer Daten eines Orts in Diagrammform muß 2 Grundforderungen Rechnung tragen; einerseits sollen so viele Informationen wie möglich in den graphischen Darstellungen wiedergegeben werden, andererseits muß die Übersichtlichkeit der Diagramme gewährleistet bleiben.

Eine besondere Beachtung für ökologische Fragestellungen haben die Klimadiagramme von Walther und Lieth (1960 – 1967) gefunden. Als Grundelemente dienen ihnen die für das Pflanzenwachstum wichtigsten Klimafaktoren Temperatur und Niederschlag, und zwar als Jahresmittel und als mittlere monatliche Werte sowie das mittlere tägliche und das absolute Temperaturminimum und -maximum des kältesten bzw. wärmsten Monats (oder auch der Einzelmonate); außerdem wird v. a. in den Tropen die mittlere Tagesschwankung noch aufgeführt.

Durch die Wahl eines geeigneten Maßstabs, und zwar von $10\,°C \equiv 20\,mm$ Niederschlag, in besonderen Fällen von $10\,°C \equiv 30\,mm$ Niederschlag, wird eine Beziehung zwischen Niederschlag und der temperaturabhägigen Verdunstung bzw. potentiellen Verdunstung herbeigeführt. Dadurch lassen sich im Klimadiagramm eines Orts relativ humide und relativ aride Jahreszeiten unterscheiden, und zwar hinsichtlich ihrer Dauer und Intensität.

Zu betonen ist, daß es sich dabei um relative Werte handelt, die nur für den Klimatyp gelten, den das Diagramm wiedergibt, d. h. daß eine Dürrezeit im warmgemäßigten Klimabereich nicht mit Trockenzeiten im Mittelmeerraum oder in den Tropen gleichgesetzt werden darf. Miteinander vergleichbar sind somit nur Darstellungen von Orten im gleichen Klimabereich.

In Abb. 11.4 sind alle Beispiele die Klimadiagramme für Berlin und Valetta auf Malta wiedergegeben. Dabei steht neben dem Ort die Stationshöhe und unter ihm die Zahl der Beobachtungsjahre. Anhand des Klimadiagramms für Berlin sei das grundsätzliche Eintragungsschema aufgezeigt: Jahresmitteltemperatur 8,8 °C, mittlere jährliche Niederschlagsmenge 596 mm, absolute Tiefsttemperatur −26,0 °C, absolute Höchsttemperatur 37,8 °C, mittleres tägliches Minimum im kältesten Monat −3,1 °C, mittleres tägliches Maximum im wärmsten Monat 23,5 °C. Außerdem lassen sich unter der x-Achse noch Angaben über die Zeiträume mit und ohne Frosttage machen.

Der Vergleich der Kurvenverläufe der monatlichen Temperatur- und Niederschlagsverhältnisse zeigt an, daß Berlin ganzjährig humide Klimabedingungen aufweist (senkrecht schraffiert), während in Valetta deutlich die sommerliche Aridität (punktiertes Areal) der mediterranen Klimazone zum Ausdruck kommt.

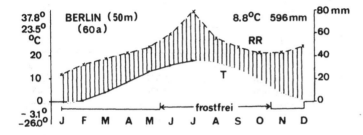

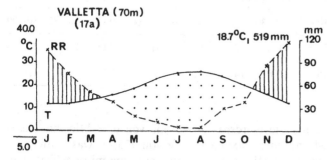

Abb. 11.4. Klimadiagramme für den mitteleuropäischen und mediterranen Klimabereich

11.8 Die Erdoberfläche

Will man das Gewicht der einzelnen Klimazonen der Erde bzw. Veränderungen in diesen auf das globale Klimasystem richtig einschätzen, so hat man ihre flächenhafte Ausdehnung zu berücksichtigen. Auch die Land-Meer-Verteilung spielt eine wichtige Rolle. So reagiert der Ozean zum einen aufgrund seines großen Wärmespeicherungsvermögens und zum anderen aufgrund seiner Tiefenzirkulation viel langsamer als das Festland auf thermische Veränderungen und trägt auf diese Weise v.a. dort zur Stabilisierung des regionalen Klimas bei, wo der Ozeananteil besonders groß gegenüber dem Festlandanteil ist (Tabelle 11.1).

Insgesamt ist somit die Nordhalbkugel zu 61% von Wasser bedeckt und die Südhalbkugel zu 81%. Die unterschiedliche Fläche und Tiefe der 3 Ozeane folgt aus Tabelle 11.2.

Tabelle 11.1. Ozeananteil [%]

Geogr. Breite	0–10	10–20	20–30	30–40	40–50	50–60	60–70	70–80	80–90
NHK	77	74	62	57	48	43	29	71	93
SHK	76	78	77	89	97	99	90	25	0

Tabelle 11.2. Fläche und Tiefe der Ozeane

	Pazifik	Atlantik	Indik
Fläche [Mio. km²]	180	106	75
Mittl. Tiefe [m]	4.028	3.322	3.897
Max. Tiefe [m]	10.900	9.220	7.455

Tabelle 11.3. Größe der Breitenkreiszonen [°]

Geogr. Breite	0−10	10−20	20−30	30−40	40−50	50−60	60−70	70−80	80−90
Fläche [Mio. km²]	88.6	85.8	80.6	72.8	62.8	51.0	37.6	23.0	7.8
Anteil [%]	17.4	16.8	15.8	14.3	12.3	10.0	7.4	4.5	1.5

Im Vergleich dazu hat die Nordsee eine Größe von 0.58 Mio. km², eine mittlere Tiefe von 94 und eine maximale Tiefe von 725 m. Das Mittelmeer nimmt eine Fläche von rd. 3 Mio. km² ein und weist eine mittlere Tiefe von 1.460 und eine größte Tiefe von 4.900 m auf.

Infolge der Kugelgestalt der Erde weisen die einzelnen Breitenkreiszonen der Erde sehr unterschiedliche Flächenanteile auf (Tabelle 11.3).

Wie Tabelle 11.3 zeigt, umfaßt der tropische Breitenkreisstreifen 20 °N bis 20 °S bereits ein Drittel bzw. 30 °N bis 30 °S die Hälfte der Erdoberfläche. Auf die gemäßigte Breitenzone 30 °−60 °N,S entfällt ein Flächenanteil von 36.6% und auf die polare Breitenzone 60 °−90 ° N,S von nur 13.4% bzw. 70 °−90 ° N,S von nur 6%.

11.9 Das nord- und südhemisphärische Klima

Wie aus Tabelle 11.1 hervorgeht, ist das Flächenverhältnis von Ozean zu Festland auf beiden Hemisphären sehr unterschiedlich, und zwar sowohl in den Breitenkreiszonen als auch insgesamt. Während auf der Nordhalbkugel rund 39% der Fläche vom Festland und 61% vom Ozean eingenommen werden, beträgt auf der Südhalbkugel der Ozeananteil 81% und der Festlandsanteil nur 19%. Diese unterschiedliche Land-Meer-Relation der beiden Halbkugeln hat signifikante Auswirkungen auf das hemisphärische Klima.

In Abb. 11.5 ist der mittlere Jahresgang der Temperatur auf der Nord- und Südhalbkugel für die Klimaperiode 1961–1990 (nach Daten von Jones et al.) dargestellt. Infolge des Ozeaneinflusses sind auf der Südhemisphäre die Winter mit rund 10 °C mild, die Sommer aber mit rund 16 °C relativ kühl. Die Jahresamplitude beträgt somit nur rund 6 K (°C). Auf der Nordhemisphäre liegt die mittlere Temperatur im Winter bei 8 °C und im Sommer bei 21 °C, d. h. der hohe

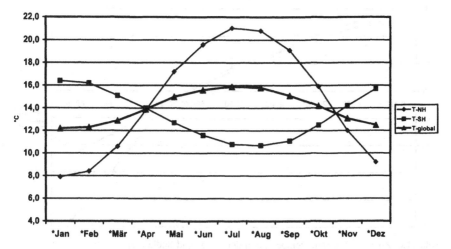

Abb. 11.5. Jahresgang der globalen sowie der nord- und südhemisphärischen Monatsmitteltemperaturen

Festlandsanteil der Nordhalbkugel führt mit rund 13 K (°C) zu einer Jahresamplitude, die doppelt so groß ist wie auf der Südhalbkugel.

Der Jahresgang der globalen Temperatur ergibt sich als mittlerer Verlauf der beiden hemisphärischen Verhältnisse. Für die Klimaperiode 1961–1990 beträgt die globale Mitteltemperatur 14,0 °C; die Mitteltemperatur der Nordhalbkugel beträgt 14,6 °C, die der Südhemisphäre 13,4 °C. Somit ist aufgrund der unterschiedlichen Beschaffenheit die Nordhalbkugel im Mittel um 1,2 K (°C) wärmer als die Südhalbkugel. Damit wird auch verständlich, dass der sog. „thermische Äquator", also der wärmste zonale Gürtel, auf der Nordhalbkugel liegt, und zwar bei 6°N.

11.10 Mittlere zonale Klimaverhältnisse

Zum besseren Verständnis der meridionalen Abfolge der Klimazonen bzw. der Grundansätze der verschiedenen Klimaklassifikationen sei die nachfolgende Betrachtung der zonalen Klimaparameter auf der Nord- und Südhalbkugel vorgenommen. Abbildung 11.6 zeigt die Jahresmitteltemperaturen für jeweils 10° breite Breitenkreisgürtel zwischen dem Äquator und den Polen. Wie man erkennt, ist die Nordhalbkugel zum einen im Bereich der Tropen und Subtropen (bis 40° geogr. Breite) wärmer als die Südhalbkugel. Flächenmäßig nimmt dieses Gebiet mehr als die Hälfte der Erde ein. In den mittleren Breiten zwischen 40° und 60° N/S sind die zonalen Temperaturwerte nahezu gleich. Polwärts von 60° ist die Südhalbkugel zunehmend kälter als die Nordhalbkugel. Für die nördliche Polarkalotte ergibt sich ein Mittelwert von rund –24 °C , für die südliche dagegen von –48 °C, d. h. der meridionale Temperaturgegensatz zwischen Äqua-

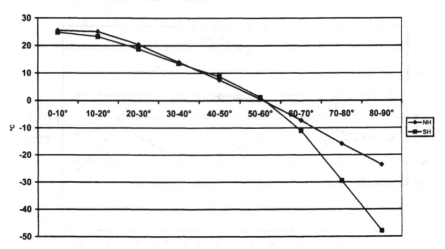

Abb. 11.6. Zonale Jahresmitteltemperaturen der Nord- und Südhemisphäre

tor- und Polregion beträgt auf der Nordhalbkugel 49 K, auf der Südhalbkugel 73 K. Der für die zyklonale Aktivität der mittleren und polaren Breiten bedeutsame Temperaturunterschied zwischen Subtropen und Polarregion ist mit 31 K zu 57 K auf der Nordhemisphäre wesentlich geringer als auf der Südhemisphäre.

Das Niederschlagsverhalten (Abb. 11.7) zeigt, wie nicht anders zu erwarten, mit Jahreswerten zwischen rund 1500 mm und 2000 mm die höchsten Werte im Bereich des tropischen Regenwaldklimas. Die höheren Niederschlagsmengen auf der Südhalbkugel zwischen 40° und 60° geogr. Breite spiegeln die o.g. intensive Zyklonentätigkeit der „roaring forties" und den hohen Ozeananteil wider. Aufgrund der geringen Temperatur und damit der geringen Verdunstung bzw.

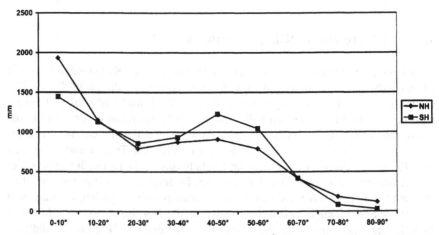

Abb. 11.7. Mittlere zonale Jahresniederschlagsmenge (l/m^2) für die Nord- und Südhemisphäre

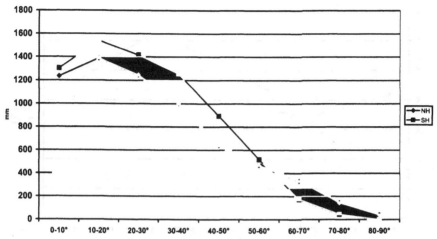

Abb. 11.8. Mittlere zonale Verdunstungsmenge (l/m²) für die Nord- und Südhemisphäre

des geringen Wasserdampfgehalts der Luft liegt die jährliche Niederschlagssumme in der Nordpolarregion nördlich von 80°N nur bei 120 mm und in der Südpolarregion südlich von 80°S nur bei 30 mm.

Die zonale jährliche Verdunstung beider Hemisphären gibt Abb. 11.7 wieder. Die zwischen Tropen und 60° geogr. Breite höheren Werte auf der Südhalbkugel sind grundsätzlich eine Folge des großen südhemisphärischen Ozeananteils. Die geringeren Verdunstungswerte der Südhalbkugel polwärts von 60° geogr. Breite erklären sich aus dem niedrigeren Temperaturniveau im Vergleich zur Nordhalbkugel.

Ein bedeutender Faktor für die Vegetation, oder allgemeiner, für die Naturräume als auch für die Kulturräume, ist das Verhältnis von Niederschlagsmenge

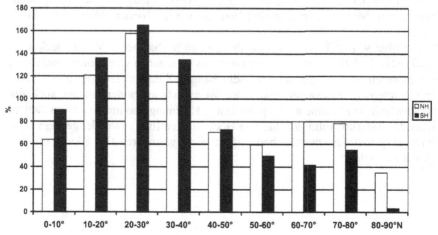

Abb. 11.9. Mittlere zonale Relation von Verdunstung zu Niederschlag (in %) für die Nord- und Südhalbkugel

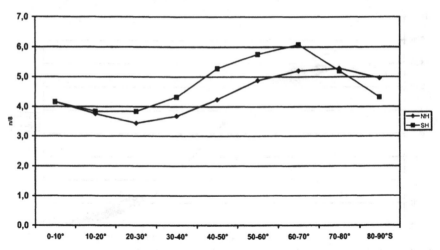

Abb. 11.10. Mittlerer zonaler Bedeckungsgrad (in Achteln) für die Nord- und Südhalbkugel

zu Verdunstung. In Abb. 11.9 ist die mittlere jährliche Relation von Verdunstungs- zu Niederschlagsmenge für die Nord- und Südhalbkugel dargestellt, angegeben in Prozent. Dort, wo der Wert 100% beträgt, entspricht die Verdunstungsmenge im Mittel genau der Menge des gefallenen Jahresniederschlags. Bei Werten über 100% ist die (potentielle) Verdunstung größer als die beobachtete Niederschlagsmenge. Dieses ist in weiten Teilen der wechselfeuchten Tropen und der Subtropen der Fall. Nur in Regionen mit Verhältniswerten unter 100% überwiegt im Mittel der Niederschlag die Verdunstung, d. h. nur dort ist genügend Niederschlag für Grundwasserspeicherung und Abflüsse vorhanden. Damit wird verständlich, dass grundsätzlich dort die ärmsten Regionen auf der Erde vorhanden sind, wo nicht genügend Niederschlag zur Verfügung steht bzw. wo im Mittel die (potentielle) Verdunstung die Niederschlagsmenge überwiegt.

Der über weiten Teilen der Südhalbkugel zu beobachtende Wolkendeckungsgrad (Abb. 11.10) erklärt sich zum einen aus dem hohen Ozeananteil und damit der größeren Verdunstung auf der Südhalbkugel. Zum anderen spiegelt sich darin die intensive Zyklonentätigkeit der Westwindzone wider, zu der auch die sprichwörtlichen Stürme am Kap der Guten Hoffnung und um Kap Horn zählen. Über der Antarktis führt der stabilere Hochdruckeinfluss sowie der geringe Wasserdampfgehalt der antarktischen Luft zu einer geringeren Bewölkung im Vergleich zur Arktis.

12 Klimaschwankungen − Klimaänderungen

Auch wenn sich das Klima der Erde in den letzten 10 000 Jahren als recht stabil und die einzelnen Klimazonen sich als grundsätzlich stationär erwiesen haben, so gehört doch der Wechsel beim Klima ebenso zum Normalen wie beim Wetter. Warme Sommer wechseln mit kühlen, trockene mit feuchten. Die sonnigen Sommer von 1982 und 1983 mit Mitteltemperaturen von 18,7 °C bzw. 19,1 °C in Berlin werden als Rekordwärmesommer in die meteorologische Statistik von Mitteleuropa eingehen, während z. B. die Sommer von 1978 und 1980 zu den kühlen und regnerischen zählen. Ebenso unterschiedlich sind die Winter. Zu den strengen Wintern dieses Jahrhunderts zählen im nördlichen Deutschland nach Abb. 12.1, wo für Berlin die Abweichungen vom Normalwert eingetragen sind, die Winter 1923/24, 1928/29, 1939/40, 1946/47, 1953/54, 1962/63, 1969/70, 1978/79 und 1986/87. Bei den strengen wie bei den sehr milden Wintern läßt sich ein mittlerer Abstand von 7 bis 9 Jahren erkennen (Nordatlantische Oszillation).

Sind somit Schwankungen von Jahr zu Jahr als normal anzusehen und vom Menschen in seine Planungen miteinbezogen, so können außergewöhnliche Ereignisse wie die extreme Trockenheit von Dürreperioden oder auch anhaltende Regenfälle zur Erntezeit zu landwirtschaftlichen Katastrophen führen. Erwähnt

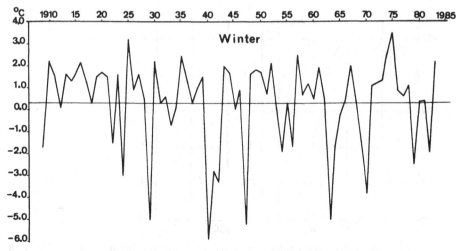

Abb. 12.1. Gang der Wintertemperatur in Norddeutschland im Zeitraum 1908−1983

sei in diesem Zusammenhang z. B. die Dürre in der afrikanischen Sahelzone der 70er Jahre, deren Folgen Viehsterben und Hungersnot waren, oder die Dürre im Frühjahr und Sommer 1992 in Norddeutschland mit erheblichen Ernteeinbußen. Auch die großen Getreideanbauländer, v. a. die ehem. UdSSR, die große Getreidemengen auf dem Weltmarkt aufkaufen mußte, sind in vergangenen Jahren nicht von Witterungsschwankungen verschont geblieben. Aus Mißernten in den Kornkammern der Erde läßt sich am deutlichsten abschätzen, welche weitreichenden Folgen eine nachhaltige Klimaänderung für das wirtschaftliche und soziale Gefüge einer wachsenden Weltbevölkerung haben würde. Die Weltgetreidereserven machen nur wenige Prozent vom Jahresverbrauch aus und wären in kürzester Zeit aufgezehrt.

Es ist daher nicht verwunderlich, wenn die meteorologische Wissenschaft sorgfältig alle auftretenden Klimatrends beobachtet und prüft, ob sie im Bereich der normalen Klimaschwankung liegen oder ob sie erste Anzeichen für eine Klimaänderung darstellen.

Als Beispiel sei die alarmierende Abkühlung in nördlichen Breiten genannt, die in den 50er Jahren einsetzte. Wie Abb. 12.2 veranschaulicht, ging dabei die Jahresmitteltemperatur auf Franz-Joseph-Land in wenigen Jahren um 4,5 K zurück. Bedenkt man, daß Mitteleuropa heute eine Jahresmitteltemperatur von rund 9 °C aufweist, so würde ein derartiger Temperatursturz uns in die Nähe der Klimaverhältnisse bringen, die hier während der Eiszeit geherrscht haben. Die Diskussionen, ob die Erde auf direktem Weg einem neuen Eiszeitalter entgegengeht, ließ sich jedoch mit der Abkühlung im Nordpolargebiet nicht fortführen, da sich der Abkühlungstrend, wie die Anschlußkurve veranschaulicht, nicht fortsetzte.

Ergänzend zu den Trendbeobachtungen und Trendanalysen des Klimas ist heute der Versuch getreten, die kausalen Zusammenhänge von Klimaänderungen besser zu verstehen und das zukünftige Klimaverhalten zu berechnen.

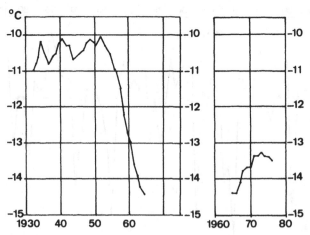

Abb. 12.2. Gang der Jahresmitteltemperatur auf Franz-Joseph-Land (1930–1965 nach Scherhag)

12.1 Das Klimasystem der Erde

Das Klimasystem der Erde ist ein hochkomplexes System, das zum einen von externen und zum anderen von internen Einflussparametern angetrieben wird. Außerdem weist es vielfältige interne Wechselwirkungsmechanismen auf. Zu den externen Einflussgrößen zählen die Änderung der solaren Einstrahlung (Solarkonstante) als Folge einer veränderten Sonnenaktivität ebenso wie die Änderungen der Erdbahnelemente oder auch veränderte atmosphärische Bedingungen durch Vulkanismus. Zu den internen Antrieben zählen alle Prozesse, die von den Untersystemen des Klimasystems der Erde ausgehen.

Diese Untersysteme sind im einzelnen: die Atmosphäre A, die Hydrosphäre H, die Kyrosphäre C, die Biosphäre B und die Lithosphäre L, deren oberster Teil als Pedosphäre P bezeichnet wird. Wasser- und Kohlenstoffkreislauf, Wärme- und Impulsaustausch sind die Bindeglieder zwischen den Untersystemen. Da auf diese Weise alle Untersysteme miteinander in Wechselwirkung stehen, führt eine Änderung in einem Untersystem zu einer Kaskade interner Prozesse im gesamten Klimasystem.

Thermodynamisch betrachtet, stellt das natürliche Klimasystem der Erde ein geschlossenes System dar, das sich aus den offenen Untersystemen A, H, C, B, P und L zusammensetzt. Anders liegen die Verhältnisse, wenn der Mensch Einfluss auf das Klima nimmt. Dann wird das Klimasystem zu einem thermodynamisch offenen System. Zwar ist der Mensch grundsätzlich Teil des Biosystems, doch lassen sich manche Aspekte seines Wirkens, wie z. B. soziale, sozioökonomische oder kulturelle, thermodynamisch nicht quantitativ erfassen. Daher wird das Klimasystem der Erde auch als natürliches Erdsystem bezeichnet, während man unter dem Oberbegriff „Erdsystem" das natürliche Klimasystem plus Humansphäre zusammenfasst.

Was die Meteorologie als Klima oder Klimaänderung im atmosphärischen Teil des Klimasystems beobachtet, ist stets das Ergebnis einer komplexen (nichtlinearen) Reaktionskette. Dabei wird zwar von der Natur grundsätzlich immer wieder ein neuer Gleichgewichtszustand angestrebt, doch da innerhalb des Klimasystems ständig agiert und reagiert wird, ist unser Klima letztlich ständig in Bewegung, im Übergang, d. h. nicht das stabile Klima, sondern der Klimawandel ist das Normale.

Die entscheidende Frage ist daher, wie groß die messbaren Änderungen sind; bleiben sie in einem Zeitintervall gering, so können wir das Klima in dieser Periode als stabil bzw. quasi-stabil ansehen. Nehmen die Veränderungen aber ein signifikant größeres Ausmaß an, so vermag ein beobachteter Klimatrend in eine längerfristige Klimaschwankung oder einen neuen quasi-stationären Klimazustand überzugehen.

12.2 Die Evolution des Menschen

Markante Klimaänderungen haben bei der Entwicklung des Menschen offensichtlich eine bedeutende Rolle gespielt. Die Geschichte des Menschen beginnt vor 6–8 Mio. Jahren mit dem Auftreten des Vormenschen. Alle Funde, die älter als 2 Mio. Jahre sind, belegen, dass die Wiege der Menschheit im tropischen Klima Afrikas gestanden hat. Dabei vollzog sich die Entwicklung der Menschheit vom affenähnlichen Vormenschen über den Urmenschen zum heutigen homo sapiens keineswegs geradlinig, sondern in vielfachen Verzweigungen.

Der erste aufgrund von Knochenfunden belegte Vormensch ist der „australopithecus". Er war ein knabengroßes, affenartiges Wesen, das im afrikanischen Urwald noch als Tier unter Tieren lebte und sich ausschließlich pflanzlich ernährte. Seine auffälligen Merkmale waren eine große Schnauze und ein kleines Gehirn. Sein signifikanter Beitrag zur Menschheitsgeschichte ist sein aufrechter Gang, wodurch er den Übergang vom Vierbeiner zum Zweibeiner markiert.

Dieser Schritt, der den australopithecus zum Vormenschen macht, vollzog sich vor 6–8 Mio. Jahren.

Ausgangspunkt der Entwicklung zum zweibeinigen Wesen war vermutlich eine nachhaltige Klimaänderung im Osten Afrikas, deren Folge neuartige Lebensbedingungen waren. Dort hatte sich im Zuge tektonischer Prozesse der ostafrikanische Graben gebildet. Die dabei entstandenen Gebirgszüge führten nun zu Luv- und Lee-Effekten auf die Luftströmungen, d. h. großräumig zu veränderten Niederschlagsverhältnissen. Während auf der Luvseite der Gebirge weiterhin hohe jährliche Niederschlagsmengen auftraten und das Fortbestehen des tropischen Regenwaldklimas ermöglichte, gingen im Lee die Niederschlagsmengen zurück. Als Folge trat dort an die Stelle des dichten tropischen Regenwalds die offene Savanne. Damit hatte die Natur die für eine aufrechte Fortbewegung optimale Ausgangsbedingung geschaffen. So war der Vormensch in die Lage versetzt, sich nicht nur rascher fortzubewegen, sondern auch durch die aufrechte Position Gefahren früher zu erkennen.

Klimaänderungen in weiteren Teilen Afrikas, verbunden mit dem Übergang vom tropischen Urwald zur offenen Savanne, sind wahrscheinlich auch die Ursache für die großräumigen Wanderungsbewegungen des Vormenschen von Kenia und Äthiopien nach Süden. Wie Funde belegen, war vor 3 Mio. Jahren der Vormensch über weite Teile Afrikas verbreitet.

Der älteste Vertreter der Gattung „homo" (Mensch), also das erste menschenähnliche Wesen, entwickelte sich vor rund 2,5 Mio. Jahren mit dem „homo rudolfensis" (Mensch vom Rudolfsee/Turkansee), benannt nach den Funden in Nordkenia. Er war ca. 150 cm groß, und sein Gehirnvolumen betrug 600–800 cm^3. Der Auslöser für die Entwicklung des Urmenschen könnte eine fortschreitende Trockenheit gewesen sein, durch die der tropische Urwald immer weiter zurückgedrängt worden ist.

Für diese Veränderung der Klimasituation mit den entsprechend veränderten Lebensbedingungen spricht auch die zeitgleich verlaufende Weiterentwicklung des Vormenschen zum australo pithecus robustus (boisei). Mit seiner starken Kaumuskulatur war er der trocken-harten Vegetation in optimaler Weise angepasst. Parallel zur Weiterentwicklung des Urmenschen lebte dieser robuste Menschenaffe noch bis vor rund 1,1 Mio. Jahren.

Vor 2,1 bis 1,5 Mio. Jahren entstand als weiterer Urmensch der „homo habilis" (geschickter Mensch) auf dem afrikanischen Kontinent. Mit 100–140 cm war der noch affenähnliche Menschentyp etwas kleiner als der homo rudolfensis. Sein Gehirnvolumen betrug 500–700 cm^3. Auch er war noch Vegetarier, doch war er offensichtlich schon so geschickt, dass er im Alltag hölzerne und steinerne Hilfsmittel eingesetzt hat.

Im Laufe der fortschreitenden Evolution lernte der Urmensch in immer besserer Weise die Nutzung von Holz-, Knochen- und Steinwerkzeug. Er lernte auch zu jagen. Ein weiterer Meilenstein in der Entwicklung war die Beherrschung des Feuers. Zu seiner vegetarischen Kost in Form von Früchten, Beeren, Wurzeln kam der Verzehr von rohem und gebratenem Fleisch. Durch das tierische Eiweiß wiederum konnte sich sein Gehirn in zunehmendem Maß weiterentwickeln. Alle Faktoren zusammen, insbesondere die Beherrschung des Feuers, versetzten den Urmenschen schließlich in die Lage, den tropischen Klimabereich Afrikas zu verlassen und sich in die anderen Klimazonen der Erde auszubreiten, d. h. seine Entwicklung war so weit fortgeschritten, dass er mit völlig neuartigen Lebensbedingungen fertig werden konnte.

Möglicherweise war es der als „homo erectus" (aufrecht gehender Mensch) bezeichnete Urmensch, der vor rund 1,8 Mio. Jahren die Region um den Tukanasee in Nordkenia verließ und über Nordafrika nach Eurasien wanderte. Funde des homo erectus wurden außerhalb Afrikas am Schwarzen Meer, in China und sogar auf der Insel Java gemacht. In einer Höhle auf Java wurden tausende steinerne Werkzeuge und Faustkeile gefunden, mit denen der homo erectus Wildtiere erlegen und Kämpfe austragen konnte. Auch der Nachweis über die Nutzung des Feuers konnte beim homo erectus erbracht werden. Sein Gehirnvolumen war auf 800 bis 900 cm^3 angewachsen.

Der „homo heidelbergensis erectus" (Heidelberg-Mensch), benannt nach seinem Fundort nahe Heidelberg, stellt den ältesten Vertreter der Gattung Mensch in Mitteleuropa dar. Er lebte in der Warmzeit des frühen Mittelpleistozän vor rund 600 000 bis 750 000 Jahren.

Den Schädel eines weiteren Vertreters der Gattung Mensch, dem „homo neanderthalenis", entdeckte man 1856 in einer Höhle im Neandertal nahe Düsseldorf. Weitere Funde in Kroatien, Italien, Frankreich und dem Nahen Osten belegen, dass es sich beim Neandertaler nicht um eine afrikanische, sondern um eine primär europäische Variante in der Menschheitsgeschichte handelt. Er entwickelte sich vor rund 130 000 Jahren und war in optimaler Weise an die eiszeitlichen Klimaverhältnisse angepasst. Er konnte sich sprachlich verständigen, besaß Werkzeuge und Waffen (Speere, Keile), jagte und beherrschte das Feuer. Etwa zum Höhepunkt der letzten Eiszeit (Weichsel-Eiszeit) vor rund 25 000 Jahren verschwand der Neandertaler aus noch nicht eindeutig geklärten Ursachen für immer.

Etwa zeitgleich mit dem Neandertaler entwickelte sich der heutige Mensch, der „homo sapiens".

Er war jedoch weder mit dem Neandertaler verwandt, noch vermischte er sich mit diesem. Die ältesten Funde des homo sapiens stammen aus Nordafrika und datieren aus der Zeit vor rund 130 000 Jahren. Vor etwa 100 000 Jahren breitete sich der homo sapiens von Nordafrika nach Eurasien aus, wie Funde im Nahen Osten belegen. Vor 60 000 Jahren erreichte er Australien, und vor 35 000 Jahren wanderte er von Asien über die Beringstraße nach Nordamerika. Nach dem Höhepunkt der letzten Eiszeit und dem Rückzug der Inlandgletscher drang der homo sapiens von den wärmeren Regionen Europas nordwärts vor und ersetzte den Neandertaler, dem er aufgrund seiner technischen Fähigkeiten weit überlegen war. Das Gehirnvolumen des homo sapiens liegt im Mittel bei 1300 cm^3 und ist damit rund doppelt so groß wie das des Vor- und Urmenschen.

Ein beredtes Zeugnis der intellektuellen und kulturellen Fähigkeiten des homo sapiens stellen die Höhlenmalereien der Steinzeit dar, die vor allem in Südfrankreich, Spanien und Italien gefunden wurden. Die umfangreichen Felszeichnungen handeln meist von Tieren (Pferde, Wisente, Hirsche, Steinböcke, Rentiere) und von Menschen. Die Darstellungen in Südfrankreich in der Grotte Chauvet sind über 30 000 Jahre alt, die in der Grotte Lascaux entstanden vor 15 000 bis 10 000 Jahren.

Die Tatsache, dass der Eingang der Grotte Cosquer heute unterhalb des Meeresspiegels liegt, dokumentiert den Anstieg des Meeresspiegels nach dem Abschmelzen der Eismassen als Folge des nacheiszeitlichen globalen Temperaturanstiegs.

Zusammenfassend lässt sich sagen, dass die Menschheitsentwicklung vom Vormenschen über den Urmenschen bis zum modernen homo sapiens keineswegs geradlinig verlaufen ist. Vielfältige Verästelungen und Parallelentwicklungen kennzeichnen den Evolutionsprozess. Von allen Hominidenarten der Menschheitsgeschichte hat letztlich nur der homo sapiens überlebt. Er alleine besaß infolge seines hochentwickelten Gehirns die Fähigkeit, sich allen Klimaregionen der Erde sowie allen Klimaschwankungen und den damit verbundenen Änderungen der Lebensbedingungen dauerhaft anzupassen.

Zum wiederholten Klimawandel während der letzten rund 1 bis 1,5 Mio. Jahre sei noch erwähnt, dass sich die unmittelbaren klimatischen Auswirkungen der Eiszeiten zwar auf die nördlichen und mittleren Breiten beschränkten, dass sich aber ihre mittelbaren Auswirkungen bis in die Tropen erstreckten. Durch die Bildung der bis zu 3000 m mächtigen Inlandgletscher wurden gewaltige Mengen an Wasserdampf dem globalen Wasserkreislauf entzogen und als Eis gebunden. Dadurch gingen auch in den Tropen die Niederschlagsmengen zurück. An vielen Stellen trat an die Stelle des tropischen Regenwalds die Savanne. Auch die Sahara wies während der Eiszeiten eine größere Ausdehnung als heute auf. In Europa hatte dieser Prozess zur Folge, dass sich der Meeresspiegel der Nordsee soweit absenkte, dass die Neandertaler den Englischen Kanal trockenen Fußes durchqueren konnten. Erst nach dem Ende der letzten Eiszeit wurde dem globalen Wasserkreislauf die entzogenen Wasserdampfmengen wieder zugeführt.

12.3 Klima in geologischer Vorzeit

Paläoklimatologische Forschungsmethoden

Eine wichtige Voraussetzung für das Verständnis von gegenwärtigen oder zukünftigen Klimaänderungen ist die Kenntnis des Klimas in der Vergangenheit der Erde. Instrumentelle Beobachtungen liegen jedoch erst seit 250–300 Jahren vor, was, gemessen am Alter der festen Erde von 2,6 Mrd. Jahren, nur einen winzigen Bruchteil der Klimageschichte ausmacht. Allein die letzte Eiszeit liegt mehr als 10000 Jahre zurück.

Aus diesem Grund ist die paläontologische Klimaforschung auf indirekte Methoden angewiesen, auf Rückschlüsse über den Zusammenhang zwischen der Entstehung geologischer Erscheinungen und dem Klima. So setzt chemische Verwitterung Wasser voraus und zeigt somit ein feuchtes Klima an, Wüstenbildung, Salzablagerungen und mechanische Verwitterung sind Zeugen arider Klimabedingungen. Torfmoore sind ein weiteres Kennzeichen für eine feuchte Klimaperiode, wobei besonders die Hochmoore auf Niederschlagsreichtum schließen lassen. Kohlenflöze sind aus Flachmooren hervorgegangen und weisen auf einen hohen Grundwasserstand und gelegentliche Überschwemmungen hin, Gletscherschliffe auf dem Gesteinsuntergrund zeigen das Wirken von Eismassen an.

Ein wichtiger Anhaltspunkt zur Temperatur- und Niederschlagseinordnung von Zeitabschnitten im Tertiär und Quartär, also in den geologisch jüngsten Zeitaltern, ist die Pollenanalyse, d. h. die Analyse von Blütenstaub in Bodenproben. Auf diese Weise bestimmt man die fossilen Pflanzenarten. Durch Vergleich dieser Pflanzen mit dem Auftreten der Arten in der Gegenwart in tropischen, subtropischen, warmgemäßigten oder kühlen Klimaregionen läßt sich auf die Klimabedingungen am Standort in der damaligen Zeit schließen.

Die modernste Methode paläoklimatologischer Forschung ist die Sauerstoffisotopenmethode. Sie stammt von dem amerikanischen Nobelpreisträger H. Urey und könnte als „geologisches Thermometer" bezeichnet werden, da sie direkte Temperaturangaben liefert. Wie Urey feststellte, hängt bei Kalziumkarbonat das Verhältnis der beiden Sauerstoffisotope ^{18}O und ^{16}O zueinander von der Temperatur ab, bei der es gebildet wird. Kalkverbindungen sind aber in der Natur reichlich vorhanden. Man bestimmt daher mit Massenspektrometern das Verhältnis $^{18}O/^{16}O$ in Kalkablagerungen und erhält auf diese Weise ihre Bildungstemperatur. Es ist üblich, die Messungen auf einen Standard zu beziehen und das Ergebnis gemäß der Beziehung

$$\delta^{18}O(\text{‰}) = \frac{R_{\text{Probe}} - R_{\text{Standard}}}{R_{\text{Standard}}} \cdot 1000$$

in Promille anzugeben, wobei $R = {^{18}CO_2}/{^{16}CO_2}$ ist. Mit dem δ-Wert läßt sich dann z. B. gemäß der Beziehung

$$T = 16,5 - 4,3\,\delta + 0,14\,\delta^2$$

die Meerestemperatur in °C berechnen. Sowohl fossile Tiere wie fossile Pflanzen lassen sich auf diese Weise zur paläontologischen Temperaturbestimmung heranziehen.

Auskunft über frühere Klimaentwicklungen läßt sich auch aus dem mächtigen Inlandeis Grönlands und der Antarktis bekommen. Wie sich nämlich gezeigt hat, läßt das Sauerstoffisotopenverhältnis $^{18}O/^{16}O$ auch bei Eis auf die Temperatur schließen, bei der sich das Eis gebildet hat. So fanden amerikanische Wissenschaftler, daß das antarktische Eis, das heute in rund 300 m Tiefe liegt, bei Lufttemperaturen entstanden ist, die 2–4 K unter den gegenwärtigen gelegen haben.

Eine verbreitete Anwendung hat das Isotopenverfahren wie auch die Pollenanalyse bei der Untersuchung von Bohrkernen aus dem Meeresboden und des mächtigen Inlandeises gefunden. Dabei geben die untersten Sedimente oder Eisschichten die ältesten, die obersten Ablagerungen die jüngsten Klimaverhältnisse in der geologischen Vergangenheit an.

Auch die Altersbestimmung der einzelnen Sediment- oder Eisschichten sowie der Gesteine ist ein Produkt des Atomzeitalters. Es basiert auf der Tatsache, daß die Strahlung radioaktiver Stoffe mit äußerstem Gleichmaß erfolgt und weder durch chemische noch durch physikalische Prozesse veränderbar ist. Aus der Anwendung des radioaktiven Zerfallgesetzes

$$n = n_0 e^{-\lambda t} \quad \text{bzw.} \quad T_H = \frac{\ln 2}{\lambda}$$

läßt sich auf das Alter der Stoffe schließen. Dabei ist n_0 die Zahl der radioaktiven Atome zur Zeit $t = 0$, n die Zahl der zur Zeit t noch strahlenden Atome und λ die Zerfallskonstante. Die Halbwertszeit T_H gibt schließlich an, nach welcher Zeit die Zahl der strahlenden Atome jeweils auf die Hälfte abgenommen hat. Sie beträgt z. B. für den radioaktiven Kohlenstoff ^{14}C ca. 5600 Jahre, für das Uran 238 rund $4,5 \cdot 10^9$ Jahre. Für die geologische Altersbestimmung werden außer der ^{14}C- und der Uran-Blei-Methode v. a. noch der Zerfall des Kaliumisotops K 40 und des Rubidiumisotops Rb 87 verwendet.

Vorzeitklima in Mitteleuropa

Das frühgeschichtliche Klima der Erde läßt sich aufgrund der geschilderten indirekten Methoden für etwa 500 Mio. Jahre abschätzen. Dabei müssen die Aussagen um so allgemeiner gehalten sein, je weiter man zurückgeht. Erst seit dem Beginn des Quartärs vor rund 1 Mio. Jahre läßt sich v. a. mit Hilfe der Sauerstoffisotopenmethode ein detailliertes Bild des Klimaverlaufs zeichnen.

In Tabelle 12.1 sind für die erdgeschichtlichen Epochen für den mitteleuropäischen Raum die Grundzüge des Klimas, soweit paläontologische Rückschlüsse möglich waren, wiedergegeben. Außerdem sind die wichtigsten Entwicklungsdaten der Tier- und Pflanzenwelt aufgeführt.

Besondere Beachtung verdienen die Klimaänderungen im Laufe der letzten 1 Mio. Jahre, da sie sich am detailliertesten bestimmen lassen. In Abb. 12.3 ist die Klimakurve der letzten 750 000 Jahre wiedergegeben, wie sie sich nach Sauerstoffisotopendaten von einzelligen Kleinlebewesen der Ozeane (Planktonforaminiferen) ergeben hat, deren Reste in einem Tiefseebohrkern aus dem äquatorialen Atlantik gefunden wurden.

Die Klimakurve, bei der die hohen positiven Promillewerte die niedrigsten Temperaturen bedeuten, zeigt 8 Wechsel zwischen glazialen Epochen und relativ warmen Zwischeneiszeiten an, die in der Größenordnung von jeweils 100 000 Jahren aufeinanderfolgten. Große Fluktuationen der Eisausdehnung und Schwankungen des Meeresniveaus waren die Folge. Aufgrund der einzelnen Eisvorstöße von Norden unterscheidet man in Norddeutschland die Elster-, Saale- und als jüngste vor 20 000 Jahren die Weichseleiszeit, während aufgrund der Alpenvergletscherung in Süddeutschland zwischen Donau-, Günz-, Mindel-, Riß- und Würmeiszeit während der letzten 450 000 Jahre unterschieden wird.

Betrachten wir zusammenfassend das Gesamtbild des Klimaverlaufs seit dem Kambrium, also in den vergangenen 500 Mio. Jahren, so zeigt sich, daß es auf der Erde überwiegend Warmzeiten gegeben hat, daß jedoch seit 1 Mio. Jahren eine Kaltzeit mit einem ständigen Wechsel von Eiszeiten und wärmeren

Tabelle 12.1. Klimageschichte Mitteleuropas und Entwicklungsstufen von Fauna und Flora (nach Literaturangaben)

Erdzeitalter	Beginn vor Mio. Jahren	Klimaverhältnisse	Tier- und Pflanzenentwicklung
Quartär	1,8	Wechsel von Kalt-/Eis- und Warmzeiten	Säuger, Primaten, Elefanten, Bären, Pflanzen je nach Klima
Tertiär	65	zuerst warm, dann kühler	erste Primaten, Huf- und Rüsseltiere, Bedecktsamer werden dominierende Pflanzengruppe
Kreide	140	warm, zunächst auch feucht	Vögel, Aussterben der Saurier, Angiospermae
Jura	205	zuerst feucht-kühl, dann warm	Saurier, Ammoniten, Archaeopoteryx, Weiterentwicklung Koniferen, Mammutbäume
Trias	245	warm und überwiegend arid	erste Säugetiere, Saurier, Koniferen, Schachtelhalm
Perm	290	zuerst feucht-warm, dann arid	Fische, Reptilien, Farne, Gymnospermae
Karbon	360	feucht-warm	Insekten, erste Reptilien, üppige Vegetation (Gefäßpflanzen)
Devon	408	Warm	Fische, Muscheln, Amphibien, Farne, Gefäßpflanzen
Silur	436	Warm	Korallen, Fische, erste Gefäßpflanzen
Ordovizium	505	?	Brachiopoden, Trilobiten, Algen
Kambrium	570	Warm	Cephalopoden, Brachiopoden, Algen
Präkambrium		?	älteste wirbellose Tiere und Pflanzen, Algen

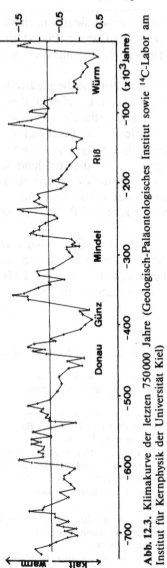

Abb. 12.3. Klimakurve der letzten 750000 Jahre (Geologisch-Paläontologisches Institut sowie ^{14}C-Labor am Institut für Kernphysik der Universität Kiel)

Zwischeneiszeiten herrscht. Dabei befinden wir uns heute offensichtlich in einer zwischeneiszeitlichen Wärmeperiode.

Die Höhepunkte der Wärmewelle sind, wie Abb. 12.3 verdeutlicht, recht kurz und haben nur eine Dauer von rund 10 000 Jahren. Dagegen sind die Kaltzeiten um ein Vielfaches ausgedehnter. Der Übergang von der Eis- zur zwischeneiszeitlichen Warmzeit geht in der Regel rasch und dauert nur wenige tausend Jahre. Hingegen dauert die Abkühlung vom Wärmemaximum zur folgenden Eiszeit erheblich länger. Dabei kann, wie es der Kurvenverlauf belegt, die Abkühlung in der Anfangsphase, d. h. innerhalb weniger hundert Jahre, sehr rasch und damit dramatisch fortschreiten, während danach der Abkühlungstrend durch stärkere Schwankungen zur wärmeren Seite verzögert wird.

Die gesamte weltweite Temperaturänderung zwischen dem Höhepunkt einer zwischeneiszeitlichen Wärmewelle und der vollentwickelten Eiszeit beträgt rund 10 °C. Dabei bleiben die Änderungen in den niedrigen Breiten, v. a. über den tropischen und subtropischen Ozeanen deutlich unter diesem Wert, während sich die Hauptabkühlung bzw. Erwärmung in den höheren und den mittleren Breiten abspielt. Dort sind folglich die dramatischsten Auswirkungen auf die organische Welt aufgetreten und auch zukünftig zu erwarten.

12.4 Nacheiszeitliche Klimaentwicklung in Mitteleuropa

Der Höhepunkt der letzten Eiszeit in Norddeutschland, das sog. Brandenburger-Stadium, war ewa 18 000 v. Chr. Danach setzte der endgültige Rückzug des Eises ein; um 17 000 v. Chr. war der Berliner Raum vom Eis frei, um 15 000 v. Chr. ganz Norddeutschland.

Nach dem Eisrückzug setzte, wie Abb. 12.4 zeigt, zunächst ein langsamer Temperaturanstieg von der älteren Tundrenzeit (ÄT) bis zur Allerödzeit (AL) ein. Nach der jüngeren Tundrenzeit (JT) stieg dann die Temperatur relativ rasch über das Präboreal (PB) und Boreal (B) bis zum Atlantikum (AT) an, wo sie um 4500 v. Chr. den bisher höchsten Wert der Nacheiszeit erreichte. Über das Subboreal (SB) und das Subatlantikum (SAT) mit einem Kälteeinbruch zur Völkerwanderungszeit (PV) und dem Wärmeoptimum um 1100 n. Chr. (MO) stellten sich über die kleine Eiszeit um 1650 (KE) die Temperaturverhältnisse der Gegenwart (G) ein.

Interessant ist wegen der Vegetationsentwicklung auch die Betrachtung der mittleren Julitemperatur. Sie lag um 15 000 v. Chr. bei 7 °C, und Mitteleuropa wies ein Tundrenklima mit der entsprechenden Tundrenvegetation auf. Mit der Erwärmung auf eine Julitemperatur von 10 °C setzte um 12 000 v. Chr. der Baumwuchs in Form lichter Birken- und Kiefernwälder ein; jedoch erfolgte um 11 000 v. Chr. ein erster und nach der Allerödzeit um 8 500 v. Chr. ein weiterer Rückfall in das Tundrenklima mit Julitemperaturen unter 10 °C. Danach stieg der Juliwert auf 13 °C um 7500 v. Chr., und es entstanden neue Birken- und Kiefernwälder. Mit dem weiteren Anstieg der Julitemperatur bis auf 19 °C um

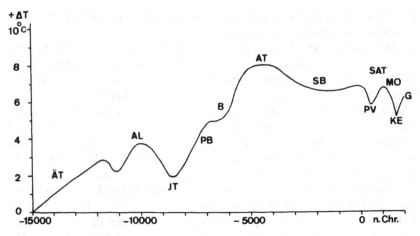

Abb. 12.4. Temperaturentwicklung in Mitteleuropa seit der letzten Eiszeit (abgeleitet aus Literaturangaben)

4500 v. Chr. entstanden zusätzlich Haselnuß-, Eichen- und schließlich Buchenwälder, d. h. entwickelten sich erst die für unser heutiges Klima charakteristischen Baumarten.

12.5 Instrumentelle Meteorologie

Zur Feststellung der klein- und großräumigen Klimaverhältnisse sowie zur Beurteilung von Klimaänderungen sind regelmäßige und langfristige Klimabeobachtungen erforderlich. Die ältesten tagebuchartigen Wetteraufzeichnungen sind von dem Engländer W. Merle (1337–1344) bekannt. In Deutschland hat der Markgraf von Hessen für das Jahr 1635 parallele Klimabeobachtungen in Hessen und Pommern durchgeführt und die täglichen Wetteraufzeichnungen miteinander verglichen. Dabei konnte er die deutlichen Unterschiede zwischen dem mehr ozeanisch geprägten Hessen und dem mehr kontinental geprägten Pommern feststellen.

Eine besondere Bedeutung haben die 7-jährigen Wetteraufzeichnungen (1652–1658) des Bamberger Abtes Moritz Knauer erlangt. In der irrigen Annahme, dass das Wettergeschehen von sieben „Planeten" regiert und deshalb sich nach jeweils sieben Jahren wiederholen würde, schuf er die Grundlage für den „Hundertjährigen Kalender".

Das moderne Zeitalter der Klimabeobachtung und Klimaanalyse begann mit der Erfindung der meteorologischen Messinstrumente. Um 1592 erfanden Galilei und Drebbel unabhängig voneinander Verfahren zur Temperaturmessung, 1634 entwickelte Torricelli das Prinzip der Luftdruckmessung. Windfahnen und Behälter zur Regenmessung waren schon seit dem Altertum bekannt (Indien, Mesopotamien, Athen). In Deutschland führte der Kieler Professor Reyer von 1679–1714 viermal täglich Messungen von Lufttemperatur, Luftfeuchte, Luftdruck und Wind durch.

Die älteste kontinuierliche Klimamessreihe der Welt ist die sog. Mittelenglandreihe von 1659 (nach G. Manley). Die Berliner Temperaturreihe lässt sich bis 1701 zurückverfolgen, was eine über 300jährige Analyse des Klimawandels in Mitteleuropa ermöglicht. In Abb. 12.5 sind die 10-jährigen Mittelwerte der Temperatur für Mittelengland (bis 1970), in Abb. 12.6 für Berlin (bis 2000) wiedergegeben. Deutlich sind der letzte Höhepunkt und das Ende der mittelalterlichen Kleinen Eiszeit zu erkennen. Extreme Kälte beherrschte das ausgehende 17. Jahrhundert.

Die Kleine Eiszeit

Die mittelalterliche Wärmeperiode nahm ab 1300 n. Chr. ein rasches Ende. Ab 1320 geriet Europa zunehmend in den Griff einer Abkühlung, die schließlich um 1450 n. Chr. ihren ersten Höhepunkt erreichte. Die Jahresmitteltemperatur sank dramatisch um 1–1,5 K ($^\circ$C). Die Abruptheit dieser Klimaänderung lässt sich deutlich am plötzlichen Rückgang des Weinanbaus ablesen. In Deutschland, wo zuvor auch in den nördlichen Regionen Wein angebaut werden konnte, zog sich der Weinanbau auf die klimatisch begünstigten Sonnenhänge in Südwestdeutschland zurück; in England verschwand er vollständig. Besonders hart war der Nordwesten von Europa von dem Temperaturrückgang betroffen. In Schottland verkümmerte die Ackerwirtschaft, Grönland und Island wurden von der Bevölkerung weitgehend aufgegeben.

Aber auch im übrigen Europa waren die Auswirkungen der Klimaänderung zu spüren. Die nasskalte Witterung veränderte vielerorts die Landwirtschaft. Lange, harte Winter, zu kurze Vegetationsperioden und nasse, kühle Sommer machten ungünstige Anbaugebiete unrentabel und in den Gebieten mit guten Böden gingen die Ernteerträge drastisch zurück. Die Bevölkerung hungerte, Krankheiten und Seuchen, wie Pest und Cholera, griffen um sich. Viele Siedlungen wurden aufgegeben.

Zwischen 1500 und 1540 gab es eine kurze Entspannung, aber die intensivste Phase der Kleinen Eiszeit sollte noch kommen, und zwar zwischen 1550 und 1700 n. Chr. 1683/84 war der Winter so hart, dass die küstennahen Teile der Nordsee zufroren. Auf zahlreichen Gemälden der holländisch-flämischen Maler wird diese Epoche an verschneiten Landschaften und zugefrorenen Kanälen anschaulich sichtbar.

Abzulesen war die Kälteperiode auch am Verhalten der Alpengletscher. Der Grindelwaldgletscher begann 1280 mit seinem Vorstoß. Um 1600 erreichte er seine größte Ausdehnung. Erst nach 1700 klang, wie die Abb. 12.5 und 12.6 zeigen, die mittelalterliche Kaltzeit aus.

Während der rund 400-jährigen Dauer der Kleinen Eiszeit hatte sich die subpolare Klimazone südwärts verschoben, so dass sich in Mittel- und Westeuropa Temperaturverhältnisse einstellten, wie sie heute 500–600 km weiter nördlich

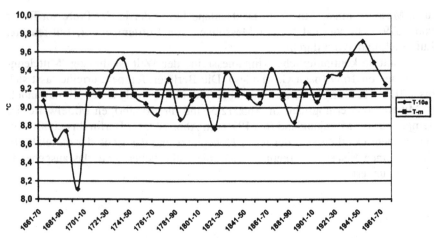

Abb. 12.5. 10-jährige Mitteltemperaturen von Mittelengland (nach G. Manley) in Bezug zum Mittelwert

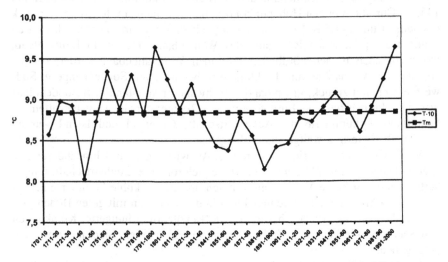

Abb. 12.6. 10-jährige Mitteltemperaturen von Berlin 1701–2000 in Bezug zum Mittelwert

angetroffen werden. Zwar gab es in dieser Zeit auch warme Jahre und Jahrzehnte, doch blieben sie, insgesamt gesehen, die Ausnahme.

12.6 Klimaentwicklung Mitteleuropas seit 1701

In Abb. 12.6 sind die 10-jährigen Mitteltemperaturen von Berlin für den Zeitraum 1701–2000 dargestellt. Deutlich erkennt man die große Klimavariabilität von Jahrzehnt zu Jahrzehnt. Als mittlere Variabilität ergibt sich für den 300-jährigen Zeitraum ein Wert von 0,35 K (°C) pro 10 Jahre; im Einzelfall wurden mehrfach 0,6 K (°C) von einer Dekade zur nächsten überschritten. Diese Werte sind ein deutlicher Beleg dafür, dass kurzfristige Klimaschwankungen in unseren Breiten nicht außergewöhnlich, sondern normal sind.

Die Temperaturwerte für die Mitteleuropareihe basieren auf den Messungen von Berlin (ab 1701), Basel (ab 1762), Prag (ab 1780) und Wien (ab 1776), wobei die Werte für die Periode vor 1780 aus den Berliner Daten reduziert wurde. Anahnd dieser Mitteleuopareihe soll das langfristige Verhalten des mitteleuropäischen Klimas näher betrachtet werden. Dazu wird die Methode der gleitenden Mittelwertbildung angewandt, und zwar für 30-jährige Zeiträume. Dabei wird zuerst die Mitteltemperatur für den Zeitraum 1701–1730 berechnet, danach für 1711–1740, für 1721–1750 usw. Damit ergibt sich der in Abb. 12.7 dargestellte geglättete Temperaturverlauf für Mitteleuropa. Unter Bezug auf die 300-jährige Durchschnittstemperatur von 8,8 °C lässt sich erkennen, zu welchen Perioden unter- oder überdurchschnittliche bzw. normale Temperaturverhältnisse in Mitteleuropa geherrscht haben.

Wie man sieht, war das mitteleuropäische Klima in den letzten 300 Jahren keineswegs stabil. Von 1701 bis 1750 ist an den unterdurchschnittlichen Temperaturverhältnissen noch die ausklingende Kleine Eiszeit zu erkennen. Danach setzt über rund fünf Jahrzehnte eine Erwärmung ein, die bis 1800 zu signifikant übernormalen Temperaturverhältnissen führte. Binnen weniger Jahrzehnte kam es dann ab 1800 zu einem dramatischen Temperaturrückgang. Erst gegen Ende des 19.Jahrhunderts setzte wieder ein allmählicher Temperaturanstieg ein, wobei aber selbst noch zu Beginn des 20. Jahrhunderts die Temperaturen unter dem 300-jährigen Durchschnittswert lagen.

Gegenwärtig wird in der Wissenschaft, der Öffentlichkeit und der Politik vor allem die globale Erwärmung diskutiert. Während dabei die globalen Klimada-

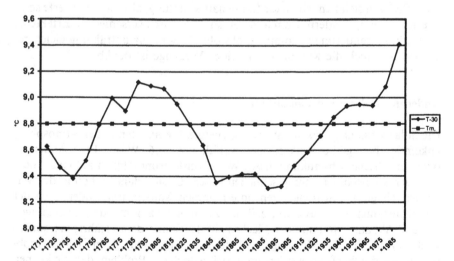

Abb. 12.7. Klimaentwicklung von Mitteleuropa 1701–2000 (30-jährig gleitende Mitteltemperaturen)

ten aber nur bis etwa 1860 zurückreichen, ermöglichen die mitteleuropäischen Klimabeobachtungen die Klimaentwicklung bis 1701 zurückzuverfolgen, d. h. für einen doppelt so langen Zeitraum wie die globale Klimareihe.

Sieht man die jüngste Erwärmung vor diesem Hintergrund, so stellt man fest, dass es sich bei dem Temperaturanstieg der letzten 140 Jahre in erster Linie um eine Kompensation des Temperaturrückgangs im 19. Jahrhundert handelt. Wie die Temperaturmessungen belegen, wies Mitteleuropa vor 200 Jahren ein den 1990er Jahren vergleichbar hohes Temperaturniveau auf, und zwar ohne dass ein anthropogener Einfluss eine Rolle gespielt hat. Bei allen Diskussionen über den potentiellen Einfluss des Menschen auf das Klima darf man daher die natürlichen Einflussfaktoren auf das Klima nicht außer acht lassen.

12.7 Ursache von Klimaänderungen

Für die thermischen Verhältnisse an der Erdoberfläche ist die Sonne die primäre Energiequelle, da im Vergleich zu ihr der aus dem Erdinnern kommende Wärmestrom sehr gering ist. Wie wir gesehen haben, hängt dabei der Strahlungsbetrag, den ein Ort empfängt, vom Einfallswinkel der Sonnenstrahlung, also von der geographischen Breite ab. Auch ist die Solarstrahlung der Antrieb für die atmosphärische Zirkulation. Diese wiederum wird für jeden Ort zum zweiten klimabestimmenden Faktor, da sie für den Herantransport warmer oder kalter, feuchter oder trockener Luft sowie für die wolkenbildenden oder wolkenauflösenden Vertikalbewegungen verantwortlich ist.

Es ist daher naheliegend, die Ursache von Klimaänderungen und Klimaschwankungen in Änderungen der Strahlungsverhältnisse auf der Erde zu suchen. So kann sich zum einen die Sonnenausstrahlung, also der emittierte solare Energiebetrag, ändern. Zum anderen kann es durch verschiedene Effekte zu Einstrahlungsänderungen kommen, obwohl die Sonnenausstrahlung gleich geblieben ist. Auch die Kombination beider Vorgänge ist denkbar.

Änderungen der Sonnenausstrahlung

Die Solarkonstante, also die Strahlungsenergie, die am Rande der Atmosphäre ankommt, beträgt bei senkrechtem Auffall z. Z. 1360 W/m^2. Eine Änderung oder periodische Schwankung dieses Werts würde grundsätzlich auf eine Änderung der Sonnenausstrahlung schließen lassen. Es sind daher schon in der Vergangenheit große Anstrengungen unternommen worden, um Änderungen der Solarkonstanten nachzuweisen, z. B. im Zusammenhang mit der regelmäßigen Zu- und Abnahme von dunklen Flecken auf der Sonne, dem 11jährigen Sonnenfleckenzyklus. Bei den Messungen von der Erde, auch wenn sie meist an Bergobservatorien durchgeführt werden, ergib sich jedoch das Problem, daß die kleinen gemessenen Schwankungen auch dadurch verursacht sein können, daß sich Änderungen in den atmosphärischen Absorptionseigenschaften einstellen können.

Bei den modernen Messungen vom Satelliten aus umgeht man zwar diesen Effekt, doch ergibt sich z. Z. noch die Schwierigkeit, daß die an Bord befindlichen Meßgeräte Strahlungsschwankungen in der Größenordnung von 0,1% nicht auflösen können. Auch wenn daher der Nachweis kleiner, kurzzeitiger Schwankungen schwerfällt, besteht kein Zweifel, daß langfristige Änderungen der Solarkonstanten im begrenzten Ausmaß aufgetreten sind.

Wetherald und Manabe (1975) haben mit einem vereinfachten Modell der globalen Zirkulation berechnet, daß eine Zunahme der Solarkonstanten von 2% zu einem mittleren Temperaturanstieg auf der Erde von 3 K führen würde. Eine Abnahme der Solarkonstanten von 2% würde dagegen einen mittleren Temperaturrückgang von 4,3 K hervorrufen. In beiden Fällen wären wegen des Einflusses der Schneebedeckung (Albedo) die Änderungen im Polargebiet am größten; in den Tropen lägen sie dagegen entsprechend unter den Mittelwerten für die Erde. Beim Niederschlag würde eine Änderung der Solarkonstanten zwischen −4% und +2% mit einer Änderung der Niederschlagsmenge von 27% verbunden sein.

Nach unseren heutigen Erkenntnissen haben die Schwankungen der Solarkonstanten in den vergangenen Jahrhunderten unter 1% gelegen. Damit wären folglich mittlere Schwankungen der Temperatur von 1−2 K und des Niederschlags bis zu etwa 5% zu erklären, wobei regional die Werte teils über, teils unter den Mittelwerten liegen können.

Änderung der einfallenden Solarstrahlung durch Änderung der Erdbahnelemente

Die Stellung der Erde zur Sonne und damit zur einfallenden Sonnenstrahlung ist nicht konstant, sondern ist, wenn auch in großen Zeiträumen, periodischen Schwankungen unterworfen. Dabei sind 3 säkulare, also langfristige Einflüsse zu unterscheiden:

1. die Elliptizität der Erdbahn; die Erde beschreibt bekanntlich bei ihrem Weg um die Sonne eine im Raum liegende Ellipse. Diese Bahn erscheint im Laufe der Zeit teils weniger elliptisch, d. h. nähert sich der Kreisform, teils elliptischer. Auskunft über die jeweilige Ellipsenform gibt die Exzentrizität der Bahn; darunter versteht man das Verhältnis des Abstands zwischen Mittel- und Brennpunkt der Ellipse (beim Kreis fallen beide zusammen) und der großen Halbachse. Bei maximaler Elliptizität der Erdbahn beträgt die Jahresschwankung der einfallenden Sonnenstrahlung 30%, bei minimaler Elliptizität verschwindet diese Jahresschwankung weitgehend. Gegenwärtig beträgt der Abstand Erde-Sonne am 3. Januar rund 147 Mio. km und am 3. Juli rund 152 Mio. km, was dazu führt, daß die Erde bei Sonnennähe rund 7% mehr solare Strahlungsenergie empfängt als bei Sonnenferne.
2. Schiefe der Ekliptik; die elliptische Bahnebene, Ekliptik genannt, hat ebenfalls nicht immer dieselbe Raumlage, sondern ist langsam veränderlich. Als Schiefe der Ekliptik bezeichnet man dabei den Winkel zwischen der Eklip-

tik einerseits und der Äquatorebene der Erde andererseits. Sie variiert zwischen 22° und 24,5° und weist gegenwärtig eine Neigung von 23,5° auf. Eine Abnahme der Schiefe hat dabei zur Folge, daß sich die Unterschiede in den Jahreszeiten abschwächen.

3. Präzessionsbewegung der Erdachse; die Achse der Erde beschreibt im Laufe der Zeit einen Kegel um die Ekliptikachse mit einem Öffnungswinkel von 23,5°. Sichtbar wird dieser Vorgang an der Verschiebung der Äquinoktialpunkte (Tag- und Nachtgleiche) auf der Ekliptik um 50″/Jahr.

Alle 3 astronomischen Effekte sind periodisch ablaufende Vorgänge. Dabei beträgt die Periode bei der Elliptizität der Erdbahn 92000 Jahre, bei der Schiefe der Ekliptik 40000 Jahre und bei der Präzessionsbewegung der Erdachse 26000 Jahre. Die damit verbundenen Schwankungen der einfallenden Sonnenstrahlung wurden von Milankovitch (1930, 1938) für die letzten 1 Mio. Jahre berechnet, und zwar für die verschiedenen geographischen Breiten.

Wie die Schwankungen für die höheren Breiten der Nordhalbkugel in den letzten 120000 Jahren in Abb. 12.8 zeigen, erreichte die Einstrahlung zuletzt vor 10000 Jahren ein deutliches Maximum. Es fällt zeitlich mit der raschen Beendigung der letzten Eiszeit zusammen. Außerdem ist den Strahlungskurven ein Rhythmus von rund 40000 Jahren für die höheren Breiten zu entnehmen. Sommerliche und winterliche Fluktuationen heben sich zwar z. T. auf, doch bleibt z. B. in 65°N vor 10000 Jahren ein Jahresstrahlungswert von +1%, vor 25000 Jahren von −2% übrig. Die Strahlung, die aufgrund der Einflüsse der Erdbahnelemente vor 10000 Jahren empfangen wurde, war im Nordsommer um 4% größer, als sie gegenwärtig ist. In 65°N soll dieses in einem Anstieg der sommerlichen Mitteltemperatur von 4−5 K über den heutigen Wert verbunden gewesen sein. Die Jahresmitteltemperatur zeigte dagegen wegen des Strahlungsdefizits im Winter nur eine Abweichung von 0,7 K. Bedenkt man jedoch, daß die Schnee- und Eisgrenze im wesentlichen von den sommerlichen Strahlungs- und Temperaturverhältnissen bestimmt wird, erscheint eine Änderung in der berechneten Größenordnung durchaus in der Lage zu sein, Vorstöße und Rückzüge von Inlandeismassen einzuleiten.

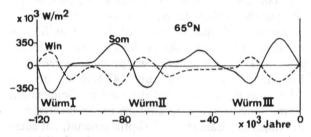

Abb. 12.8. Schwankungen der Sonnenstrahlung in den letzten 120000 Jahren in 65°N. (Nach Milankovitch, 1930)

Eine Änderung der großräumigen Albedo im Falle ausgedehnter Schnee-
und Eismassen würde z. B. zu einem Selbstverstärkungsprozeß bei den Eisvor-
stößen führen. Budyko (1982) hat die interessante Hypothese aufgestellt, daß
eine Ausdehnung der polaren Eismassen bis 50° Breite zu einer Vergletsche-
rung der gesamten Erde führen könnte; infolge des hohen Reflexionsvermö-
gens des Schnees soll unter diesen Umständen selbst die hohe Einstrahlung in
niedrigen Breiten nicht mehr ausreichen, um den äquatorwärtigen Eisvorstoß
und damit die Klimakatastrophe aufzuhalten.

Kontinentaldrift

Eine weitere Möglichkeit zur Erklärung regionaler Klimaänderungen hat A.
Wegener 1915 mit seiner revolutionären „Kontinentalverschiebungshypothese"
aufgezeigt. Um sie zu verstehen, müssen wir uns kurz mit dem geologischen
Aufbau der Erde beschäftigen.

Der Erdkörper, der einen Halbmesser von 6370 km hat, weist einen schalenförmigen Aufbau auf. An den Erdkern mit einem Radius von rund 1250 km
schließt sich eine 2200 km mächtige Übergangsschicht an, der nach außen der
2900 km mächtige Mantel und die maximal nur wenige Zehnerkilometer
mächtige Erdkruste folgen. Infolge der mit der Tiefe zunehmenden Druck-
und Temperaturverhältnisse befindet sich die Materie des Mantels nicht wie die
der Erdkruste im festen, sondern in einem sehr zähflüssigen, einem sog. säku-
larflüssigen Zustand. Die festen Platten, aus denen tektonisch die Erdkruste
besteht, also auch die Kontinente, tauchen in diese säkularflüssige Masse ein;
sie „schwimmen" gewissermaßen auf dem Erdmantel.

Aufgrund dieses Sachverhalts wird verständlich, daß sich die einzelnen Kontinente der Erde unabhängig voneinander verschieben können. Dadurch kann
es zu Klimaänderungen auf den Kontinenten kommen, obwohl sich die Stellung der Erde als Ganzes im Strahlungsfeld der Sonne nicht verändert hat. Verlagert sich z. B. ein Kontinent parallel zum geographischen Gradnetz, so bleibt
für ihn die solare Einstrahlung unverändert. Wandert er aber in meridionaler
Richtung, dann ändert sich seine geographische Breite und damit seine Einstrahlung und sein Klima.

Diese Drifthypothese hat etwas Bestechendes; kann sie doch ohne weiteres
die erdgeschichtliche Verlagerung von Klimagürteln auf einzelnen Kontinenten
erklären. Auch die Kohlevorkommen auf Spitzbergen, deren Bildung ein vege-
tationsreiches, warmfeuchtes Klima voraussetzt, würden leicht verständlich,
ebenso die Vergletscherungsspuren in den Tropen. So bildeten nach der Hypothese einst die heutigen Südkontinente Afrika, Südamerika, Australien, Antarktis sowie Indien und Arabien den Großkontinent Gondwana, der während
des Karbons und Perms über den Südpol gewandert und später auseinanderge-
driftet sein soll.

13 Aktuelle Klimaprobleme

In zunehmendem Maße beschäftigen sich Wissenschaft und Öffentlichkeit seit einiger Zeit mit der Frage, inwieweit der Mensch durch seine Aktivitäten die Zusammensetzung der Atmosphäre und damit ihre strahlungsphysikalischen Prozesse beeinflußt. Daß z. B. die Abholzung von Wäldern, wie es verbreitet im Mittelmeer-Gebiet geschehen ist, oder die zunehmende Vergrößerung und Verdichtung von Städten, Auswirkungen auf das regionale bzw. lokale Klima hat, ist seit langem bekannt. Relativ neu ist dagegen die Erkenntnis, daß es durch menschliche Aktivitäten zu globalen Änderungen bei der Konzentration strahlungsrelevanter Gase in der Atmosphäre kommen kann. Dabei wird die Zunahme von Kohlendioxid (CO_2), Methan (CH_4), Distickstoffoxid (N_2O) und der FCKW (Fluorchlorkohlenwasserstoffe) und ihre Auswirkungen durch den Begriff „Treibhauseffekt" beschrieben.

13.1 Der anthropogene Treibhauseffekt

Wie in Kap. 3 geschildert worden ist, besteht eine wichtige Eigenschaft der Atmosphäre darin, wie ein Treibhaus (Glashaus) zu wirken. Während sie, wie Glas, die kurzwellige Sonnenstrahlung relativ ungehindert bis zur Erdoberfläche passieren läßt, absorbiert sie – ebenfalls wie Glas – die von der erwärmten festen und flüssigen Erdoberfläche ausgehende langwellige (infrarote) Wärmestrahlung in erheblichem Umfang. Die dadurch erwärmten Atmosphärenschichten strahlen die Wärme z. T. in den Weltraum, z. T. aber auch als atmosphärische Gegenstrahlung zur Erde zurück und reduzieren auf diese Weise die effektive terrestrische Ausstrahlung und damit die Abkühlung. Die atmosphärischen Gase, die den natürlichen Treibhauseffekt der Erde verursachen, sind v. a. Wasserdampf (62%), Kohlendioxid (22%), bodennahes Ozon (7%), Methan (2%) und Distickstoffoxid (4%). Ihr Wirken führt dazu, daß auf der Erde nicht eine Mitteltemperatur von $-18\,°C$, sondern von $+14\,°C$ herrscht, d.h. der natürliche Treibhauseffekt der Atmosphäre sorgt gegenwärtig für eine über 30 K höhere globale Mitteltempartur. Ohne ihn gäbe es kein Leben auf der Erde (s. Abb. 13.1).

Der Wasserdampf, der als wichtigstes Treibhausgas bereits 62% des Treibhauseffektes bewirkt, gelangt durch die ständige Verdunstung, v. a. in den tropischen und subtropischen Ozeangebieten, in die Atmosphäre.

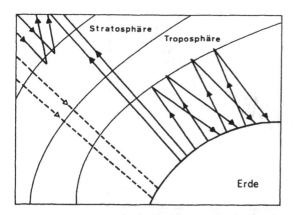

Abb. 13.1. Schema des Treibhauseffekts der Atmosphäre

CO_2 kommt in der Natur auf dem Land in Form der lebenden Biomasse, z. B. der Wälder, und der toten Biomasse, z. B. im Humus und in Mooren vor. In den Sedimenten tritt es v. a. als Karbonat von Kalium und Magnesium auf sowie als organischer Kohlenstoff in Kohle, Erdgas und Erdöl. Im Ozean ist hauptsächlich das im Meerwasser gelöste CO_2 wichtig; dazu kommt das der lebenden und abgestorbenen Biomasse. Als letzter, für Klimaänderungen aber wichtigster Punkt ist der CO_2-Gehalt der Atmosphäre zu nennen. Er hat entscheidenden Anteil an den Strahlungsverhältnissen, d. h. am Glashauseffekt der Atmosphäre.

Alle CO_2-Speichersysteme stehen in einer komplexen, teils kurz-, teils langfristigen Wechselwirkung miteinander. Im Sommerhalbjahr nimmt die Vegetation über die Photosynthese viel CO_2 auf und der atmosphärische CO_2-Anteil sinkt etwas; im Winter steigt er wieder an, da dann über die Oxidation der absterbenden Biomasse CO_2 wieder der Atmosphäre zugeführt wird. Im Mittel ist das atmosphärische CO_2 derzeit mit 22% am Treibhauseffekt beteiligt.

Langfristig gebunden wurde CO_2 bei der erdgeschichtlichen Bildung von Kohle, Erdöl und Erdgas. Es ist daher anzunehmen, daß vor dieser Zeit der atmosphärische CO_2-Gehalt der Erde höher und infolgedessen auch der Glashauseffekt stärker ausgeprägt war, was wiederum eine höhere Mitteltemperatur der Erde erklären würde.

Heute sind wir dabei, diesen Prozeß rückgängig zu machen, indem wir über die Verbrennung der fossilen Brennstoffe in der Industrie und in Heizungen sowie durch den Verkehr der Atmosphäre in zunehmendem Maße CO_2 zuführen. Den Vorgang, für den die Natur Jahrmillionen gebraucht hat, macht der Mensch jedoch in Jahrhunderten rückgängig. Die Änderungen des CO_2-Gehalts nach Messungen an dem 3000 m hoch gelegenen Mauna-Loa-Observatorium auf Hawaii, fernab von allen unmittelbaren zivilisatorischen Einflüssen, zeigt Abb. 13.2. Von 314 ppm im Jahre 1957 stieg der atmosphärische CO_2-Gehalt bis heute auf 380 ppm an. Seit 1850, als der CO_2-Anteil in der Luft noch 290 ppm (0,029 Vol.%) betrug, hat sich somit die atmosphärische CO_2-

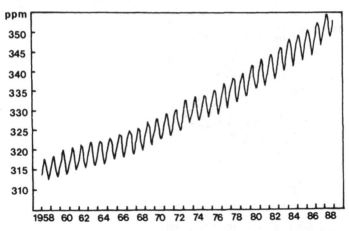

Abb. 13.2. Änderung des atmosphärischen CO_2-Gehalts. (Nach Keeling)

Konzentration um rund 30% erhöht. Die Ursache dafür ist der zunehmende Energiebedarf für eine rapide angestiegene Industrialisierung und Technisierung sowie für den Verkehr einer rasch gewachsenen Erdbevölkerung. Allein in der Zeit von 1950 bis heute hat die Weltbevölkerung von 5 auf 6 Mrd. Menschen zugenommen. Besonders hoch ist der Pro-Kopf-Bedarf an Energie in den Industrienationen. Selbst im Haushalt geht ohne elektrische Energie nichts mehr, kein Licht, keine Heizung, kein Kühlschrank, kein Fernseher usw.

Da zur Energieerzeugung primär fossile Brennstoffe, also Kohle, Erdöl und Erdgas eingesetzt werden, wird bei dem Verbrennungsprozeß ständig CO_2 freigesetzt und der Atmosphäre zugeführt.

In Deutschland verteilt sich die CO_2-Emission wie folgt: Industrie 34%, Haushalte 28%, Verkehr 21% und Kleingewerbebetriebe 17%.

Weltweit sieht die CO_2-Produktion derzeit wie folgt aus: USA 23%, GUS 18%, China 11%, Japan und Deutschland je 5%, Großbritannien und Indien je 3%, Polen und Frankreich je 2%. Zu erwähnen ist, daß der relativ niedrige Anteil Frankreichs sich durch den großen Kernkraftwerkseinsatz erklärt und daß die stärksten Energieverbrauchsanstiege derzeit in den sogenannten Schwellenländern, z. B. China, auftreten, d. h. in jenen Ländern, die sich vom Entwicklungs- zum Industrieland entwickeln bzw. entwickelt haben.

Würde nicht der Ozean rund 50% des freigesetzten CO_2 aufnehmen, so vollzöge sich der CO_2-Anstieg in der Atmosphäre noch wesentlich rascher als bisher beobachtet.

Aber das CO_2 ist, wie gesagt, keineswegs das einzige anthropogen beeinflußte Treibhausgas. Seine Effektivität macht 50% aus, während die übrigen klimarelevanten Gase die anderen 50% betragen.

Methan ist ein Faulgas, das in Mooren und Sümpfen und somit großflächig in den sommerlich aufgetauten Tundrengebieten der Erde freigesetzt wird. Es wird ferner in großen Mengen in Naßkulturen, also v. a. auf den riesigen Reisanbauflächen, produziert. Aber auch durch die Wiederkäuer, insbesondere

Rinder und Schafe, in deren Mägen ein Naßbrei entsteht, und durch die Müllkippen wird Methangas freigesetzt.

Seit 1640, als die Weltbevölkerung noch 500 Mio. Menschen betrug, hat sich
bis 1984 der Methangehalt der Luft fast vervierfacht. Die Ursache ist der Nahrungsbedarf einer inzwischen auf rd. 6 Mrd. angewachsenen Weltbevölkerung.

Analoges gilt für die Zunahme von Distickstoffoxid in der Luft, das als chemisches Umwandlungsprodukt bei der Humusbildung sowie von Stickstoff-
dünger in die Luft gelangt.

Die FCKW schließlich gelangen als Treibgase aus Spraydosen, als Kühlmit-
tel aus Kühl- und Gefrieranlagen, als Bestandteile von Wärmedämmungen in
die Atmosphäre. Ihnen ist in den Industrienationen der Kampf angesagt, doch
was bereits freigesetzt ist, wird aufgrund ihrer langen Lebensdauer noch Jahrzehnte wirksam sein.

Nach Einschätzung der Weltbevölkerungskonferenz von 1994 in Kairo wird
sich die Erdbevölkerung von derzeit 6 auf 7.3 Mrd. bis zum Jahr 2020 und auf
9 – 10 Mrd. Menschen bis 2050 erhöhen. Damit wird ein wachsender Energie-
und Nahrungsbedarf verbunden sein, d. h. auch für die klimarelevanten Treibhausgase wird gelten: Tendenz weiterhin steigend.

13.2 Klimamodelle

Wie geschildert, werden seit mehreren Jahrzehnten immer weiter verbesserte
physikalisch-mathematische Modelle zur kurz- und mittelfristigen Wettervorhersage eingesetzt. Auch für die Vorhersage von Klimaänderungen wurden inzwischen numerische Modelle, sog. Klimamodelle, entwickelt. Die einfachsten
Klimamodelle sind rein thermodynamische Modelle, bei denen die Zirkulation
unberücksichtigt bleibt und mit denen eine Prognose über die Änderung der
globalen Mitteltemperatur prinzipiell möglich ist.

Von besonderem Interesse sind jedoch regionale Klimaänderungen, also
mögliche Änderungen der Temperatur und des Niederschlags z. B. in Mitteleuropa, in Spanien, Indien, den USA usw. Um darüber Aussagen machen zu können, wurden großräumige Zirkulationsmodelle, sog. gekoppelte Ozean-Atmo-
sphäre-Modelle, entwickelt. Auf diese Weise können auch die klimatisch sehr
wichtigen Wärmeübergänge zwischen Ozean und Atmosphäre sowie die mit
den Meeresströmungen verbundenen Wärmetransporte z. B. im Golfstrom
grundsätzlich berücksichtigt werden.

Wie zuverlässig sind aber Klimaprognosen für die nächsten 50 bis 100 Jahre? Wie groß kann das Vertrauen sein, das man Klimamodellen entgegen-
bringt, wenn heute noch die Mittelfristvorhersagen vom 6. Tag an häufig nicht
mehr realitätsnah sind? Um dieses zu prüfen, versucht man mit den Klimamodellen zum einen die gegenwärtigen Klimazonen auf der Erde zu simulieren
und zum anderen Klimaänderungen der Vergangenheit modellmäßig zu berechnen. So konnten z. B. Kutzbach et al. zeigen, daß die Wärmeperiode von
7000 – 3000 v. Chr. durch 2 kleine Abweichungen der Erdbahnelemente verursacht worden ist.

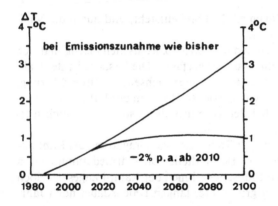

Abb. 13.3. Modellrechnungen zur globalen Temperaturänderung in den nächsten 100 Jahren. (Nach IPCC-Report)

Aus Anlaß der Weltklimakonferenz von 1990 in Genf wurde den großen Klimarechenzentren die Aufgabe gestellt, die klimatischen Änderungen der nächsten 100 Jahre unter verschiedenen Annahmen bezüglich der Zunahme der atmosphärischen Treibhausgase zu berechnen. Zwei der sog. Szenarios sollen hier näher betrachtet werden: 1. Was passiert, wenn sich die anthropogen verursachte Zunahme der Treibhausgase ungebremst fortsetzt? 2. Wie könnte die Klimaentwicklung sein, wenn vom Jahr 2010 an eine Reduktion der anthropogenen Treibhausgase um 2% pro Jahr erfolgte? Die Wirkung aller Treibhausgase wird dabei durch den Begriff „CO₂-Äquivalent" erfaßt. Eine Verengung der Diskussion allein auf das CO_2, wie von zahlreichen Rednern beim Weltklimagipfel 1995 in Berlin vorgenommen, ist unzulässig, denn sie trägt nur 50% des Effektes Rechnung.

Aufgrund des IPCC-Reports (International Panel of Climatic Change) sind als wahrscheinlichste globale Temperaturänderungen die in Abb. 13.3 dargestellten Ergebnisse für die beiden Szenarios zu erwarten. Bei einer Emissionszunahme von CO_2, Methan, Distickstoffoxid usw. wie bisher, könnte die globale Mitteltemperatur um rd. 3.3 K steigen, d.h. der zur Zeit beobachtete natürliche Treibhauseffekt der Erde von 32 K (−18 zu 14 °C) würde um 10% erhöht werden. Bei einer (international vereinbarten Verpflichtung zur) Reduktion der Treibhausgas-Emission vom Jahr 2010 an, bliebe der globale Temparturanstieg bei 1 K, also in einem Bereich, in dem auch die langzeitlichen natürlichen Klimavariationen liegen.

Ein weiteres Problem künftiger Klimaänderungen ist der damit verbundene Meeresspiegelanstieg. Auch dazu hat der IPCC-Report eine Aussage gemacht. Wie Abb. 13.4 veranschaulicht, wäre mit der berechneten Erwärmung ein Meeresspiegelanstieg von etwa 75 cm (Szenario 1) bzw. 35 cm (Szenario 2) verbunden. Diese Werte stehen im Widerspruch zu den vielfach in den Medien geschilderten Anstiegen, wo von Abschmelzen der Gletscher, vom Schmelzen des Meereises und von einem dramatischen Meeresspiegelanstieg zu lesen ist.

Wie die Wissenschaft seit Archimedes weiß, kann das schmelzende Treib- und Packeis der polaren Ozeane nicht zu einer Erhöhung des Meeresspiegels führen, denn der aufgeschmolzene Eisberg paßt genau in das von ihm verdrängte Wasservolumen seines eingetauchten Teils. Wie ferner ein Blick auf die

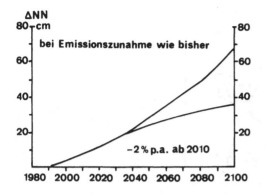

Abb. 13.4. Modellrechnungen zum Meeresspiegelanstieg in den nächsten 100 Jahren. (Nach IPCC-Report)

Monatsmitteltemperaturen über dem Inlandeis der Antarktis oder Grönlands (s. Tabelle im Kap. 11.3 unter Frostklima) lehrt, würde selbst bei einer Erwärmung von 5 K die Durchschnittstemperatur auch im Sommer noch deutlich unter 0 °C bleiben. Folglich kann es auch nicht zu einem Abschmelzen der großen Inlandeismassen kommen, im Gegenteil. Da wärmere Luft mehr Wasserdampf enthalten kann als kältere, könnte sogar eine Erwärmung im Zusammenhang mit den entsprechenden Zirkulationsverhältnissen zu einer weiteren Stabilisierung der polaren Inlandgletscher führen.

Als Ursache für den berechneten Meeresspiegelanstieg von 35 bzw. 75 cm bleibt daher die Tatsache, daß sich Körper, also auch die Wassersäulen im Ozean, bei Erwärmung entsprechend ihrem physikalischen Ausdehnungskoeffizienten ausdehnen.

13.3 Aktuelle Klimaschwankungen

Über die Frage, ob die Auswirkungen des anthropogenen Beitrags zum Treibhauseffekt bereits nachweisbar sind, gehen die wissenschaftlichen Meinungen auseinander. Die Befürworter gehen von einer theoretischen Erhöhung der globalen Mitteltemperatur von 0.5 – 0.7 K in den rund letzten 100 Jahren aus. Die Skeptiker halten dagegen, daß allein wegen der völlig unzureichenden klimatologischen Beobachtungsdaten auf einer Erde, die zu 71%, die Südhalbkugel sogar zu 81% mit Wasser bedeckt ist, allein der Fehler bei der Bestimmung einer globalen Mitteltemperatur in der o. g. Größenordnung liegt.

Außer Frage steht, daß, wie zu allen Zeiten, das Klima nicht stationär ist, sondern je nach Region mehr oder weniger deutliche Schwankungen oder Trends aufweist.

In Abb. 13.5 ist zu erkennen, daß sich die Meeresoberflächentemperatur des Nordatlantiks – und analog auch die Lufttemperatur – in 2 Dekaden bis zu 1 K geändert hat. Dabei ist der subtropische und ostatlantische Bereich, also der Golfstrom, wärmer, der Einflußbereich des westatlantischen Labradorstroms kälter geworden. Entsprechend hat der meridionale Temperaturgegensatz über dem Nordatlantik zugenommen.

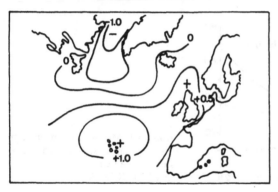

Abb. 13.5. Änderung der nordatlantischen Wassertemperatur in der Zeit 1973–1992

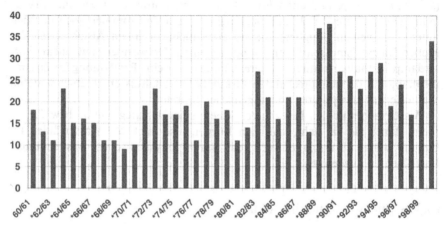

Abb. 13.6. Zahl der Orkantiefs (>960 hpa) über dem Nordatlantik pro Sturmsaison (Okt.–Apr.) 1960/61–1999/2000

Nach Abb. 13.6 ist es von 1988/89 bis 1994/95 zu einem sprunghaften Anstieg bei der Zahl der winterlichen Orkantiefs (Kerndruck < 960 hPa) über dem Nordatlantik gekommen. In dieser Zeit erhöhte sich der Mittelwert um 10 Orkane pro Wintersaison im Vergleich zum Zeitraum davor.

Im westlichen Mittelmeergebiet ist es, wie Abb. 13.7 am Beispiel von Algier veranschaulicht, grundsätzlich zu einem Rückgang der Niederschlagsmengen seit den 70er Jahren gekommen. Als klimatische Winterregengebiete führt dabei v. a. das Winterregendefizit zu einer zunehmenden Versteppung mediterraner Regionen.

Klimaschwankungen wie Klimaänderungen sind immer die Folge einer geänderten Zirkulation. So hat sich über dem Nordatlantik v. a. die winterliche atmosphärische Zirkulation verändert. In Abb. 13.8 sind die Änderungen des

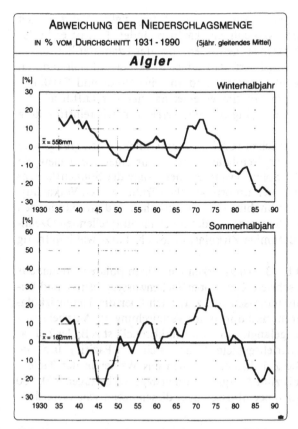

Abb. 13.7. Anomalien der Niederschlagsmenge [%] im westlichen Mittelmeergebiet in der Zeit 1931–1990

Abb. 13.8. Änderung des mittleren Luftdrucks über dem Nordatlantik im Winter (1973–1992)

mittleren winterlichen Luftdrucks von 1973–1992 dargestellt. Während sich der Luftdruck im Bereich des Azorenhochs kaum verändert hat, ist er in der Subpolarregion bis zu 8 hPa geringer geworden, d. h. das Islandtief hat sich in diesem Zeitraum erheblich intensiviert. Auf seiner Rückseite hat sich dadurch die nördliche Windkomponente verstärkt und an seiner Süd- und Ostflanke der West- bis Südwestwind. Im Mittelmeergebiet hat sich der Luftdruck dagegen erhöht, was mit dem Rückgang der Winterregen in Übereinstimmung steht.

Bei der Frage nach den Ursachen von Zirkulationsänderungen gibt es eine Reihe von Einflußfaktoren, der Treibhauseffekt ist nur einer von vielen. So können u. a. Änderungen der Solarkonstanten, der Länge der Sonnenfleckenperiode, der Erdbahnelemente, der atmosphärischen Trübung nach Vulkanausbrüchen sowie eine Zu- oder Abnahme der antarktischen und grönländischen Eiszufuhr ins Meer, v. a. aber Temperaturänderungen im aufquellenden Ozeanwasser (s. El Niño) die großräumige Zirkulation sowohl kurz- wie langfristig beeinflussen.

In der schematischen Abb. 13.9 ist zu erkennen, wie in polaren Breiten das kalte und damit spezifisch schwere Ozeanoberflächenwasser absinkt und unterhalb der ozeanischen Mischungsschicht, z. T. auch über die Tiefenzirkulation in tropische Breiten strömt und dort unter Vermischung als Auftriebswasser wieder an die Oberfläche gelangt. Ein Hauptsinkbereich ist z. B. der Labradorstrom, ausgedehnte Auftriebsgebiete finden sich im Pazifik, u. a. im Bereich des Perustroms. Die Zeitskalen, in denen das Wasser in der Tiefenzirkulation vom Absinken bis zum Aufquellen unterwegs ist, betragen 300, 500 oder sogar 1000 Jahre. Folglich beeinflussen über diesen ozeanischen Kreislauf

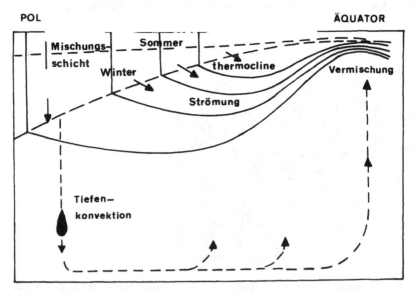

Abb. 13.9. Schema der säkularen Ozeanzirkulation

jahrhundertealte thermische Eigenschaften des einst abgesunkenen Ozeanwassers unsere heutige Zirkulation und damit das Klima.

Das Klima hat zu allen Zeiten als Folge der komplexen Klimaprozesse im System Ozean-Atmosphäre Schwankungen und Änderungen erfahren. Diese natürlichen Einflußfaktoren wirken heute ebenso wie in geologischer Vergangenheit. Der anthropogene Treibhauseffekt hat heute erst angefangen, das Klimasystem zu beeinflussen und zeigt, zumindest im europäisch-atlantischen Bereich, derzeit offensichtlich nur marginale Auswirkungen.

13.4 Klimaänderung und Sonnenflecken

Wie die Untersuchungen sowohl der aktuellen Klimaschwankungen als auch von Klimaänderungen der vergangenen Jahrhunderte und Jahrtausende zeigen, ist das Klimasystem der Erde äußerst komplex. Es reagiert auf eine Vielzahl von externen und internen Einflußfaktoren, wobei durch die Nichtlinearität des Systems bei den vielfältigen Wechselwirkungen kleine Änderungen eines Einflußfaktors große Auswirkungen auf das regionale oder globale Klima zur Folge haben können.

Zu den externen Antriebsfaktoren unseres Klimasystems zählen die Strahlungsänderungen durch die periodischen Änderungen der Erdbahnelemente sowie Veränderungen der Solarkonstanten. Interne Einflußfaktoren auf das Klimasystem sind die Wechselwirkungsprozesse zwischen Atmosphäre, Ozean, Biosphäre und fester Erde. So wird, wie z.B. das El Niño-Phänomen beweist, jede Änderung der Ozeantemperatur Auswirkungen auf die Atmosphäre und damit auf die Temperatur- und Niederschlagsverhältnisse haben, und zwar z.T. auch noch in weit entfernten Regionen.

Jede globale oder regionale Klimaänderung setzt – wie auch jede Änderung der Witterung – eine nachhaltige Veränderung der großräumigen, dreidimensionalen Zirkulation voraus. Wie das Phänomen der Nordatlantischen Oszillation (Kap. 13.7) zeigt, sind milde Winter in Mitteleuropa mit einer vorherrschend feuchten westlichen Luftströmung verbunden, während bei strengen Wintern östliche Windrichtungen dominieren, mit denen trockene sibirische Kaltluft zu uns gelangt.

Die entscheidende Frage, die sich daher bei jeder Klimaänderung stellt, ist die Frage nach ihren Ursachen, genauer gesagt, nach ihren möglichen Ursachen, denn noch ist die Klimaforschung weit davon entfernt, das Klimasystem mit allen seinen Wechselwirkungsmechanismen vollständig zu verstehen. In jüngster Zeit wird vor allem in der Wissenschaft, der Öffentlichkeit und der Politik, wie gesagt, darüber diskutiert, in welchem Ausmaß der Mensch durch die Emission von Treibhausgasen die Atmosphäre und damit das Klima nachhaltig beeinflußt hat und noch beeinflussen wird.

In Abb. 13.10 sind die zehnjährigen Mittelwerte der Temperatur der vergangenen 210 Jahre für Mitteleuropa wiedergegeben (berechnet aus den Klimaaufzeichnungen von Berlin, Basel und Wien). Wie man erkennt, setzte bei uns nach den sehr warmen 1790er Jahren, bei denen der anthropogene Einfluß noch keine

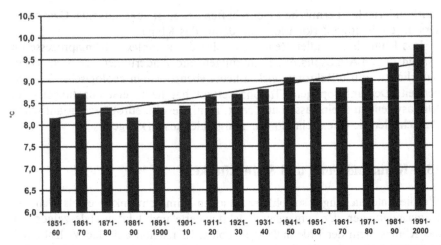

Abb. 13.10. 10-jährige Mitteltemperaturen von Mitteleuropa 1851–2000 (Trend: +0,09 °C/10a)

Rolle gespielt haben kann, ein deutlicher Temperaturrückgang ein. Er erreichte zur Mitte des 19. Jahrhunderts seinen Tiefstpunkt. Von etwa 1850 bis in die Gegenwart stieg dann die Temperatur in Mitteleuropa wieder an und erreichte bzw. überschritt erst in den 1990er Jahren wieder das Temperaturniveau der 1790er Jahre.

Die Frage, die sich stellt, ist also, warum hat die Temperatur fünf Jahrzehnte abgenommen und warum steigt sie seit 150 Jahren wieder. Dabei kommt der Erwärmung seit 1850 ein besonderes Interesse zu, legt sie doch die Vermutung nahe, daß mit dem Beginn der Industrialisierung Mitte des 19. Jahrhunderts der anthropogene Einfluß auf die Atmosphäre die Ursache der fortschreitenden Erwärmung sein könnte.

In jüngster Zeit weisen jedoch sowohl Auswertungen von Beobachtungsdaten als auch Modellrechnungen darauf hin, daß bei den globalen Temperaturänderungen der Vergangenheit offensichtlich auch kurzzeitigere, nur nach Dekaden oder wenige Jahrhunderte zählende solare Effekte eine maßgebende Rolle gespielt haben. Um diese Möglichkeit für den mitteleuropäischen Raum zu überprüfen, d. h. um die Frage zu beantworten, ob sich solare Einflüsse bei der seit 150 Jahren anhaltenden Temperaturzunahme im hochindustrialisierten Mitteleuropa nachweisen lassen, wurden die Temperaturbeobachtungen von Berlin, Basel und Wien zur „Temperatur Mitteleuropa" zusammengefaßt und zur Variabilität der Sonnenfleckenzahl seit dem Beginn der Erwärmung vor rund 150 Jahren in Beziehung gesetzt.

Sonnenflecken sind dunkle, zellenartige Gebiete auf der Sonnenoberfläche, deren Ausdehnung von einigen tausend bis zu einigen zehntausend Kilometern reicht. In der Regel ordnen sie sich zu Fleckengruppen an. Die Sonnenflecken sind magnetisch sehr aktive Regionen, in denen der Energietransport aus tieferen Sonnenschichten an die Oberfläche verringert ist. Dadurch weisen die Sonnenflecken in ihrem zentralen Bereich (Umbra) mit rund 4500 °C eine etwa 1500 °C niedrigere Temperatur auf als die umgebende Sonnenoberfläche.

Die Zahl der Sonnenflecken ändert sich mit der Zeit und erreicht mit einer durchschnittlich 11-jährigen Periodenlänge ihr Maximum bzw. ihr Minimum. Im einzelnen kann die Sonnenfleckenperiode jedoch um mehrere Jahre vom 11-jährigen Mittelwert abweichen (Abb. 13.11). Als Maß für die Summe der Einzelflecken und Gruppen gilt die Sonnenfleckenrelativzahl.

Wie Abb. 13.12 veranschaulicht, ist seit dem Sonnenfleckenmaximum von 1848 die durchschnittliche 11-jährige Sonnenfleckenrelativzahl angestiegen.

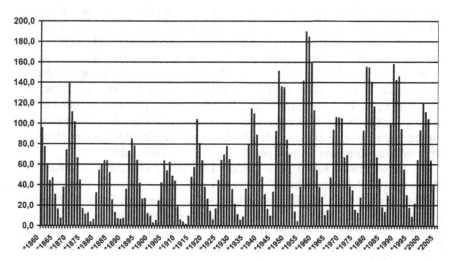

Abb. 13.11. Mittlere jährliche Sonnenfleckenzahl sowie Sonnenfleckenzyklen im Zeitraum 1860–2004

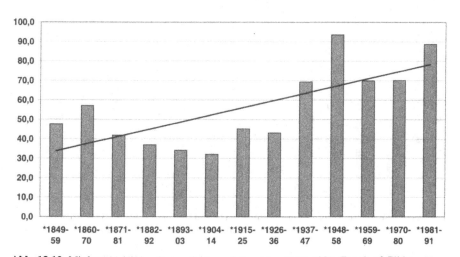

Abb. 13.12. Mittlere 11-jährige Sonnenfleckenrelativzahlen 1849–1991. Trend: +3,7/11 a

Der Vergleich mit Abb. 13.11 zeigt, daß dieses vor allem eine Folge der ange-
stiegenen Sonnenflecken zur Zeit des Sonnenfleckenmaximums ist. So beträgt
die Zunahme seit 150 Jahren bei den Minima nur 0,6, bei den Maxima aber rund
4,5 alle 11 Jahre. Insgesamt weist die Sonnenfleckenrelativzahl in der Zeit von
1849 bis 1991 einen Trend von +3,7 pro 11 Jahre auf.

Vergleicht man den Verlauf der 11-jährig gemittelten Temperaturen Mitteleuropas seit der Mitte des 19. Jahrhunderts (Abb. 13.13) mit dem Anstieg der
Sonnenfleckenrelativzahl in diesem Zeitraum, so ist die Übereinstimmung der
Trends von Temperatur und Sonnenaktivität unverkennbar. Damit liegt der Schluß
nahe, diese Entwicklung auf ihren statistischen Zusammenhang zu überprüfen,
d. h. die Frage zu beantworten, ob es einen gesicherten Zusammenhang gibt zwischen der klimatischen Variabilität der Temperatur seit etwa 1850 und der solaren
Variabilität, ausgedrückt durch die mittlere 11-jährige Sonnenfleckenrelativzahl.
Dazu wurden die 11-jährig gemittelten Werte miteinander korreliert.

Der Korrelationskoeffizient r ist ein Maß für die Güte des Zusammenhangs
der miteinander korrelierten Größen. Er kann zwischen null und (plus bzw. minus) eins liegen. Ist er null, so ist kein Zusammenhang gegeben. Je näher er bei
1,0 liegt, um so besser ist der Zusammenhang zwischen den beiden Größen, im
vorliegenden Fall also zwischen den Änderungen der Mitteltemperatur Mittel-
ropas und der mittleren 11-jährigen Sonnenfleckenrelativzahl.

Die Untersuchung führte zu folgendem Ergebnis: Zwischen dem Verlauf der
11-jährigen Mitteltemperatur Mitteleuropas und der mittleren 11-jährigen Sonnenfleckenrelativzahl folgt für das Zeitintervall zwischen den Sonnenfleckenmaxima von 1849 und 1991 ein Korrelationskoeffizient von rund +0,8. Damit vermag die gesteigerte Sonnenaktivität zwischen 60% und 65% der klimatischen
Temperaturvariabilität und damit die Erwärmung Mitteleuropas in diesem Zeitraum zu erklären.

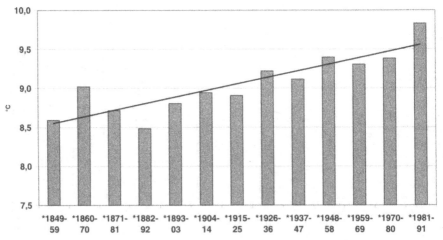

Abb. 13.13. 11-jährige Mitteltemperaturen von Mitteleuropa 1849–1991. Trend: +0,08 K/11 a

Zum gleichen Resultat kommt man auch, wenn man von der mittleren 11-jährigen Periodenlänge abweicht und die seit 1848 aufgetretenen Perioden zwischen 9 und 13 Jahren der Untersuchung zugrunde legt. Alle Ergebnisse sind auf dem 99%- bzw. 99,9%-Niveau statistisch signifikant. Das gleiche gilt für die Untersuchung der drei einzelnen Temperaturreihen. Dabei weist Wien die höchste Korrelation mit der Sonnenfleckenaktivität auf, gefolgt von Basel und Berlin.

Wie gezeigt, habt die Untersuchung somit einen statistisch hochsignifikanten Zusammenhang zwischen solarer Aktivität einerseits und der Klimaentwicklung Mitteleuropas andererseits ergeben: Jedoch ist damit noch nichts über die physikalischen Prozeßabläufe im Klimasystem der Erde ausgesagt. So erscheint es paradox, daß die globale/regionale Temperaturzunahme damit korrespondiert, daß auf der Sonne besonders viele „dunkle" Sonnenflecken vorhanden sind. Jedoch zeigen die Beobachtungen, daß während der Sonnenfleckenmaxima gleichzeitig die Sonnenfackeln und eine Vielzahl heller Gebiete besonders energiereich sind. Ferner zeigen Satellitenbeobachtungen der letzten 20 Jahre, daß während der beiden Sonnenfleckenmaxima die globale Bewölkung etwa 3–4% größer war als zur Zeit der Minima. Weitere Analysen und Modellrechnungen zum Verständnis der komplexen Wechselwirkungsmechanismen bleibt der zukünftigen Forschung vorbehalten.

Bedenkt man zusammenfassend, daß außer dem hohen solaren Einfluß noch permanent der ozeanische, biosphärische, vulkanische Antrieb u.a.m. auf unser Klimasystem wirkt, so kommt man zu dem Schluß, daß die anthropogenen Auswirkungen auf unser Klima nur von untergeordneter Bedeutung geblieben sind, zumindest bis zum Beginn der 1990er Jahre. Die Zukunft wird also zeigen müssen, wie sensibel unser Klimasystem auf die weitere Emission von Treibhausgasen reagiert.

13.5 Die globale Erwärmung

In den vorherigen Kapiteln konnte aufgrund der langen Klimabeobachtungsreihen von Berlin, Basel, Prag und Wien gezeigt werden, dass sich das Klima in Mitteleuropa in den letzten 300 Jahren wiederholt verändert hat. Weltweit haben aber die meisten Stationen erst in der zweiten Hälfte des 19. Jahrhunderts, also 100 Jahre später als in Europa, mit den Klimabeobachtungen begonnen. Die Folge ist, dass zur Bestimmung der hemisphärischen und der globalen Mitteltemperatur erst nach 1850 ausreichend Klimastationen vorhanden sind (Jones et al). Im Gegensatz zur Mitteleuropareihe spiegelt daher die globale Reihe nur die Klimaentwicklung der letzten 150 Jahre wider.

In Abb. 13.14a ist die globale Temperaturentwicklung von 1861–2000 in Form von 10-jährigen Mittelwerten wiedergegeben. Neben der Klimavariabilität zwischen den einzelnen Jahrzehnten ist der grundsätzliche globale Temperaturanstieg der vergangenen 140 Jahre unverkennbar. Der lineare Erwärmungstrend beträgt +0,043 °C pro Jahrzehnt, d.h. von 1861 bis 2000 hat sich die globale Mit-

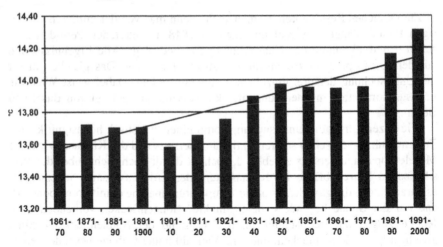

Abb. 13.14a. Globale Temperaturentwicklung 1861–2000

teltemperatur um rund 0,6 °C erhöht. Nord- und Südhalbkugel zeigen dabei grundsätzlich den gleichen Erwärmungstrend wie die globale Entwicklung (Abb. 13.14b, 13.14c). Der große Ozeananteil der Südhemisphäre führt jedoch zu gedämpfteren Temperaturschwankungen im Vergleich zur kontinentaler geprägten Nordhemisphäre.

Damit stellt sich die Frage nach den Ursachen der globalen und hemisphärischen Erwärmung. Für Mitteleuropa war in Kap. 13.4 ein signifikanter Zusammenhang zwischen dem Temperaturanstieg und der mittleren 11-jährigen Sonnenfleckenzahl, einem Indikator für die veränderliche Aktivität der Sonne, dargestellt worden. Die 11-jährige Periodenlänge ergibt sich als langjähriger Mittel-

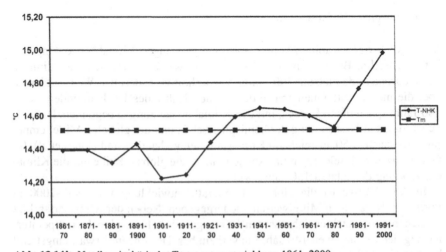

Abb. 13.14b. Nordhemisphärische Temperaturentwicklung 1861–2000

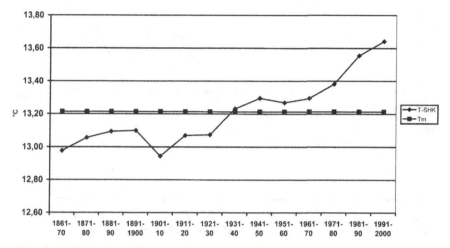

Abb. 13.14c. Südhemisphärische Temperaturentwicklung 1861–2000

wert für den Sonnenfleckenzyklus. Im Einzelfall können die Sonnenfleckenperioden jedoch deutlich vom Mittelwert abweichen und zwischen 9 und 13 Jahren liegen (Abb. 13.11). Aus diesem Grund erscheint es ratsam, den Zusammenhang von Erwärmung und Sonnenaktivität noch auf der Grundlage der tatsächlichen Sonnenfleckenzyklen zu untersuchen.

In Abb. 13.15 ist die globale Temperaturentwicklung seit 1860 und in Abb. 13.16 die Veränderung der Sonnenfleckenzahl für die wahren Sonnenfleckenperioden dargestellt, und zwar jeweils in Bezug zu ihrem 140-jährigen Mittelwert. Der grundsätzlich synchrone Verlauf der beiden Zeitreihen ist unverkennbar. Von 1860 bis 1936 liegen die globale Mitteltemperatur sowie die mitt-

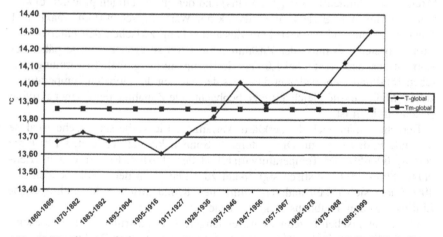

Abb. 13.15. Globale Mitteltemperatur je wahrem Sonnenfleckenzyklus 1860–1999 in Bezug zum Mittelwert

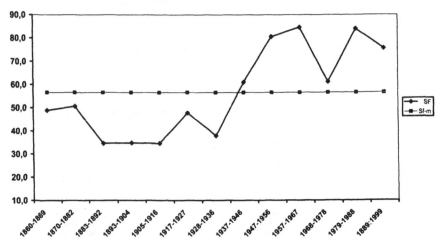

Abb. 13.16. Mittlere Sonnenfleckenzahl pro wahrem Sonnenfleckenzyklus 1860–1999 in Bezug zum Mittelwert

lere Sonnenfleckenzahl je Sonnenfleckenzyklus unter dem langperiodischen Durchschnittswert, ab 1937 bis 1999 dagegen über diesem. Besonders augenfällig ist im Kurvenverlauf der Temperaturknick zum Zeitraum 1968/78: Dieser korrespondiert deutlich mit dem markanten Einbruch bei der Sonnenfleckenzahl.

Um die in den Abbildungen 13.15 und 13.16 sichtbaren qualitativen Zusammenhänge abzusichern, wurden die Zeitreihen der globalen Mitteltemperatur und der mittleren Sonnenfleckenzahl der wahren Sonnenfleckenperioden einer statistischen Korrelationsanalyse unterzogen.

Dabei erhält man folgendes Ergebnis: Der Korrelationskoeffizient k zwischen der beobachteten Zunahme der Sonnenfleckenzahl im Zeitraum 1860–1999 (Trend: +3,9 Sonnenflecken pro Zyklus) und der gleichzeitigen globalen Erwärmung beträgt +0,8. Bedenkt man, dass k nur Werte zwischen 0 und maximal 1 annehmen kann und bei k=0 kein Zusammenhang zwischen den untersuchten Größen besteht, so muss der Zusammenhang um so größer sein, je näher der Korrelationskoeffizient k bei 1,0 liegt. In Bezug auf die globale Erwärmung zwischen 1860 und 1999 bedeutet das, dass der Anstieg der globalen Temperatur in hohem Maße auf die gleichzeitig zu beobachtende Zunahme der Sonnenaktivität zurückzuführen ist.

Berechnet man noch die „erklärte Varianz", so lässt die statistische Analyse folgende Endaussage zu: Die gesteigerte Sonnenaktivität der letzten 140 Jahre vermag 60–65% der Temperaturvariabilität der globalen Erwärmung im Zeitraum 1860–1999 statistisch signifikant zu erklären. In den verbleibenden 35–40% findet sich neben anderen natürlichen Klimaantrieben der anthropogene Einfluss auf den Treibhauseffekt der Erde.

Diese statistischen Ergebnisse waren längere Zeit umstritten, weil es zunächst nicht möglich war, in den Klimamodellen die physikalischen Reaktionen der Atmosphäre auf die veränderten solaren Energieflüsse zu simulieren. Inzwischen sind aber auch die Klimamodelle zum grundsätzlich gleichen Ergebnis gekommen. In der BMBF-Studie (Bundesministerium für Bildung und Forschung) heißt es zum Thema „Herausforderung Klimawandel – Bestandsaufnahme und Perspektiven der Klimaforschung" (2003):

„Nach dem gegenwärtigen Kenntnisstand müssen wir davon ausgehen, dass die Klimaänderung des letzten Jahrhunderts sowohl durch natürliche Faktoren als auch durch den Menschen verursacht worden ist. Während der letzten drei Jahrzehnte wird vermutlich der Beitrag des Menschen dominant gewesen sein." Als natürliche Einflussfaktoren werden die verstärkte Sonnenaktivität und eine unterdurchschnittliche Vulkantätigkeit in der wissenschaftlichen Studie genannt. Inwieweit die Vermutung über die Dominanz des anthropogenen Einflusses seit 1970 der Realität entspricht, wird erst die Zukunft zeigen, denn es ist nicht zu übersehen, dass das globale Temperaturverhalten der 1970er und 1980er Jahre nach Abb. 13.15 und 13.16 noch deutlich mit der Sonnenaktivität korrespondiert.

Wie sich das globale Klima in den nächsten 100 Jahren entwickeln wird, vermag heute und in naher Zukunft niemand mit Sicherheit zu sagen. Alle Aussagen stehen unter dem Vorbehalt des jeweils aktuellen Wissensstands über das Klimasystem der Erde mit seinen vielfältigen Antrieben und Wechselwirkungsmechanismen. Da niemand aber bisher das komplexe System entschlüsselt hat oder das Strahlungsverhalten der Sonne zuverlässig prognostizieren kann, sollten alle Klimaprognosen im Konjunktiv gehalten und verstanden werden, also als eine Klimaentwicklung unter mehreren Möglichkeiten.

13.6 ENSO

Unter der Abkürzung ENSO versteht man ein Wechselwirkungsystem zwischen Ozean und Atmosphäre im tropischen Pazifik zwischen Südamerika und Australien/Indonesien. Dabei stehen die ersten beiden Buchstaben für das Phänomen El Niño und die beiden anderen für Südliche Oszillation (Southern Oscillation).

El Niño

Wie ein Blick in den Atlas zeigt, fließt vor der Pazifikküste Südamerikas der Perustrom. Er transportiert kaltes Wasser aus südpolaren Breiten äquatorwärts. Ferner kommt es in seinem Bereich zu einem Aufquellen von kaltem Tiefenwasser infolge Strömungsdivergenz an der Meeresoberfläche, so daß der Perustrom trotz der Erwärmung auf seinem Weg durch die mittleren und subtropischen Breiten im tropischen Ostpazifik vor Peru eine Oberflächentemperatur aufweist, die im allgemeinen 8 °C niedriger liegt als im tropischen Westpazifik vor Australien, Indonesien und Neu Guinea, wo die Ozeantemperatur im Mittel bei 30 °C liegt.

Dieser Temperaturunterschied zwischen West- und Ostpazifik setzt sich bis in große Meerestiefen fort. Während z. B. die 15 °C-Isotherme im tropischen Westpazifik erst in rund 200 m Tiefe angetroffen wird, liegt sie im Ostpazifik im Mittel nur wenige Dekameter unter der Meeresoberfläche. Dieser Zustand mit einer niedrigen Meeresoberflächentemperatur vor Peru wird als „Kaltphase" einer ozeanischen Temperaturschwingung oder auch als „La Nina" (das Mädchen) bezeichnet.

Die atmosphärischen Bedingungen in der Kaltphase sind gekennzeichnet durch hohen Luftdruck über dem Ostpazifik und niedrigem Luftdruck über dem westpazifischen Raum, d. h. durch ein relativ großes Luftdruckgefälle zwischen dem Ost- und Westpazifik. Wie die schematische Darstellung „Normal Conditions" in Abb. 13.17 veranschaulicht, kommt es dabei über dem Westpazifik unter dem Tiefdruckeinfluß zu einer intensiven aufsteigenden Luftbewegung, verbunden mit Wolkenbildung und tropischen Regenfällen.

Über dem Ostpazifik erfolgt dagegen unter Hochdruckeinfluß großräumiges Absinken. In Verbindung mit der stabilen Passatinversion über dem (relativ) kalten Perustrom herrscht daher längs der nordchilenischen und peruanischen Küste Niederschlagsarmut. Lediglich die Bildung von Nebel, Stratocumulus- und Stratusfeldern, verbunden mit Sprühregen, ist unterhalb der Inversion möglich. Die Folge dieser klimatischen Bedingungen ist die Entstehung einer rund 4000 km langen Küstenwüste, die Atacama.

Das Aufsteigen in der westpazifischen Tiefdruckzone und das Absinken im ostpazifischen Hoch ist gekoppelt mit der östlichen Passatströmung am Boden und einer westlichen Strömungskomponente in der Höhe. Dadurch entsteht ein geschlossenes Zirkulationsrad im tropischen Pazifik zwischen Südamerika und Australien/Indonesien, das als WALKER-Zirkulation bezeichnet wird.

Aufgrund seiner niedrigen Temperatur ist das Wasser des Perustroms sauerstoffreich, so daß er einen hohen Fischbestand aufweist und damit seit alters eine intensive Fischfangwirtschaft ermöglicht. Vor über 300 Jahren beobachteten peruanische Fischer, daß plötzlich ein dramatischer Fischrückgang einsetzte. Gleichzeitig kam es in den sonst so trockenen Küstengebieten Perus und Nordchiles zu extrem heftigen Regenfällen. Da dieses ungewöhnliche Wetterphänomen um die Weihnachtszeit seinen Höhepunkt erreichte, wurde es als „El Niño" (das Christkind) bezeichnet. Aber schon im Folgejahr stellten sich in Peru und Nordchile die „normalen" niederschlagsarmen Witterungsverhältnisse wieder ein.

Die Ursache sowohl für den Fischrückgang als auch für die außergewöhnlichen Wettererscheinungen bei El Niño ist eine deutliche Erwärmung des Perustroms. Da wärmeres Wasser weniger Sauerstoff aufnehmen kann als kälteres, wird bei El Niño die gesamte marine Flora und Fauna und damit die gesamte Nahrungskette vom Plankton bis zu den mittleren und großen Fischen negativ beeinflußt.

El Niño, also die Erwärmung des Ostpazifiks, wird als Warmphase der ozeanischen Temperaturschwingung im tropischen Pazifik bezeichnet. Wie die Beobachtungen zeigen, kommt es in unregelmäßigen Abständen, im allgemeinen alle 3–7 Jahre, zu einem Anstieg der Oberflächentemperatur im tropischen Peru-

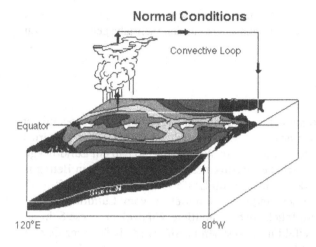

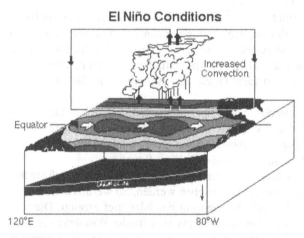

Abb 13.17. Schematische Darstellung der Zirkulation in Normaljahren und während El Niño (Internet *www.dwd.de/research/klis*)

strom und damit zu einem El Niño-Ereignis. Die Erwärmung vollzieht sich innerhalb weniger Monate, fällt aber keineswegs immer gleichstark aus. Sie kann 3–5 °C, in starken El Niño-Jahren aber auch 10 °C oder mehr betragen. Stark ausgeprägt waren z. B. die El Niño-Ereignisse 1982/83 und 1996/97.

Während El Niño verändern sich die meteorologischen Bedingungen an der Küste von Peru und Nordchile im Vergleich zu den La Nina-Jahren grundlegend. Die vom warmen Pazifik zur Küste strömende feuchte Luft wird über dem erwärmten Perustrom labilisiert; gleichzeitig hat sich der hohe Luftdruck über dem Ostpazifik abgeschwächt. Dadurch können sich hochreichende tropische Konvektionswolken und die heftigen, zum Teil katastrophalen Niederschläge entwickeln (Abb. 13.17, El Niño conditions). Das El Niño-Ereignis dauert in der

Regel ein Jahr, erreicht um die Weihnachtszeit seinen Höhepunkt und geht danach wieder in die ozeanische Kaltphase, also in den mehrjährigen La Nina-Zustand über.

Die Südliche Oszillation

Eng gekoppelt ist El Niño mit den veränderlichen Druck- und Windverhältnissen im tropischen Pazifik. Wie erwähnt, befindet sich im Mittel hoher Luftdruck über dem Ostpazifik und tieferer über dem Westpazifik, so daß ein Luftdruckgefälle vom östlichen zum westlichen Pazifik besteht (Abb. 10.2). Sein Betrag ist jedoch nicht konstant, sondern schwankt im Laufe von 3–6 Jahren ebenfalls. Da Windrichtung und Windgeschwindigkeit unmittelbar vom Luftdruckfeld bestimmt werden, schwankt folglich auch der mittlere Windvektor. Diese Schwankung von Druck- und Windfeld im tropischen Pazifik wird als Südliche Oszillation (Southern Oscillation) bezeichnet.

Ein Maß für diese Luftdruckschwankungen ist der Southern Oscillation Index (SOI). Dabei werden die Luftdruckbeobachtungen von Tahiti einerseits und von Darwin in Nordaustralien andererseits in Beziehung gesetzt. Der SOI wird dann definiert als das Verhältnis der aktuellen (monatlichen/jahreszeitlichen) Luftdruckdifferenz zwischen den beiden Orten zur mittleren (vieljährigen) Luftdruckdifferenz.

Positive Anomalien entsprechen somit überdurchschnittlich hohen Luftdruckgradienten bzw. Passatwind und kennzeichnen die La Nina-Jahre; negative Anomalien des SOI zeigen dagegen die Abschwächung des zonalen Druckgradienten bzw. Passatwinds an und kennzeichnen die El Niño-Situation.

Grundsätzlich gilt für alle (oberflächennahen) Meeresströmungen, daß sie primär von der Schubkraft des Windes angetrieben werden. So werden z. B. Labrador- und Golfstrom durch die Luftströmung um das Islandtief erzeugt. Die treibende Kraft des Perustroms ist das südliche bis südöstliche Windfeld vor Südamerika. Der beständige Südostpassat transportiert dabei die Wassermassen vom östlichen zum westlichen tropischen Pazifik. Wie Satellitenbeobachtungen belegen, stauen sich dadurch vor Australien die Wassermassen, so daß der Meeresspiegel dort rund 30–40 cm ansteigt, während er vor der südamerikanischen Pazifikküste gleichzeitig um 15–20 cm absinkt.

Verändert sich nun im Zyklus der Südlichen Oszillation das Luftdruckfeld über dem Pazifik, d. h. schwächt sich der zonale Luftdruckgegensatz und damit die Schubkraft des Passats ab, so werden im Westpazifik Schwerewellen im äquatorialen Ozean ausgelöst, sog. Kelvinwellen. Sie wandern über den Pazifik ostwärts und erhöhen vor Südamerika den während der Kaltphase abgesunkenen Meeresspiegel wieder. Gleichzeitig wird dabei im Perustrom der Auftrieb kalten Tiefenwassers reduziert.

Diejenigen Kelvinwellen, die sich längs des Äquators ostwärts ausbreiten, werden beim Auftreffen auf den südamerikanischen Kontinent reflektiert und wandern danach als Rossbywellen im Pazifik westwärts. Die in einiger Entfernung vom Äquator ostwärts wandernden Kelvinwellen werden dagegen vor der südamerikanischen Küste als Küstenkelvinwellen nach Norden und Süden abgelenkt. Mit der Entstehung und Ausbreitung der Kelvinwellen kommt es zur Erwärmung im mittleren und östlichen tropischen Pazifik, einschließlich des Perustroms. Die El Niño-Phase tritt ein und löst im allgemeinen, wie gesagt, für ein Jahr die ostpazifische Kaltphase ab. El Niño ebenso wie La Nina sind somit das Ergebnis natürlicher, komplexer Wechselwirkungsprozesse zwischen Ozean und Atmosphäre.

Globale Witterungsauswirkungen

Jede Änderung der Meeresoberflächentemperatur hat über die Änderung der Wärmeabgabe an die Luft signifikante Auswirkungen auf die atmosphärische Zirkulation. Dieses gilt folglich besonders für starke El Niño-Ereignisse. Statistische Untersuchungen lassen die Zusammenhänge zwischen El Niño bzw. La Nina einerseits und regionalen Witterungsschwankungen andererseits erkennen.

Wie u. a. auch mehrere Diplomarbeiten im Institut für Meteorologie der Freien Universität Berlin zeigen, ist die Fernwirkung von El Niño auf Europa gering. In Deutschland läßt sich zwar statistisch ein Effekt auf die Temperatur und den Niederschlag in einigen Monaten erkennen, jedoch sind diese nur schwach ausgeprägt. Unser Wetter wird im wesentlichen von dem Kräftespiel zwischen regenbringendem Islandtief und warmem Azorenhoch im Sommer bzw. zwischen Islandtief und Sibirischem Kältehoch im Winter bestimmt. Der o. g. El Niño-Einfluß macht bei uns maximal 5–10% der Schwankungen aus. Das gleiche gilt auch für das Wetter in Nordeuropa.

Anders liegen die Verhältnisse im pazifischen Raum. Dort führt El Niño einerseits zu den heftigen Regenfällen an der Küste von Nordchile, Peru und Equador, aber u. U. auch von Kalifornien. Während also die Niederschlagsmengen im östlichen Pazifik in El Niño-Jahren zunehmen, verringern sie sich in der Regenzeit über Nordaustralien, Indonesien und Neu Guinea. Dieses wird in der schematischen Abb. 13.11 deutlich.

Aber auch für den pazifischen Raum gilt, daß das Wettergeschehen aus dem Zusammenwirken einer Vielzahl von Einflußfaktoren resultiert. In der stärksten Phase gehen im westlichen und mittleren Pazifik 20–40% der Witterungsanomalien auf den Einfluß von El Niño zurück.

Jede Witterungsanomalie, insbesondere jede merkliche Änderung der Niederschlagsmenge, hat direkte Auswirkungen auf die Landwirtschaft. So zeigen Untersuchungen, daß bei starken El Niño-Ereignissen die Ernteerträge von Getreide in Australien wie im Nordosten Brasiliens im Vergleich zu den La Nina-Jahren deutlich geringer ausfallen. Wie die Darstellung der Zirkulationsverhältnisse bei El Niño zeigt (Abb. 13.17), kommt es in beiden Gebieten zu einem verstärkten Absinken der Luft und damit zu einer Verringerung der Niederschlagsprozesse, während das Aufsteigen der Luft über dem östlichen Pazifik die dort auftretenden außergewöhnlichen Regenfälle erklärt.

13.7 Die Nordatlantische Ozillation

Das Klima in Mitteleuropa steht, wie gesagt, in engem Zusammenhang mit dem großräumigen Luftdruck – und damit Zirkulationsverhältnissen über dem Nordatlantik. Dabei zeigt es sich, daß diese einer regelmäßigen, etwa 7- bis 9jährigen Schwankung unterliegen, die man als die Nordatlantische Oszillation (NAO) bezeichnet.

Als Indikator für die Intensität der atmosphärischen Zirkulation über dem Nordatlantik dient der Luftdruckunterschied (-gradient) zwischen den Subtropen, z. B. den Azoren und der Subpolarregion, z. B. Island. Diese Luftdruckdifferenz oszilliert und nimmt in der o. g. mehrjährigen Periode maxima-

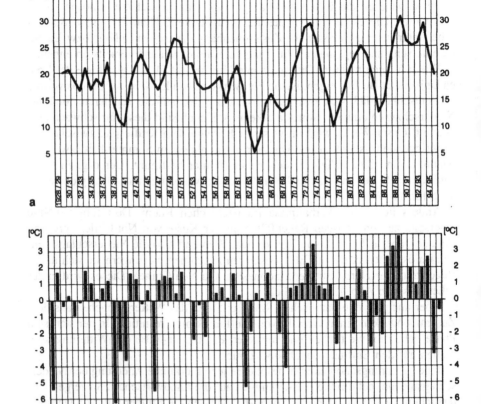

Abb. 13.18 a, b. Verlauf der Nordatlantischen Oszillation (NAO) und der Abweichung der Wintertemperatur vom Durchschnitt in Mitteleuropa

le bzw. minimale Werte an. Da das Azorenhoch in seiner Intensität von Jahr zu Jahr relativ wenig schwankt, sind es v. a. die Intensitätsänderungen des Islandtiefs, die die NAO bestimmen, d. h. die den Wechsel von Verstärkung und Abschwächung des meridionalen Druckgradienten verursachen. Wie sich zeigt, besteht eine enge Kopplung zwischen der NAO und den Temperaturen Mitteleuropas im Winter bzw. im Winterhalbjahr.

In Abb. 13.18 a, b erkennt man zum einen die periodischen Schwankungen der meridionalen Luftdruckdifferenz und zum anderen die Schwankungen der Wintermitteltemperatur von Berlin. Wie der Vergleich beweist, sind hohe NAO-Werte grundsätzlich mit milden, niedrige NAO-Werte dagegen mit kalten Wintern in Mitteleuropa verbunden. Das bedeutet: Ist das Islandtief stark entwickelt, so ist die westliche Luftströmung vom Atlantik bis nach Mitteleuropa so kräftig, daß die Kaltluft aus dem sibirischen Hoch höchstens kurzzeitig westwärts vorstoßen kann. Ist dagegen das Islandtief und damit die Weströmung über dem Nordatlantik nur schwach ausgeprägt, so kann sich ein ost- bzw. nordeuropäisches Hoch mit seiner polaren Festlandsluft bis nach Mitteleuropa anhaltend durchsetzen.

Entsprechend der Periode der NAO treten daher alle 7–9 Jahre in Mitteleuropa sehr strenge Winter auf, wobei dann auch 2–3 kalte Winter aufeinanderfolgen können. Dazwischen liegen 5–8 milde bis normale Winter.

Wie Abb. 13.18 a, b ferner zeigt, weist die NAO in den vergangenen Jahrzehnten im Winter einen Trend zur Verstärkung auf. Ein direkter Zusammenhang ist dabei grundsätzlich zwischen der Stärke der NAO und der Zahl der winterlichen Orkantiefs über dem Nordatlantik gegeben (s. Abb. 13.18 a, b). Wie komplex jedoch das Klimasystem ist, läßt sich daran erkennen, daß die Zunahme der NAO nur noch im Frühjahr zu beobachten ist, nicht aber im Sommer und Herbst. Die periodische Schwankung der NAO ist dagegen in allen Jahreszeiten vorhanden und hat auch keinerlei Änderung gegenüber früheren Zeiten erfahren.

Der klimatische, also langfristige Aspekt der Nordatlantischen Oszillation wird deutlich erkennbar, wenn man die 10-jährigen Zusammenhänge zwischen der NAO und den regionalen, hemisphärischen und globalen Temperaturverhältnissen betrachtet. Die für den Zeitraum 1931–2000 durchgeführte Korrelationsanalyse zeigt folgende Ergebnisse: Für die Winterhalbjahre beträgt der Korrelationskoeffizient zwischen NAO und globaler Temperatur +0,74, zur Mitteltemperatur der Nordhalbkugel +0,64 bzw. zur Südhalbkugel +0,80. Die Kopplung mit den dekadischen Winterhalbjahrestemperaturen von Berlin beträgt +0,95. Bemerkenswert ist die hohe Korrelation mit der Südhemisphäre. Darin wird der ozeanische Charakter der NAO deutlich. Auf der Nordhalbkugel reicht der Einfluss der NAO nur begrenzt in die großen Kontinente hinein, insbesondere in den eurasischen, wo im Winter das sibirische Hoch mit seiner kontinental erzeugten Kaltluft die Temperaturverhältnisse bestimmt. Wie stark Mitteleuropa klimatisch von der NAO im Winter bestimmt wird, zeigt der hohe Korrelationskoeffizient mit Berlin.

Im Sommerhalbjahr zeigt dagegen die Zirkulation über dem Nordatlantik keinen direkten, sondern vielmehr einen inversen Zusammenhang mit den mitteleuropäischen und hemisphärischen Temperaturverhältnissen auf. So beträgt der Korrelationskoeffizient zwischen NAO und Dekadentemperatur für die Nordhalbkugel –0,62, für die Südhalbkugel –0,43 und für Berlin –0,37. Es ist wiederum der große Kontinentanteil der Nordhalbkugel, der infolge der kontinentalen Strahlungseigenschaften den Zusammenhang mit der NAO maßgeblich bestimmt.

14 Kleinräumige Windsysteme

In manchen Gebieten der Erde treten bestimmte kleinräumige Winde mit einer solchen Häufigkeit oder Regelmäßigkeit auf, daß sie durch ihre klimatischen Auswirkungen auf die Temperatur, die Feuchte, die Bewölkung einen das großräumige, übergeordnete Klima modifizierenden Charakter annehmen. Zum einen spielt dabei die Orographie, d. h. der Einfluß des Reliefs auf die Strahlungs- und die Strömungsverhältnisse die entscheidende Rolle, so daß man in diesen Fällen von orographischen Winden spricht. Zu ihnen gehört unter anderem der Hangauf- und Hangabwind, der Berg- und Talwind sowie der Föhn. Ein kanalisierender Effekt auf die Strömung wird praktisch in allen Tälern sichtbar, besondere klimatische Bedeutung kommt dem Mistral des Rhonetals zu. Aber auch der Gegensatz von Land und Meer führt zur Entwicklung eines eigenständigen Windsystems, der Land- und Seewindzirkulation. Mit ihr sollen die Betrachtungen über die lokalen und regionalen Winde begonnen werden.

14.1 Land- und Seewind

An Tagen mit geringen Druckgegensätzen ist im Sommerhalbjahr an der Küste ein ausgeprägter Windrichtungswechsel zwischen Tag und Nacht zu beobachten. Tagsüber weht der Wind von der See zum Land, und wir sprechen von Seewind, nachts strömt die Luft dagegen als Landwind vom Land zur See.

Fragt man nach der Ursache dieser Erscheinung, so findet man sie in den unterschiedlichen physikalischen Wärmeeigenschaften von Festland und Wasser. Zum einen hat Wasser eine spezifische Wärme $c = 4,2 \cdot 10^3$ J/kg K, während das Festland einen Wert aufweist, der nur etwa halb so groß ist, d. h. bei gleicher Einstrahlung erwärmt sich der Erdboden pro Masseneinheit doppelt so stark wie das Wasser. Noch gravierender für die unterschiedliche Erwärmung von Land und See ist aber die Tatsache, daß die Srahlung am Erdboden nur eine dünne Oberschicht erwärmt, während sie ins Wasser mehrere Dekameter tief eindringt und damit ein erheblich größeres Wasservolumen erwärmt werden muß. Während daher die tägliche Amplitude der Lufttemperatur über See, wie die Beobachtungen der Wetterschiffe an advektionsfreien Tagen zeigen, nur ca. 1 K beträgt, erreicht sie über Land sommerliche Werte von 15 K, unmittelbar an der Erdoberfläche ist der Unterschied noch größer. Die Folgen

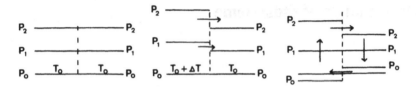

Fig. 14.1. Schema der Land- und Seewindzirkulation

dieses Temperaturgefälles zwischen Land und See sind für den Tag in Abb. 14.1 dargestellt.

Da der Land- und Seewind nur bei gradientschwachen Wetterlagen zu beobachten ist, soll am Morgen über Land wie über See derselbe Bodenluftdruck p_0 herrschen, in der Höhe verlaufen die Flächen gleichen Luftdrucks parallel dazu. Infolge der oben geschilderten starken Erwärmung über Land dehnt sich dort die Luftsäule aus, und die Druckflächen p_1 und p_2 werden gegenüber denen über See angehoben. Nach der Ausdehnungsformel $h = h_0 (1 + \alpha \Delta T)$ ergibt z. B. eine Änderung der Mitteltemperatur von $\Delta T = 5$ K in einer 1000 m hohen Luftsäule eine Höhenänderung ihrer Obergrenze von rund 20 m. Somit entsteht ein Druckgefälle in der Höhe vom Land zur See und damit eine entsprechende Höhenwindkomponente. Durch die in der Höhe abströmende Luft beginnt der Luftdruck am Fuß der Luftsäule über dem Land zu fallen, während der Massenzustrom über der Meeresoberfläche zu einer Druckerhöhung führt. Die Folge ist eine Ausgleichsströmung in Bodennähe von der See zum Land, der Seewind.

Durch ein Aufsteigen der erwärmten Luft über Land und einem Absinken über See entsteht eine geschlossene thermische Zirkulation. Während dabei über Land tagsüber die Wolkenbildung begünstigt wird, zeichnen sich die der Küste vorgelagerten Seegebiete und Inseln infolge der Absinkbewegung durch geringere Bewölkung aus. So erklärt sich z. B. die Tatsache, daß die Insel Sylt sonnenscheinreicher ist als das schleswig-holsteinische Festland aus dem Einfluß der Land-Seewind-Zirkulation.

Nachts kehren sich die thermischen Verhältnisse und damit die Zirkulation um. Jetzt kühlt sich das Festland stärker ab, und die See erscheint wärmer. Folglich strömt nachts die Luft am Boden als Landwind zur See, dort steigt sie auf, strömt in der Höhe zum Land und sinkt ab. Diese Zirkulationsrichtung erklärt die große Häufigkeit von Nachtgewittern über See, trägt doch die aufsteigende Luftbewegung über dem warmen Wasser zum ständigen Feuchtenachschub bei. Über dem Land wird dagegen ganz allgemein die größte Gewitterhäufigkeit in den Nachmittag- oder frühen Abendstunden angetroffen, während Nachtgewitter die Ausnahme bilden.

Der Seewind ist am stärksten im Frühsommer ausgeprägt, wenn der Temperaturgegensatz zwischen Land und See am größten ist. Er kann bei uns Stärke 5, in manchen Gegenden der Erde sogar Stärke 8 erreichen. Weniger kräftig ist der nächtliche Landwind. Beim Einsetzen ist der Seewind meist direkt zum Land gerichtet. Nach einigen Stunden beginnt er unter der Wirkung der Coriolis-Kraft nach rechts zu drehen und weht am Nachmittag schließlich mehr oder weniger parallel zur Küste. Auch über großen Binnenseen, wie z. B. dem Bodensee, ist der Land-Seewind-Effekt, wenn auch in abgeschwächter Form, zu beobachten.

14.2 Berg- und Talwind

In den Gebirgsgegenden ist bei ruhigen Wetterlagen am Tage ein talaufwärts, nachts ein talabwärts wehender Wind zu beobachten. Im 1. Fall spricht man vom Talwind, im 2. vom Bergwind, wobei auch dieses Windsystem durch thermische Unterschiede verursacht ist.

Jedem Segelflieger ist die Tatsache bekannt, daß es infolge der Einstrahlung tagsüber an den Berghängen zu einem aufwärts gerichteten Wind, dem Hangaufwind, kommt. Talbewohner wissen hingegen nur zu gut, daß nachts kalte Luft von den Hängen ins Tal fließt und dort zur Bildung eines Kaltluftsees führt, der bis in den Frühsommer eine erhöhte Frostgefahr für die junge Vegetation mit sich bringt.

Die Ursache des Hangauf- und Hangabwinds ist die Tatsache, daß die Erwärmung und Abkühlung der Luft von der Erdoberfläche ausgeht. Am Tage erwärmt sich folglich die den Berghängen aufliegende Luft stark, während die in gleicher Höhe über dem Talboden befindliche Luft kühler ist, da sie sich nur langsam und weniger erwärmt. Wärmere Luft besitzt aber eine geringere Dichte als kühlere, d. h. erfährt einen Auftrieb und steigt auf. Nachts wird dagegen die dem Hang aufliegende Luft stark abgekühlt, während die in gleicher Höhe über dem Talboden befindliche relativ warm bleibt. Infolge ihrer größeren Dichte fließt die Kaltluft unter dem Einfluß der Schwerkraft als Hangabwind ins Tal.

Dieses für einzelne Berge geltende physikalische Grundprinzip liegt auch den langgestreckten Tälern, d. h. dem Berg- und Talwind zugrunde. Die Täler steigen bekanntlich vom Rand zum Inneren des Gebirges an, so daß man es nicht nur mit den geneigten Hangflächen an den Seiten zu tun hat, sondern auch mit einer Neigungsfläche in Talrichtung. Auch in dieser Richtung gilt somit, daß die talaufwärts dem Erdboden aufliegende Luft tagsüber stärker erwärmt, nachts stärker abgekühlt wird als die höhengleiche Luftschicht weiter talabwärts, denn diese befindet sich im Abstand h über dem Talboden und macht daher die Temperaturänderungsprozesse nur verzögert und im geringeren Ausmaß mit als die dem Erdboden aufliegende Luft.

Folglich müssen in Tälern Tag und Nacht jeweils 2 Kräfte auftreten, wovon die eine in Hangrichtung und die andere in Talrichtung wirkt (Abb. 14.2). Beide überlagern sich. Dadurch entsteht tagsüber eine Zirkulation mit Talwind am Boden, aufsteigender Luft über dem Gebirge, Abströmen in der Höhe und Absinken über dem Vorland. Das Aufsteigen wird häufig daran sichtbar, daß die Quellwolkenbildung nach einem wolkenlosen Morgen zuerst über dem Gebirge, z. T. sogar deutlich über den einzelnen Gipfeln einsetzt. In der Nacht kehrt

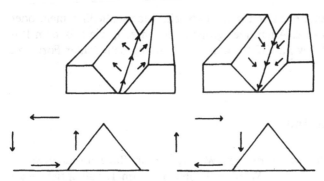

Abb. 14.2. Schema der Gebirgszirkulation

sich die gesamte Zirkulation um. Dann findet man am Talboden den Bergwind, über dem Vorland Aufsteigen, in der Höhe eine Strömungskomponente
zum Gebirge und Absinken über dem Gebirge. Dem nächtlichen Bergwind
kommt in den Tälern eine ausgesprochen hygienische Funktion zu, ersetzt er
doch die vorhandene Luft durch saubere, staubarme Gebirgsluft.

Ein lufthygienisches Problem stellen allerdings schwachwindige Hochdruckwetterlagen im Winter dar. Die in den wolkenarmen Nächten infolge hoher Ausstrahlung entstehende Hangkaltluft wird aufgrund des geringen großräumigen
Luftdruckgradienten nicht oder zu langsam abgeführt. Sie staut sich dadurch
im Tal empor, und es entsteht ein Kaltluftsee mit einer Inversion an seiner Obergrenze. Vor allem bei längerem Hochdruckeinfluß nimmt die vertikale Mächtigkeit der Talkaltluft von Tag zu Tag zu, so daß die atmosphärische Schichtung immer stabiler wird. Ein hochreichender vertikaler Luftaustausch findet nicht mehr
statt, da die turbulenten Transporte auf die Inversionsschicht beschränkt bleiben.

Die Folge ist, daß sich die Talluft immer mehr mit Wasserdampf und Luftbeimengungen aus Hausbrand, Industrie, Kraftwerken und Verkehr anreichert. Es
herrscht nebelig-trübes Wetter und „dicke Luft" in den Tälern. Erst wenn das
nächste Tief für auffrischenden Wind sorgt, bessert sich die Luftqualität wieder.
Gut zu erkennen sind diese austauscharmen Wetterlagen im Satellitenbild, wo
die Täler als gewundene Nebelbänder erscheinen.

Im Sommer kann bei den wolkenarmen Hochdruckwetterlagen die nächtliche
Hangkaltluft ebenfalls zur Inversionsbildung in den Tälern führen, doch sorgt die
kräftige Einstrahlung für eine baldige Inversionsauflösung nach Sonnenaufgang.
Konvektive Prozesse sorgen für einen guten vertikalen Luftaustausch, so daß die
Täler im Sommer auch bei den (gradient-) windschwachen Hochdruckwetter gut
durchlüftet werden.

14.3 Föhn

Der Föhn ist ein warmer und trockener Fallwind, der vom Gebirge her in die
Täler und ins Gebirgsvorland weht. Er hat seinen Namen aus dem Alpenge-

biet, doch kommt er auch am skandinavischen Bergland, an den Rocky Mountains und vielen anderen Gebirgen der Erde vor. Seine Entstehung ist mit den thermodynamischen Zustandsänderungen verknüpft, die die Luft erfährt, wenn sie ein Gebirge überströmt. Wir wollen uns dieses thermodynamische Föhnprinzip am Beispiel der Alpen verdeutlichen.

Föhnprinzip

Zwischen einem Hoch über Südosteuropa und einem westeuropäischen Tief wird feuchte Luft von Süden gegen die Alpen geführt. Beim Aufsteigen auf der Alpensüdseite kühlt sie sich zunächst trockenadiabatisch um 1 K/100 m ab. Setzt nun die Wolkenbildung ein, so wird durch die Kondensation latente Wärme frei und die weiter aufsteigende, kondensierende Luft kühlt sich nur noch feuchtadiabatisch, also zwischen 0,5 und 0,8 K/100 m ab, wobei durch Ausregnen der Feuchtegehalt der Luft sinkt. Nach dem Überströmen des Gebirgskamms steigt jetzt die z. T. ausgeregnete, feuchteärmere Luft ab und erwärmt sich. Dabei löst sich die überhängende Wolke, die dem Gipfel aufliegende sog. Föhnmauer, schon nach wenigen hundert Metern auf, und der weitere Abstieg der Luft erfolgt trockenadiabatisch.

Aus der Tatsache, daß sich die Luft beim Aufsteigen überwiegend feuchtadiabatisch abkühlt, beim Absteigen aber überwiegend trockenadiabatisch erwärmt, erklärt sich, weshalb sie auf der Leeseite des Gebirges eine höhere Temperatur aufweist als in gleicher Höhe auf der Luvseite. Während ferner durch den Gesamtvorgang das Wetter auf der Luvseite des Gebirges stark bewölkt und regnerisch ist, man spricht von Stauniederschlag, ist der auf der Leeseite auftretende Föhn trotz Luftdruckfalls mit freundlichem, wolkenarmem Wetter verbunden.

In Abb. 14.3 sind die Verhältnisse schematisch dargestellt. Außerdem sind an einem Beispiel die Änderungen der Temperatur, der spezifischen und der

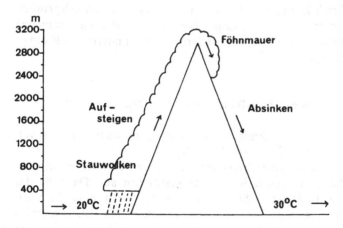

Abb. 14.3. Das Föhnprinzip

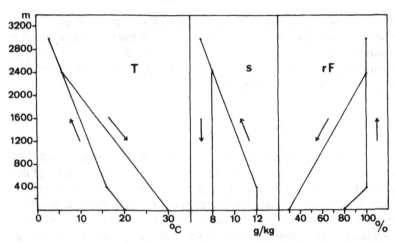

Abb. 14.4. Änderungen der Temperatur (*T*), der spezifischen Feuchte (*s*) und der relativen Feuchte (*rF*) beim Föhnprozeß

relativen Feuchte angegeben, die die Luft beim Überströmen eines 3000 m hohen Gebirges erfährt, wobei das Kondensationsniveau im Luv in 400 m Höhe liegt, im Lee die Föhnmauer eine Mächtigkeit von 600 m aufweist und die feuchtadiabatische Temperaturänderung 0,5 K/100 m beträgt. Die Luft, die mit einer Temperatur von 20 °C auf der Luvseite gestartet ist, kommt mit einem 10 K höheren Wert im leeseitigen Tal an. Gleichzeitig sind spezifische und relative Feuchte auf 8 g/kg bzw. rund 30% zurückgegangen (Abb. 14.4).

Wenn der Föhn beginnt, liegt im Tal zunächst noch feuchtkalte Luft. Erst wenn diese abgeflossen ist, kann sich der trockenwarme Föhnwind bis zum Erdboden durchsetzen. Vielfach können sich in Nebentälern noch Kaltluftseen eine Zeitlang halten; fließen sie ins Haupttal, wird der Föhn plötzlich vom Erdboden wieder abgehoben und setzt sich erst nach Durchzug des Kaltluftkörpers wieder durch. Dadurch kann der Föhn u. U. recht böig sein und gelegentlich sogar Sturmstärke erreichen. Neuere Ergebnisse zeigen, daß die anströmende Luft nicht erst unmittelbar am Gebirge, sondern schon Hunderte von Kilometern davor gehoben wird.

Auswirkungen des Föhns auf Lokalklima und Menschen

Auf die Frage, wie häufig im nördlichen Alpengebiet mit dem Auftreten von Föhn zu rechnen ist, gibt Tabelle 14.1 Aufschluß.

Wie man sieht, treten zwischen den einzelnen Jahreszeiten sowie verschiedenen Orten deutliche Unterschiede in der Föhnhäufigkeit auf. Dabei ist das Frühjahr die Jahreszeit mit der größten Zahl der Föhntage, während im Sommer das Föhnminimum angetroffen wird. Die Gesamtzahl der Föhntage ist im föhnreichen Altdorf doppelt so hoch wie im föhnarmen Glarus.

Tabelle 14.1. Mittlere Föhnhäufigkeit in den Alpen. (Nach Schmitt 1930)

	Frühjahr	Sommer	Herbst	Winter	Jahr
Altdorf	17,3	7,9	11,8	11,0	48,0
Innsbruck	17,0	5,1	11,0	9,5	42,6
Glarus	9,4	3,5	5,5	5,4	23,8

Tabelle 14.2. Föhnauswirkungen auf das Lokalklima anhand der Mitteltemperatur ($°C$)

	Frühjahr	Sommer	Herbst	Winter	Jahr
Altdorf	9,0		9,7	1,0	9,2
Luzern	8,3	17,3	8,7	-0,1	8,5

Dort, wo die Föhnhäufigkeit groß ist, hat er Auswirkungen auf die Mitteltemperatur, so daß Föhnorte klimatisch begünstigt erscheinen. In Tabelle 14.2 sind die Temperaturwerte für den föhnreichen Ort Altdorf mit dem föhnarmen Ort Luzern verglichen. Beide Orte haben mit rund 450 m das gleiche Höhenniveau.

Während im Sommer beide Orte nahezu die gleiche Mitteltemperatur aufweisen, liegt in Altdorf in den föhnreichen Jahreszeiten die Mitteltemperatur deutlich über der im föhnarmen Luzern. Im Jahresmittel ergibt sich so eine Temperaturdifferenz von 0,7 K zwischen beiden Orten.

Eine weitere Auswirkung des Föhns sind die sog. „Föhnbeschwerden". Darunter fallen ein Reihe von Erscheinungen, die von Kopfschmerzen, über Übelkeit, Kreislaufbeschwerden, Augenflimmern, vermindertem Leistungsvermögen, Unkonzentriertheit bis zu schweren Depressionen reichen. Auch Tiere sollen an Föhntagen nervös und aggressiv reagieren. Die Föhnbeschwerden sind am schwersten unmittelbar vor Beginn des Föhns. Mit seinem Einsetzen am Boden klingen sie in der Regel rasch ab.

Die Erklärungsversuche der Föhnbeschwerden reichen von Fremdgasen in der Atmosphäre bis zu Änderungen des luftelektrischen Felds durch ungewöhnliche Ionenkonzentrationen. Heute neigt man wieder einer älteren Theorie zu, wonach die Anordnung warmer Föhnluft in der Höhe über bodennaher kalter Luft die primäre Ursache für die Föhnbeschwerden ist. So treten im Grenzbereich zwischen den verschieden temperierten Luftschichten stärkere vertikale Änderungen des Winds hinsichtlich seiner Richtung und Geschwindigkeit auf. Dadurch werden dort kurzperiodische Druckschwankungen erzeugt, die sich nach unten fortsetzen und auf die unser Nervensystem sehr empfindlich reagiert. Damit wird auch verständlich, warum die Beschwerden nachlassen, wenn sich der Föhn bis zum Boden durchgesetzt hat, d.h. wenn an einem Ort die Kaltluft abgeflossen ist und nur noch die trockenwarme Luft vorhanden ist.

Solche Situationen mit Warmluft über bodennaher Kaltluft treten auch im
Flachland auf, nämlich bei Inversionswetterlagen. Es ist daher keine Einbil-
dung, wenn Wetterfühlige auch fernab vom Gebirge unter Föhnbeschwerden
leiden, wobei dieser Effekt v. a. in der kälteren Jahreszeit vor stärkeren Warm-
lufteinbrüchen auftritt.

Das Ende des Föhns ist gekommen, wenn die Kaltfront des westeuropäischen Tiefs das Alpengebiet von Westen erreicht und die trockenwarme Föhnluft durch Kaltluft aus West bis Nordwest ersetzt wird.

14.4 Kanalisierte Winde

Der bekannteste Wind, der durch eine orographische Kanalisierung der Strömung hervorgerufen wird, ist der Mistral in Südfrankreich. Er entsteht, wenn
Tiefs vom Atlantik nach Nordeuropa ziehen und auf ihrer Rückseite in breitem
Strom Kaltluft von Nordwesten nach Mittel- und Westeuropa führen. Dabei
versperren ihr über dem östlichen Frankreich einerseits die Alpen und andererseits das Zentralmassiv den Weg nach Süden; der einzige freie Durchgang ist
das Rhonetal. Dabei kommt es zu einer Kanalisierung, zu einem Düseneffekt
der Strömung. So führt nach den Gesetzen der Physik bei einer kontinuierlichen Strömung ein eingeengter Strömungsquerschnitt zu einer entsprechend
erhöhten Strömungsgeschwindigkeit. Die Folge ist im Rhonetal ein heftiger
nördlicher Wind, der Mistral.

Wegen der Häufigkeit der ihn erzeugenden Wettersituationen wird der Mistral zum klimabestimmenden Faktor, wobei das Klima in seinem Einflußbereich außerordentlich rauh ist. Seine Stärke führt dazu, daß die Bäume in
Windrichtung, also nach Süden geneigt sind.

In weniger dramatischer Weise wirken fast alle Flußtäler kanalisierend auf
die Strömung, wie die Windrichtungsverteilungen zeigen. Als Beispiel seien
unsere Untersuchungsergebnisse im südlichen Oberrheingraben angeführt. In
Abb. 14.5 ist für Freiburg der Zusammenhang von geostrophischer und beobachteter Windrichtung wiedergegeben. Wie wir früher gesehen habe, weicht
der beobachtete Bodenwind im Mittel etwa um 25 – 30° von der Isobarenrichtung ab, wobei die Ablenkungswinkel in Gebirgsregionen bis 45° betragen,
d. h. i. allg. gehört zu jeder geostrophischen Windrichtung eine entsprechend
versetzte beobachtete Windrichtung.

Was aber zeigt Abb. 14.5a für die Verhältnisse tagsüber im südlichen Oberrheingraben? Gleichgültig ob der geostrophische Wind, also der Isobarenver-
lauf, aus West, Süd, Ost oder Nord kommt, beobachtet werden nur südwestliche und nördliche Winde, also Winde in Talrichtung. Das bedeutet, daß auch
die Winde quer zum Rheintal am Boden in Talrichtung kanalisiert werden.

Nach Abb. 14.5b fehlt dagegen nachts die Polarisierung der Strömung;
neben den Windrichtungen um Nord und Südwest treten im Gegensatz zum
Tag auch Südost- und Ostwinde auf, also Winde von den Schwarzwaldhängen
und aus den Schwarzwaldtälern in das Rheintal. Was hier in der Darstellung

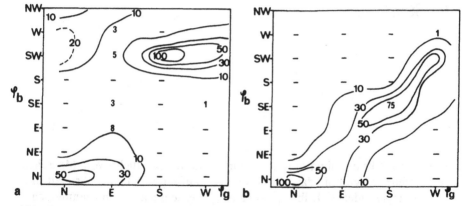

Abb. 14.5. a Kanalisierung der Strömung im Oberrheingraben am Tag; **b** Kanalisierung und Gebirgswinde im Oberrheingraben bei Nacht

sichtbar wird, sind die geschilderten, thermisch verursachten Hangab- und Bergwinde während der Nacht, die so häufig auftreten, daß sie zu einer klimatologischen Eigenart dieser Region werden.

14.5 Bora, Schirokko, Chamsin

Bora, Schirokko und Chamsin sind 3 lokale Winde im Mittelmeerraum. Die Bora tritt an der jugoslawischen Adriaküste als kalter Fallwind vom Dinarischen Gebirge her auf. Sie entsteht, wenn aus einem Hoch über Osteuropa kalte Festlandsluft ausströmt und sich über der warmen Adria eine flache Tiefdruckrinne befindet. Die Kaltluft stürzt dann vom Hochland in das relativ warme dalmatinische Küstengebiet und führt, trotz adiabatischer Erwärmung beim Absinken, dort zu einem starken Temperatursturz, wobei die Windgeschwindigkeit Sturmstärke erreichen kann.

Der Schirokko ist ein schwülheißer Wind aus Süd bis Südost im Mittelmeerraum. Auf ihrem Weg von der afrikanischen Küste kann sich die sehr warme Luft stark mit Feuchtigkeit anreichern. Wo sie von einem Gebirge zum Aufsteigen gezwungen wird, treten gewaltige Regenfälle auf. Davon sind besonders die dalmatinischen Küstengebirge betroffen, so daß dort im Einflußbereich des Schirokkos in der Bucht von Kotor mit 4600 mm/Jahr das niederschlagsreichste Gebiet Europas angetroffen wird.

Der Chamsin ist ein trockenheißer Wüstenwind in Ägypten, bei dem die Temperaturen über 40 °C liegen. Dieser Glutwind entsteht im Zusammenhang mit Tiefdruckgebieten über dem östlichen Mittelmeerraum und tritt v. a. in den Monaten April−Juni auf. Er wirbelt gewaltige Mengen Wüstenstaub und Sand auf und ist daher von den Bewohnern als Sandsturm gefürchtet. In Libyen wird der entsprechende Wind Gibli genannt.

15 Stadtklima

Jede Stadt stellt im klimatologischen Sinn eine Art künstliche, vom Menschen geschaffene Orographie dar. Durch ihre Anhäufung von Beton, Asphalt und Stein unterscheiden sich ihre physikalischen Eigenschaften in mannigfacher Weise vom freien Umland, unterscheidet sich die dichtbebaute Innenstadt von den nur locker bebauten Außenbezirken.

Wie Tabelle 15.1 veranschaulicht, ist die Stadt zum einen ein Gebiet erhöhter Bodenrauhigkeit. Ihre z_0-Werte sind ein Vielfaches größer als die des Umlands, das nur bei hohen Wäldern mit $z_0 = 3$ m einen vergleichbaren Betrag aufweist, während über Wiesen z. B. $z_0 = 0,02$ m beträgt (vgl. Kap. 4). Zum anderen sind, wie die spezifische Wärme c veranschaulicht, die thermischen Eigenschaften von Stadt und Land sehr verschieden. Schließlich, und das wird am Pflanzenbedeckungsgrad deutlich, sind auch signifikante Unterschiede hinsichtlich der Feuchteeigenschaften festzustellen.

Anhand von Untersuchungen in Berlin, wo neben der dichtbebauten Innenstadt locker bebaute Außenbezirke mit größeren Wasser- und Waldflächen angetroffen werden, sollen die Grundzüge lokalklimatischer Stadteffekte veranschaulicht werden. Dabei eignet sich die Stadt v. a. wegen des Fehlens stärkerer natürlicher Orographieeinflüsse gut zu stadtklimatologischen Aussagen über das Temperatur-, Feuchte-, Wind- und Niederschlagsfeld von Großstädten im mitteleuropäischen Klimabereich.

15.1 Wärmeinsel

Schon Hann (1885) und Kratzer (1936), der Begründer der Stadtmeteorologie, stellten fest, daß die mittlere Temperatur der Stadt höher ist als die des umge-

Tabelle 15.1. Physikalische Eigenschaften von Stadt und Umland

	Stadt	Umland
Rauhigkeitsparameter z_0	$2-10$	$0,02-3,0$ m
Spezifische Wärme c	$0,9 \times 10^3$	$1,8 \times 10^3$ J/kg K
Pflanzenbedeckung	$10-50$	$90-100\%$

benden freien Lands. Zwar erscheint uns die Übertemperatur von 0,5 – 1,5 K nicht sonderlich hoch, da sie im Rahmen der normalen Jahresschwankungen liegt, bedenkt man jedoch, daß die Temperaturen in Mitteleuropa in der „kleinen Eiszeit" in dieser Größenordnung unter den heutigen Werten lagen, erscheinen die biologischen und ökologischen Konsequenzen einer solchen kontinuierlichen Temperaturdifferenz in einem anderen Licht.

Die räumlichen Temperaturunterschiede zwischen Stadt und Umland sind im Einzelfall recht komplex und hängen stark von der jeweiligen Wetterlage ab. Allgemein läßt sich sagen, daß sie um so ausgeprägter sind, je wolkenärmer und schwachwindiger es ist, und um so stabiler die bodennahe atmosphärische Schichtung ist. Die grundlegenden lokalklimatischen Unterschiede zwischen Stadt und Umland bzw. Innenstadt und Außenbezirken werden dann deutlich, wenn wir die Stadteinflüsse über alle Wetterlagen, also die mittleren jährlichen oder jahreszeitlichen Verhältnisse betrachten.

Wie in Abb. 15.1 zu erkennen ist, liegt im Jahresmittel die Klimamitteltemperatur in der Innenstadt bis zu 1,5 K über den Werten der Außenbezirke. Während jedoch die mittlere tägliche Höchsttemperatur nur eine Differenz von maximal 0,5 K aufweist (Abb. 15.2a), zeigt die Tiefsttemperatur, daß die Außenbezirke durchschnittlich um 2 – 3 K (Abb. 15.2b) kälter sind als das zentrale Stadtgebiet. Auch die mittlere tägliche Temperaturamplitude weist deutliche örtliche Unterschiede auf. Wie der Vergleich der Abb. 15.2a und 15.2b zeigt, weist die Innenstadt mit Tagesschwankungen von rund 7 K im Gegensatz zu 9 – 10 K im Jahresmittel in den Außenbezirken eine deutlich gedämpfte Temperaturamplitude auf.

Hinsichtlich der zeitlichen Struktur, d.h. der Temperaturunterschiede im Tagesverlauf zwischen Innenstadt und Außenbezirken sind im Winter (Abb. 15.3a – c) wie im Sommer (Abb. 15.4a – c) um 7 Uhr und um 14 Uhr im Mittel nur geringe Gegensätze festzustellen. Ganz anders liegen die Verhältnisse um 21 Uhr, wenn in der kalten, besonders aber in der warmen Jahreszeit eine signifikante Übertemperatur der Innenstadt zu beobachten ist.

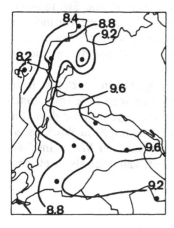

Abb. 15.1. Mittlere jährliche Temperaturverteilung im Stadtgebiet von Berlin

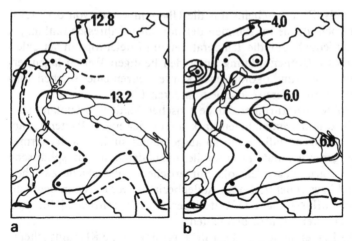

Abb. 15.2 a, b. Mittlere tägliche Höchst- (**a**) und Tiefsttemperatur (**b**) in Berlin

An heiteren Tagen erreicht die abendliche Übertemperatur ihre größten Werte. Im Einzelfall kann die Innenstadt dabei im Sommer wie im Winter in wolkenarmen, windschwachen Nächten zeitweise 5 – 10 K wärmer sein als die freie Umgebung.

Betrachtet man in den Darstellungen die mittlere Erwärmung zwischen 7 Uhr und 14 Uhr, so vollzieht sie sich in Innen- und Außenbezirken gleichmäßig. Anders verhält sich dagegen die Abkühlung. In der 1. Phase zwischen 14 Uhr und 21 Uhr sinkt die Temperatur in den äußeren Bezirken rasch, im Stadtinnern jedoch nur langsam. Zwischen 21 Uhr und 7 Uhr des Folgetags kühlt sich die Innenstadt rasch, das freie Umland dagegen nur noch langsam ab.

Anhand dieses verschiedenartigen Abkühlungsverhaltens wird die physikalische Ursache für die abendliche Übertemperatur der Innenstadt deutlich. Es ist die Wärmeleitfähigkeit und die Wärmekapazität $W = m \cdot c$ (m = Masse, c = spezifische Wärme), d. h. die Eigenschaft der Beton- und Steinmassen, Wärme tiefer und länger zu speichern als das freie Land, die den Wärmeinseleffekt der Stadt hervorruft. Dabei ist es im Sommer im wesentlichen die Einstrahlungsenergie, im Winter die anthropogen erzeugte Wärme, die gespeichert wird.

Wie die Untersuchungen z. B. in St. Louis gezeigt haben, setzten sich die thermischen Effekte auch nach oben durch. So erscheinen tiefe Inversionen über dem Stadtzentrum angehoben, während ihre Untergrenze über dem Umland niedriger liegt. Außerdem konnte u. a. durch Messungen in Wien festgestellt werden, daß sich oberhalb einiger Dekameter über der Wärmeinsel ein Kompensationseffekt einstellt, so daß dort die Luft kälter ist als in gleicher Höhe über dem angrenzenden Umland.

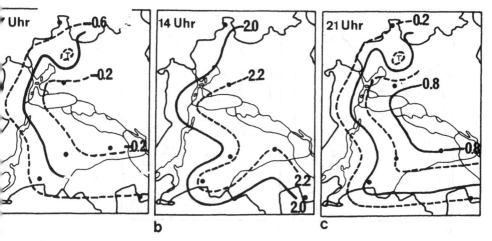

Abb. 15.3. Mittlere Temperaturverteilung um **a** 7 h; **b** 14 h; **c** 21 h im Winter

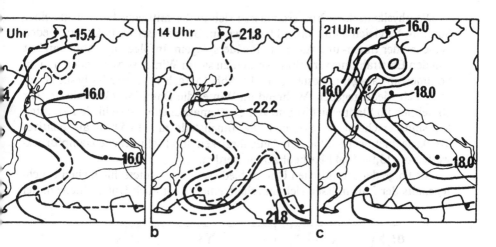

Abb. 15.4. Mittlere Temperaturverteilung um **a** 7 h; **b** 14 h; **c** 21 h im Sommer

15.2 Feuchteverteilung

Im Kerngebiet der Städte sind in der Regel 70–90% der vorhandenen Fläche bebaut, asphaltiert oder anderweitig verfestigt. Nur der übrige Anteil von 10–30% sind Freiflächen, die am Versickerungsprozeß beteiligt sind und den Grundwasserspiegel regulieren. Von den versiegelten Flächen gelangt das Wasser dagegen direkt in die Kanalisation und verläßt durch die Einleitung in Flüsse rasch das Gebiet. Während auf diese Weise bei den versiegelten Arealen die Verdunstung auf die Zeit unmittelbar nach den Niederschlägen beschränkt ist, tritt in den Freiflächen eine kontinuierliche Verdunstung auf.

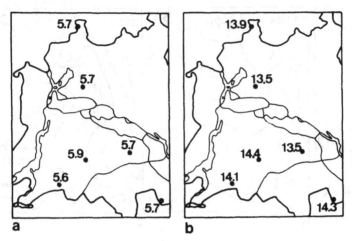

Abb. 15.5a, b. Mittlere Dampfdruckverteilung im Winter (a) und Sommer (b) in Berlin

Die physikalischen Prozesse müssen sich in der mittleren Luftfeuchte einer Stadt im Vergleich zum Umland bzw., wie im Beispiel Berlin, in Unterschieden zwischen der Innen- und Außenstadt widerspiegeln. Infolge ihrer Abhängigkeit von den Einstrahlungsverhältnissen werden sie im Winter verschwinden und im Sommer am ausgeprägtesten sein. In Abb. 15.5a, b ist dieser Tatbestand anschaulich wiedergegeben. Während im Winter die Dampfdruckverteilung sehr einheitlich im Stadtgebiet ist und keine systematischen Unterschiede festzustellen sind, erscheint im Sommer die Innenstadt mit 13,5 hPa als relatives Trockengebiet, während in den Außenbezirken durchschnittliche Dampfdruckwerte von 13,9 – 14,4 hPa beobachtet werden.

Als Folge der thermischen Unterschiede sowie des unterschiedlichen Feuchtegehalts der Luft müssen sich innerhalb einer Stadt auch Unterschiede in der

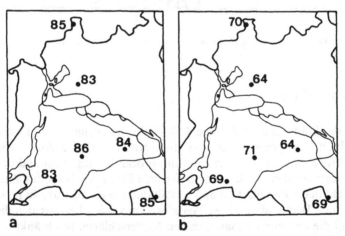

Abb. 15.6a, b. Tagesmittel der relativen Feuchte im Winter (a) und Sommer (b) in Berlin

relativen Feuchte, also im Sättigungsgrad der Luft, einstellen. Wie Abb. 15.6a, b zeigt, sind diese aus den bereits geschilderten Gründen im Winter gering. Im Sommer hingegen liegt die relative Feuchte in der Innenstadt um durchschnittlich 5–7% unter den Werten, die in den Außenbezirken gemessen werden.

15.3 Windverhältnisse

Die erheblich größere Bodenrauhigkeit einer Stadt im Vergleich zum Umland hat auch stärkere Auswirkungen auf das Windfeld. Grundsätzlich läßt sich sagen, daß die erhöhte Reibung einerseits zu einer Abbremsung der Strömung und damit zu geringeren Windgeschwindigkeiten innerhalb der Stadt führt. Andererseits wird die Luft beim Überströmen der Baukörper zum Aufsteigen gezwungen, d. h. übt die Stadt einen Effekt auf die Vertikalkomponente der Strömung aus. Außerdem führen die vielfältigen Strömungshindernisse auch zu einer erhöhten Turbulenz im Stadtgebiet. Unterschiedliche Bebauungshöhen, die Anordnung von Straßenzügen, die Größe und Verteilung von Freiflächen lassen jedoch auch innerhalb der Stadt wiederum ein komplexes Wirkungsgefüge und entsprechende Unterschiede in den Windverhältnissen entstehen.

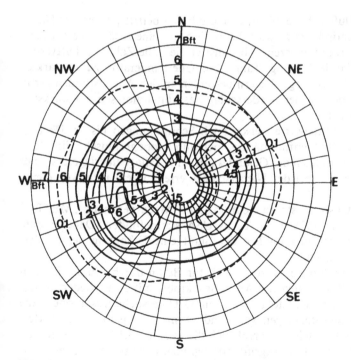

Abb. 15.7. Mittlere jährliche Windverhältnisse in Berlin-Tegel in %

Ausgewertet wurden in Berlin die Windmessungen des Deutschen Wetterdiensts in Tegel und Tempelhof sowie die des Instituts für Meteorologie der Freien Universität in Dahlem. Die 3 Stationen spannen ein Dreieck mit einer Kantenlänge von 8 – 13 km auf. Bildet man aus allen 3 Meßpunkten ein „Berlin-Mittel", so entspricht dieses weitgehend den in Abb. 15.7 wiedergegebenen mittleren jährlichen Windverhältnissen von Tegel. Man erkennt die für die Stadt typische größte Häufigkeit westsüdwestlicher Winde der Stärke 3 und ein weiteres, etwas schwächeres Maximum bei östlichen Winden der Stärke 2 – 3.

Auch wenn die Windverhältnisse an den beiden anderen Stationen die gleiche Grundstruktur aufweisen, treten doch, wie Abb. 15.8 a, b veranschaulicht, deutlich lokale Unterschiede auf. So zeigt sich in Dahlem v. a. eine überdurchschnittliche Häufigkeit schwacher Westwinde und ein entsprechendes Defizit bei den starken Westwinden. In Tempelhof fällt besonders der überdurchschnittlich hohe Anteil starker Nordwestwinde im Vergleich zum „Berlin-Mittel" auf. Hinsichtlich der vertikalen Windverhältnisse zeigen die Messungen, wie z. B. in Hamburg, daß der unten abgebremste Stadtwind erst in einer Höhe von mehr als 100 – 200 m die gleiche Geschwindigkeit wie der Freilandwind erreicht. In Abb. 15.9 sind die Verhältnisse schematisch dargestellt.

15.4 Niederschlagseinfluß

Was den Stadteinfluß auf die Niederschlagsbildung betrifft, so ist der Nachweis recht problematisch. Zwar wird durch die Stadt eine zusätzliche Vertikalkomponente der Strömung erzeugt, begünstigt die hohe Zahl von Luftverunreinigungen die Tropfenbildung, führt ihre Übertemperatur zu verstärkter Konvektion, die z. B. von Segelfliegern besonders in den Abendstunden gerne ausgenutzt wird, doch ist der Niederschlag das klimatologisch am stärksten schwankende Element.

Selbst 30jährige Mittelwerte weisen noch Schwankungen bis zu 5% auf. Außerdem wird der Stadteinfluß häufig noch durch topographische Einflüsse, wie z. B. durch ein Ansteigen des Geländes oder eine Tallage überlagert, so daß das Ergebnis besonders bei der Niederschlagsverteilung ein recht komplexes Bild ergibt.

Das bisher intensivste stadtmeteorologische Meßexperiment „METROMEX" hat von 1971 – 1976 in St. Louis/USA stattgefunden. Dabei konnte man in Hauptwindrichtung im Lee der Stadt eine Erhöhung der Niederschlagsmenge nachweisen.

Ähnliche Untersuchungen wurden auch für Berlin durchgeführt. Bei den meist konvektiven Regenfällen von April bis Oktober mit einer Niederschlagsmenge von 5 mm oder mehr folgte an allen 13 Untersuchungsstationen eine mittlere Regenspende/Starkregen von rund 11 mm. Da jedoch die mittlere Regendauer unterschiedlich war, ergab sich die in Abb. 15.10 dargestellte Verteilung der mittleren Niederschlagsintensitäten über das Stadtgebiet im Stadtinneren treten etwas heftigere, dafür aber kürzere Starkregenfälle auf, in den

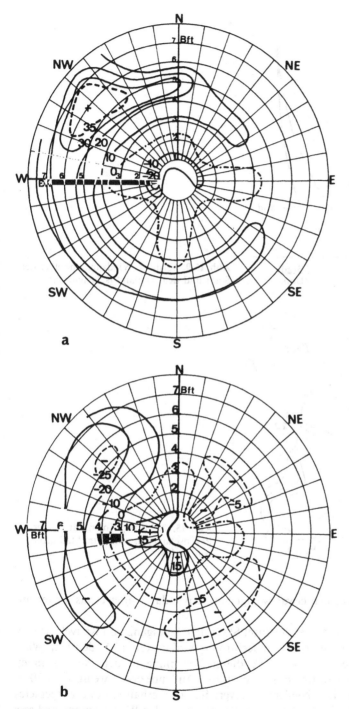

Abb. 15.8. Mittlere Abweichung der Windverhältnisse in Berlin-Tempelhof (**a**) und Berlin-Dahlem (**b**) von Berlin-Tegel

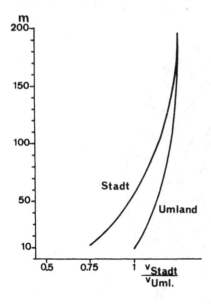

Abb. 15.9. Vertikale Windzunahme über der Stadt und dem Umland (schematisch)

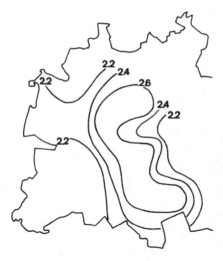

Abb. 15.10. Mittlere Intensität starker Regenschauer in mm/h im Stadtgebiet von Berlin

Außenbezirken dagegen etwas weniger intensive, dafür aber etwas länger anhaltende.

In welcher Weise die Wärmeinsel Stadt den Tagesgang von Konvektivregen mit mindestens 4,8 mm in 10 min beeinflußt, wird in Abb. 15.11 deutlich. Während in der Innenstadt 40–45% dieser Regenfälle in den Abendstunden (18–24 Uhr MEZ) auftreten, sind es in den Außenbezirken weniger als 30%.

Eine sehr komplexe Niederschlagsverteilung innerhalb eines Stadtgebietes kommt in Abb. 15.12 zum Ausdruck. So zeigen sich bei Westströmung mehrere ausgeprägte Niederschlagsmaxima und -minima über dem Berliner Raum. Da-

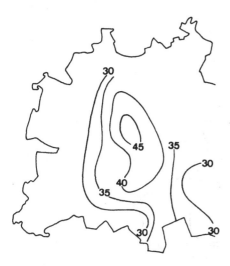

Abb. 15.11. Häufigkeit starker Regenschauer in den Abendstunden in den
Berliner Innen- und Außenbezirken in %

bei verläuft ein langgestrecktes Minimum diagonal durch die Stadt, und zwar
entlang des dicht besiedelten Spreetals. Grundsätzlich ähnlich ist die Nieder-
schlagsstruktur bei östlichen Winden, jedoch sind die mittleren jährlichen Beträge wegen der relativ seltenen, mit Niederschlag verbundenen Ostwindwetterlagen deutlich geringer. Ein eingehender Vergleich der Niederschlagsstrukturen
bei den einzelnen Windrichtungen zeigt, daß diese nicht allein durch die Stadteffekte hervorgerufen sind. Obwohl die westlichen Havelberge weniger als
100 m über dem Havel- und Spreetal liegen, hat die Orographie selbst im
Flachland einen erheblichen Einfluß, was u.a. an den Luv- und Lee-Effekten
am westlichen Stadtrand und dem Spreetalminimum sichtbar wird.

Auf diese Weise ergibt sich in Berlin eine über alle Windrichtungen betrachtete Niederschlagsverteilung mit einem Maximum am westlichen Stadtrand, einem Minimum über dem Stadtinnern und einem zweiten Maximum über den
östlichen Teilen der Stadt. Hinsichtlich der mittleren jährlichen Niederschlagsmenge treten dabei im Stadtgebiet Werte zwischen 530 und 630 mm auf, d.h.
ergeben sich Unterschiede bis zu 100 l/m^2 auf nur wenige Kilometer Entfernung!

15.5 Klimatologische Stadtplanung

Faßt man den Stadteinfluß auf die lokalen Klimaverhältnisse zusammen, so
lassen sich zahlreiche Effekte angeben. Das Kerngebiet einer Stadt erscheint
wärmer als die nur wenig bebauten Außenbezirke oder das freie Umland, wobei die Übertemperatur am ausgeprägtesten in den sommerlichen Abend- und
frühen Nachtstunden ist. Ferner wirkt die Ansammlung von Beton und Stein
dämpfend auf die tägliche Temperaturamplitude. Die Luftfeuchte ist, absolut

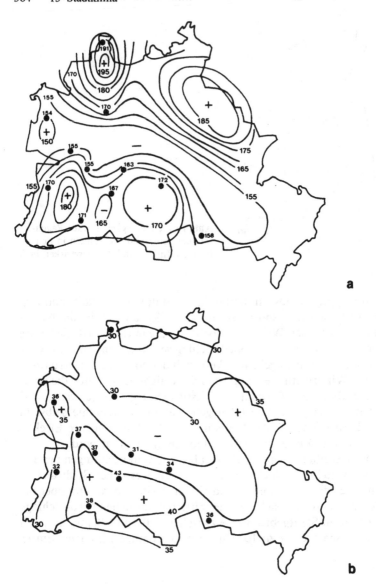

Abb. 15.12. Mittlere jährliche Niederschlagsmenge bei Westwind (**a**) und Ostwind (**b**) im Berliner Stadtgebiet in mm

wie relativ, im Sommerhalbjahr in der Stadt geringer als außerhalb, während in der kalten Jahreszeit die Unterschiede weitgehend verschwinden. Übertemperatur und Feuchteminimum führen dazu, daß in der Innenstadt die Nebelhäufigkeit und -intensität, die Dauer von Schneedecken, die Anzahl der Tage mit Schneefall und die Häufigkeit von Reifglätte deutlich geringer ist als in den Außenbezirken bzw. im Umland.

Temperatur- und Feuchteeffekte führen ferner dazu, daß die sommerlich konvektiven Starkregen in der (Innen-)Stadt in ihrer Intensität etwas erhöht sind, allerdings auf Kosten der Dauer, und daß diese Intensivregen über dem Stadtzentrum häufiger in den Abendstunden auftreten als in der Umgebung. Auch die erhöhte Rauhigkeit beeinflußt die Niederschlagsverhältnisse.

Was die Größe des Stadteinflusses auf die Klimaelemente betrifft, hängt sie von den baulichen Eigenarten der Stadt und vom übergeordneten Klima ab. So konnte z. B. von Oke und Hannell (1970) gezeigt werden, daß die Übertemperatur der Stadt mit zunehmender Einwohnerzahl, also mit einer Zunahme des dichtbebauten Areals anwächst. Aus dieser Tatsache folgt, daß für jede Stadt die lokalklimatischen Verhältnisse gesondert festgestellt und bei Stadtplanungsvorhaben, wie der Anlage von Siedlungen, Fabriken, Freiflächen, berücksichtigt werden müssen. So läßt sich mit Hilfe der Stadtklimatologie städtebaulichen Fehlplanungen begegnen, läßt sich verhindern, daß z. B. die für das Wohlbefinden der Einwohner so wichtigen Frischluftschneisen zugebaut werden, daß Kraftwerke, Industrieanlagen, Flughäfen usw. an der meteorologisch falschen Stelle errichtet werden.

16 Anthropogene Luftverunreinigung

Auf natürlichem Wege gelangen Schwefeldämpfe aus Erdspalten, Feinstäube durch Vulkanausbrüche und Sandstürme sowie Salze aus den Ozeanen in die Atmosphäre, wo sie von der Luftströmung erfaßt und teilweise über weite Strecken verfrachtet werden. Feinstaubablagerungen aus der Sahara führen nicht selten zu einer rötlichen Färbung des Schnees in den Alpen, faszinierende farbige Dämmerungserscheinungen treten auch im Abstand von Tausenden von Kilometern nach einem Vulkanausbruch auf, bei dem gewaltige Staubmassen bis in die Stratosphäre geschleudert und dort um den Erdball transportiert werden, so z. B. durch den Ausbruch des Pinatubo im Juni 1990.

Aber auch durch die Aktivitäten des Menschen werden die verschiedenartigsten Luftbeimengungen erzeugt. Je mehr Menschen beisammen leben und je mehr Produktionsanlagen vorhanden sind, um so größer ist die Emission, d. h. die Abgabe chemischer Dämpfe und Gase sowie von festen und flüssigen Partikeln an die bodennahen Luftschichten. Großstädte und industrielle Ballungsgebiete sind somit die Schwerpunkte anthropogener Luftverunreinigung.

Durch die Verbrennung fossiler Brennstoffe, also von Kohle, Öl und Erdgas zu Heizzwecken und zur Energiegewinnung werden allein in Europa Millionen Tonnen von Schwefeldioxid (SO_2), Kohlenmonoxid (CO), Kohlendioxid (CO_2) usw. durch die Schornsteine in die Atmosphäre gebracht, durch den Verkehr gelangen ständig Stickoxide (NO_x) u. a. m. in die Luft, mit der industriellen Produktion ist die Freisetzung von Kohlenwasserstoffen und Schwermetallen wie Kadmium, Blei, Chrom usw. verbunden, durch Wiederaufbereitungsanlagen von Kernbrennstoffen für Kernkraftwerke werden radioaktive Spurenstoffe freigesetzt. Auf diese Weise greift der Mensch in massiver Weise in seinen unmittelbaren Lebensraum ein, verändert er die Qualität seiner Atemluft.

Welche dramatische Entwicklung diese Eingriffe in den Naturhaushalt nehmen können, zeigt das Waldsterben. Auch wenn seine Ursache noch nicht geklärt und wahrscheinlich auf das komplexe Zusammenwirken vieler Komponenten zurückzuführen ist, so ist mit hoher Wahrscheinlichkeit anzunehmen, daß SO_2 wie NO_x an der Schädigung der Bäume beteiligt sind. Trifft z. B. in der Luft SO_2 mit Wassertröpfchen zusammen, so entsteht Schwefelsäure (H_2SO_4), d. h. es bilden sich schwefelsaure Wolken-, Nebel- und Regentropfen. Diese setzen sich zum einen auf Nadeln und Blätter. Zum anderen wird der in den Erdboden eindringende saure Regen von den Bäumen über die Wurzeln aufgenommen. Analoges gilt für den sauren Schnee, der sich auf die Nadeln setzt und aufgetaut in den Erdboden eindringt.

Ein weiteres aktuelles Problem ist die Versauerung der Seen durch den sauren Regen. Untersuchungen an den westschwedischen Seen haben gezeigt, daß der Säuregehalt des Wassers so angestiegen ist, daß ihre Pflanzen- und Tierwelt bedroht oder z. T. schon geschädigt ist. Die Ursache dafür stellt der Ferntransport von SO_2 aus Mittel- und Westeuropa mit der vorherrschenden südlichen bis westlichen Luftströmung dar. Zwar wird dabei auch den Seen Nord- und Nordostdeutschlands schwefeliger Regen zugeführt, doch sind diese infolge ihres andersartigen geologischen Untergrunds im Gegensatz zu den schwedischen Seen in der Lage, die zugeführte Säure zu neutralisieren.

16.1 Wetterlage und Luftbelastung

Der Grad der Luftverunreinigung in den Städten und Industriegebieten hängt von 2 Grundfaktoren ab, und zwar einerseits von der Emission, also von der Menge der in die Luft gebrachten Substanzen, und andererseits von der jeweiligen Wetterlage. So kann bei gleichgroßem Ausstoß von Luftbeimengungen die Luftbelastung am Boden je nach Wetterbedingungen sehr unterschiedlich sein. Der Grund dafür liegt im Verhalten der Gase oder Partikel, sobald sie aus den Hausschornsteinen oder Industriekaminen in die Luft gelangen. Ähnlich wie sich z. B. ein Tropfen Tinte in ruhendem bzw. fließendem Wasser ausbreitet, breiten sich die Luftbeimengungen, ob gasförmige, flüssige oder feste, in der Atmosphäre aus.

Der physikalische Vorgang der molekularen und v. a. der turbulenten Diffusion ist es, der dafür sorgt, daß zwischen Gebieten mit unterschiedlich hohen Konzentrationen über die Durchmischung eine Konzentrationsangleichung herbeigeführt wird; es kommt zu einer kontinuierlichen Verteilung der emittierten Luftbeimengungen auf ein größeres Luftvolumen und damit zu einer Konzentrationsverringerung. So weisen die emittierten Stoffe, z. B. der SO_2-Gehalt, an der Emissionsquelle, also bei Austritt aus dem Schornstein, ihre höchsten Konzentrationswerte auf.

Dieser Diffusionsprozeß ist von Wetterlage zu Wetterlage unterschiedlich ausgeprägt und hängt von den Turbulenzeigenschaften der jeweiligen Strömung und der Stabilität der Luftmasse ab, also von ihrer Fähigkeit zur Wirbelbildung. Anhand der SO_2-Verhältnisse im ehem. Berlin (W) soll der grundsätzliche Einfluß der Wettersituation auf den Grad der Luftverunreinigung aufgezeigt werden.

Die Untersuchungen basieren auf dem Berliner Luftgüte-Meßnetz (BLUME) des Senats von Berlin mit 31 SO_2-Meßstationen, die in einem Abstand von jeweils 4 km rasterartig über die Stadt verteilt sind. Gemessen werden von ihnen die Konzentrationswerte, wie sie sich unter dem Einfluß der Diffusion außerhalb der Quellen in der Luft einstellen; diese auf Menschen, Tiere und Pflanzen wirkenden Konzentrationsverhältnisse bezeichnet man als Immission.

In Abb. 16.1 a, b sind die mittleren SO_2-Konzentrationen im Winter für Wetterlagen ohne und mit bodennahen Inversionen einander gegenüberge-

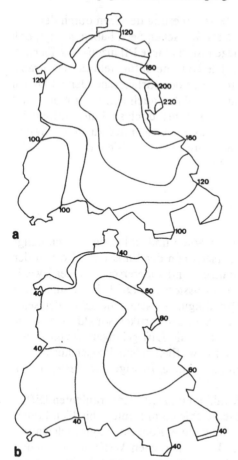

Abb. 16.1. Winterliche SO_2-Verteilung in Berlin an Tagen ohne (**a**) und mit tiefen Inversionen (**b**) in $\mu g/m^3$

stellt. In beiden Fällen wird deutlich, daß die Konzentrationswerte von der Innenstadt, wo die Einwohnerdichte etwa 10 000 Menschen/km^2 beträgt, zu den Außenbezirken, deren Wohndichte z. T. nur bei 1000 Einwohnern/km^2 liegt, erheblich abnimmt. Der Einfluß der Stabilität der bodennahen Luftschichten auf den Grad der Luftverunreinigung erkennt man daran, daß bei Inversionswetterlagen in allen Stadtteilen ein SO_2-Gehalt angetroffen wird, der durchschnittlich etwa doppelt so hoch ist wie an Tagen ohne tiefe Inversionen.

Die Windrichtung ist ein Indikator, in dem einerseits die Lage eines Areals relativ zu den Emittenten der Luftbeimengungen zum Ausdruck kommt und andererseits die meteorologischen Eigenschaften der verschiedenen Luftmassen. So weist eine maritime westliche Luftmasse andere Eigenschaften auf als eine kontinentale aus Osten, eine polare nördliche andere als eine subtropische südliche. In Abb. 16.2a, b sind die mittleren jährlichen SO_2-Verteilungen bei Westwind und Südostwind einander gegenübergestellt. Während bei westlichem Wind die Luftbelastung relativ gering ist, steigt sie bei Südostwind in allen Stadtteilen auf mehr als doppelt so hohe Werte an.

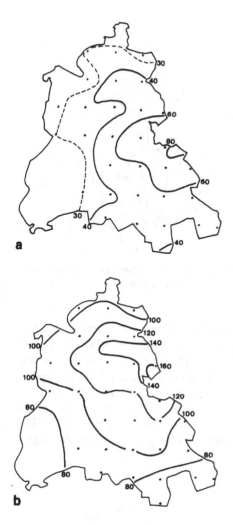

Abb. 16.2. Mittlere jährliche SO₂-Verteilung in Berlin bei Nordwestwind (**a**) und Südostwind (**b**) in μg/m³

In Abb. 16.3 a, b wird der Einfluß der Windgeschwindigkeit auf den Grad der Luftbelastung sichtbar. Wiedergegeben ist dort der mittlere Unterschied im SO_2-Gehalt zwischen schwach- und starkwindigen Tagen. Aus der Betrachtung aller Tage, also über alle Windrichtungen (a) folgt, daß auffrischender Wind infolge erhöhter Transport- und Diffusionsbedingungen grundsätzlich zu einer Abnahme der Konzentrationen führt. In Gebieten oder zu Jahreszeiten, wo ein Großteil der Emissionen durch den Hausbrand verursacht ist und aus niedrigen Schornsteinen in die Luft gelangt, kann jedoch ein stärkerer Wind gebietsweise auch zu Konzentrationserhöhungen führen, wie dieses in der Abbildung für Ostwindwetterlagen deutlich wird. Einerseits führt nämlich der Einfluß der Gebäude gerade bei niedrigen Emittenten dazu, daß bei stärkerem Wind Turbulenzwirbel entstehen, die die Rauchfahnen nach unten drücken, so daß dort die Konzentration steigt. Andererseits wird bei auffri-

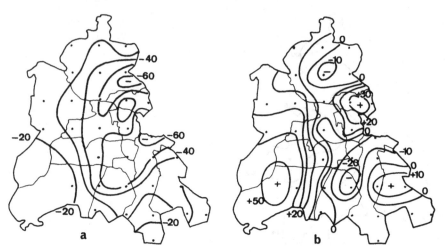

Abb. 16.3. Änderung des SO_2-Gehalts bei auffrischendem Wind über alle Windrichtungen gemittelt (**a**) und bei Ostwind (**b**) im Berliner Stadtgebiet in $\mu g/m^3$

schendem Wind die „Rauchgaswolke" von ihrem Entstehungsgebiet verstärkt in Windrichtung verlagert und führt dann in an sich weniger belasteten Gebieten zu einem Konzentrationsanstieg. Dieser Effekt wird in dem westlichen Maximum sichtbar, während es in den übrigen Gebieten je nach Turbulenzbedingungen teils zu einer Abnahme, teils zu einer Zunahme von SO_2 kommt.

Daß die Wetterlage nicht nur die Immissionen, sondern auch die Emission selber beeinflussen kann, folgt aus Abb. 16.4a, b. Dort ist die mittlere SO_2-Verteilung für milde und kalte Wintertage wiedergegeben. Liegen die Tages-

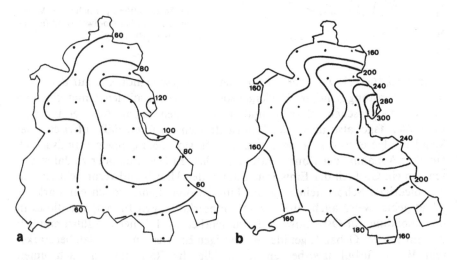

Abb. 16.4. SO_2-Verteilung in Berlin an milden (**a**) und an sehr kalten Wintertagen (**b**) in $\mu g/m^3$

mitteltemperaturen zwischen -5 und $-10\,°C$, so treten erheblich höhere SO_2-Konzentrationen auf als an milden Wintertagen mit Temperaturen zwischen $+5$ und $+10\,°C$. Neben der völlig andersartigen Wetterlage bei den gegenübergestellten Situationen muß an den kalten Wintertagen erheblich stärker geheizt werden, so daß durch den erhöhten Verbrauch von Kohle, Öl und Erdgas auch die Emission entsprechend ansteigt.

Auch wenn die Abhängigkeit der SO_2-Imission von der jeweiligen Wettersituation im Grundsatz überall gültig ist, so wird doch der Grad der Belastung primär durch die Emission in einer Region bestimmt. Dieser Sachverhalt sei ebenfalls für den Raum Berlin erläutert. In Abb. 16.5 ist nach Angaben der Berliner Senatsverwaltung die Höhe der SO_2-Belastung auf der Basis der Jahresmittelwerte für den Zeitraum 1970–1998 wiedergegeben. In den 1970er Jahren lagen in der „Berliner Luft" die Mittelwerte bei oder sogar über 100 µg/m^3. Nach dem Ölpreisschock Ende der 1970er Jahre, wurde eine Reihe von Maßnahmen politisch verordnet, um den Verbrauch an Kohle und Heizöl und damit die SO_2-Emission zu senken. Dazu gehörte u.a. die Förderung der Wärmedämmung der Gebäude, die Modernisierung und Kontrolle der Heizungsanlagen und der Einsatz schwefelarmer Brennstoffe. Die Folge ist der SO_2-Rückgang in den 1980er Jahren. Allerdings kamen die Maßnahmen nur im Westen der Stadt zur Anwendung.

Aus dem Ostteil Berlins gelangten zu dieser Zeit keinerlei Informationen über die dortige Luftbelastung an die Öffentlichkeit. Dieses änderte sich nach der deutschen Einheit. Zum einen wurde das Messnetz über die ganze Stadt ausgedehnt, zum anderen kamen die technischen Maßnahmen zur Emissionsminderung überall zum Einsatz. Der in Abb. 16.5 zu erkennende deutliche SO_2-Rückgang nach 1990 ist wesentlich auf die neuen Umweltmaßnahmen zurückzuführen. Im Vergleich zu den 1970er Jahren hat sich die Luftqualität in Bezug auf die SO_2-Belastung erheblich verbessert.

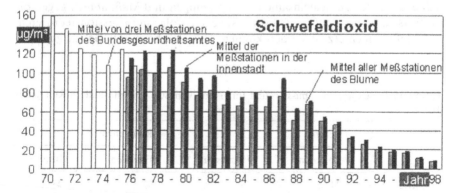

Abb. 16.5. Jahresmittelwerte der SO_2-Belastung von Berlin im Zeitraum 1970–1998 (Senatsverwaltung für Stadtentwicklung und Umweltschutz)

16.2 Emission und Immission

Welchen Beitrag Industrie, Hausbrand und Verkehr bei der Emission wie bei der Immission von SO_2 leisten, sei am Beispiel der Großstadt Berlin und des industriellen Ballungsraums Ruhrgebiet-West veranschaulicht. Dabei zeigen die Werte in Tabelle 16.1 deutlich die strukturellen Unterschiede zwischen beiden Regionen.

Der größte prozentuale Anteil der SO_2-Emission erfolgt in Berlin wie im Ruhrgebiet von der Industrie, während der Beitrag des Verkehrs bei der SO_2-Abgabe an die Luft gering ist. Eine mittlere Stellung nimmt der Hausbrand ein, dessen Anteil jedoch in Berlin mit seiner großen Wohndichte wesentlich höher ist als im Ruhrgebiet.

Hinsichtlich der Immission ergibt sich dagegen ein anderes Bild. So liefert der Hausbrand in Berlin zur bodennahen SO_2-Konzentration einen 3mal so großen Anteil wie Industrie und Kraftwerke. Die Ursache für den auch im Ruhrgebiet im Vergleich zur Emission recht hohen Immissionswert ist in den niedrigen Schornsteinhöhen der Gebäudeheizungen zu suchen, wodurch die Rauchgasabgabe nur wenige Meter bis Dekameter über dem Erdboden erfolgt. Dagegen zeigt sich, daß die Industrieemissionen aus den Hochkaminen in Standortnähe um die Emittenten nur einen vergleichsweise geringen Beitrag liefern. Jedoch hat die „Philosophie der hohen Kamine" auch ihren Nachteil. Sie sind es nämlich, die v. a. zum Ferntransport der Luftbeimengungen beitragen, so daß es, wie gesehen, durch den SO_2-Ausstoß Mittel- und Westeuropas in Schweden zu einer Versauerung der Seen kommt. Damit wird auch verständlich, wieso im Ruhrgebiet und auch in Berlin etwa 1/3 der Immission auf SO_2-Transporte von Quellen in anderen Gebieten zurückgeht. Entschwefelungs- und Entstickungsanlagen sind ein wirksames Mittel zur Verringerung von Emissionen.

Zusammenfassend läßt sich daher feststellen, daß es sich bei der Luftverunreinigung um ein vielschichtiges „grenzüberschreitendes" Problem handelt und daß alle Staaten zu gemeinsamen Anstrengungen und Maßnahmen gegen die Luftverschmutzung aufgerufen sind. Welche Erfolge mit emissionsreduzierenden Maßnahmen erzielt werden können, läßt sich beim SO_2-Gehalt gut bele-

Tabelle 16.1. Beiträge zur Emission und Immission von SO_2 in Berlin und im Ruhrgebiet in (%)

	Berlin		Ruhrgebiet	
	Emission	Immission	Emission	Immission
Industrie	74	15	92	48
Hausbrand	24	45	7	22
Verkehr	2	5	1	2
Transport	–	35	–	28

gen. So beträgt in Berlin wie im Ruhrgebiet die SO_2-Belastung heute weniger als 50% der Werte, die bis 1980 gemessen wurden. Unverändert hoch ist dagegen der Gehalt an Stickoxiden und Kohlenwasserstoffen in unserer Atemluft.

16.3 Smog

Unter Smog versteht man eine Situation, bei der die Luftverunreinigung extrem hohe Werte erreicht. Der Begriff selber ist ein angelsächsisches Kunstwort und setzt sich aus den Wörtern „smoke" = Rauch und „fog" = Nebel zusammen. Mit dieser Wortkombination wird verdeutlicht, daß Smog durch das Zusammentreffen von sehr hoher Emission und einer ungünstigen Wetterlage entsteht.

Wie geschildert, sind es windschwache und sehr stabile, durch Inversionen gekennzeichnete Wetterlagen, die zu hohen Konzentrationswerten führen. Infolge des schwachen Winds werden die in die Luft abgegebenen Gase oder Partikel nicht horizontal forttransportiert, infolge der Inversion können sie nicht in höhere Luftschichten gelangen, d. h. bei diesen austauscharmen Wetterlagen akkumulieren die Luftbeimengungen um die Emittenten und treiben dort den Verunreinigungsgrad der Luft in die Höhe.

Es sind 2 Arten von Smog zu unterscheiden, den schwefeligen und den photochemischen Smog.

Der schwefelige Smog entsteht durch die Freisetzung von SO_2 infolge Verbrennung von Kohle, Öl und Erdgas. Er tritt v. a. in der kalten Jahreszeit auf, wenn zu den Emissionen von Industrieanlagen und Kraftwerken eine große Heizungsemission kommt. Der mittlere Jahresgang in Abb. 16.6 bringt am Beispiel Berlin deutlich die hohen winterlichen SO_2-Werte zum Ausdruck.

Die starke Akkumulation von Luftbeimengungen und die in der kalten Jahreszeit für Schwachwindwetterlagen typische hohe Luftfeuchte führen dazu, daß das Wetter bei Smogsituationen trübe und neblig ist. Die Reizung der Augen sowie der Atemwege bis zu Erstickungsanfällen sind die Folge der hohen Schadstoffkonzentrationen. Welche dramatische Form der Smog bzw. seine Auswirkungen erreichen kann, wurde im Dezember 1952 deutlich, als es in London zu einer Luftverschmutzungskatastrophe gekommen ist. Während etwas mehr als 1 Woche starben rund 4000 Menschen mehr als durchschnittlich um diese Jahreszeit. Ungefähr 1/2 Mio. t SO_2 befand sich zu dieser Zeit infolge hoher Emission und ungünstiger Wetterlage in der Londoner Luft. Dabei waren die Hauptluftverschmutzer die vielen Wohnhäuser mit ihren Kohleheizungen. Seit der Umstellung auf Fernheizung hat sich dieser Vorgang nicht mehr wiederholt, ist auch die überdurchschnittliche Häufigkeit des Londoner Nebels verschwunden.

Bei der Frage, ob eine Smogsituation vorliegt oder nicht wird in den Großstädten neben dem SO_2 auch die Konzentration von Kohlenmonoxid (CO) be-

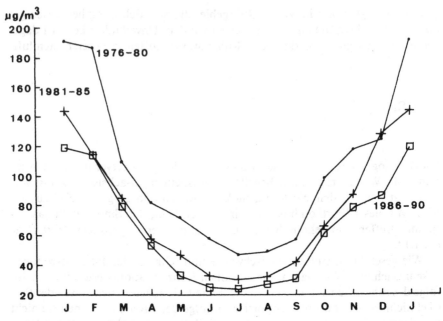

Abb. 16.6. Jahresgang des SO_2-Gehalts

rücksichtigt. CO ist das Produkt unvollständiger Verbrennungsprozesse und gelangt außer durch die Schornsteine auch durch den Verkehr in die Luft. In den Smogverordnungen wird z. B. vielfach ein Index der Form: $S = (SO_2/0,4)+(CO/15)$ gebildet, wobei der SO_2- und CO-Gehalt in mg/m^3 eingehen. Überschreitet der Index den Wert 2, so wird Smogalarm ausgelöst. Je nach Überschreitungsbetrag, d. h. Smogalarmstufe, werden Maßnahmen zur Begrenzung der Emissionen angeregt bzw. vorgeschrieben. Diese reichen von der Aufforderung, das Auto stehenzulassen und die Wohnraumheizung kleiner zu stellen über die Verwendung schwefelarmen Heizöls in den Industriebetrieben bis zur Abschaltung von Industrieanlagen und zum totalen Kraftfahrzeugverbot.

Die andere Smogart kommt durch eine photochemische Reaktion, d. h. durch eine chemische Reaktion unter der Einwirkung von intensiver Sonnenstrahlung zustande. Seine chemischen Hauptbestandteile sind Kohlenwasserstoffe, z. B. Methan, sowie Stickstoff-Sauerstoff-Verbindungen von Industrieabgasen und Verkehr, wobei die Stickoxide zu fast 50% durch die Autoabgase in die Luft gelangen.

Trifft die energiereiche UV-Strahlung auf Stickstoffdioxid (NO_2), so entsteht durch die Abspaltung eines Sauerstoffatoms (O) und dessen Anlagerung an den Luftsauerstoff (O_2) zusätzlich die 3atomige Sauerstoffverbindung Ozon (O_3). Wie die Stickoxide und die Kohlenwasserstoffe hat auch Ozon bei höheren Konzentrationen schädliche Auswirkungen auf Menschen, Tiere und Pflanzen.

Bei austauscharmen Wetterlagen sammeln sich die photochemischen Luft-beimengungen in hohen Konzentrationen unterhalb von Inversionen an. Vor allem vom Flugzeug aus ist der tiefer liegende Smogbereich an seiner gelblich-bräunlichen Färbung deutlich zu erkennen. Negative Schlagzeilen hat dieser photochemische Smogtyp u. a. in Los Angeles gemacht. Auch bei den sommer-lichen Smogsituationen Mitteleuropas führen die photochemischen Prozesse zu hohen Ozonwerten.

In den deutschen Großstädten hat heute der sommerliche Ozonsmog eine größere Bedeutung erlangt als der schwefelige Wintersmog. SO$_2$-Filteranlagen in Industrie und Kraftwerken, der Einsatz schwefelarmer Kohle und Heizöle sowie von Erdgas, verbesserte Wärmedämmung in Wohnhäusern und elektro-nisch gesteuerte Heizanlagen zur Verbrauchsreduzierung haben die SO$_2$-Emis-sion und damit auch die Immissionswerte deutlich verringert. Selbst in den kal-ten Wintern 1995/96 und 1996/97 mußte kein Smogalarm ausgelöst werden.

Die Zunahme des Verkehrs hat dagegen trotz Katalysator in sonnigen Som-mern, z. B. 1994 und 1995, wiederholt zu hohen Ozonkonzentrationen in der Luft geführt. Da die Ozonbildung an die Intensität der UV-Strahlung gebun-den ist, weist die Ozonkonzentration folglich ebenfalls einen Tagesgang auf. Wie Abb. 16.7 zeigt, steigt sie nach Sonnenaufgang an, erreicht in den Mittags- und Nachmittagsstunden ihr Maximum und nimmt danach rasch bis zum nächt-lichen Minimum ab.

Ozon ist ein lungengängiges Gas, das bei hohen Dosen ein Stechen in der Lunge und stark tränende Augen hervorrufen kann. Dieses kann man vermei-den, wenn man an Tagen mit Ozonsmog körperliche Anstrengungen, auch sportliche Betätigungen, in die Morgen- oder Abendstunden verlegt, also die

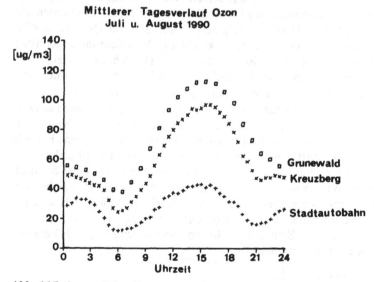

Abb. 16.7. Sommerlicher Tagesgang der Ozonkonzentration. (Nach Messungen der Berliner Senatsverwaltung für Stadtentwicklung und Umweltschutz)

hohen Mittagskonzentrationen umgeht. In Räumen zerfällt Ozon sehr schnell durch chemische Reaktionen wieder zu Sauerstoff, so daß der Aufenthalt dort auch an Tagen mit Ozonsmog gesundheitlich unbedenklich ist, d.h. Kinder sollten nicht im Freien spielen.

Paradox klingt es, daß bei Ozonsmog die Konzentrationen in den Grüngebieten von Städten höher sind als in der Innenstadt oder an der Autobahn. Dieses erklärt sich daraus, daß Autos auch ozonzerstörende Substanzen ausstoßen, während diese in den Reinluftgebieten fehlen, so daß die vom Wind dorthin getragenen Ozonwolken ihre hohe Konzentration länger beibehalten.

16.4 Ausbreitungsrechnung

Grundsätzliches

Eine Grundforderung an die Meteorologie ist es, das physikalische Verhalten der Luftbeimengungen auf ihrem Weg von der Emission zur Immission zu beschreiben. Das Ziel ist es, bei bekannter Emissionsmenge Aussagen darüber zu machen, wie hoch die durch den betrachteten Emittenten verursachte Belastung ist oder die Zusatzbelastung sein wird, wenn ein entsprechender Emittent, z.B. ein Kraftwerk, gebaut wird. Zu diesem Zweck wurden mathematisch-physikalische Diffusionsmodelle entwickelt, die eine Abschätzung der Konzentrationsverteilung um den Standort des Emittenten in Abhängigkeit von der jeweiligen Wetterlage erlauben.

Bei den Diffusionsmodellen geht man davon aus, daß es sich um ein chemisch stabiles Gas handelt, es also auf seinem Transportweg nicht umgewandelt wird. Für die Ausbreitung wird angenommen, daß vom Emittenten ein konstanter Massenstrom Q (kg/s) freigesetzt wird, der von Querschnittsflächen der Luft aufgenommen wird, die senkrecht zur Windrichtung angeordnet sind und in Windrichtung den Emittenten passieren. Die Schadstoffmenge verbleibt in der driftenden Querschnittsfläche und breitet sich dort seitlich und vertikal nach den Gesetzen der turbulenten Diffusion aus (Abb. 16.8).

Hinsichtlich der Wetterverhältnisse müssen quasistationjäre Zustände herrschen, um einheitliche Turbulenzbedingungen ansetzen zu können. Dieses wird erreicht, indem die zeitlichen meteorologischen Veränderungen in eine Folge in sich quasistationärer Zustände mit einem geeigneten Zeitintervall zerlegt werden. Zu jedem stationären Zustand ist für das Untersuchungsgebiet die mittlere horizontale Windrichtung zu bestimmen, wobei man die x-Achse des Koordinatensystems so orientiert, daß sie in Windrichtung liegt. Die an einer Stelle mit den Koordinaten (x, y, z) auftretende Konzentration S (x, y, z), die von einer Punktquelle im Zentrum des Koordinatensystems (O, O, h_0) erzeugt wird, läßt sich dann bestimmen als

$$S(x, y, z) = Q R(x, y, z, h) \ ,$$

wobei Q die konstante Quellstärke und R (x, y, z, h) eine Funktion ist, welche

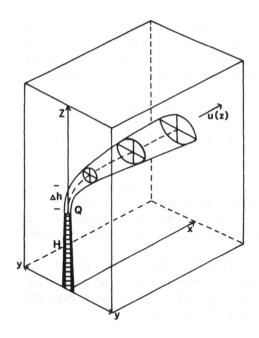

Abb. 16.8. Schematische Darstellung
zur Ausbreitungsrechnung

die Form der Rauchgasfahne beschreibt. Dabei werden in R die Ausbreitungsbedingungen je nach Wetterlage erfaßt. Bei den sog. Gauss-Modellen geht die zusätzliche Annahme ein, daß die Konzentrationsverteilungen senkrecht zur x-Achse, also in y- und in z-Richtung einer Gauss-Normalverteilung folgen, d. h. die Abnahme der Konzentrationswerte seitlich und vertikal zu der in Windrichtung liegenden Rauchfahnenachse durch die Streuungen σ_y und σ_z einer Normalverteilung beschrieben werden können.

Für kleinere, horizontal verteilte Emittenten, wie sie z. B. die vielen Hausschornsteine darstellen, setzt man die Quellstärke Q als Funktion des Flächenelements dx_0, dy_0 an. Die Gesamtemission ist in diesen Fällen durch Integration der einzelnen Emissionsbeiträge zu bestimmen.

Anwendung

Für Ausbreitungsrechnungen sind eine Reihe verschiedener Diffusionsmodelle mit teils unterschiedlichen physikalischen Schwerpunkten, teils unterschiedlichen empirischen Konstanten in den Gleichungen entwickelt worden. Dieses hat verschiedene Gründe, so soll für die Wissenschaft ein Modell möglichst alle physikalischen Vorgänge enthalten, wobei Datenbeschaffung und Rechenaufwand von untergeordneter Bedeutung sind. Hingegen sollen Modelle für die Praxis sowohl hinreichend genau als auch zugleich zeitökonomisch sein, d. h. einerseits müssen die Eingangsdaten ohne speziellen Meßaufwand verfügbar sein und andererseits muß die Rechenzeit sich in realistischen Grenzen halten.

In der „Technischen Anleitung zur Reinhaltung der Luft", der sog. „TA-Luft", hat der Gesetzgeber aufgrund von Expertenbefragungen ein Verfahren in Form einer allgemeinen Verwaltungsvorschrift festgelegt. Die Grundzüge dieser Ausbreitungsrechnung, bei der es sich um ein Gauss-Modell handelt, seien kurz vorgestellt.

Grundlage der Berechnungen ist die Ausbreitungsformel

$$S(x, y, z) = \frac{44,21\,Q}{u_h\,\sigma_y\,\sigma_z}\exp\left[\frac{-y^2}{2\sigma_y^2}\right]\left(\exp\left[\frac{-(z-h)^2}{2\sigma_z^2}\right] + \exp\left[\frac{-(z+h)^2}{2\sigma_z^2}\right]\right).$$

Dabei ist $S(x, y, z)$ die Konzentration der Luftbeimengung in mg/m³ im Punkt $P(x, y, z)$, Q der emittierte Massenstrom in kg/h, h die sog. effektive Quellhöhe in m, u_h die mittlere Windgeschwindigkeit in m/s in der Höhe h, σ_y, σ_z Streuparameter, die die seitlichen bzw. vertikalen Ausbreitungsbedingungen beschreiben.

Die Einführung der „effektiven Quellhöhe" ist deswegen erforderlich, weil die Rauchgase ja nicht in Kaminhöhe transportiert werden, sondern infolge ihres wärmebedingten Auftriebs in einer Höhe Δh über dem Kamin. Berechnet wird sie mit einer sog. Überhöhungsformel der Form

$$h = H + \frac{a\,M^b}{u_H},$$

wobei H die Kaminhöhe, M der emittierte Wärmestrom, u_H die Windgeschwindigkeit in Kaminhöhe und a bzw. b 2 Konstanten sind.

Wie bereits mehrfach erwähnt, ist für die Ausbreitung der Luftbeimengungen die jeweilige Wetterlage bedeutsam. Anhand der beobachteten Wind- und Bewölkungsverhältnisse werden 6 Ausbreitungsklassen unterschieden. Sie entsprechen den atmosphärischen Stabilitätsbedingungen: sehr labil, labil, neutral mit Tendenz labil, neutral mit Tendenz stabil, stabil und sehr stabil. Dabei läßt sich grundsätzlich sagen: Je geringer die Windgeschwindigkeit und je geringer der Bedeckungsgrad ist, um so stabiler ist die atmosphärische Schichtung während der Nachtstunden, um so labiler ist sie dagegen während der Tagesstunden.

Sind die Ausbreitungsklassen bestimmt, müssen die beiden Ausbreitungsparameter σ_y und σ_z berechnet werden. Dieses geschieht mit den Formeln

$$\sigma_y = F\,x^f \quad \text{und} \quad \sigma_z = G\,x^g,$$

wobei x die Entfernung des betrachteten Punkts vom Emittenten und F, f bzw. G, g für jede Ausbreitungsklasse festgelegte empirische Koeffizienten sind.

Als letzte Größe fehlt noch zur Anwendung der Ausbreitungsformel die Windgeschwindigkeit u_h in Ausbreitungshöhe h. Sie wird aus den Bodenwindbeobachtungen u_A nach einer Potenzfunktion

$$u_h = u_A \left(\frac{h}{z_A}\right)^m$$

berechnet, wobei z_A die Höhe des Windanemometers über Grund ist und m ein Exponent, dessen Betrag je nach Ausbreitungsklasse zwischen 0,09 (sehr labil) und 0,42 (sehr stabil) liegt.

Wie sehen nun Ergebnisse der Ausbreitungsrechnung im einzelnen aus? In Abb. 16.9 ist für einen 125 m hohen Kamin und eine Bodenwindgeschwindigkeit $u_A = 10$ m/s gezeigt, in welchem Maße sich bei konstanter Emission Q die Wetterlage, d. h. die Ausbreitungsverhältnisse auf die SO_2-Konzentration in Emittentennähe auswirkt. Bei sehr labiler bzw. labiler Schichtung führt die große Turbulenz dazu, daß das Konzentrationsmaximum groß und sehr scharf ausgeprägt ist und bereits in einem Abstand unter 1 km auftritt. Je stabiler die Schichtung wird, um so geringer wird nach den Ausbreitungsrechnungen die maximale Konzentration und um so weiter liegt das sich verbreiternde Maximum von der Rauchgasquelle entfernt. Auf Inversionswetterlagen bezogen heißt das somit, daß die Inversionen mit ihrer Sperrschichteigenschaft dafür sorgen, daß die Immissionen auch in größerer Entfernung vom Emittenten noch hoch sind.

Sind an einem Ort durch die Klimatologie die Art, Dauer und Häufigkeit der auftretenden Wetterlagen bekannt, so läßt sich aus der Summe der Einzel-

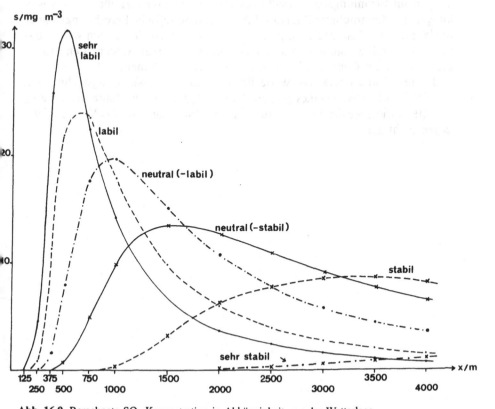

Abb. 16.9. Berechnete SO_2-Konzentration in Abhängigkeit von der Wetterlage

rechnungen die mittlere jährliche (Zusatz-)Belastung durch bestimmte Emittenten oder Emittentengruppen berechnen, läßt sich eine kausale Luftbelastungsklimatologie erstellen, wie es z. B. Fortak (1971) für die Stadt Bremen („Bremer Modell") aufgezeigt hat.

Abschließend sei noch etwas zu den Grenzen der Ausbreitungsrechnung gesagt. Eine Grenze wird deutlich, wenn wir bedenken, daß die Windgeschwindigkeit im Nenner der Ausbreitungsformel steht, d. h. diese für Windstille ($u_h = 0$) nicht definiert ist. Grundsätzlich ist festzuhalten, daß die Ausbreitungsgleichung aus physikalischen Gründen (Vernachlässigung von Wechselwirkungsprozessen zwischen den wandernden Querschnittsflächen) für Windgeschwindigkeiten unter 1 m/s keine zuverlässigen Ergebnisse liefert. Auch der Einfluß von Höheninversionen wird nicht erfaßt.

Außerdem gilt die Ausbreitungsgleichung nur für eine ebene Erdoberfläche. Topographische Einflüsse sind ebensowenig mit ihr zu erfassen wie der Einfluß hoher Gebäude in Emittentennähe, die bei hohen Windgeschwindigkeiten durch die an ihnen entstehenden turbulenten Nachlaufwirbel die Rauchgasfahne bis zum Erdboden herunterziehen können. Topographie- und Gebäudeeinflüsse lassen sich nur durch Experimente im Wind- oder Wasserkanal hinreichend genau abschätzen. Dazu baut man das Gelände bzw. die Gebäudeanordnungen im Strömungskanal maßstabsgetreu nach und vermißt ihre Auswirkungen auf die simulierte Rauchgasfahne. Klimatologische Berechnungen über die langfristige Zusatzbelastung durch einen geplanten Emittenten sollten daher stets durch Strömungskanaluntersuchungen ergänzt werden, wenn topographische oder Gebäudeeffekte eine Rolle spielen können.

Hinreichend zuverlässige Werte liefern derartige Ausbreitungsrechnungen nur für die Mittelwerte eines großen Kollektivs, z. B. für die Jahresmittelwerte. Für die Vorhersage der Luftbelastung an einzelnen Tagen ist das Verfahren dagegen nicht geeignet.

17 Wetterbeeinflussung

Der Wunsch, das Wetter beeinflussen zu können, dürfte so alt wie die Menschheit sein. Vor allem der Mensch früherer Zeiten war den Unbilden des Wetters hilflos ausgeliefert. Dürren oder Wolkenbrüche zur Wachstumszeit hatten zwangsläufig Hungerkatastrophen zur Folge, führten zu einer Existenzbedrohung der Betroffenen. Es ist daher nicht verwunderlich, wenn die Naturvölker in ihrer Hilflosigkeit das Wirken erzürnter Götter hinter Hagelschlag, Wolkenbrüchen, Orkanen und Dürren sahen und sich bemühten, die Wettergötter gnädig zu stimmen. Trotz eines funktionierenden Agrarwelthandels zeigen die Dürre in der Sahelzone Afrikas, wo zeitweise rund 50% der jährlichen Niederschlagsmenge fehlte, Überschwemmungen in Brasilien oder eine Abschwächung des Monsuns in Indien wie gravierend, ja existenzbedrohend auch heute noch die Folgen sind, die von den Anomalien des Wetters hervorgerufen werden. Welche Möglichkeiten hat die moderne Wissenschaft, um steuernd oder korrigierend in das Wettergeschehen einzugreifen?

17.1 Nebelauflösung

Wie wir in Kap. 2 gesehen haben, herrscht Wasserdampfsättigung, wenn die vorhandene Wasserdampfmenge gleich dem bei der herrschenden Temperatur maximal möglichen Wasserdampfgehalt ist. Dann beträgt die relative Feuchte 100%, und es entsteht infolge Kondensation Nebel.

Erhöht man die Temperatur, so vergrößert sich das Aufnahmevermögen für Wasserdampf, also der Sättigungsdampfdruck E. Anhand der Formel für die relative Feuchte $rF = (e/E) \cdot 100$ erkennt man, daß ein größerer Wert von E bei unverändertem, beobachteten Wasserdampfgehalt e zu einem Rückgang der relativen Feuchte führt, d.h. aus gesättigter Nebelluft wird ungesättigte Luft, wenn man die Temperatur erhöht, und die Sicht bessert sich.

Eine einfache und umweltfreundliche Möglichkeit, die Lufttemperatur zu erhöhen, sind Infrarotlampen, also Wärmestrahler. Sie werden auf Flughäfen längs der Start- und Landebahnen installiert oder auf den Straßen an stark nebelgefährdeten Stellen angebracht. Wird eine kritische Sichtweite unterschritten, so schalten sie sich automatisch ein.

Auf Temperatur- und Feuchteunterschiede ist die häufig zu beobachtende Situation zurückzuführen, daß bei Nebelwetterlagen die Sicht in der Innenstadt besser ist als in den Außenbezirken bzw. im freien Umland, denn, wie geschildert, ist die dichtbebaute Innenstadt wärmer und etwas trockener als die Umgebung, wobei sich beide Effekte addieren und schon geringe Differenzen große Auswirkungen auf die Sichtweite haben.

17.2 Hagelbekämpfung

Hagelschlag ist eine von der Landwirtschaft besonders gefürchtete Wettererscheinung, da die herabprasselnden kirsch- bis taubeneigroßen Hagelkörner das Getreide niederschlagen und dadurch ganze Getreideareale vernichten können. Will man versuchen, etwas gegen dieses Naturereignis zu unternehmen, muß man in die wolkenphysikalischen Prozesse bei der Hagelbildung steuernd eingreifen.

Hagelkörner entstehen in Kumulonimbuswolken, wenn infolge der starken Vertikalbewegungen die Eiskörner in der Wolke mehrfach auf- und abwärts gerissen werden und dabei mit unterkühlten Wassertropfen zusammenstoßen. Die Tropfen erstarren, d. h. gefrieren beim Zusammenstoß an den Eiskörnern und führen auf diese Weise zu deren fortlaufender Vergrößerung. Dieses wiederholte Anfrieren in unterschiedlichen Höhen- und damit Temperaturbereichen in der Wolke wird dadurch sichtbar, daß die Hagelkörner um ihren Eiskern einen schalenförmigen Aufbau aufweisen.

Um daher die Bildung von größeren Eiskörnern zu verhindern, muß man bereits im Frühstadium in eine Kumulonimbuswolke eingreifen. Dieses geschieht, indem man sehr viele kleine Eiskerne in die Wolke hineinbringt, so daß das in der Wolke vorhandene unterkühlte Wasser sich an viele Eiskerne anlagern kann und statt wenigeren, aber großen, viele kleine Eiskörner entstehen. Bei diesen ist die Wahrscheinlichkeit, daß sie beim Ausfallen schmelzen, recht groß, so daß der Niederschlag statt als Hagel als Regen auftritt. Als künstliche Eiskerne werden in der Regel Silberjodidkristalle verwendet, da ihre Struktur denen der hexagonalen Eiskristalle sehr ähnlich ist. Dieses Verfahren wird u. a. im Alpengebiet zur Hagelbekämpfung eingesetzt, wo ohne diese Maßnahmen nach Schätzungen allein im Raum Rosenheim jährlich Millionenschäden in der Landwirtschaft durch Hagelschlag zu erwarten wären. Praktisch geht der Eingriff in die Wolkendynamik heute so vor sich: Wetterflieger begeben sich mit ihren Kleinflugzeugen in die Kumulonimbus-Wolken, solange diese noch im Entwicklungsstadium sind, und verstreuen in ihnen Silberjodidkristalle. Daneben gibt es Versuche, mit Hilfe von Ultraschall dem Hagelschlag entgegenzuwirken. Der Grundgedanke ist dabei, daß energiereiche Stoßwellen in der Lage sind, Hagelkörner zu zertrümmern. Die Eissplitter würden dann beim Ausfallen wiederum leichter schmelzen. Ein analoger Weg wird in der Medizin beschritten, um Nierensteine zu Grus zu zertrümmern und so eine Operation zu umgehen.

17.3 Regenerzeugung

Auf der gleichen wolkenphysikalischen Überlegung wie die Hagelbekämpfung basiert die künstliche Erzeugung von Regen. In den ausgedehnten Halbtrockengebieten der Erde, z. B. im Mittelwesten der USA oder der Pampa Argentiniens, führt die sommerliche Einstrahlung zwar zur Bildung von Konvektionswolken, doch regnet es aus ihnen nicht. Die Ursache dafür ist, daß in den Schönwetterkumuli die Wolkentröpfchen so klein bleiben, daß sie vom Aufwind in der Schwebe gehalten werden, oder beim Ausfallen in der ungesättigten Luft unter der Wolke restlos verdunsten.

Es gilt daher, günstigere Bedingungen für den Wachstumsprozeß der Wolkenelemente zu schaffen. Dieses geschieht, indem man die Wolken mit Eiskernen „impft". In der Praxis sieht das so aus, daß vom Flugzeug aus Silberjodidkristalle oder Kohlensäureschneekristalle in die Wolken gestreut werden. An ihnen können die Wassertröpfchen der Wolke anfrieren, so daß auf diese Weise größere Wolkenelemente entstehen, die beim Ausfallen eine Chance haben, als Regen den Erdboden zu erreichen. Wichtig ist in diesem Falle, daß nicht zuviele künstliche Eiskerne in die Wolke gebracht werden, denn im Gegensatz zur Hagelbekämpfung lautet hier das Prinzip, eine begrenzte Anzahl größerer Wolkenelemente statt einer Vielzahl von kleineren zu erzeugen.

Aus allem wird deutlich, daß die Niederschlagserzeugung ein recht diffiziles Problem ist. So ist es nicht verwunderlich, daß die wissenschaftlichen Versuche bisher nur in einem Teil der Fälle, und zwar nur zu etwa 50%, zum Erfolg geführt haben. Nichtsdestotrotz gibt es in den USA Firmen, die als „Regenmacher" ein Geschäft mit dem Wetter betreiben.

Eine für die künstliche Regenerzeugung wichtige Voraussetzung ist, daß bereits Wolken vorhanden sind. Theoretische Betrachtungen zeigen, daß unwirtschaftlich große Mengen an Wärmeenergie aufgebracht werden müßten, um so viel Luft zu erwärmen und zum Aufsteigen zu bringen, daß größere Wolkenkomplexe entstehen. Daß es dennoch möglich ist, künstlich Wolken zu erzeugen, zeigen zum einen die durch den Betrieb von Kühltürmen erzeugten Wolken. Zum anderen wird von brennenden Städten aus dem Krieg, z. B. von Frankfurt/Main, berichtet, daß sich in wolkenloser Umgebung über der brennenden Stadt plötzlich eine hochreichende Konvektionswolke entwickelte, aus der zeitweise etwas Niederschlag fiel.

17.4 Wirbelsturmbeeinflussung

Tropische Wirbelstürme sind Wettersysteme, die mit ungeheuren Verwüstungen verbunden sind. Winde mit Orkanstärke, unvorstellbare Wolkenbrüche und meterhohe Flutwellen sind ihre Attribute. Es wäre ein Segen für die von ihnen heimgesuchten Landstriche, ließen sich die Hurrikane und Taifune beeinflussen, in ihrer zerstörenden Wirkung abschwächen.

In wissenschaftlichen Großprojekten hat man in den USA versucht, das Verhalten der tropischen Wirbelstürme zu erkunden und als Folge der gewonnenen Ergebnisse, in ihren Mechanismus einzugreifen. So sind zum einen Versuche gemacht worden, Wirbelstürme mit Silberjodidkristallen zu impfen, um sie primär vor dem Erreichen bewohnter Landstriche noch über dem Meer zum Abregnen zu bringen. Aufgrund der Erkenntnis, daß die tropischen Wirbelstürme ihre ungeheure Energie aus dem Verdunstungsprozeß der Ozeane beziehen, hat man zum anderen versucht, die Wasseroberfläche gewissermaßen zu „versiegeln". Dazu wurde ein dünner Ölfilm auf das Wasser aufgebracht, um auf diese Weise die Verdunstung und damit den Energienachschub zu bremsen. Es ist jedoch zweifelhaft, ob die Orkane auf diesem Weg wesentlich beeinflußt werden können, da der Ölfilm in der tobenden See kaum längere Zeit Bestand haben kann. Der wissenschaftlichen Zukunft bleibt es daher vorbehalten, erfolgversprechendere Methoden gegen die Naturgewalt zu entwickeln.

18 Schlußbetrachtungen

Wie wir gesehen haben, ist die Atmosphäre ein hochkomplexes mathematisch-physikalisches und chemisches System. Menschlichen Eingriffen sind dabei enge Grenzen gesetzt, und zwar nicht nur wissenschaftlich-technische. So ist z. B. Regen eine sehr ernste Angelegenheit, wo nicht genügend Niederschlag zur Verfügung steht. Werden Wolken in einer Region zum Ausregnen gebracht, so fehlt das Regenwasser in den windabwärts gelegenen Gebieten. Selbst in unserem immerfeuchten Klima haben Frühjahrs- oder Frühsommertrockenheit erhebliche Streßauswirkungen auf die Vegetation und damit auf die nachfolgende Ernte.

Nicht ohne Grund haben unsere mittelalterlichen Vorfahren die für Vegetation und Ernte optimalen Witterungsbedingungen in ihren Bauernregeln zum Ausdruck gebracht. Dort heißt es z. B. über die Monate April bis Juni: „April trocken – macht die Saat stocken", „Ist der Mai kühl und naß, füllt's dem Bauern Scheun und Faß", „Wie das Wetter im Juni soll sein? Wärme, Regen, Sonnenschein". Regen ist ein kostbares, ein lebenswichtiges Gut; wo er fehlt, sind fruchtlose Wüsten entstanden. Bei Klimaänderungen ist daher weniger die Temperatur als vielmehr die mögliche Änderung des Niederschlags das primäre Problem. Wer Regenwetter für „schlechtes" Wetter hält, sieht die Welt allein durch die Urlauberbrille. Aber selbst er sollte bedenken, daß er sein Leitungswasser ebenso wie das Wasser für Pflanzen und Tiere den Niederschlägen verdankt. Sonniges Wetter ist schönes Wetter, Regenwetter ist gutes Wetter, besagt eine israelische Volksweisheit.

Aber auch aus der Verantwortung gegenüber den nachfolgenden Generationen sind den menschlichen Eingriffen in die Atmosphäre Grenzen gesetzt. Wie die Beobachtungen zeigen, hat sich durch die menschlichen Aktivitäten die Konzentration von Treibhausgasen in der Atmosphäre, vor allem von Kohlendioxid, Methan und Distickstoffoxid, in den letzten 100–150 Jahren fortlaufend erhöht. Dieser Anstieg wirkt sich auf den langwelligen Strahlungshaushalt des Systems Erde-Atmosphäre aus. Nach den Modellrechnungen soll ein globaler Temperaturanstieg um mehrere Grad Celsius, eine globale Erwärmung, die Folge sein.

Ob diese Erwärmung wirklich in dem berechneten Umfang eintreten wird oder welche regionalen Auswirkungen für Temperatur und vor allem Niederschlag die Folge sein würden, vermag heute niemand mit Sicherheit zu sagen. Das Klimasystem der Erde mit seinen vielfältigen Wechselwirkungsmechanismen zwischen Atmosphäre, Ozean, fester Erde und Biosphäre sowie mit seiner unmittelbaren Abhängigkeit von Änderungen der Solarstrahlung ist so komplex, daß kein Klimamodell heute in der Lage ist, eine zuverlässige Prognose über den Klimaverlauf der nächsten 100 Jahre zu machen.

Alle bisherigen Klimaaussagen basieren auf sog. Szenarien, d.h. auf vielfältigen Annahmen über Art, Ausmaß und zeitliche Entwicklung von klimabeeinflussenden Faktoren in einem nichtlinearen Klimasystem. Daher werden derzeit alle Aussagen über die zukünftige Klimaentwicklung im Konjunktiv gemacht, d.h. es kann so werden, es kann aber auch eine andere Klimaentwicklung geben. Wer heute glaubt, er habe das komplexe Klimasystem verstanden, macht sich und anderen etwas vor.

Klimaveränderungen hat es immer gegeben, auch zu der Zeit als es noch keine anthropogenen Einflüsse auf die Atmosphäre gegeben hat. Klimaschwankungen sind etwas ganz natürliches, und die Aufgabe der Wissenschaft heute und morgen ist es, sorgfältig die natürlichen und die anthropogenen Ursachen voneinander zu trennen.

Es gibt keinen Zweifel, daß die 1990er Jahre das wärmste Jahrzehnt der letzten 150 Jahre waren (vgl. Abb. 12.5). Daraus aber den Schluß zu ziehen, dieses sei ein Beweis für den anthropogenen Einfluß, wäre voreilig, denn die 1790er Jahre waren in Mitteleuropa genau so warm wie die 1990er Jahre, und zwar ohne menschliches Zutun. Auch der beobachtete Temperaturanstieg von 1860 bis heute ist kein Beweis für eine anthropogene Klimaänderung, denn im 18. Jahrhundert waren die Mitteltemperaturen auf dem gleichen Niveau wie in den letzten Jahrzehnten.

Offenbar eine „Laune" der Sonne hat im 19. Jahrhundert zu einem deutlichen Temperatureinbruch geführt, von dem sich die globale Temperatur nur langsam wieder erholt hat. Über den anthropogenen Anteil am Temperaturanstieg gibt es sehr unterschiedliche Aussagen.

Auch die sprunghafte Zunahme der nordatlantischen Orkantiefs Ende der 80er Jahre (Abb. 13.6), die mit einem Temperaturanstieg im Golfstrombereich und einer Abkühlung im nordwestlichen Atlantik einhergeht, ist kein Beweis für eine anthropogene Erwärmung. Erst recht sind einzelne spektakuläre Wetterereignisse, wie z.B. das Oder- und Weichselhochwasser, kein Beweis für ein anthropogen verändertes Klima.

Was aber ist zu tun in einer Situation, in der ein signifikanter anthropogener Beitrag zu den Klimaänderungen in der Gegenwart nicht klar beweisbar und für die Zukunft noch nicht prognostizierbar ist, in der sich der Klimawissenschaft zur Zeit noch viele ungelöste Fragen stellen und in der sie noch viel Zeit braucht, bevor sie das komplexe Klimasystem wirklich verstanden hat?

Der gesunde Menschenverstand sagt einem, daß in einer derartigen Situation Vorsichtsmaßnahmen die sinnvollste Lösung sind. Nicht nur für die Gesundheit, auch für unser Klima ist Vorsorge die beste Medizin, solange kein klarer Befund vorliegt. Die Verminderung der Emission von Treibhausgasen durch den schonenden Umgang mit Energie und den wirtschaftlichen Einsatz von alternativen Energien ist eine solche sinnvolle Vorsorgemaßnahme. Für forschen Aktivismus gibt es dagegen derzeit keine Begründung. So hat es offensichtlich auch die Staatengemeinschaft auf der Weltklimakonferenz 2001 in Bonn gesehen und ein Abkommen mit Augenmaß beschlossen. Je nach dem Erkenntnisstand der Wissenschaft kann dieses in der Zukunft modifiziert werden.

Dagegen wird es eine Notwendigkeit sein, daß sich der Mensch in immer stärkerem Maße bewußt wird, daß die Berücksichtigung des Wetters einen wichtigen ökonomischen Faktor darstellt. Bei der Produktion von technischem Gerät, bei der landwirtschaftlichen Planung, bei dem Transport oder der Lagerung von Gütern usw. lassen sich die Wettervorhersage sowie meteorologisch-klimatologische Erkenntnisse in äußerst sinnvoller Weise einsetzen.

Ein Gerät, das unter anderen Klimaverhältnissen ausfällt, die Entstehung von Schwitzwasser beim Transport oder bei der Lagerung von Nahrungsgütern, Schwelbrände in Silos usw. sind Fehlinvestitionen und auf die Nichtberücksichtigung meteorologischer Erkenntnisse zurückzuführen. Die Berücksichtigung der Wettervorhersage kann, um nur einige Beispiele zu nennen, vor Frostschäden beim Hausbau, vor Niederschlagsschäden frisch asphaltierter Straßen, vor Sturmschäden, vor unnötigen Belastungen bei Operationen, vor Glatteisunfällen, vor Verschwendung von Heizenergie bewahren.

Je besser die Erfassung der weltweiten Wettervorgänge, je sicherer die Wettervorhersage wird, und daran arbeitet die meteorologische Wissenschaft mit großer Intensität, um so wichtiger wird es, ihre Ergebnisse zum ökonomischen Nutzen des Gemeinwohls einzusetzen. Von dem Meteorologen der Zukunft wird erwartet werden, daß er sich nicht allein auf die Wettervorhersage beschränkt, sondern in einem erheblich größeren Umfang und wesentlich detaillierter und fachrichtungsbezogener als bisher präzise Wetteraussagen als Faktor für wirtschaftliche Planungen, für Produktion, Lagerung, Verkehr usw., für den schonenden Einsatz von Rohstoffen zur Verfügung stellt. Wie Untersuchungen gezeigt haben, beträgt das Verhältnis zwischen den für den Wetter- und Klimadienst aufgewandten Geldern und dem durch sein Wirken erzielten ökonomischen Nutzen schon heute je nach Land $1:10-1:20$. Diese Relation wird sich zweifellos in der Zukunft durch eine verstärkte Berücksichtigung des Faktors Wetter bei wirtschaftlichen Überlegungen noch beträchtlich erhöhen. Informationen über Wetter, Witterung und Klima sind mehr als eine Hilfe bei der Planung von Freizeit und Urlaub, sie sind ein bedeutsames Hilfsmittel beim sinnvollen Umgang mit Energie und Rohstoffen, bei der Bewahrung menschlichen Lebens.

Literatur

Beer J, Mende W, Stellmacher R (2000) The role of the sun in climate forcing. Quart Science Rev 19, 403–415

Bergeron T (1928) Über die dreidimensional verknüpfte Wetteranalyse. Geofys Publ *5/6*

Bergeron T (1936) Physik der troposphärischen Fronten und ihrer Störungen. Wetter *53*

Berner, Streif (Hrsg) (2000) Klimafakten, 2. erw. Aufl. Schweizerbarthsche Verlagsbuchhandlung, Stuttgart

Bjerknes J (1919) On the structure of moving cyclones. Geofys Publ *1/2*

Bjerknes J und H Solberg (1922) Life cycle of cyclones and polar front theory of atmospheric ciruclation. Geofys Publ *3/1*

Bjerkens V (1912) Dynamische Meteorologie und Hydrographie, Braunschweig

Bjerknes V (1921) On the dynamics of the circular vortex with applications to the atmosphere and atmospheric vortex and wave motions. Geofys Publ *2/4*

Blüthgen J (1966) Allgemeine Klimageographie. De Gruyter, Berlin

Boer W (1964) Technische Meteorologie. Teubner, Leipzig

Bodin S und H Malberg (1978) Das Wetter und wir. Universitas, Berlin

Budyko MJ (1982) The Earth's climate: past and future. Academic Press, New York

Charney JG, R Fjortoft und J v Neumann (1950) Numerical integration of the barotropic vorticity equation. Tellus 2/4

Cubasch U, Voss R, Hergerl GC, Waskewitz J, Crowley TJ (1997) Simulation of the influence of solar radiation variations on the global climate with an ocean-atmosphere general circulation model. Climate Dynamics 13, 757–787

Ficker v H (1920) Der Einfluß der Alpen auf Fallgebiete des Luftdrucks und die Entstehung Depressionen über dem Mittelmeer. Meteol Z 37

Fitzroy R (1863) Weather Book. London

Fortak H (1971) Meteorologie. Habel, Berlin

Geb M (1971) Neue Aspekte und Interpretationen zum Luftmassen- und Frontenkonzept. Abh Inst F Met d Freien Univ Berlin, *109/2*

Geiger R (1961) Das Klima der bodennahen Luftschichten. Vieweg, Braunschweig

Grotjahn R (1993) Global Atmospheric Circulations. Observations and Theories. Oxford Univ Press, New York

Haltinger GJ und FL Martin (1957) Dynamical and physical meteorology. McGraw-Hill, New York

Hann J (1885) Über den Temperaturverlauf zwischen Stadt und Land. Meteor Z

Hantel M (1989) The Present Global Surface Climate. In: Landolt-Börnstein. New Series, Group V

Helmoltz H (1873) Theorem über geometrisch ähnliche Bewegungen flüssiger Körper und Anwendung auf die Probleme der Lenkung der Luftballons. Monatsber Berl Akad

Hinzpeter H (1985) in: promet 2/3. Deutscher Wetterdienst (Hrsg)

Hoffmann G (1959) Die mittleren jährlichen und absoluten Extremtemperaturen der Erde. Abh Inst f Met d Freien Univ Berlin, *8/3*, und *8/4*

Hoinka KP (1985) On fronts in Central Europe. Beitr Phys Atm 58

Holton JR (1973) An introduction to dynamic meteorology. Academic Press, New York

Hoskins BJ, C Neto und HR Cho (1984) The formation of multiple fronts. Quart Roy Met Soc 110

Houghten JT, GJ Jenkins und JJ Ephraums (1990) IPCC, Climate Change. The IPPC Scientific Assessment. Cambridge Univ Press

Houghton JT et al. (1996) Climatic Change 1995. IPCC-Report, Cambridge Univ Press, Cambridge

Hupfer P et al. (1991) Das Klimasystem der Erde. Akad Verlag Berlin

Hupfer P und W Kuttler (Hrsg) (1998) Witterung und Klima. Teubner, Stuttgart

Knittel J (1976) Ein Beitrag zur Klimatologie der Stratosphäre der Südhalbkugel. Abh Inst f Met d Freien Univ Berlin (NF) 2/1

Kondrat'yev KY (1965) Radiation heat exchange in the atmosphere. Pergamon Press, Oxford

Kratzer A (1936) Das Stadtklima. Vieweg, Braunschweig

Köppen W (1918) Klassifikation der Klimate nach Temperatur, Niederschlag und Jahreslauf. Peterm geogr Mitt 64

Köppen W und R Geiger (1928) Klimakarte der Erde

Kurz M (1990) Synoptische Meteorolgie. Selbstverlag des Deutschen Wetterdienstes

Labitzke K und Mitarbeiter (1972) Climatology of the stratosphere in the northern hemisphere. Abh Inst f Met d Freien Univ Berlin 100/4

Labitzke K (1981) Stratospheric-mesospheric midwinter disturbances: a summary of observed characteristics. J Geophys Res 86/C10

Labitzke K (1982) On the interannual variability of the middle stratosphere during the northern winters. J Meteor Soc Japan 60/1

Lang R (1915) Versuch einer exakten Klassifikation der Böden in klimatischer und geologischer Hinsicht. Intern Mitt f Bodenkunde 5

Latif M et al. (1998) A review of predictability and prediction of ENSO. J Geophys Res 103 (C7), 14375–14393

Latif M et al. (1999) El Niño/Southern Oscillation. Max-Planck-Institut für Meteorologie Hamburg, www.DKRZ.de

Lindenbein B und H Malberg (1973) Die Verteilung lokaler Regenfälle im Westberliner Stadtgebiet. Abh Inst f Met d Freien Univ Berlin 140/2

Malberg H (1969) Untersuchungen über die Auswertung von Satellitenaufnahmen, insbesondere über die Abschätzung der troposphärischen Temperatur-, Druck- und Feuchtverhältnisse. Abh Inst f Met d Freien Univ Berlin 110/2

Malberg H (1973) Comparison of mean cloud cover obtained by satellite photographs and groundbased observations over Europe and the Atlantic. Mon Wea Rev 101/12

Malberg H (1974) Probleme und Methoden der lokalen Wettervorhersage. Ann Meteor (NF) Nr 9

Malberg H und M Wagner (1976) Fallstudie eines Kaltlufttropfens. Beil Berl Wetterkarte d Inst f Meteor d Freien Univ Berlin SO 11/76

Malberg H (1979) Die lokalen Wind- und Inversionsverhältnisse von Berlin. Ann Meteor (NF) Nr 12

Malberg H (1979) SO_2-Konzentrationen in Berlin in Abhängigkeit von Wetterkriterien. Kraftwerk und Umwelt 1979

Malberg H und W Röder (1980) Über den Zusammenhang zwischen Bodenwind und geostrophischem Wind sowie die empirische Bestimmung des Reibungskoeffizienten. Meteor Rdsch 33/2

Malberg H (1983) Ansätze zur lokalen Wettervorhersage auf physikalisch-statistischer Basis. Ann Meteor (NF) Nr 20

Malberg H (1984) Orographische Einflüsse auf die Strömungsverhältnisse im südlichen Oberrheingraben. Meteor Rdsch 37/1

Malberg H (1990) Der Einfluß der Stadt auf die lokalen Temperatur-, Niederschlags- und SO_2-Verteilung am Beispiel Berlin. Naturwiss 77

Malberg H (1990) Luftbelastung am Beispiel des Schwefeldioxidgehalts. In: Das Klima von Berlin. Akad Verlag Berlin

Malberg H (1993) 20 Jahre Prognosenprüfung in Berlin. Meteor ZNF 2

Malberg H und G Bökens (1993) Änderungen im Druck-/Geopotential- und Temperaturgefälle zwischen Subtropen und Subpolarregion im Zeitraum 1960–90. Meteor ZNF 2

Malberg H und K Niketta (1991) Mittlerer Verlauf bodennaher Parameter bei Kaltfrontdurchgängen. Meteor Rdsch 44

Malberg H und F Frattesi (1995) Change of the North Atlantic sea surface temperature related
to the atmospheric circulation in the period 1972–1993. Z Meteor NF 4

Malberg H (1995) Die Besonderheiten des Großstadtklimas am Beispiel von Berlin. In: Umwelt Global. Springer, Heidelberg

Malberg H und G Bökens (1997) Die Winter- und Sommertemperaturen in Berlin seit 1929
und ihr Zusammenhang mit der Nordatlantischen Zirkulation (NAO). Z Meteor NF 6

Malberg H (1999) Die Ozonschicht der Erde. Akzente (Agrar-Magazin), 1

Malberg H (2000) Von den Bauernregeln zur langfristigen Wettervorhersage. Verhandlungen –
Die ERDE, Jg 130. Ges Erdkunde zu Berlin

Malberg H (2002) Über den Häufigkeitstrend nordatlantischer Orkantiefs sowie der Sturmtage
in Berlin in den vergangenen Jahrzehnten. Berliner Wetterkarte So 21/02

Malberg H (2002) Die globale Erwärmung seit 1860 und ihr Zusammenhang mit der Sonnenaktivität. Berl Wetterkarte SO 27/02

Malberg H (2003) Die nord- und südhemisphärische Erwärmung seit 1860 und ihr Zusammenhang mit der Sonnenaktivität. Berl Wetterkarte SO 10/03

Malberg H (2006) Über Art und Güte meteorologischer Bauernregeln. In: Wetter verhext, ge-
deutet, erforscht. Landesverband Westfalen-Lippe

Margules M (1906) Über Temperaturschichtung in stationär bewegter und ruhender Luft.
Met Z, Hann-Bd.

Martonne de E (1926) Aréisme et indice d'aridite. CR Acad Sci 182

Martonne de E (1926) Une nouvelle fonction climatologique: L'indice d'aridite. Météor 2

Mason BJ (1971) The physics of clouds. Clarendon Press, Oxford

Milankovitch M (1930) In: Handbuch der Klimatologie I, Teil A, Berlin

Milankovitch M (1938) Handbuch der Geophysik, Berlin

Oke TR und FG Hannel (1970) The form of the urban heat island in Hamilton, Canada.
WMO-Nr 254

Palmen E und CW Newton (1969) Atmospheric circulations systems. Academic Press, New
York

Peixoto JP and AH Oort (1993) Physics of Climate. AIP, 3. Aufl. New York

Penck A (1910) Versuch einer Klimaklassifikation auf physiographischer Grundlage. In:
Sitz-Ber d Preuß Akad d Wiss, Phys-Math Kl 12

Petterssen S (1956) Weather analysis and forecasting I, II. McGraw-Hill, New York

Plate E (1982) Engineering meteorology. Elsevier Scientific Publishing Company, Amster-
dam

Pichler H (1984) Dynamik der Atmosphäre. Bibl Inst, Mannheim

Raschke E und TH von der Haar (1972) Strahlungsbilanz des Systems Erde–Atmosphäre.
In: PRO-MET Satellitenmeteorologie

Reuter H (1982) Die Wettervorhersage. Springer, Wien

Rex D (1950) Blocking action in the middle troposphere and its effect upon regional climate.
Tellus 2/3

Riehl H (1954) Tropical meteorology. McGraw-Hill, New York

Rossby CG (1948) On the displacement and intensity chances of atmospheric vortices. J Marine Res 7

Sarnthein M und H Erlenkeuser, R v Grafenstein und C Schröder (1984) Stable-isotope
stratigraphy for the last 750000 years: „Meteor" core 13519 from the eastern equatorial
atlantic. Meteor Forsch Erg C/38

Scherhag R (1948) Wetteranalyse und Wetterprognose. Springer, Berlin

Scherhag R (1952) Die explosionsartige Stratosphärenerwärmung des Spätwinters 1952. Ber
Dt Wetterdienst (US-Zone) 38

Scherhag R (1963) Die größte Kälteperiode seit 223 Jahren. Naturwiss Rdsch 16/5

Scherhag R und Mitarbeiter (1969) Klimatologische Karten der Nordhemisphäre. Abh Inst
f Met u Geophys d Freien Univ Berlin 100/1

Schmitt W (1930) Föhnerscheinungen und Föhngebiete. Wiss Veröff dt u österr Alpenver-
eins, Innsbruck

Schönwiese CD (1979) Klimaschwankungen. Springer, Heidelberg

Schwarzbach M (1974) Das Klima der Vorzeit. Enke, Stuttgart

Seeliger W (1937) Höhenwind und Gradientwind. Beitr Phys d Atm *24*

Sellers WD (1965) Physical climatology. Univ of Chicago Press

Shaw Sir N (1928 – 1932) Manual of Meteorology

Stüve G (1927) Potentielle und pseudopotentielle Temperatur. Beitr Phys fr Atm *13*

Thornthwaite CW (1931) The climate of North America according to a new classification. Geogr Rev *21*

Thornthwaite CW (1933) The climate of the Earth. Geogr Rev *23*

von Storch et al. (1999) Das Klimasystem und seine Modellierung. Springer, Heidelberg

Walther H und H Lieth (1960 – 1967) Klimadiagramm Weltatlas. VEB Fischer, Jena

Walther H, E Harnickel und D Mueller-Dombois (1975) Klimadiagramm-Karten der einzelnen Kontinente und die ökologische Klimagliederung der Erde. Fischer, Stuttgart

Wegener A (1915) Die Entstehung der Kontinente und Ozeane. Vieweg, Braunschweig

Wetherald RT und S Manabe (1975) The effects of changing the solar constant on the climate of a general circulation model. J Atm Sci *32*

Wippermann F (1973) The planetary boundary layer of the atmosphere. Dt Wetterdienst, Offenbach

WMO (1956) International cloud atlas, abridged atlas. World Meteorological Organization, Genf

Sachverzeichnis

Absinken 187 f.
Absinkinversion 164
Absorption 42 f.
adiabatische Temperatur-
  änderung 24, 32 f.
Advektion 173
Advektionsnebel 105
äquatoriale Tiefdruckrinne/
  -zone 157, 254 f.
Äquivalenttemperatur 34
Aerosolteilchen 88
Agrarmeteorologie 2
Albedo 44
Allerödzeit 311 f.
allgemeine atmosphärische
  Zirkulation 253 f.
ALPEX 180
Altokumulus 96 f.
Altostratus 96 f.
Antizyklone 123 f., 173
Argon 5 f.
arid 274 f.
Atlantikum 311 f.
Atmosphäre 5 f.
Aufgleitbewölkung 128
Auflösungs-
  vermögen 216
Aufsteigen 187 f.
Auge des Orkans 155,
  226
Ausbreitungsklassen 378
Ausbreitungs-
  rechnung 341
Ausstrahlung 48 f.
–, effektive 48 f.
Austauschkoeffizient 112
Azorenhoch 255

Barograph 192 f.
baroklin 115, 186 f.
Barometer 83 f., 192 f.
barometrische Höhen-
  formel 31

barotrop 115 f., 184 f.
barotrope Wellen 184 f.
Baumgrenze 275 f.
Beaufort-Skala 194
Bergeron-Findeisen-
  Theorie 92
Bergwind 347
Bestrahlungsstärke 37
Bewegungsglei-
  chung 67 f., 235
Bewölkung 199
Biometeorologie 2
Blitz 102 f.
blockierendes Hoch 160
Bodendruck-
  änderung 173
Bora 352
Boreal 311
Breitenkreismittel 265
Bremer Modell 380

CAT 70
Celsius 9
Cirrus 95 f.
Chamsin 353
Cluster 151
CO_2-Anstieg 322 f.
Corioliskraft 56 f.
Coriolisparameter 62
Cut-off-Effekt 147

Dampfdruck 11
Diffusion 367 f.
Diffusionskoeffizient,
  turbulenter 112
Divergenz 167 f., 175 f.,
  186 f.
DMO 246
Donner 102 f.
Doppler-Effekt 210
Druckkraft 54 f.
Drucktendenz-
  gleichung 171

Druckverteilung,
  globale 256 f.
Dunst 105

Eiskristalle 90 f.
Eiszeiten 302 f.
Ekman-Spirale 73 f.
El-Azizia 10
Elliptizität 317
El-Nino 337 f.
Emission 372 f.
Energiebilanz,
  kurzwellig 45
–, langwellig 50
Erdsystem 303
Erdzeitalter 309
E-Schicht 35
Euler-Wind 152, 279
Evolution 304
Extinktion 44

Fahrenheit 10
Faraday-Käfig 103
FCKW 41, 323
Fenster, atmosphäri-
  sches 49 f.
Ferrel-Zirkulation 269
feuchtadiabatisch 27 f.,
  349
Feuchte 191 f.
–, absolute 11
–, relative 13 f.
–, spezifische 11
Feuchtluftwüste 284
Feuchttemperatur 191
Findeisen-Reifenscheid-
  Wichmann-Theorie 102
Fluß, Impuls, Wärme 71
Föhn 348 f.
Föhnbeschwerden 351
Föhnmauer 349
Freone 41
Front 114 f., 128 f.

Frontalzone 114 f.
Frontbereich 114 f.
Frontnebel 106
Frontogenese 119
Frostklima 289
F-Schicht 35
Fünf-b-Tief 184

GARP 248
Gaskonstante 29
GATE 248
Gauss-Modell 377
Gebirgsklima 290 f.
Gegenstrahlung 48
Genua-Zyklone 180 f.
geopotentielle Höhe 62
geostrophischer Wind 61
Gewitter 101 f.
Gewitterbö 104
Gibli 353
Glashauseffekt 49
Globalstrahlung 45 f.
Gondwana 319
Gradientwind 63 f.
Graupel 94
Grenzschicht 74 f.
Grenzschichtstrahl-
strom 85

Haarhygrometer 195
Hadley-Zirkulation 269
Hagel 94
Hagelbekämpfung 382
Halo 96
Hektopascal 8 f.
Heterosphäre 7
Himmelsstrahlung 45 f.
Hoch 158 f.
Hochkeil 179 ff., 184
Hochnebel 97
Höhentief 144
homo sapiens 304 f.
Homosphäre 7
humid 274 f.
Hundertjähriger
Kalender 189, 312
Hurrikan 151 f., 383
–, Katrina 155
–, Variabilität 156
Hydrometeore 94
Hydrometeorologie 2
hydrostatisches Gleich-
gewicht 23
Hypsometer 193

Immission 372 f.

Inversion 164
Ionosphäre 35
IPCC-Report 324
Isallobaren 173
Islandtief 256
Isobaren 56
Isotachen 82
Isothermen 115
Isothermie 164
ITCZ 244 f., 256, 279

Jahresgang, Dampf-
druck 18
–, Luftdruck 18
–, relative Feuchte 18
–, Temperatur 18 f.
–, Windgeschwindig-
keit 19

Kaltfront 129 f., 211
Kaltlufttropfen 146 f.,
225
Kelvin 9
Kleine Eiszeit 313 f.
Klima 271 f.
–, global 297 f.
–, kontinental 291
–, nordhemisphä-
risch 296 f.
–, ozeanisch 291
–, südhemisphä-
risch 296 f.
Klimaänderungen 301 f.
–, Mitteleuropa 311 f.
Klimabeobachtung 189 f.
Klimadiagramme 294
Klimaklassifika-
tion 273 f.
–, genetisch 278 f.
–, hydrologische 274
–, mathematische 274
Klimamodelle 323
Klimaschwankungen
325 f.
Klimasystem Erde 303 f.
Klimatologie 2
Klimaverhältnisse,
zonale 297
Knoten 194
Kohlendioxid 5, 49
Kondensation 87 f.
Kondensationskerne 87
Kondensationswärme 27
Kontinentaldrift 319
Kontinuitäts-
gleichung 172, 235

Konvektion 51, 99
Konvergenz s. Divergenz
Krümmungseffekt 88
Kumuluswolken 96 f.
kürzestfrist. Vorher-
sage 242
Kurzfristvorher-
sage 242 f.

Ladungsverteilung 103
Landwind 345 f.
Langfristvorhersage 246
Lösungseffekt 89
Luftbelastung 367 f.
Luftchemie 2
Luftdichte 7
Luftdruck 8, 18
Luftdruckgürtel 255
Luftdrucktendenz 171
Luftfeuchte 10, 191
Luftmasse 107 f.
Luftverunreinigung 2,
367 f.

Meeresspiegelanstieg 325
Mesopause 21 f.
Mesosphäre 21 f.
Meteorologie 2
–, experimentelle 2
–, instrumentelle 312 f.
–, synoptische 2
–, technische 3
–, theoretische 2
METROMEX 360
Millibar 8 f.
Mischungsverhältnis 11
Mischungsweg 76
Mistral 353
Mittelfristvorhersage 246
Modellinterpretation 246
Monsun 257 f.
MOS 246

Nachlaufwirbel 380
Nachtgewitter 345
Nebel 104 f.
Nebelauflösung 381
Neufundlandnebel 105
Niederschlag 92, 360
Nimbostratus 96 f.
nival 274
Nordatlantische Oszillation
(NAO) 342 f.
Nowcasting 242
Numerische Wettervorher-
sage 234 f.

Okklusion 139 f.
Omegasituation 161
Orkantief 151, 326
–, Lothar 177
Ozon 6, 40
Ozonloch 41

Palmengrenze 275
Passatinversion 166
Passatkumuli 159
PE-Index 276
Photosynthese 6
Polarfront 115 f.
Polarfrontstrahlstrom 82 f.
Polarfronttheorie 125
Polarfrontzyklone 125 f.,
    217 f.
Polarlicht 36
Polarluft 108 f.
Polarnacht 85
Pollenanalyse 307
potentielle Temperatur 33 f.
Präzessionsbewegung 318
Prandtlschicht 74 f.
Prognosengüte 248 f.
pseudopotentielle
    Temperatur 34, 138 f.
Psychrometer 194

Quasi-zweijährige Wind-
    schwingung 268
Quellhöhe 378

Radar 209
Radiosonde 208
Rauhigkeitspara-
    meter 75 f., 354
Reflexion 43
Regen, saurer 366
Regenerzeugung 383 f.
Regenfaktor 276
Regenklimate,
    tropische 275, 280 f.
–, warmgemäßigte 285 f.
Regenwald 281 f.
Regenzeit 282 f.
Regressionsgleichung 244
Reibung, molekulare 74
–, turbulente 74
Reibungskraft 65 f.
Reibungsschicht 73
relative Topographie 146
roaring forties 255
Rossby-Wellengleichung
    184, 238

Rossby-Zahl 78
RV-Wert 252 f.
Ryd-Effekt 176

Sättigungsdampfdruck 12,
    87 f.
Sauerstoff 5
Sauerstoffisotopen-
    verhältnis 308
Savanne 282
Schichtung, labile 25 f.,
    137 f.
–, neutrale 26 f., 137 f.
–, stabile 26 f., 137 f.
Schichtwolken 96 f.
Schiefe der Ekliptik 293
Schirokko 324
Schubspannung 76
Schwefeldioxid 6, 337 f.
Seewind 316 f.
semiarid 263
semihumid 263
Sichtweite 189
Silberjodidkristalle 352 f.
Smog 343
Societas Meteorologica
    Palatina 179
Sodar 199 f.
Solarkonstante 39
Sonnenflecken 305 f.
Sonnenscheinauto-
    graph 187, 192
spezifisches Volumen 8
Spurenstoffe 6
Stabilität 22 f.
Stadtklima 325 f.
Stationsschema 195
statische Grund-
    gleichung 23
Staubteufelchen 153
Staudruck 151
Steuerung 155
Stickstoff 5 f.
Strahlstrom 82 f.
Strahlung 37 f.
–, diffuse 44
–, direkte 44
Strahlungsbilanz 50 f.
Strahlungsinversion 160
Stratocumulus 96 f.
Stratopause 21 f.
Stratosphäre 21 f.
Stratosphärener-
    wärmung 259
Stratosphärenhoch 252
Stratus 96 f.

Streuung 41 f.
Sublimation 91
subpolare Tiefdruck-
    rinne 243 f.
Subpolarluft 108 f.
Subtropenhoch 155,
    243 f.
Subtropenstrahl-
    strom 82 f.
Subtropikluft 108 f.
subtropischer Hochdruck-
    gürtel 108, 244 f.
südl. Oszillation 312

Tagesgang, Dampf-
    druck 13 f.
–, Luftdruck 15 f.
–, relative Feuchte 12 f.
–, Temperatur 12 f.
–, Windgeschwindig-
    keit 15 f.
Taifun 150
TA-Luft 348
Talwind 318 f.
Tau 103
Taupunkt 104
Tauwetternebel 105
TE-Index 266
Temperatur 9, 180
–, potentielle 334 f., 174
–, pseudopotentielle 34,
    141 f.
–, virtuelle 12
Temperaturverhältnisse,
    meridionale 254 f.
thermischer Wind 79
thermodynamisch 31 f.,
    99 f.
Thermograph 181
Thermometer 180
Thermosphäre 21 f.
Tief s. Zyklone
Tornados 153
Torr 8
Trajektorien 177
Treibhaus-Effekt 49,
    296 f.
trockenadiabatisch 31,
    349
Trockenheitsindex 264
Trockenklimate 268 f.
Trockenzeit 267 f.
Trog 143 f., 207
Trogvorderseite 180 f.
Tromben 153
Tropikluft 108 f.

tropische Wirbelstürme
    150f., 216f., 353f.
Tropopause   20f.
Troposphäre   20f.
Tundrenklima   274,
    288f.
Tundrenzeit   288f.
Turbulenz   68f.
Turbulenzinversion   161

Überhöhungsformel   348
unterkühltes Wasser   10,
    91

Verdunstung   86f.
Verifikationsmaße   241f.
Verkehrsmeteorologie   3
Vertikalbewegung   174f.,
    187
Verwitterung   267f.
Viererdruckfeld   114
Vorhersagemodelle   242f.
Vorticity   167f., 174
–, potentielle   179

Vorzeitklima   284
Vostock   9, 275
Wärme, latente   10
–, spezifische   31, 325

Wärmeinsel   316f.
Wärmekapazität   31, 104,
    318
Wärmestrahlung   47f.
Warmfront   128f., 213
Warmsektor   126f., 213
Warmzeiten   286f.
Wasserdampf   6, 42, 49
Wellen, kurze   180f.
–, lange   180f., 228
Wellentief   124f., 207f.
Wetterbeeinflussung   351
Wetterbeobachtung   179f.
Wettersatelliten   200f.
Wetterschlüssel   194f.
Wettervorhersage   2, 223f.
Widerstandsgesetz   77f.
Wind   184f.
Windgürtel der Erde   244

Windhose   153
Windrose   103
Windverhältnisse   330
–, zonale   256
Wolken   86f.
Wolkenbildung   89f.
Wüstenklima   269f.

Zentrifugalkraft   57f., 63f.
Zerfallsgesetz   285
Zirkulation   167f.
–, planetarische   242f.
Zirrus   8, 94f.
Zonale Klimaverhältnisse
    281f.
Zonenklima   267f.
Zusammensetzung der
    Luft   5
Zustandsgleichung
    für Gase   28f.
Zustandsgrößen   6f., 224
Zwischenhoch   158f.
Zyklone   123f., 173
Zyklonenfamilie   214